国家出版基金资助项目

现代数学中的著名定理纵横谈丛书

丛书主编　王梓坤

ZERO POINT PROBLEMS

Zero point 问题

刘培杰数学工作室　编

哈尔滨工业大学出版社

HARBIN INSTITUTE OF TECHNOLOGY PRESS

内容简介

本书共有七编,内容分别为多项式的零点、特殊多项式的零点问题、函数的零点问题、其他函数的零点问题、Riemann $\zeta(s)$ 函数的零点、多项式零点求法的经典文献、早期论文选载.

本书适合大学师生及数学爱好者参考阅读.

图书在版编目(CIP)数据

Zero point 问题/刘培杰数学工作室编. —哈尔滨:哈尔滨工业大学出版社,2024.3
(现代数学中的著名定理纵横谈丛书)
ISBN 978—7—5603—9518—0

Ⅰ.①Z… Ⅱ.①刘… Ⅲ.①零点 ②多项式 Ⅳ.①O174

中国版本图书馆 CIP 数据核字(2021)第 120022 号

ZERO POINT WENTI

策划编辑 刘培杰 张永芹
责任编辑 刘立娟
封面设计 孙茵艾
出版发行 哈尔滨工业大学出版社
社 址 哈尔滨市南岗区复华四道街 10 号 邮编 150006
传 真 0451—86414749
网 址 http://hitpress.hit.edu.cn
印 刷 辽宁新华印务有限公司
开 本 787 mm×960 mm 1/16 印张 39.75 字数 427 千字
版 次 2024 年 3 月第 1 版 2024 年 3 月第 1 次印刷
书 号 ISBN 978—7—5603—9518—0
定 价 198.00 元

读书的乐趣

你最喜爱什么——书籍.

你经常去哪里——书店.

你最大的乐趣是什么——读书.

这是友人提出的问题和我的回答.真的,我这一辈子算是和书籍,特别是好书结下了不解之缘.有人说,读书要费那么大的劲,又发不了财,读它做什么?我却至今不悔,不仅不悔,反而情趣越来越浓.想当年,我也曾爱打球,也曾爱下棋,对操琴也有兴趣,还登台伴奏过.但后来却都一一断交,"终身不复鼓琴".那原因便是怕花费时间,玩物丧志,误了我的大事——求学.这当然过激了一些.剩下来唯有读书一事,自幼至今,无日少废,谓之书痴也可,谓之书橱也可,管它呢,人各有志,不可相强.我的一生大志,便是教书,而当教师,不多读书是不行的.

读好书是一种乐趣,一种情操;一种向全世界古往今来的伟人和名人求

1

教的方法,一种和他们展开讨论的方式;一封出席各种活动、体验各种生活、结识各种人物的邀请信;一张迈进科学宫殿和未知世界的入场券;一股改造自己、丰富自己的强大力量.书籍是全人类有史以来共同创造的财富,是永不枯竭的智慧的源泉.失意时读书,可以使人重整旗鼓;得意时读书,可以使人头脑清醒;疑难时读书,可以得到解答或启示;年轻人读书,可明奋进之道;年老人读书,能知健神之理.浩浩乎! 洋洋乎! 如临大海,或波涛汹涌,或清风微拂,取之不尽,用之不竭.吾于读书,无疑义矣,三日不读,则头脑麻木,心摇摇无主.

潜能需要激发

我和书籍结缘,开始于一次非常偶然的机会.大概是八九岁吧,家里穷得揭不开锅,我每天从早到晚都要去田园里帮工.一天,偶然从旧木柜阴湿的角落里,找到一本蜡光纸的小书,自然很破了.屋内光线暗淡,又是黄昏时分,只好拿到大门外去看.封面已经脱落,扉页上写的是《薛仁贵征东》.管它呢,且往下看.第一回的标题已忘记,只是那首开卷诗不知为什么至今仍记忆犹新:

日出遥遥一点红,飘飘四海影无踪.

三岁孩童千两价,保主跨海去征东.

第一句指山东,二、三两句分别点出薛仁贵(雪、人贵).那时识字很少,半看半猜,居然引起了我极大的兴趣,同时也教我认识了许多生字.这是我有生以来独立看的第一本书.尝到甜头以后,我便千方百计去找书,向小朋友借,到亲友家找,居然断断续续看了《薛丁山征西》《彭公案》《二度梅》等,樊梨花便成了我心

2

中的女英雄.我真入迷了.从此,放牛也罢,车水也罢,我总要带一本书,还练出了边走田间小路边读书的本领,读得津津有味,不知人间别有他事.

当我们安静下来回想往事时,往往会发现一些偶然的小事却影响了自己的一生.如果不是找到那本《薛仁贵征东》,我的好学心也许激发不起来.我这一生,也许会走另一条路.人的潜能,好比一座汽油库,星星之火,可以使它雷声隆隆、光照天地;但若少了这粒火星,它便会成为一潭死水,永归沉寂.

抄,总抄得起

好不容易上了中学,做完功课还有点时间,便常光顾图书馆.好书借了实在舍不得还,但买不到也买不起,便下决心动手抄书.抄,总抄得起.我抄过林语堂写的《高级英文法》,抄过英文的《英文典大全》,还抄过《孙子兵法》,这本书实在爱得狠了,竟一口气抄了两份.人们虽知抄书之苦,未知抄书之益,抄完毫末俱见,一览无余,胜读十遍.

始于精于一,返于精于博

关于康有为的教学法,他的弟子梁启超说:"康先生之教,专标专精、涉猎二条,无专精则不能成,无涉猎则不能通也."可见康有为强烈要求学生把专精和广博(即"涉猎")相结合.

在先后次序上,我认为要从精于一开始.首先应集中精力学好专业,并在专业的科研中做出成绩,然后逐步扩大领域,力求多方面的精.年轻时,我曾精读杜布(J. L. Doob)的《随机过程论》,哈尔莫斯(P. R. Halmos)的《测度论》等世界数学名著,使我终身受益.简言之,即"始于精于一,返于精于博".正如中国革命一样,必须先有一块根据地,站稳后再开创几块,最后连成一片.

丰富我文采,澡雪我精神

辛苦了一周,人相当疲劳了,每到星期六,我便到旧书店走走,这已成为生活中的一部分,多年如此.一次,偶然看到一套《纲鉴易知录》,编者之一便是选编《古文观止》的吴楚材.这部书提纲挈领地讲中国历史,上自盘古氏,直到明末,记事简明,文字古雅,又富于故事性,便把这部书从头到尾读了一遍.从此启发了我读史书的兴趣.

我爱读中国的古典小说,例如《三国演义》和《东周列国志》.我常对人说,这两部书简直是世界上政治阴谋诡计大全.即以近年来极时髦的人质问题(伊朗人质、劫机人质等),这些书中早就有了,秦始皇的父亲便是受害者,堪称"人质之父".

《庄子》超尘绝俗,不屑于名利.其中"秋水""解牛"诸篇,诚绝唱也.《论语》束身严谨,勇于面世,"己所不欲,勿施于人",有长者之风.司马迁的《报任少卿书》,读之我心两伤,既伤少卿,又伤司马;我不知道少卿是否收到这封信,希望有人做点研究.我也爱读鲁迅的杂文,果戈理、梅里美的小说.我非常敬重文天祥、秋瑾的人品,常记他们的诗句:"人生自古谁无死,留取丹心照汗青""休言女子非英物,夜夜龙泉壁上鸣".唐诗、宋词、《西厢记》《牡丹亭》,丰富我文采,澡雪我精神,其中精粹,实是人间神品.

读了邓拓的《燕山夜话》,既叹服其广博,也使我动了写《科学发现纵横谈》的心.不料这本小册子竟给我招来了上千封鼓励信.以后人们便写出了许许多多的"纵横谈".

从学生时代起,我就喜读方法论方面的论著.我想,做什么事情都要讲究方法,追求效率、效果和效益,方法好能事半而功倍.我很留心一些著名科学家、文学家写的心得体会和经验.我曾惊讶为什么巴尔扎克在51年短短的一生中能写出上百本书,并从他的传记中去寻找答案.文史哲和科学的海洋无边无际,先哲们的明智之光沐浴着人们的心灵,我衷心感谢他们的恩惠.

读书的另一面

以上我谈了读书的好处,现在要回过头来说说事情的另一面.

读书要选择.世上有各种各样的书:有的不值一看,有的只值看20分钟,有的可看5年,有的可保存一辈子,有的将永远不朽.即使是不朽的超级名著,由于我们的精力与时间有限,也必须加以选择.决不要看坏书,对一般书,要学会速读.

读书要多思考.应该想想,作者说得对吗?完全吗?适合今天的情况吗?从书本中迅速获得效果的好办法是有的放矢地读书,带着问题去读,或偏重某一方面去读.这时我们的思维处于主动寻找的地位,就像猎人追找猎物一样主动,很快就能找到答案,或者发现书中的问题.

有的书浏览即止,有的要读出声来,有的要心头记住,有的要笔头记录.对重要的专业书或名著,要勤做笔记,"不动笔墨不读书".动脑加动手,手脑并用,既可加深理解,又可避忘备查,特别是自己的灵感,更要及时抓住.清代章学诚在《文史通义》中说:"札记之功必不可少,如不札记,则无穷妙绪如雨珠落大海矣."

许多大事业、大作品,都是长期积累和短期突击相结合的产物.涓涓不息,将成江河;无此涓涓,何来江河?

爱好读书是许多伟人的共同特性,不仅学者专家如此,一些大政治家、大军事家也如此.曹操、康熙、拿破仑、毛泽东都是手不释卷,嗜书如命的人.他们的巨大成就与毕生刻苦自学密切相关.

王梓坤

目

录

1

第一编

多项式的零点

引言

第 1 章

§0　2016 年清华大学领军计划试题的多解和变式

山东省滕州市第一中学高二(47)班的马思源 2018 年仔细研究了他的老师提供的 2016 年清华大学领军计划的一道试题,发现可以有以下三种解法,并可以类比变式.

试题　设实数 x, y, z 满足 $x + y + z = 1$,且 $x^2 + y^2 + z^2 = 1$,则(　　).

(A) $(xyz)_{\max} = 0$

(B) $(xyz)_{\min} = -\dfrac{4}{27}$

(C) $z_{\min} = -\dfrac{4}{27}$

(D) 以上都不对

3

解法 1 三角换元.

设 $x = \sin\theta, y = \cos\theta\sin\alpha, z = \cos\theta\cos\alpha$, 则

$$\sin\theta + \cos\theta\sin\alpha + \cos\theta\cos\alpha = 1$$
$$xyz = \sin\theta\cos^2\theta\sin\alpha\cos\alpha$$

当 $\cos\theta = 0$ 时, $x = 1, y = 0, z = 0$.

从而

$$xyz = 0$$

当 $\cos\theta \neq 0$ 时

$$\sin\alpha + \cos\alpha = \frac{1 - \sin\theta}{\cos\theta}$$

$$\sin\alpha\cos\alpha = \frac{(1 - \sin\theta)^2 - \cos^2\theta}{2\cos^2\theta} =$$

$$\frac{\sin^2\theta - \sin\theta}{\cos^2\theta} =$$

$$\frac{-\sin\theta}{1 + \sin\theta}$$

由

$$-\frac{1}{2} \leqslant \sin\alpha\cos\alpha \leqslant \frac{1}{2}$$

得

$$\left| \frac{-\sin\theta}{1 + \sin\theta} \right| \leqslant \frac{1}{2}$$

所以

$$-\frac{1}{3} \leqslant \sin\theta \leqslant 1$$

所以

$$xyz = \sin\theta\cos^2\theta\sin\alpha\cos\alpha =$$
$$\sin^3\theta - \sin^2\theta$$

令

$$f(x) = x^3 - x^2 \quad \left(-\frac{1}{3} \leqslant x \leqslant 1\right)$$

则

$$f'(x) = 3x^2 - 2x$$

所以 $f(x)$ 在 $\left[-\dfrac{1}{3}, 0\right]$ 上递增,在 $\left(0, \dfrac{2}{3}\right)$ 上递减,在 $\left[\dfrac{2}{3}, 1\right]$ 上递增,且

$$f\left(-\frac{1}{3}\right) = -\frac{4}{27}$$

$$f\left(\frac{2}{3}\right) = -\frac{4}{27}$$

所以

$$(xyz)_{\min} = -\frac{4}{27}$$

$$(xyz)_{\max} = 0$$

解法 2　构造方程.

因为

$$x + y + z = 1$$

且

$$x^2 + y^2 + z^2 = 1$$

所以

$$xy + yz + xz = 0$$

由此 x, y, z 可以看成 $t^3 - t^2 - r = 0$ 的三个根,其中 $r = xyz$.

令

$$f(t) = t^3 - t^2 - r$$

则

$$f'(t) = 3t^2 - 2t$$

要使方程有三个实根,则有

Zero point 问题

$$f(0) = -r \geqslant 0$$

$$f\left(\frac{2}{3}\right) = -\frac{4}{27} - r \leqslant 0$$

当 $f\left(\frac{2}{3}\right) = 0$ 时,三个根依次为 $\frac{2}{3}$, $\frac{2}{3}$, $-\frac{1}{3}$.

所以

$$z_{\min} = -\frac{1}{3}$$

$$(xyz)_{\min} = -\frac{4}{27}$$

解法 3 构造函数.

因为

$$x + y + z = 1$$

且

$$x^2 + y^2 + z^2 = 1$$

所以

$$xy + yz + xz = 0$$
$$yz = -x(y + z) = x(x - 1)$$

于是

$$xyz = x(x^2 - x) = x^3 - x^2$$

令

$$f(x) = x^3 - x^2$$

则

$$f'(x) = 3x^2 - 2x$$

由 $f'(x) = 0$ 可得 $x = 0$ 或 $x = \frac{2}{3}$.

又因为

$$yz = x^2 - x \leqslant \frac{y^2 + z^2}{2} = \frac{1 - x^2}{2}$$

所以

6

$$-\frac{1}{3} \leqslant x \leqslant 1$$

由此函数 $f(x)$ 在 $\left[-\frac{1}{3}, 0\right]$ 上递增，在 $\left(0, \frac{2}{3}\right)$ 上递减，在 $\left[\frac{2}{3}, 1\right]$ 上递增.

所以 $f(x)$ 的极大值为 $f(0)=0$，$f(x)$ 的极小值为

$$f\left(\frac{2}{3}\right)=-\frac{4}{27}$$

又

$$f(1)=0$$

$$f\left(-\frac{1}{3}\right)=-\frac{4}{27}$$

所以 xyz 的最大值为 0，xyz 的最小值为 $-\frac{4}{27}$.

利用上面的方法可以快速处理以下两道题：

变式 1　设实数 x, y, z 满足 $x+y+z=1$，且 $x^2+y^2+z^2=1$，若 $x \geqslant y \geqslant z$，求 $x+y$ 的取值范围. $\left(1 \leqslant x+y \leqslant \frac{4}{3}.\right)$

变式 2　设实数 x, y, z 满足 $x+y+z=1$，且 $x^2+y^2+z^2=3$，求 xyz 的最大值和最小值. $\left((xyz)_{\min}=-1, (xyz)_{\max}=\frac{5}{27}.\right)$

通过以上三种方法的研究，我们发现其中解法 2 最为简捷且具一般性.

§1 一个数学问题的直接
证明与推广

问题 已知 a,b,c 为实数,满足 $a+b+c>0$, $ab+bc+ca>0$,$abc>0$,求证:$a>0,b>0,c>0$.

[1] 中指出:若要证的结论与条件之间的联系不明显,直接由条件推出结论的线索不够清晰,则考虑反证法.山东省济宁市实验中学的翟祥鸽和苗相军两位老师 2018 年给出了问题的直接证明,这种证法的优点是具有可推广性,供大家学习时参考.

证明 构造以实数 a,b,c 为零点(zero point)的三次函数

$$f(x)=(x-a)(x-b)(x-c)$$

展开整理,得

$$f(x)=x^3-(a+b+c)x^2+$$
$$(ab+bc+ca)x-abc$$

对 $f(x)$ 求导,得

$$f'(x)=3x^2-2(a+b+c)x+$$
$$(ab+bc+ca)$$

此时判别式

$$\Delta=[-2(a+b+c)]^2-12(ab+bc+ca)=$$
$$4(a^2+b^2+c^2-ab-bc-ca)=$$
$$2[(a-b)^2+(b-c)^2+(c-a)^2]$$

当 a,b,c 相等时,结论成立.

当 a,b,c 不全相等时,$\Delta>0$,这时函数 $f'(x)$ 有两个不相等的零点.设其为 x_1,x_2,又根据韦达定理,得

$$x_1 + x_2 = \frac{2}{3}(a+b+c) > 0$$

$$x_1 \cdot x_2 = \frac{1}{3}(ab+bc+ca) > 0$$

从而 $x_1 > 0, x_2 > 0$，即函数 $f(x)$ 有两个正实数的极值点，而 $f(0) = -abc < 0$，所以 $f(x)$ 的图像大致（不妨设 $a \leqslant b \leqslant c$）如图 1,2,3. 所以 a,b,c 为正实数.

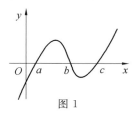

图 1

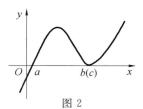

图 2

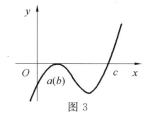

图 3

推广　已知 $x_1, x_2, x_3, \cdots, x_n (n \geqslant 4)$ 为实数，并且

9

Zero point 问题

$$\begin{cases} a_{n-1} = \sum_{i=1}^{n} x_i > 0 \\ a_{n-2} = \sum_{1 \leqslant i < j \leqslant n} x_i x_j > 0 \\ a_{n-3} = \sum_{1 \leqslant i < j < k \leqslant n} x_i x_j x_k > 0 \\ \vdots \\ a_0 = \prod_{i=1}^{n} x_i > 0 \end{cases}$$

求证:$x_1 > 0, x_2 > 0, \cdots, x_n > 0$.

证明 构造以实数 $x_1, x_2, \cdots, x_n$ 为零点的 n 次函数

$$f(x) = (x - x_1)(x - x_2) \cdots (x - x_n)$$

展开整理,得

$$f(x) = x^n - a_{n-1} x^{n-1} + a_{n-2} x^{n-2} + \cdots + (-1)^n a_0$$

对 $f(x)$ 多次求导,得

$$f'(x) = nx^{n-1} - (n-1)a_{n-1} x^{n-2} + \\ (n-2)a_{n-2} x^{n-3} + \cdots + \\ (-1)^{n-1} a_1$$

$$f''(x) = n(n-1)x^{n-2} - (n-1)(n-2)a_{n-1} x^{n-3} + \\ (n-2)(n-3)a_{n-2} x^{n-4} + \cdots + (-1)^{n-2} a_2$$

$$\vdots$$

$$f^{(n-2)}(x) = n \cdot (n-1) \cdot \cdots \cdot 3x^2 - (n-1) \cdot \\ (n-2) \cdots \cdot 2a_{n-1} x + (n-2) \cdot \\ (n-3) \cdot \cdots \cdot 1 \cdot a_{n-2} = \\ \frac{1}{2} n! \, x^2 - (n-1)! \, a_{n-1} x + \\ (n-2)! \, a_{n-2}$$

此时,$f^{(n-2)}(x)$ 的判别式为

10

$$\Delta = \left[-(n-1)! \, a_{n-1}\right]^2 - 4\left(\frac{1}{2}n! \, \right)(n-2)! \, a_{n-2} =$$

$$\left[(n-1)! \, \right]^2 a_{n-1}^2 - 2n! \, (n-2)! \, a_{n-2} =$$

$$(n-1)! \, (n-2)! \, \left[(n-1)a_{n-1}^2 - 2na_{n-2}\right] =$$

$$(n-1)! \, (n-2)! \, \left[(n-1)(x_1+x_2+\cdots+x_n)^2 -$$

$$2n(x_1x_2+x_2x_3+\cdots+x_{n-1}x_n)\right] =$$

$$(n-1)! \, (n-2)! \, \left[(n-1)(x_1^2+x_2^2+\cdots+x_n^2) -$$

$$2(x_1x_2+x_2x_3+\cdots+x_{n-1}x_n)\right] =$$

$$(n-1)! \, (n-2)! \, \left[(x_1-x_2)^2 +$$

$$(x_1-x_3)^2+\cdots+$$

$$(x_1-x_n)^2+(x_2-x_3)^2+\cdots+$$

$$(x_2-x_n)^2+\cdots+(x_{n-1}-x_n)^2\right]$$

当 $x_1,x_2,\cdots,x_n$ 相等时,结论显然成立.

当 $x_1,x_2,\cdots,x_n$ 不全相等时,$\Delta > 0$,并且根据韦达定理可知,导函数 $f^{(n-2)}(x)$ 有两个正实数零点.

下面用分析法证明.

因为 $f(0)=(-1)^n a_0$ 与 $f'(0)=(-1)^{n-1}a_1$ 异号,所以要证得 $f(x)$ 的 n 个零点 $x_1,x_2,\cdots,x_n$ 为正实数,只要使 $f(x)$ 有 $n-1$ 个正实数极值点,即使 $f'(x)$ 有 $n-1$ 个零点为正实数,只要使 $f'(x)$ 有 $n-2$ 个正实数极值点,即使 $f''(x)$ 有 $n-2$ 个零点为正实数,……,如图 4,5.

因为

$$f^{(n-1)}(0)=-(n-3)! \, a_{n-3} < 0$$

$$f^{(n-2)}(0)=(n-2)! \, a_{n-2} > 0$$

所以要使 $f^{(n-1)}(x)$ 的 3 个零点为正实数,只要使 $f^{(n-1)}(x)$ 有 2 个正实数极值点,即使 $f^{(n-2)}(x)$ 的 2 个零点为正实数,而这一点已被证实.所以 $f(x)$ 的 n 个

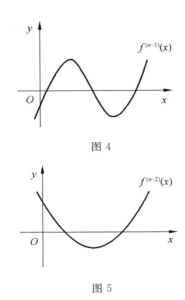

图 4

图 5

零点 $x_1, x_2, \cdots, x_n$ 为正实数. 证毕.

§2 一个来自俄罗斯的
多项式方程零点问题

在《俄罗斯初等数学万题选(代数卷)》中有以下问题:

问题 把下列两个方程的根按递增顺序排列

$$x^2 - x - 1 = 0$$
$$x^2 + ax - 1 = 0$$

其中 a 为实数.

解 我们来解下面更为一般的问题. 假设有两个方程

$$f(x) \equiv ax^2 + bx + c = 0$$
$$\varphi(x) \equiv a'x^2 + b'x + c' = 0$$

要求以不等式的形式给出，表达这些方程的根为实根以及第一个方程的根相对第二个方程的根的全部可能位置的必要和充分条件.(在这些不等式中只应包含系数 a,b,c,a',b',c' 的有理函数.)

　　第一个方程的根记作 x_1 和 x_2，第二个方程的根记作 ξ_1 和 ξ_2(这里并不假设它们是实根；当第一个方程的根为实根时，假设 $x_1 \leqslant x_2$，而当第二个方程的根为实根时，假设 $\xi_1 \leqslant \xi_2$).将第二个方程的根 ξ_1 和 ξ_2 代入第一个方程的左侧，得 $f(\xi_1)$ 和 $f(\xi_2)$.现在我们来求 $f(\xi_1)f(\xi_2)$ 和 $f(\xi_1) + f(\xi_2)$，即

$$f(\xi_1)f(\xi_2) = (a\xi_1^2 + b\xi_1 + c)(a\xi_2^2 + b\xi_2 + c) =$$
$$a^2(\xi_1\xi_2)^2 + ab\xi_1\xi_2(\xi_1 + \xi_2) +$$
$$ac(\xi_1^2 + \xi_2^2) + b^2\xi_1\xi_2 +$$
$$bc(\xi_1 + \xi_2) + c^2$$

但是 $\xi_1\xi_2 = \dfrac{c'}{a'}, \xi_1 + \xi_2 = -\dfrac{b'}{a'}$，因而(在一些变换之后)

$$f(\xi_1)f(\xi_2) = \frac{1}{a'^2}\big[(ac' - ca')^2 -$$
$$(ab' - ba')(bc' - cb')\big] = \frac{\Delta}{a'^2}$$

另外，通过类似的变换得

$$f(\xi_1) + f(\xi_2) = \frac{b'(ab' - ba') - 2a'(ac' - ca')}{a'^2} =$$
$$\frac{P}{a'^2}$$

同理

$$\varphi(x_1)\varphi(x_2) = \frac{\Delta}{a^2}$$

Zero point 问题

$$\varphi(x_1) + \varphi(x_2) = \frac{2a(ac' - ca') - b(ab' - ba')}{a^2} =$$

$$\frac{Q}{a^2}$$

由所得到的 $f(\xi_1)f(\xi_2)$ 和 $\varphi(x_1)\varphi(x_2)$ 的表达式可见，原来两个方程有公共根，当且仅当 $\Delta = 0$；Δ 是根据原来两个方程算出的，它可以表示为

$$\Delta = \frac{1}{4}\big[(2ac' + 2ca' - bb')^2 -$$
$$(b^2 - 4ac)(b'^2 - 4a'c')\big] \qquad （Ⅰ）$$

当系数 a, b, c, a', b', c' 为复数时，上述所有结果仍然成立. 从现在开始我们假设 a, b, c, a', b', c' 都是实数，并且 $a \neq 0, a' \neq 0$. 以后我们只研究原方程的根是实根的情形.

情形 Ⅰ $\Delta \neq 0$（即原来两个方程没有公共根）.

（ⅰ）$\Delta < 0$. 那么，由式（Ⅰ）可见，$(b^2 - 4ac)(b'^2 - 4a'c') > 0$，因而或者 $\delta = b^2 - 4ac > 0, \delta' = b'^2 - 4a'c' > 0$，或者 $\delta < 0, \delta' < 0$. 从而，如果 $\Delta < 0$，那么两个方程或有（两个不同）实根，或有虚根. 设 $\Delta < 0$，$\delta > 0$（这时 $\delta' > 0$）. 因为 $f(\xi_1)f(\xi_2) < 0$，所以 ξ_1 和 ξ_2 两个数之中一个位于 x_1 和 x_2 之间，另一个位于区间 (x_1, x_2) 之外，即要么

$$x_1 < \xi_1 < x_2 < \xi_2 \qquad （1）$$

要么

$$\xi_1 < x_1 < \xi_2 < x_2 \qquad （2）$$

当式（1）成立时

$$\xi_1 + \xi_2 > x_1 + x_2$$

当式（2）成立时

$$\xi_1 + \xi_2 < x_1 + x_2$$

换句话说,当式(1)成立时,$-\dfrac{b'}{a'}>-\dfrac{b}{a}$,即 $k=aa'\cdot$ $(ab'-ba')<0$,当式(2)成立时,$k>0$.

　　(ⅱ)$\Delta>0,\delta>0,\delta'>0$.那么原方程的根都是实根,并且两两不同.因为 $f(\xi_1)f(\xi_2)>0$,所以 $f(\xi_1)$ 和 $f(\xi_2)$ 同号,并且和 $f(\xi_1)+f(\xi_2)$ 同号.但是 $f(\xi_1)+f(\xi_2)$ 与 P 同号.于是,如果 $aP<0$,那么 $af(\xi_1)<0$,$af(\xi_2)<0$,所以 ξ_1 和 ξ_2 位于 x_1 和 x_2 之间

$$x_1<\xi_1<\xi_2<x_2 \tag{3}$$

而如果 $aP>0$,那么 $af(\xi_1)>0$,$af(\xi_2)>0$,因而可能有下列情形

$$\xi_1<x_1<x_2<\xi_2 \tag{4}$$

$$x_1<x_2<\xi_1<\xi_2 \tag{5}$$

$$\xi_1<\xi_2<x_1<x_2 \tag{6}$$

　　因为 $\Delta>0$,所以 $\varphi(x_1)\varphi(x_2)>0$ 也成立.当式(4)成立时,x_1 和 x_2 位于 ξ_1 和 ξ_2 之间,因此 $a'\varphi(x_1)<0$,$a'\varphi(x_2)<0$,所以 $a'Q<0$.当式(5)和(6)成立时,$a'Q>0$.这时,当式(5)成立时,$x_1+x_2<\xi_1+\xi_2$,即 $k<0$,而当式(6)成立时,$k>0$.

　　总之

$$\Delta<0,\delta>0(\delta'>0)\begin{cases}k<0,x_1<\xi_1<x_2<\xi_2\\k>0,\xi_1<x_1<\xi_2<x_2\end{cases}$$

$$\Delta>0,\delta>0,\delta'>0$$

$$\begin{cases}aP<0,x_1<\xi_1<\xi_2<x_2\\[2ex]aP>0\begin{cases}a'Q<0,\xi_1<x_1<x_2<\xi_2\\[1ex]a'Q>0\begin{cases}k<0,x_1<x_2<\xi_1<\xi_2\\k>0,\xi_1<\xi_2<x_1<x_2\end{cases}\end{cases}\end{cases}$$

　　(ⅲ)$\Delta>0$,并且或是 $\delta=0$,或是 $\delta'=0$,或是 $\delta=$

$\delta' = 0$. 例如, 设 $\delta = 0$, 那么 $x_1 = x_2 = -\dfrac{b}{2a}$, 而问题归结

为求数 $-\dfrac{b}{2a}$ 相对于方程 $\varphi(x) = 0 (\delta' > 0)$ 的两个不同

实根的位置. 同理可以讨论 $\delta' = 0, \delta > 0$ 的情形. 最后,

如果 $\delta = \delta' = 0$, 那么 $x_1 = x_2 = -\dfrac{b}{2a}$, $\xi_1 = \xi_2 = -\dfrac{b'}{2a'}$, 而

问题归结为解不等式 $-\dfrac{b}{a} < -\dfrac{b'}{a'}$ 或 $-\dfrac{b}{a} > -\dfrac{b'}{a'}$.

情形 Ⅱ $\Delta = 0$, 即原来两个方程有公共根. 设 x_0 是它们的公共根, 即

$$ax_0^2 + bx_0 + c \equiv 0 \quad \Big| -a'$$
$$a'x_0^2 + b'x_0 + c' \equiv 0 \quad \Big| \ a$$

第一个恒等式乘以 $-a'$, 第二个恒等式乘以 a, 然后将两式相加, 得 $(ab' - ba')x_0 \equiv ca' - ac'$. 如果 $ab' - ba' \neq 0$, 那么 $x = \dfrac{ca' - ac'}{ab' - ba'}$. 由此可见, 如果 $\Delta = 0$, 但是 $ab' - a'b \neq 0$, 那么原来两个方程只有一个公共根

$$x_0 = \xi_0 = \frac{ca' - ac'}{ab' - a'b}$$

方程 $f(x) = 0$ 的另一个根

$$x'_0 = -\frac{b}{a} - \frac{ca' - ac'}{ab' - a'b}$$

而方程 $\varphi(x) = 0$ 的另一个根

$$\xi'_0 = -\frac{b'}{a'} - \frac{ca' - ac'}{ab' - a'b}$$

因而, x_0, x'_0, ξ_0, ξ'_0 可表示为 a, b, c, a', b', c' 的有理式; 说明, 如果 a, b, c, a', b', c' 是实数, 那么两个方程的根都是实根. 由 $x_0 = \xi_0$ 可知, x_0, x'_0, ξ_0, ξ'_0 的相对位置有下列八种可能的情形 ($\xi'_0 = x'_0$, $\xi_0 = x_0$ 的情形除

外）

$$x'_0 < \xi'_0 < x_0 = \xi_0$$

$$x_0 = \xi_0 < x'_0 < \xi'_0$$

$$\xi'_0 < x'_0 < x_0 = \xi_0$$

$$x_0 = \xi_0 < \xi'_0 < x'_0$$

$$x'_0 < \xi'_0 = x_0 = \xi_0$$

$$x_0 = \xi_0 = x'_0 < \xi'_0$$

$$\xi'_0 < x'_0 = x_0 = \xi_0$$

$$x_0 = \xi_0 = \xi'_0 < x'_0$$

问题得解,因为 x_0, x'_0, ξ_0, ξ'_0 可表示为 a, b, c, a', b', c' 的有理式.

注 如果 $\Delta = 0, ab' - a'b = 0$,那么 $ac' - a'c = 0$;说明 $a : b : c = a' : b' : c'$,因而 $x_1 = \xi_1, x_2 = \xi_2$(根也可以是虚根).

现在我们来看本节开头的问题. 记 x_1 和 x_2 为方程 $x^2 - x - 1 = 0$ 的根

$$x_1 = \frac{1 - \sqrt{5}}{2}$$

$$x_2 = \frac{1 + \sqrt{5}}{2}$$

而记 ξ_1 和 ξ_2 为方程 $x^2 + ax - 1 = 0$ 的根

$$\xi_1 = \frac{-a - \sqrt{a^2 + 4}}{2}$$

$$\xi_2 = \frac{-a + \sqrt{a^2 + 4}}{2}$$

有($a = 1, b = -1, c = -1, a' = 1, b' = a, c' = -1$):$ac' - ca' = 0, ab' - ba' = a + 1, bc' - cb' = a + 1$,从而 $\Delta = -(a + 1)^2 \leqslant 0, k = a + 1$. 于是,若 $a < -1$,则

$(\Delta < 0, k < 0) x_1 < \xi_1 < x_2 < \xi_2$;若 $a > -1$,则$(\Delta < 0, k > 0) \xi_1 < x_1 < \xi_2 < x_2$;若 $a = -1$,则 $\xi_1 = x_1 < \xi_2 = x_2$.

§3 又一个来自俄罗斯的 多项式方程零点问题

问题 Ⅰ.考虑一组二次三项式

$$F(x) = x^2 - sx + p \qquad (*)$$

其中 s, p 为实数.在平面(H)上作两个互相垂直的坐标轴 Os 和 Op.每一个二次三项式 $F(x)$ 对应平面(H)上一个坐标为 s 和 p 的点(反之亦然).

1° 求使方程 $F(x) = 0$ 有重根的点 M 的轨迹.求使方程 $F(x) = 0$ 的一个根等于 1 的点 M 的轨迹,并求使方程 $F(x) = 0$ 的一个根等于 -1 的点 M 的轨迹.说明方程 $F(x) = 0$ 介于 -1 和 1 之间的根的个数与点 M 在平面(H)上位置的关系.

2° 求使方程 $F(x) = 0$ 的一个根等于已知数 a 的点 M 的轨迹.

在这个轨迹上指出对应于二次三项式 $(x-a)^2$ 的点 A 和对应于二次三项式 $x(x-a)$ 的点 T.若 a 在 $-\infty$ 和 $+\infty$ 之间变化,求直线 AT 的包络线.

3° 设 A, B, C 分别为对应于二次三项式

$$(x-a)^2, (x-b)^2, (x-a)(x-b)$$

的点,其中 a, b 是两个已知实数.根据点 C 的位置,找出 A 和 B 的位置.

18

求对应于二次三项式 $(x-c)(x-d)$ 的点 M 的轨迹,且使其满足如下条件:如果在坐标轴上标出坐标为 a,b,c,d 的点,那么后两个点分前两个点之间的线段为调和比(a 和 b 为常数,c 和 d 为变量).

Ⅱ. 在平面 (H) 上有坐标为 $s=11,p=22$ 和 $s=7,p=10$ 的两个点,其中每个点对应一个二次三项式 $F(x)=x^2-sx+p$.考虑有理分式 y,其分子为第一个二次三项式,分母为第二个二次三项式,求使 y 为整数的整数 x 的值.

Ⅲ. 现在考虑函数
$$f(x)=\cos^2 x-s\cos x+p$$
其中 x 在区间 $[0,\pi]$ 上取值.和前面一样,每个这样的函数对应平面 (H) 上的一点 $M(s,p)$.

$1°$ 依点 M 在平面 (H) 上的不同位置,讨论函数 $f(x)$ 的增减性.

$2°$ 在同一幅图上作出满足下列各条件的曲线:

① $s=-4,p=6$;

② $s=-2,p=6$;

③ $s=1,p=6$;

④ $s=2,p=6$;

⑤ $s=4,p=6$.

$3°$ 设 M_0 和 M 为平面 (H) 上的点,分别对应于函数
$$f_0(x)=\cos^2 x-s_0\cos x+p_0$$
和
$$f(x)=\cos^2 x-s\cos x+p$$
求 $|f(x)-f(x_0)|$ 的最大值 $D(M_0,M)$;对 $s-s_0$ 和 $p-p_0$ 的不同符号讨论 $D(M_0,M)$.

4° 设 M_0 为定点, M 为动点,求使 $D(M_0,M)$ 等于常数的点的轨迹. 设 A 是坐标为 $s=p=2$ 的点, B 是坐标为 $s=p=-2$ 的点,求满足 $D(M,A)=D(M,B)$ 的点 M 的轨迹.

解 Ⅰ.1° 当判别式 $\Delta=s^2-4p=0$ 时,方程 $F(x)=x^2-sx+p=0$ 有重根.因而点 $M(s,p)$ 描绘一条抛物线 (P): $p=\dfrac{1}{4}s^2$, Op 是它的对称轴,而 Os 是抛物线 (P) 在顶点 O 处的切线(图 6).若点 M 位于抛物线 (P) 之内,则 $\Delta<0$,而 $F(x)=0$ 无实根;若点 M 位于抛物线 (P) 之外,则 $\Delta>0$,而 $F(x)$ 有两个不同的实根.

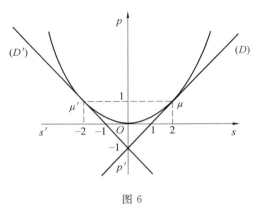

图 6

若 $F(1)=1-s+p=0$,则 1 是方程 $F(x)=0$ 的根.这个方程决定一条直线 (D),它和 Os 轴交点的横坐标 $s=1$,它和 Op 轴交点的纵坐标 $p=-1$.因为方程 $1-s+\dfrac{1}{4}s^2=0$ 有重根 $s=2$,所以直线 (D) 和抛物线 (P) 在点 $M(2,1)$ 处相切.直线 (D) 分平面 (H) 为两部

分：其中一部分包含坐标原点 O，在这一部分 $F(1)=1-s+p>0$，而在另外一部分 $F(1)<0$. 若点 M 位于包含原点 O 的那一部分，则方程要么没有实根，要么有这样两个实根：以这两个根为端点的区间不包括 1. 若点 M 位于平面 (H) 的另一部分，则方程有这样两个实根：1 位于两根之间.

当 $F(-1)=1+s+p=0$ 时，-1 是方程的根. 从而点 M 的轨迹是一条直线 (D')，它和 Os 轴交点的横坐标 $s=-1$，而和 Op 轴交点的纵坐标 $p=-1$. 因为 $1+s+\frac{1}{4}s^2=0$ 有重根 $s=-2$，所以直线 (D') 与抛物线 (P) 在点 $M'(-2,1)$ 处相切（图 6）. 直线 (D') 分平面 (H) 为两部分：其中一部分包含坐标原点 O，这里 $F(-1)=1+s+p>0$，而在另一部分 $F(-1)<0$. 若点 M 位于包含原点 O 的那一部分，则方程要么没有实根，要么有两个实根，并且 -1 在以它们为端点的区间之外. 若点 M 位于平面 (H) 的另一部分，则方程有两个实根，并且 -1 位于它们之间.

根据点 M 在平面 (H) 上的不同位置，由上面的讨论可以求出 1 和 -1 两个数关于方程 $F(x)=0$ 的根的相对位置. 图 7 归纳了以上的研究结果[1]. 可以看出：如果点 M 位于由抛物线的一段弧 $\overset{\frown}{\mu\mu'}$、直线 (D) 以及 (D') 所围成的区域之内，那么方程的两个根位于 -1

----

① 还应指出：对于区域 Ⅰ，$s=x'+x''<-2$，对于区域 Ⅱ，$-2<x'+x''<2$，而对于区域 Ⅲ，$x'+x''>2$. 由此以及上面的讨论得图 7 所标出的不等式.

和 1 之间. 如果点 M 位于直线 (D) 和 (D') 构成的左、右两个对顶角之一时(图 7),那么方程在 -1 和 1 之间只有一个根. 在平面的其他部分,在 -1 和 1 之间方程没有根.

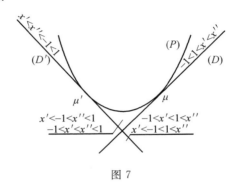

图 7

2° 若

$$F(a) = a^2 - sa + p = 0$$

则 a 是方程 $F(x) = 0$ 的根. $F(a) = 0$ 是一条直线 (Δ),它和 Os 轴交点的横坐标为 a,和 Op 轴交点的纵坐标为 $-a^2$. 因为方程 $a^2 - as + \dfrac{s^2}{4} = 0$ 有重根 $s = 2a$,所以直线 (Δ) 和抛物线 (P) 在点 $A(2a, a^2)$ 处相切;这个点 A 和三项式 $(x-a)^2$ 相对应. 直线 (Δ) 和 Os 轴的交点 $T(a, 0)$ 与三项式 $x(x-a)$ 相对应. AT 的包络为抛物线 (P).

3° 设 C 是对应于三项式 $(x-a)(x-b)$ 的点. 因为 $x = a$ 是三项式的根,所以点 C 位于抛物线 (P) 在点 A 处的切线上. 同理点 C 又位于抛物线 (P) 在点 B 处的切线上. 因而 A 和 B 是由点 C 向抛物线 (P) 所引的两条切线和抛物线的切点.

22

设坐标轴上横坐标分别为 a,b,c,d 的四个点成调和比. 那么（当且仅当）

$$(a+b)(c+d)=2(ab+cd)$$

若令

$$c+d=s,cd=p$$

则得

$$(a+b)s=2(p+ab)$$

点 $M(s,p)$ 是平面（H）上的直线

$$(a+b)s=2(p+ab)$$

上的点. 注意到：当 $c=d=a$（或 $c=d=b$）时，这个方程成立，于是这条直线就是直线 AB. 反之：如果在直线 AB 上取位于抛物线（P）之外的一点，那么 $s^2-4p>0$，于是存在这样两个实数 c 和 d，使 $c+d=s,cd=p$，且这两个数 c 和 d 满足调和共轭条件. 因而，点 M 的轨迹是直线 AB 位于抛物线（P）外面的那一部分.

Ⅱ. 在平面（H）上取这样两个点，使其坐标分别为 $s=11,p=22$ 和 $s=7,p=10$，相应的三项式为

$$x^2-11x+22,x^2-7x+10$$

由此

$$y=\frac{x^2-11x+22}{x^2-7x+10}$$

或

$$y=1-\frac{4x-12}{x^2-7x+10}=1-\frac{N}{D}$$

其中

$$N=4x-12,D=x^2-7x+10$$

若 N 被 D 整除，则 $\frac{N}{D}$ 为整数. 从这两个等式中消去 x，得

$$16D = N(N-4) - 32$$

若 N 被 D 整除,则 32 也被 D 整除,而 D 具有 $\pm 2^k$ 的形式,其中 $0 \leqslant k \leqslant 5$. 最后需判明:在方程

$$x^2 - 7x + 10 \pm 2^k = 0$$

之中,哪些方程有整数根.其判别式为

$$49 - 4(10 \pm 2^k) = 9 \mp 2^{k+2}$$

故当且仅当 $9 \mp 2^{k+2}(0 \leqslant k \leqslant 5)$ 为完全平方式时才有整数根.对于 $9 + 2^{k+2}(0 \leqslant k \leqslant 5)$ 只有一个这样的值 $k = 2$,而对于 $9 - 2^{k+2}$ 只有 1.相应的方程为

$$x^2 - 7x + 6 = 0, x^2 - 7x + 12 = 0$$

第一个方程的根为 $x = 1, x = 6$,第二个方程的根为 $x = 3, x = 4$,于是,使分式 y 为整数值的 x 的整数值是 $1, 3, 4, 6$.

Ⅲ.在闭区间 $[0, \pi]$ 上考虑函数

$$f(x) = \cos^2 x - s\cos x + p$$

有

$$f(0) = 1 - s + p, f(\pi) = 1 + s + p$$

1° 若 $|s| \geqslant 2$,则 $f(x)$ 为单调函数.当 $s \leqslant -2$ 时,函数 $f(x)$ 递减,当 $s \geqslant 2$ 时,函数 $f(x)$ 递增.若 $|s| < 2$,则在 $\left[0, \arccos \dfrac{s}{2}\right]$ 上函数 $f(x)$ 递减,而在 $\left(\arccos \dfrac{s}{2}, \pi\right]$ 上函数 $f(x)$ 递增.用直线 $(\delta)(s = -2)$ 和 $(\delta')(s = 2)$ 将平面 (H) 分为三部分.若点 M 在 (δ) 的左侧或在 (δ) 上,则函数 $f(x)$ 递减;若点 M 在 (δ) 和 (δ') 之间,则 $f(x)$ 先是递减,而后递增;若点 M 在直线 (δ') 上或在 (δ') 的右侧,则函数 $f(x)$ 递增(图8).

2° ① 若 $s = -4, p = 6$,则函数 $f(x)$ 递减,当 x 由 0

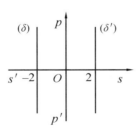

图 8

增到 π 时,$f(x)$ 由 11 减到 3,并且 $f\left(\dfrac{\pi}{2}\right)=6$.

② 若 $s=-2,p=6$,则函数 $f(x)$ 递减,当 x 从 0 变化到 π 时,$f(x)$ 从 9 减到 5,并且 $f\left(\dfrac{\pi}{2}\right)=6$.

③ 若 $s=1,p=6$,则函数 $f(x)$ 在 $\left[0,\dfrac{\pi}{3}\right]$ 上从 6 减到 $\dfrac{23}{4}$,而在 $\left[\dfrac{\pi}{3},\pi\right]$ 上从 $\dfrac{23}{4}$ 增到 8,并且 $f\left(\dfrac{\pi}{2}\right)=6$.

④ 若 $s=2,p=6$,则函数 $f(x)$ 递增,当 x 从 0 变化到 π 时,$f(x)$ 从 5 增到 9,并且 $f\left(\dfrac{\pi}{2}\right)=6$.

⑤ 若 $s=4,p=6$,则函数 $f(x)$ 递增,当 x 从 0 变化到 π 时,$f(x)$ 从 3 增到 11,并且 $f\left(\dfrac{\pi}{2}\right)=6$.

注意到,点 0 和点 π 是函数 $f(x)$ 的极大值点或极小值点.又看到,当两个 s 的绝对值相等但符号相反时,则与其相对应的曲线关于直线 $x=\dfrac{\pi}{2}$ 对称.根据上述各点说明可以作出函数的图像 r_1,r_2,r_3,r_4,r_5(图 9).

3° 设 M 和 M_0 是平面(H)上的两个点,分别对应

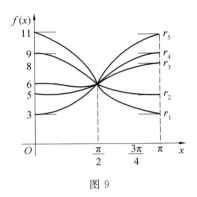

图 9

于函数
$$f_0(x) = \cos^2 x - s_0 \cos x + p_0$$

和
$$f(x) = \cos^2 x - s\cos x + p$$

由此
$$f(x) - f_0(x) = (s_0 - s)\cos x + p - p_0$$

因而
$$D(M_0, M) = \max |(s_0 - s)\cos x + p - p_0|$$

形如
$$\varphi(x) = \alpha\cos x + \beta$$

在 $\beta - \alpha$ 和 $\beta + \alpha$ 之间变化. 从而,若 α 和 β 同号,则 $|\varphi(x)|$ 的最大值为 $|\alpha + \beta|$,而若 α 和 β 异号,则 $|\varphi(x)|$ 的最大值为 $|\alpha - \beta|$.一般其最大值为 $|\alpha| + |\beta|$.因而有
$$D(M_0, M) = |s - s_0| + |p - p_0|$$

故 $D(M_0, M)$ 具有下列和两点之间距离类似的性质: ① $D(M_0, M) \geqslant 0$,而等号成立当且仅当 M_0 和 M 两点重合;② $D(M_0, M) = D(M, M_0)$(对称性);③ $D(M_1, M_2) \leqslant D(M_1, M_3) + D(M_3, M_2)$,此即三角形不等式,

26

可由不等式
$$| s_1 - s_2 | \leqslant | s_1 - s_3 | + | s_2 - s_3 |$$
和不等式
$$| p_1 - p_2 | \leqslant | p_1 - p_3 | + | p_2 - p_3 |$$
逐项相加而得.

4° 注意到,若 $s_0 - s$ 和 $p_0 - p$ 分别(同时或不同时)换成 $s - s_0$ 和 $p - p_0$,则 $D(M_0, M)$ 不变. 于是过点 M_0 分别与 Op 轴和 Os 轴平行的两条直线都是所要求的点 M 的轨迹的对称轴. 故只需对 $s \geqslant s_0, p \geqslant p_0$ 研究点的轨迹. $D(M_0, M) = c$(c 为常数) 的充要条件是
$$s - s_0 + p - p_0 = c$$
或
$$s + p = c + s_0 + p_0$$
因而,轨迹的这一部分是直线
$$s + p = c + s_0 + p_0$$
上的线段 $\alpha\beta$,即过 M_0 分别平行于 Op 轴和 Os 轴的两条直线在直线
$$s + p = c + s_0 + p_0$$
上所截的线段. 由上述对称性,点 M 的轨迹是正方形 $\alpha\beta\gamma\delta$,正方形的中心为 M_0,而对角线为平行于 Op 轴和 Os 轴的直线(图 10).

设点 A 的坐标为 $s = p = 2$,而点 B 的坐标为 $s = p = -2$.则
$$D(M, A) = | s - 2 | + | p - 2 |$$
$$D(M, B) = | s + 2 | + | p + 2 |$$
由此
$$| s - 2 | + | p - 2 | = | s + 2 | + | p + 2 | \tag{$**$}$$

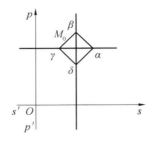

图 10

这个轨迹有两条对称轴：AB 以及 AB 的垂直平分线. 这两条直线将平面分成四个象限，我们可以局限于其中一个象限（例如在 Op 的正半轴所在的象限），求该点的轨迹. 作方程分别为 $s=-2$ 和 $s=2$ 的两条直线 (δ) 和 (δ')，以及方程分别为 $p=2$ 和 $p=-2$ 的两条直线 (δ_1) 和 (δ'_1). 这些直线把所考虑的象限分为四部分，下面将要对这几部分进行考察. 考虑由直线 (δ') 和 BA（向 A 以外）的延长线所局限的部分. 在这一部分（包括边界）有 $p \geqslant 2, s \geqslant 2$. 于是由条件 $(**)$ 得

$$s-2+p-2=s+2+p+2$$

条件不成立. 先看直线 (δ) 和 (δ') 之间位于直线 (δ_1) 的线段 AC 之上的那部分区域. 在这一部分（包括边界）有 $-2 \leqslant s < 2, p \geqslant 2$，故由条件 $(**)$ 得

$$2-s+p-2=s+2+p+2$$

由此 $s=-2$；点 M 位于包括点 C 在内的直线 (δ) 的射线上，射线的正向与 Op 轴的正向一致. 再看 (δ) 和 OC 向 C 以外的延长线之间的部分. 在这一部分（包括边界）有 $p \geqslant -s \geqslant 2$. 现在条件 $(**)$ 可表示为

$$2-s+p-2=-2-s+p+2$$

即该区域内的任意一点都满足条件 $(**)$. 最后看

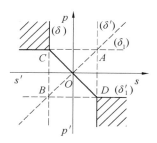

图 11

$\triangle OCA$ 内的部分. 在这一部分(包括边界) 有

$$-2 \leqslant s \leqslant p < 2$$

和

$$-2 \leqslant -s \leqslant p \leqslant 2$$

这时条件(＊ ＊) 可表示为

$$2 - s + 2 - p = s + 2 + p + 2$$

或

$$s + p = 0$$

因此, 点 M 描绘线段 AB 的垂直平分线上的线段 OC. 由上述轨迹关于 AB 以及关于 AB 的垂直平分线的对称性可以得出结论: 使 $D(M,A) = D(M,B)$ 的点的轨迹由线段 CD 和图 11 的阴影部分(包括边界在内) 构成.

参考资料

[1] 人民教育出版社　课程教材研究所　中学数学课程教材研究开发中心. 普通高中课程标准实验教科书　数学　选修 4－5　A 版不等式选讲[M]. 北京: 人民教育出版社, 2005.

关于多项式零点模的界限[①]

第 2 章

§1 引　言

B. Datt 与 N. K. Govil[1] 给出了有关复系数代数多项式零点模的界限，其结果是：

定理 A 设

$$P(z) = z^n + \sum_{i=0}^{n-1} a_i z^i$$

是 n 次多项式，$A = \max\limits_{0 \leqslant i \leqslant n-1} |a_i|$，则 $P(z)$ 的所有零点在圆环

$$\frac{|a_0|}{2(1+A)^{n-1}(1+An)} \leqslant |z| \leqslant 1 + \lambda_0 A$$

$$(1)$$

① 本章摘编自《浙江大学学报》，1980 年，第 3 期.

之内，其中 λ_0 是方程 $x = 1 - \dfrac{1}{(1+Ax)^n}$ 在区间 $(0,1)$ 内的唯一根. 式 (1) 中的上界 $1 + \lambda_0 A$ 是最佳的，且被多项式 $P(z) = z^n - A\displaystyle\sum_{i=0}^{n-1} z^i$ 所达到.

特别是，$1 + \left(1 - \dfrac{1}{(1+A)^n}\right)A$ 是 $P(z)$ 零点模数的上界. 这改进了关于多项式零点模上界的 Cauchy 的经典结果[2]：$1 + A$ 是 $P(z)$ 零点模数的上界.

A. Joyal, G. Labelle 与 Q. I. Rahman[3] 对 Cauchy 的经典结果作了另一种改进：

定理 B　设
$$P(z) = z^n + \sum_{i=0}^{n-1} a_i z^i$$
$$A = \max_{0 \leqslant i \leqslant n-2} |a_i|, a = |a_{n-1}|$$
那么 $P(z)$ 的一切零点在圆
$$|z| \leqslant \frac{1}{2}\{1 + a + [(1-a)^2 + 4A]^{\frac{1}{2}}\} \qquad (2)$$
之中.

但是，[3] 的结果并非最佳，浙江大学的翁祖荫教授 1980 年改进了 [3]，从而得到最佳的上界，并包含了 [1] 的结果.

§2　A. Joyal 等人结果的精确化

我们首先证明如下的引理.

引理　按定理 B 定义非负数 a 与 A. 假定
$$(n-1)A + n > 1$$

那么,方程

$$a = 1 + A\lambda - \frac{1 - (1 + A\lambda)^{-n+1}}{\lambda} \tag{3}$$

在区间 $(0,\infty)$ 内有唯一的根. 当 $a < A + (1+A)^{-n+1}$ 时,此根的位置在区间 $(0,1)$ 内;当 $a > A + (1+A)^{-n+1}$ 时,此根的位置在区间 $(1,\infty)$ 内;而当 $a = A + (1+A)^{-n+1}$ 时,此根是 $\lambda = 1$.

证明 将方程(3)的右边关于 λ 求导,得到

$$\left[1 + A\lambda - \frac{1 - (1 + A\lambda)^{-n+1}}{\lambda}\right]'_{\lambda} =$$

$$A + \frac{1}{\lambda^2} - \frac{(n-1)A\lambda + (1 + A\lambda)}{\lambda^2}(1 + A\lambda)^{-n} =$$

$$A + \frac{1}{\lambda^2}\left[1 - \frac{1 + nA\lambda}{(1 + A\lambda)^n}\right] =$$

$$A + \frac{1}{\lambda^2} \cdot \frac{\sum\limits_{k=2}^{n}\binom{n}{k}A^k\lambda^k}{(1 + A\lambda)^n} > 0$$

因此,方程(3)的右边是严格增函数. 当 λ 从 0 单调变化到 ∞ 时,该式从 $1 - (n-1)A$ 单调增加到 ∞. 而由假设知

$$1 - (n-1)A < a$$

所以方程(3)在区间 $(0,\infty)$ 内有唯一的根.

当 $a = A + (1+A)^{-n+1}$ 时,方程(3)的根显然是 1.

当 $a \neq A + (1+A)^{-n+1}$ 时,由方程(3)右端的单调性知引理的结论成立. 证毕.

定理 1 设 $P(z) = z^n + \sum\limits_{i=0}^{n-1} a_i z^i$, $A = \max\limits_{0 \leqslant i \leqslant n-2} |a_i|$, $a = |a_{n-1}|$. 如果 $(n-1)A + a > 1$,那么 $P(z)$ 的一切零点在圆

$$| z | \leqslant 1 + \lambda_a A \qquad (4)$$

之中,此处 λ_a 为方程(3)的根,$0 < \lambda_a < \infty$. 若

$$(n-1)A + a \leqslant 1$$

则 $P(z)$ 的所有零点在圆 $| z | \leqslant 1$ 之中. 式(4)中的上界 $1 + \lambda_a A$ 是最佳的,且被多项式

$$P(z) = z^n - a z^{n-1} - A \sum_{i=0}^{n-2} z^i$$

达到.

证明　若

$$(n-1)A + a \leqslant 1, \; | z | > 1$$

则

$$| P(z) | \geqslant | z |^n - [a + (n-1)A] | z |^{n-1} >$$
$$| z |^{n-1} \{ 1 - [a + (n-1)A] \} \geqslant 0$$

因此,$P(z)$ 的所有零点必在单位圆 $| z | \leqslant 1$ 之中.

若 $(n-1)A + a > 1$,则

$$| P(z) | \geqslant | z |^n - a | z |^{n-1} - A \sum_{i=0}^{n-2} | z |^i =$$
$$| z |^n - a | z |^{n-1} - A \frac{| z |^{n-1} - 1}{| z | - 1}$$

$$(5)$$

当 $| z | = 1 + A\lambda$ 时,上式右边等于

$$f(\lambda) = (1 + A\lambda)^n - a(1 + A\lambda)^{n-1} -$$
$$\frac{(1 + A\lambda)^{n-1} - 1}{\lambda} \qquad (6)$$

由引理知:当 $\lambda = \lambda_a$ 时,$f(\lambda) = 0$;当 $\lambda > \lambda_a$ 时,$f(\lambda) > 0$;当 $\lambda < \lambda_a$ 时,$f(\lambda) < 0$. 故在 $| z | = 1 + A\lambda$,$\lambda > \lambda_a$ 的情形

$$| P(z) | \geqslant f(\lambda) > 0$$

即 $P(z)$ 的零点皆落在圆

33

$$|z| \leqslant 1 + \lambda_a A$$

之中.

另外,如果 $(n-1)A + a > 1$,那么 $1 + \lambda_a A$ 显然是多项式 $z^n - az^{n-1} - A\sum_{i=0}^{n-2} z^i$ 的根.这说明式(4)中上界的精确性,定理证毕.

作为简单的推论,容易用定理 1 的方法得到定理 B.事实上,只需考虑 $(n-1)A + a > 1$ 的情形.

记 $r = 1 + A\lambda$,那么方程(3)变为

$$(a - r)(r - 1) + A(1 - r^{-n+1}) = 0 \tag{7}$$

当 $r > \dfrac{1}{2}\{1 + a + [(1-a)^2 + 4A]^{\frac{1}{2}}\}$ 时,式(7)左端小于 $-Ar^{-n+1} \leqslant 0$.因此,不难验证式(6)中的 $f(\lambda) > 0$.从而 $|P(z)| > 0 (|z| = r)$.由上述显见,当 $A > 0$ 时,定理 B 中式(2)的上界显然不是精确的.

不仅如此,如果我们不想寻找方程(3)的根,那么仍然可以将定理 B 改进.事实上,下述定理成立.

定理 2　设 $P(z) = z^n + \sum_{i=0}^{n-1} a_i z^i$,$A = \max\limits_{0 \leqslant i \leqslant n-2}|a_i|$,$a = |a_{n-1}|$.那么 $P(z)$ 的一切根都在圆

$$|z| \leqslant \{1 - Ar_0^{-n}[(1-a)^2 + 4A]^{-\frac{1}{2}}\}r_0 \tag{8}$$

之中,这里 $r_0 = \dfrac{1}{2}\{1 + a + [(1-a)^2 + 4A]^{\frac{1}{2}}\}$.

证明　将

$$r_1 = \{1 - Ar_0^{-n}[(1-a)^2 + 4A]^{-\frac{1}{2}}\}r_0$$

代入式(7)左端,我们得到

$$\{a - [1 - Ar_0^{-n}[(1-a)^2 + 4A]^{-\frac{1}{2}}]r_0\} \cdot$$
$$\{[1 - Ar_0^{-n}[(1-a)^2 + 4A]^{-\frac{1}{2}}]r_0 - 1\}$$

34

注　当 $a=A$ 时定理 1 等价于定理 A,因此[1]的结果是本章结果的特殊情形

$$A\{1-[1-Ar_0^{-n}[(1-a)^2+4A]^{-\frac{1}{2}}]^{-n+1}r_0^{-n+1}\}=$$
$$Ar_0^{-n+1}[1-Ar_0^{-n+1}[(1-a)^2+4A]^{-1}-$$
$$[1-Ar_0^{-n}[(1-a)^2+4A]^{-\frac{1}{2}}]^{-n+1}]\leqslant 0$$

$$(9)$$

最后的不等式是因为

$$r_0\geqslant 1,0\leqslant Ar_0^{-n}[(1-a)^2+4A]^{-\frac{1}{2}}\leqslant\frac{1}{2}\quad(10)$$

而这是不难验证的. 于是当 $r>r_1$ 时,式(7)的左端是负的. 从而 $|z|=r(r>r_1)$,式(6)中的 $f(\lambda)>0$,即 $|P(z)|>0$,这就证明了定理 2.

式(8)的右端比起式(2)的右端来说是零点模数上确界的高一级近似. 它相当于以式(2)右端为初始值,用切线法求式(7)的不足近似根.

不难验证,定理 2 包含了[1]的定理 2.

§3　下界的改进

定理 A 中的下界当 $A+|a_0|\geqslant 1$ 时可作显著的改进. 我们有如下的定理:

定理 3　设 $P(z)=z^n+\sum_{i=0}^{n-1}a_iz^i,n\geqslant 2,A=\max_{0\leqslant i\leqslant n-1}|a_i|,|a_0|>0,A+|a_0|\geqslant 1$. 那么 $P(z)$ 的一切零点都不在圆

$$|z|<\frac{|a_0|}{A+|a_0|}\quad\quad(11)$$

35

之内.

证明

$$|P(z)| \geqslant |a_0| - A\sum_{i=1}^{n-1}|z|^i - |z|^n$$

令 $|z| = r$, 则方程

$$|a_0| = A\sum_{i=1}^{n-1}r^i + r^n \tag{12}$$

有唯一的正根 r_1, 这是因为上式右边是 r 的增函数. 又因为当 $r = 1$ 时方程(12)右边大于左边, 所以此正根 $r_1 < 1$. 作适当的变形后, 方程(12)可变为

$$r^{n+1} + (A-1)r^n - (A + |a_0|)r + |a_0| = 0 \tag{13}$$

方程(13)只有两个正根: r_1 以及 $r_2 = 1$. 将 $r = \dfrac{|a_0|}{A + |a_0|}$ 代入方程(13)左边得

$$\left(\frac{|a_0|}{A + |a_0|}\right)^n \left(\frac{|a_0|}{A + |a_0|} + A - 1\right) \geqslant 0$$

这就说明 $r_1 \geqslant \dfrac{|a_0|}{A + |a_0|}$, 即当 $r = |z| < \dfrac{|a_0|}{A + |a_0|}$ 时

$$|P(z)| \geqslant |a_0| - A\sum_{i=1}^{n-1}r^i - r^n > 0$$

证毕.

应当指出的是定理 3 的估计是精确的. 对于多项式

$$P(z) = z^n + A\sum_{i=0}^{n-1}z^i - 1 \quad \left(1 > A \geqslant \frac{1}{2}\right)$$

而言, $\dfrac{|a_0|}{A + |a_0|} = 1 - A$ 恰好是它的零点.

定理 B 没有关于零点模下界的信息. 对此, 我们可以证明下列的定理:

定理 4 设 $P(z) = z^n + \sum_{i=0}^{n-1} a_i z^i, A = \max_{1 \leqslant i \leqslant n-2} | a_i |$，

$a = | a_{n-1} |, | a_0 | > 0, n \geqslant 2$. 那么当 $| a_0 | \geqslant (n-2)A + a + 1$ 时，在圆 $| z | < 1$ 之内没有 $P(z)$ 的零点；当 $| a_0 | < (n-2)A + a + 1$ 时，若 $A + | a_0 | > a + \dfrac{| a_0 |}{A + | a_0 |}$，则 $P(z)$ 的一切零点都在圆

$$| z | \leqslant \frac{| a_0 |}{A + | a_0 |}$$

之外.

证明 令 $| z | = r$，则

$$| P(z) | \geqslant | a_0 | - Ar\frac{r^{n-2} - 1}{r - 1} - ar^{n-1} - r^n$$

方程

$$| a_0 | = Ar\frac{r^{n-2} - 1}{r - 1} + ar^{n-1} + r^n \tag{14}$$

的右边是增函数，所以方程(14)有唯一的正根. 方程(14)可变形为

$$r^{n+1} + (a-1)r^n + (A-a)r^{n-1} -$$
$$(A + | a_0 |)r + | a_0 | = 0 \tag{15}$$

方程(15)只有两个正根：一个是方程(14)的根，另一个是 $r = 1$. 当 $| a_0 | \geqslant (n-2)A + a + 1$ 时，方程(15)的正根都大于或等于 1. 故 $P(z)$ 在圆 $| z | < 1$ 之内无零点. 当 $| a_0 | < (n-2)A + a + 1$ 时，方程(15)有一个正根在区间 $(0,1)$ 内，若 $A + | a_0 | > a + \dfrac{| a_0 |}{A + | a_0 |}$，

将 $r = \dfrac{| a_0 |}{A + | a_0 |}$ 代入方程(15)的左边，得

$$\left(\frac{| a_0 |}{A + | a_0 |}\right)^{n+1}\Big[| a_0 |^2 +$$

$$(a-1)|a_0|(A+|a_0|)+$$
$$(A-a)(A+|a_0|)^2]=$$
$$\left(\frac{|a_0|}{A+|a_0|}\right)^{n+1}[(A+|a_0|)^2-$$
$$a(A+|a_0|)-|a_0|]>0$$

由此可见方程(14)的根 $r_1>\dfrac{|a_0|}{A+|a_0|}$,即 $P(z)$ 的一切零点都在圆 $|z|\leqslant\dfrac{|a_0|}{A+|a_0|}$ 之外. 证毕.

定理 4 实质上可以看成是定理 3 的推广. 一般而言,它也是精确的.

参考资料

[1] DATT B, GOVIL N K. On the location of the zeros of a polynomial [J]. J. Appr. Theory,1978,24:78-82.

[2] CAUCHY A L. Exercises de mathematiques, Ⅳ[M]. Paris:Année de Bure Fréres,1829.

[3] JOYAL A,LABELLE G, RAHMAN Q I. On the location of zeros of polynomials[J]. Canad. Math. Bull. ,1967,10:53-63.

多项式零点的存在区域①

第

3

章

§1　引　　言

考虑 n 次多项式

$$p(z) = a_n z^n + a_{n-1} z^{n-1} + \cdots +$$
$$a_1 z + a_0 \tag{1}$$

其中 $a_i(i=0,1,\cdots,n)$ 是复数，$a_0 a_n \neq 0$.
$p(z)$ 的零点的存在区域的估计在微分
方程理论、复变函数理论、数值分析的理
论和实践等诸多方面有着广泛的应用.
对此，$[1 \sim 8]$ 给出了一些估计式.

南京师范大学数学系的宋永忠教授
在 1993 年利用多项式的友阵证明了
$p(z)$ 零点存在的一些新的圆环区域，其
结果比上述的好.

---

① 本章摘编自《数学学报》，1993 年，第 36 卷，第 2 期.

对于多项式 $p(z)$，它的友阵 —— Frobenius 矩阵为

$$\boldsymbol{F} = \begin{pmatrix} 0 & 0 & \cdots & 0 & 0 & -s_0 \\ 1 & 0 & \cdots & 0 & 0 & -s_1 \\ \vdots & \vdots & & \vdots & \vdots & \vdots \\ 0 & 0 & \cdots & 1 & 0 & -s_{n-2} \\ 0 & 0 & \cdots & 0 & 1 & -s_{n-1} \end{pmatrix}$$

$$(s_i = \frac{a_i}{a_n}, i = 0, 1, \cdots, n-1) \tag{2}$$

容易证明[3,5]，$p(z)$ 的零点与 $\boldsymbol{F}$ 的特征值一致.

下文中用 ξ 表示 $p(z)$ 的零点. 令

$$q(z) = a_0 z^n + a_1 z^{n-1} + \cdots + a_{n-1} z + a_n \tag{3}$$

则 $q(z)$ 的零点为 ξ^{-1}. 为方便起见，记

$$t_i = \frac{a_i}{a_0} (i = 1, 2, \cdots, n), t_{n+1} = s_{-1} = 0$$

§2 零点的存在区域

定理 1 记

$$s = 1 + \sum_{i=0}^{n-1} |s_i|^2$$

则有

$$\frac{\sqrt{2}}{2}(s - \sqrt{s^2 - 4|s_0|^2})^{\frac{1}{2}} \leqslant |\xi| \leqslant$$

$$\frac{\sqrt{2}}{2}(s + \sqrt{s^2 - 4|s_0|^2})^{\frac{1}{2}}$$

证明　直接相乘得

$$\boldsymbol{F}^{\mathrm{H}}\boldsymbol{F} = \begin{bmatrix} 1 & 0 & \cdots & 0 & -s_1 \\ 0 & 1 & \cdots & 0 & -s_2 \\ \vdots & \vdots & & \vdots & \vdots \\ 0 & 0 & \cdots & 1 & -s_{n-1} \\ -\bar{s}_1 & -\bar{s}_2 & \cdots & -\bar{s}_{n-1} & \sum_{i=0}^{n-1} |s_i|^2 \end{bmatrix}$$

设 $\boldsymbol{F}^{\mathrm{H}}\boldsymbol{F}$ 的特征值为 $\sigma_1,\cdots,\sigma_n,\sigma_1 \leqslant \cdots \leqslant \sigma_n$，由特征值隔离定理[3] 可得

$$\sigma_2 = \cdots = \sigma_{n-1} = 1$$

因为

$$\sum_{i=1}^{n} \sigma_i = \mathrm{tr}(\boldsymbol{F}^{\mathrm{H}}\boldsymbol{F}) = n - 2 + s$$

$$\prod_{i=1}^{n} \sigma_i = \det(\boldsymbol{F}^{\mathrm{H}}\boldsymbol{F}) = |\det \boldsymbol{F}|^2 = |s_0|^2$$

所以

$$\sigma_1 + \sigma_n = s$$

$$\sigma_1 \sigma_n = |s_0|^2$$

由此解得

$$\sigma_1 = \frac{1}{2}(s - \sqrt{s^2 - 4|s_0|^2})$$

$$\sigma_n = \frac{1}{2}(s + \sqrt{s^2 - 4|s_0|^2})$$

从而有

$$|\xi| \leqslant \|\boldsymbol{F}\|_2 = \sqrt{\sigma_n} = \frac{\sqrt{2}}{2}(s + \sqrt{s^2 - 4|s_0|^2})^{\frac{1}{2}}$$

$$|\xi| \geqslant \|\boldsymbol{F}^{-1}\|_2^{-1} = \sqrt{\sigma_1} = \frac{\sqrt{2}}{2}(s - \sqrt{s^2 - 4|s_0|^2})^{\frac{1}{2}}$$

证毕.

注 容易证明此结果优于 Carmichael-Mason 的结果[3].

定理 2 $b<|\xi|<a$,其中

$$a = \Big(1 + \sum_{i=0}^{n-1}|s_i|^2 + \sum_{i=0}^{n-1}|s_i s_{n-1} - s_{i-1}|^2\Big)^{\frac{1}{4}}$$

$$b = \Big(1 + \sum_{i=1}^{n}|t_i|^2 + \sum_{i=1}^{n}|t_i t_1 - t_{i+1}|^2\Big)^{-\frac{1}{4}}$$

证明 容易计算得

$$\boldsymbol{F}^2 = \begin{pmatrix} 0 & 0 & 0 & \cdots & 0 & -s_0 & s_0 s_{n-1} \\ 0 & 0 & 0 & \cdots & 0 & -s_1 & s_1 s_{n-1} - s_0 \\ 1 & 0 & 0 & \cdots & 0 & -s_2 & s_2 s_{n-1} - s_1 \\ \vdots & \vdots & \vdots & & \vdots & \vdots & \vdots \\ 0 & 0 & 0 & \cdots & 0 & -s_{n-2} & s_{n-2} s_{n-1} - s_{n-3} \\ 0 & 0 & 0 & \cdots & 1 & -s_{n-1} & s_{n-1} s_{n-1} - s_{n-2} \end{pmatrix}$$

$$(4)$$

$$(\boldsymbol{F}^2)^{\mathrm{H}} \boldsymbol{F}^2 = \begin{pmatrix} \boldsymbol{I}_{n-2} & \boldsymbol{A} \\ \boldsymbol{A}^{\mathrm{H}} & \boldsymbol{B} \end{pmatrix}$$

$$\boldsymbol{B} = \begin{pmatrix} \displaystyle\sum_{i=0}^{n-1}|s_i|^2 & u \\ \bar{u} & \displaystyle\sum_{i=0}^{n-1}|s_i s_{n-1} - s_{i-1}|^2 \end{pmatrix}$$

其中 $\boldsymbol{I}_{n-2}$ 是 $n-2$ 阶单位矩阵,$\boldsymbol{A}$ 是 $(n-2) \times 2$ 矩阵,u 是复数. 记 $(\boldsymbol{F}^2)^{\mathrm{H}} \boldsymbol{F}^2$ 的特征值为 $\lambda_1, \cdots, \lambda_n, \lambda_1 \leqslant \cdots \leqslant \lambda_n$,则有

$$\sum_{i=1}^{n} \lambda_i = \mathrm{tr}((\boldsymbol{F}^2)^{\mathrm{H}} \boldsymbol{F}^2) = a^4 + n - 3$$

又由于 $\boldsymbol{I}_{n-2}$ 是 $(\boldsymbol{F}^2)^{\mathrm{H}} \boldsymbol{F}^2$ 的顺序主子阵,由隔离定理得

$$\lambda_3 = \cdots = \lambda_{n-2} = 1$$

且
$$\lambda_{n-1} \geqslant 1$$

从而得
$$\lambda_1 + \lambda_2 + \lambda_n \leqslant a^4$$

又从 $\boldsymbol{F}$ 的非奇异性知 $\lambda_1 > 0$，于是
$$\lambda_n < a^4$$

因此
$$|\xi| \leqslant [\rho(\boldsymbol{F}^2)]^{\frac{1}{2}} \leqslant \|\boldsymbol{F}^2\|^{\frac{1}{2}}_2 = \lambda_n^{\frac{1}{4}} < a$$

考察 $q(z)$ 即可得 $|\xi^{-1}| < b^{-1}$，从而 $|\xi| > b$. 证毕.

定理 3
$$\min_{1 \leqslant i \leqslant n}\{d_i\} \leqslant |\xi| \leqslant \max_{0 \leqslant i \leqslant n-1}\{c_i\}$$

其中
$$c_0 = (|s_0| + |s_0 s_{n-1}|)^{\frac{1}{2}}$$
$$c_1 = (|s_1| + |s_1 s_{n-1} - s_0|)^{\frac{1}{2}}$$
$$d_n = (|t_n| + |t_n t_1|)^{-\frac{1}{2}}$$
$$d_{n-1} = (|t_{n-1}| + |t_{n-1} t_1 - t_n|)^{-\frac{1}{2}}$$
$$c_{i+1} = (1 + |s_{i+1}| + |s_{i+1} s_{n-1} - s_i|)^{\frac{1}{2}}$$
$$d_i = (1 + |t_i| + |t_i t_1 - t_{i+1}|)^{-\frac{1}{2}}$$
$$(i = 1, 2, \cdots, n-2)$$

证明　由式（4）直接计算得
$$\|\boldsymbol{F}^2\|_\infty = \max_{0 \leqslant i \leqslant n-1}\{c_i^2\}$$

从而
$$|\xi| \leqslant \|\boldsymbol{F}^2\|^{\frac{1}{2}}_\infty = \max_{0 \leqslant i \leqslant n-1}\{c_i\}$$

考察 $q(z)$ 即可导出左端不等式. 证毕.

注　我们可以证明这个区域比 Cauchy 的结果[3]

好.

类似地,利用 $\parallel F^2 \parallel_1$ 可以证明如下结果.

定理 4 $d \leqslant \mid \xi \mid \leqslant c$,其中

$$c = \max\Big\{1, \big(\sum_{i=0}^{n-1} \mid s_i \mid\big)^{\frac{1}{2}}, \big(\sum_{i=0}^{n-1} \mid s_i s_{n-1} - s_{i-1} \mid\big)^{\frac{1}{2}}\Big\}$$

$$d = \min\Big\{1, \big(\sum_{i=1}^{n} \mid t_i \mid\big)^{-\frac{1}{2}}, \big(\sum_{i=1}^{n} \mid t_i t_1 - t_{i+1} \mid\big)^{-\frac{1}{2}}\Big\}$$

注 1 此区域优于 Montel 的结果.

注 2 [3]指出 Montel 的上界比 Cauchy 的弱. 这是不确切的. 不难验证,当 $a_0 = \dfrac{1}{2}, a_1 = 2, a_n = 1,$ $a_2 = \cdots = a_{n-1} = 0$ 时,Montel 和 Cauchy 的上界分别为 2.5 和 3.

定理 5 (a) 设 $\alpha_0 > 0$ 是任意给定的正实数,若

$$\alpha_1 \equiv \big(\sum_{i=0}^{n-1} \mid s_i \mid \alpha_0^i\big)^{\frac{1}{n}} \leqslant \alpha_0,则$$

$$\mid \xi \mid \leqslant \alpha_1$$

(b) 设 $\beta_0 > 0$ 是任意给定的正实数,若 $\beta_1 \equiv$ $\big(\sum_{i=1}^{n} \mid t_i \mid \beta_0^{n-i}\big)^{\frac{1}{n}} \leqslant \beta_0,则$

$$\mid \xi \mid \geqslant \beta_1^{-1}$$

证明 记

$$g_1(z) = z^n - \mid s_{n-1} \mid z^{n-1} - \cdots - \mid s_1 \mid z - \mid s_0 \mid \quad (5)$$

[4]保证 $g_1(z)$ 有唯一正零点 α,而且

$$\mid \xi \mid \leqslant \alpha \qquad\qquad (6)$$

令

$$\varphi(x) = \big(\mid s_{n-1} \mid x^{n-1} + \cdots + \mid s_1 \mid x + \mid s_0 \mid\big)^{\frac{1}{n}}$$

则 α 是 φ 的唯一正不动点. 由于 $\varphi(x)$ 是 $[0,\infty)$ 上严格单调递增的连续函数,根据[9]中定理 5.7 得:若

$\alpha_1 \leqslant \alpha_0$，则序列$\{\alpha_i = \varphi(\alpha_{i-1}), i = 1, 2, \cdots\}$单调递减且收敛于$\alpha$，因而$\alpha \leqslant \alpha_1$. 由此及式(6)即得(a)成立.

类似地，考察多项式

$$g_2(z) = z^n - \mid t_1 \mid z^{n-1} - \cdots - \mid t_{n-1} \mid z - \mid t_n \mid \quad (7)$$

可证得(b). 证毕.

定理 6　(a) 设α_0是式(5)定义的多项式$g_1(z)$零点模的任一上界，则

$$\mid \xi \mid \leqslant \alpha_1 \equiv \Big(\sum_{i=0}^{n-1} \mid s_i \mid \alpha_0^i\Big)^{\frac{1}{n}} \leqslant \alpha_0$$

(b) 设β_0是式(7)定义的多项式$g_2(z)$零点模的任一上界，则

$$\beta_1 \equiv \Big(\sum_{i=1}^{n} \mid t_i \mid \beta_0^{n-i}\Big)^{\frac{1}{n}} \leqslant \beta_0$$

且

$$\mid \xi \mid \geqslant \beta_1^{-1}$$

证明　只证明(a)，(b)可以类似证得.

记α是$g_1(z)$的唯一正零点，由题设知$\alpha \leqslant \alpha_0$，从而

$$0 \leqslant g_1(\alpha_0) = \alpha_0^n - \mid s_{n-1} \mid \alpha_0^{n-1} - \cdots - $$
$$\mid s_1 \mid \alpha_0 - \mid s_0 \mid$$

由此推出$\alpha_1 \leqslant \alpha_0$，根据定理 5 得$\mid \xi \mid \leqslant \alpha_1$. 证毕.

注　若已知$p(z)$零点模的某个界中所含$p(z)$的系数是以绝对值的形式出现或当用绝对值的相反数取代它时这个界不增加，则显然这个界也是$g_1(z)$零点模(或$g_2(z)$零点模的倒数)的界. 因此若取[1～8]或本节定理 1～5 中的任一界作为相应的α_0(或β_0^{-1})，则定理 6 都成立. 这就说明由定理 6 可以得出比[1～8]的所有相应结果都好的区域.

参考资料

[1] DATT B,GOVIL N K. On the location of the zeros of a polynomial [J]. J. Appr. Theory,1978,24:78-82.

[2] ELSNER L. A remark on simultaneous inclusions of the zeros of a polynomial by Gershgorin's theorem[J]. Numer. Math. ,1973,25: 425-427.

[3] HORN R A,JOHNSON C R. Matrix analysis[M]. Cambridge: Cambridge Univ. Press,1985.

[4] PÓLYA G,SZEGÖ G. Problems and theorems in analysis,Vol. I [M]. New York:Springer-Verlag,1972.

[5] STOER J,BULIRSCH R. Introduction to numerical analysis[M]. Berlin:Springer-Verlag,1980.

[6] TÖRNIG W. Numerische Mathematik für Ingenieure und Physiker, Band 1[M]. New York:Springer-Verlag,1979.

[7] 蔡耀志. 高次代数方程根模上界的估值[J].浙江大学学报,1980,2: 56-65.

[8] 翁祖荫.关于多项式零点模的界限[J].浙江大学学报,1980,3:70-75.

[9] 李庆扬,莫孜中,祁力群.非线性方程组的数值解法[M].北京:科学出版社,1987.

一般多项式零点的新估计[①]

第

4

章

多项式零点的估计在数学本身及工程问题中都是十分重要的,但对于一般的复多项式,其零点的较精确的估计是很棘手的,尽管在[1~4]中对不同条件都建立了相应的估计式,但是从精度上来说,都是较粗略的. 基于这一点,新疆大学数学系的塔里甫江、永学荣两位教授 1993 年研究了一般多项式的根的估计,其结果与目前的估计是互相独立的,这一点我们举例给出了说明. 另外,本章研究的内容是在有复根的意义下进行的,对于所有根均为实数的情况,在塔里甫江、永学荣的另文中得出了相应的估计式.

多项式(系数可以是复数)

① 本章摘编自《新疆大学学报(自然科学版)》,1993 年,第 10 卷,第 1 期.

Zero point 问题

$$f(\lambda) = \lambda^n + a_1 \lambda^{n-1} + a_2 \lambda^{n-2} + \cdots + a_n \qquad (1)$$

与矩阵

$$A = \begin{pmatrix} 0 & 0 & 0 & \cdots & 0 & -a_n \\ 1 & 0 & 0 & \cdots & 0 & -a_{n-1} \\ 0 & 1 & 0 & \cdots & 0 & -a_{n-2} \\ \vdots & \vdots & \vdots & & \vdots & \vdots \\ 0 & 0 & 0 & \cdots & 0 & -a_2 \\ 0 & 0 & 0 & \cdots & 1 & -a_1 \end{pmatrix}$$

的特征多项式 $g(\lambda)$ 是相等的,即

$$g(\lambda) = f(\lambda)$$

而且,有谱半径的关系

$$\rho^2(A) \leqslant \rho(A^H \cdot A) \qquad (\text{H 表示转置共轭}) \qquad (2)$$

因此,我们考虑 Hermite 矩阵 $A^H \cdot A$ 的特征多项式,并设法求出其最大特征值. 由于

$$A^H \cdot A = \begin{pmatrix} 0 & 1 & 0 & \cdots & 0 & 0 \\ 0 & 0 & 1 & \cdots & 0 & 0 \\ 0 & 0 & 0 & \cdots & 0 & 0 \\ \vdots & \vdots & \vdots & & \vdots & \vdots \\ 0 & 0 & 0 & \cdots & 0 & 1 \\ -\bar{a}_n & -\bar{a}_{n-1} & -\bar{a}_{n-2} & \cdots & -\bar{a}_2 & -\bar{a}_1 \end{pmatrix} \cdot$$

$$\begin{pmatrix} 0 & 0 & 0 & \cdots & 0 & -a_n \\ 1 & 0 & 0 & \cdots & 0 & -a_{n-1} \\ 0 & 1 & 0 & \cdots & 0 & -a_{n-2} \\ \vdots & \vdots & \vdots & & \vdots & \vdots \\ 0 & 0 & 0 & \cdots & 0 & -a_2 \\ 0 & 0 & 0 & \cdots & 1 & -a_1 \end{pmatrix} =$$

$$\begin{pmatrix} 1 & 0 & 0 & \cdots & 0 & -a_{n-1} \\ 0 & 1 & 0 & \cdots & 0 & -a_{n-2} \\ 0 & 0 & 1 & \cdots & 0 & -a_{n-3} \\ \vdots & \vdots & \vdots & & \vdots & \vdots \\ 0 & 0 & 0 & \cdots & 1 & -a_1 \\ -\bar{a}_{n-1} & -\bar{a}_{n-2} & -\bar{a}_{n-3} & \cdots & -\bar{a}_1 & \sum_{i=1}^{n} \mid a_i \mid^2 \end{pmatrix}$$

因此

$$\mid \lambda \boldsymbol{I} - \boldsymbol{A}^{\mathrm{H}} \cdot \boldsymbol{A} \mid =$$

$$\begin{vmatrix} \lambda-1 & 0 & 0 & \cdots & 0 & 0 & a_{n-1} \\ 0 & \lambda-1 & 0 & \cdots & 0 & 0 & a_{n-2} \\ 0 & 0 & \lambda-1 & \cdots & 0 & 0 & a_{n-3} \\ \vdots & \vdots & \vdots & & \vdots & \vdots & \vdots \\ 0 & 0 & 0 & \cdots & 0 & \lambda-1 & a_1 \\ \bar{a}_{n-1} & \bar{a}_{n-2} & \bar{a}_{n-3} & \cdots & \bar{a}_2 & \bar{a}_1 & \lambda-\sum_{i=1}^{n} \mid a_i \mid^2 \end{vmatrix} =$$

$$(\lambda-1)^{n-2} \left[\lambda^2 - (1 + \sum_{i=1}^{n} \mid a_i \mid^2 \lambda + \mid a_n \mid^2) \right]$$

经计算得知，$\boldsymbol{A}^{\mathrm{H}} \cdot \boldsymbol{A}$ 的 n 个特征值为

$$\underbrace{1,1,\cdots,1}_{n-2 \text{个}}, \frac{1}{2} \left[1 + \sum_{i=1}^{n} \mid a_i \mid^2 \pm \right.$$

$$\left. \sqrt{(1 + \sum_{i=1}^{n} \mid a_i \mid^2)^2 - 4 \mid a_n \mid^2} \right]$$

故由式（2），有：

定理　一般多项式（系数可以是复数）

$$f(z) = z^n + a_1 z^{n-1} + \cdots + a_n$$

的每个根的模均不大于

$$\max\left\{1,\left[\frac{1}{2}\left(1+\sum_{i=1}^{n}\mid a_i\mid^2+\right.\right.\right.$$

$$\left.\left.\left.\sqrt{(1+\sum_{i=1}^{n}\mid a_i\mid^2)^2-4\mid a_n\mid^2}\right)\right]^{\frac{1}{2}}\right\}$$

对于一般多项式,目前常用的估计式有:

(1)([1]) 方程

$$z^n+a_1 z^{n-1}+a_2 z^{n-2}+\cdots+a_n=0$$

每个根的绝对值不大于

$$\max\{n\mid a_1\mid,\sqrt{n\mid a_2\mid},\cdots,\sqrt[n]{n\mid a_n\mid}\}$$

和

$$\max_{1\leqslant k\leqslant n}\left\{\sqrt[k]{\frac{2^n-1}{\binom{n}{k}}\mid a_k\mid}\right\}$$

但一定小于

$$\max_{1\leqslant k\leqslant n}\{2\sqrt[k]{\mid a_k\mid}\}$$

(2)([2]) 若 $x_1,x_2,\cdots,x_n$ 是多项式

$$P(x)=x^n+a_1 x^{n-1}+\cdots+a_n$$

的根,则

$$\mid x_k\mid\leqslant\mid a_1\mid+\mid a_2\mid^{\frac{1}{2}}+\cdots+\mid a_n\mid^{\frac{1}{n}}$$
$$(k=1,2,\cdots,n)$$

因以上估计式的表达式较复杂,故我们没有把本章的结果与[1,2]进行比较,但下面的三个例子充分说明了本章的定理与[1,2]是互不包含的.

例 估计下列方程的根的范围.

1. $x^4+4x^3+6x^2+4x-3=0$.

2. $x^6+3x^5+x^4-x^2-3x-1=0$.

3. $2x^6 + 11x^5 + 24x^4 + 22x^3 - 8x^2 - 33x - 18 = 0$.

上述方程在 VAX 机上的运行结果见表 1.

表 1

方程	估计式			
	[1]	[2]	本章定理	正确区间
1	$(-16, 16)$	$(-9.353, 9.353)$	$(-8.83, 8.83)$	$[-\sqrt{3}, \sqrt{3}]$
2	$(-18, 18)$	$(-7.246, 7.246)$	$(-4.69, 4.69)$	$[-2.62, 2.62]$
3	$(-33, 33)$	$(-15.796, 15.796)$	$(-25.778, 25.778)$	$[-2, 2]$

由矩阵 $\boldsymbol{A}$ 的结构及 $\rho(\boldsymbol{A}) \leqslant \|\boldsymbol{A}\|_\infty, \rho(\boldsymbol{A}) \leqslant \|\boldsymbol{A}\|_1$, 有:

推论　一般多项式
$$f(z) = z^n + a_1 z^{n-1} + \cdots + a_n$$
的根的模不大于
$$\max\{|a_n|, 1 + |a_{n-1}|, 1 + |a_{n-2}|, \cdots, 1 + |a_1|\}$$
及
$$\max\{1, \sum_{i=1}^n |a_i|\}$$

在 [3,4] 中对于实系数的多项式给出了其正根的上界,本章给出的尽管是一般多项式所有根的上界,但是容易从表达式知它们互不包含.

参考资料

[1] PÓLYA G, SZEGÖ G. Problems and theorems in analysis, Vol. I

Zero point 问题

〔M〕. New York:Springer-Verlag,1972.

[2] 密特利诺维奇 D S.解析不等式[M].张小萍,王龙,译.北京:科学
出版社,1987.

[3] 蒋尔雄,高坤敏,吴景琨.线性代数[M].北京:人民教育出版社,
1979.

[4] 刘培娜,杨大淳.一元代数方程[M].北京:科学出版社,1987.

一类多项式零点问题的证明[①]

第 5 章

由数学分析知,当函数 $f(x)$ 在闭区间 $[a,b]$ 上连续,在开区间 (a,b) 内可导,且 $f(a)=f(b)$ 时,在 (a,b) 内至少存在一点 ξ,使

$$f'(\xi)=0$$

其中 a,b 为任意有限实数. 该结论称为 Rolle 定理.

吕梁高等专科学校(今吕梁学院)的康开龙教授 1994 年指出:当函数的定义区间由任意有限实数变为正负无穷,即由有限区间变为无穷区间时,定理的结论仍然成立.

广义 Rolle 定理 设函数 $f(x)$ 在有限或无穷区间 (a,b) 中的任意一点 x 处存在有限的导数 $f'(x)$,且

$$\lim_{x\to a^+}f(x)=\lim_{x\to b^-}f(x)$$

---

① 本章摘编自《抚州师专学报》,1994 年,第 1 期.

则在 (a,b) 内至少存在一点 ξ, 使
$$f'(\xi)=0$$

证明 当 (a,b) 为有限区间时,设

$$F(x)=\begin{cases} f(x),x\in(a,b) \\ \lim_{x\to a^+}f(x)=\lim_{x\to b^-}f(x),x=a \text{ 或 } b \end{cases}$$

显然,函数 $f(x)$ 在 $[a,b]$ 上连续,在 (a,b) 内可导,且 $F(a)=F(b)$. 故由 Rolle 定理知,在 (a,b) 内至少存在一点 ξ, 使

$$F'(\xi)=0$$

而在 (a,b) 内,$F'(x)=f'(x)$,所以有

$$f'(\xi)=0 \quad (a<\xi<b)$$

当 (a,b) 为无穷区间,即 $a=-\infty,b=+\infty$ 时,作变换

$$x=\tan t \quad \left(-\frac{\pi}{2}<t<\frac{\pi}{2}\right)$$

则对由函数 $f(x)$ 与 $x=\tan t$ 组成的复合函数
$$g(t)=f(\tan t)$$

在有限区间 $\left[-\frac{\pi}{2},\frac{\pi}{2}\right]$ 上满足题设条件,仿前讨论,易知:至少存在一点 $t_0\in\left(-\frac{\pi}{2},\frac{\pi}{2}\right)$, 使

$$g'(t_0)=f'(\xi)\sec^2 t_0=0$$

其中 $\xi=\tan t_0$. 由于 $\sec^2 t_0\neq 0$,故

$$f'(\xi)=0$$

可见在其条件下,Rolle 定理的结论仍不失真.

当 a 为有限实数,$b=+\infty$ 时,则令 $b_0>\max\{a,0\}$,且 $x=\dfrac{(b_0-a)t}{b_0-t}$,于是复合函数

$$g(t) = f\left[\frac{(b_0 - a)t}{b_0 - t}\right]$$

在有限区间 (a, b_0) 内满足题设条件，仿前讨论，可知：存在 $t_0 \in (a, b)$，使

$$g'(t_0) = f'(\xi) \cdot \frac{b_0(b_0 - a)}{(b_0 - t_0)^2} = 0$$

其中

$$\xi = \frac{(b_0 - a)t_0}{b_0 - t_0}$$

显然 $a < \xi < +\infty$，由于

$$\frac{b_0(b_0 - a)}{(b_0 - t_0)^2} > 0$$

故 $f'(\xi) = 0$，Rolle 定理的结论仍然成立.

对于 $a = -\infty$，b 为有限实数的情形，可类似地证明.

下面我们借助于广义 Rolle 定理来证明一类著名的多项式零点问题.

问题 1　证明 Tschebyscheff-Laguerre 多项式

$$L_n(x) = e^x \frac{d^n}{dx^n}(x^n e^{-x})$$

所有的根都是正根.

证明　首先，不难验证 $L_n(x)$ 确实是 n 次多项式.

设 $f(x) = x^n e^{-x}$，显见 $f(0) = 0$，$\lim\limits_{x \to +\infty} f(x) = 0$，由此知 $f(x)$ 在 $(0, +\infty)$ 上满足广义 Rolle 定理的条件，故由此定理知，存在 $x_1^{(1)} \in (0, +\infty)$，使得

$$f'(x_1^{(1)}) = 0$$

设 $f^{(k)}(x)$ 有 k 个零点 $x_i^{(k)}$，$i = 1, 2, \cdots, k$，$k < n$，且

$$0 < x_1^{(k)} < x_2^{(k)} < \cdots < x_k^{(k)} < + \infty$$

则因

$$f^{(k)}(x) = x^{n-k} P_k(x) e^{-x}$$

其中 $P_k(x)$ 为一个多项式,故推知

$$f^{(k)}(0) = 0$$

$$\lim_{x \to +\infty} f^{(k)}(x) = 0$$

再运用广义 Rolle 定理知,存在

$$x_1^{(k+1)} \in (0, x_1^{(k)})$$

$$x_2^{(k+1)} \in (x_1^{(k)}, x_2^{(k)})$$

$$\vdots$$

$$x_{k+1}^{(k+1)} \in (x_k^{(k)}, +\infty)$$

使得 $f^{(k+1)}(x_i^{(k+1)}) = 0, i = 1, 2, \cdots, k+1.$ 由归纳法原理知

$$\frac{d^n}{dx^n}(x^n e^{-x}) = f^{(n)}(x)$$

有 n 个正根,而 e^x 恒不为零,故 $L_n(x)$ 有 n 个正根,但由代数定理知 n 次多项式只有 n 个根,从而 $L_n(x)$ 的一切根都为正实数.

问题 2　证明 Tschebyscheff-Hermite 多项式

$$H_n(x) = (-1)^n e^{x^2} \frac{d^n}{dx^n}(e^{-x^2})$$

所有的根都是实数.

证明　不难验证 $H_n(x)$ 确实是 n 次多项式.

设 $f(x) = e^{-x^2}.$

因

$$\lim_{x \to -\infty} f(x) = \lim_{x \to +\infty} f(x) = 0$$

则由广义 Rolle 定理知,存在 $x_1^{(1)} \in (-\infty, +\infty)$,使得

$$f'(x_1^{(1)}) = 0$$

又因 $f^{(k)}(x) = P_k(x)\mathrm{e}^{-x^2}$,其中 $P_k(x)$ 为一个多项式,现设 $f^{(k)}(x)$ 有 k 个实零点

$$-\infty < x_1^{(k)} < x_2^{(k)} < \cdots < x_k^{(k)} < +\infty$$

则由

$$\lim_{x \to -\infty} f^{(k)}(x) = \lim_{x \to +\infty} f^{(k)}(x) = 0$$

知它满足广义 Rolle 定理的条件,即存在

$$x_1^{(k+1)} \in (-\infty, x_1^{(k)})$$
$$x_2^{(k+1)} \in (x_1^{(k)}, x_2^{(k)})$$
$$\vdots$$
$$x_{k+1}^{(k+1)} \in (x_k^{(k)}, +\infty)$$

使得

$$f^{(k+1)}(x_i^{(k+1)}) = 0 \quad (i = 1, 2, \cdots, k+1)$$

故知 $\dfrac{\mathrm{d}^n}{\mathrm{d}x^n}(\mathrm{e}^{-x^2}) = f^{(n)}(x)$ 有 n 个实零点,而 $(-1)^n \mathrm{e}^{x^2}$ 恒不为零,故 $H_n(x)$ 有 n 个实零点,但 $H_n(x)$ 为 n 次多项式,故知 $H_n(x)$ 仅有 n 个实零点.

多项式零点的界的一种估计[①]

第 6 章

§1 引 言

青岛大学数学系的赵维加教授 2000 年提出了多项式零点的界的一种估计方法,并利用这种估计方法得到了一些新的估计,改进了一些经典的估计式和近期的估计式.

考虑复系数多项式

$$P_n(z) = z^n + a_1 z^{n-1} + a_2 z^{n-2} + \cdots + a_n$$
$$(a_j \in \mathbf{C}, j = 1, 2, \cdots, n; a_n \neq 0) \quad (1)$$

在很多数学理论与实际应用中需要对式 (1) 的根的模进行估计. 最早的估计由 Cauchy 给出, 近年来主要的结果有 Carmichael-Mason 的估计[1]

---

① 本章摘编自《青岛大学学报》,2000 年,第 13 卷,第 2 期.

$$| \lambda | \leqslant \sqrt{1 + \sum_{i=1}^{n} | a_i |^2} \qquad (2)$$

Farmer-Loizou[2] 的估计

$$| \lambda | \leqslant 2 \max_{1 \leqslant i \leqslant n} | a_i |^{\frac{1}{i}} \qquad (3)$$

由于式(1)是矩阵

$$F = \begin{pmatrix} 0 & 0 & 0 & \cdots & 0 & -a_n \\ 1 & 0 & 0 & \cdots & 0 & -a_{n-1} \\ 0 & 1 & 0 & \cdots & 0 & -a_{n-2} \\ \vdots & \vdots & \vdots & & \vdots & \vdots \\ 0 & 0 & 0 & \cdots & 0 & -a_2 \\ 0 & 0 & 0 & \cdots & 1 & -a_1 \end{pmatrix} \qquad (4)$$

的特征多项式,故 F 也称为 $P_n(z)$ 的友阵.近年来,许多文献利用估计 F 的特征值的界来估计 $P_n(z)$ 的零点的界.如利用 $\rho(F) \leqslant \| F \|_\infty$ 得到

$$| \lambda | \leqslant 1 + \max_{1 \leqslant i \leqslant n} | a_i | \qquad (5)$$

即得到 Cauchy 的估计式.利用 $\rho(F) \leqslant \| F \|_2$ 得到 Kittaneh 的估计[3]

$$| \lambda | \leqslant \frac{\sqrt{2}}{2} \left[1 + \sum_{i=1}^{n} | a_i |^2 + \right.$$

$$\left. \sqrt{(1 + \sum_{i=1}^{n} | a_i |^2)^2 - 4 | a_n |^2} \right]^{\frac{1}{2}} \qquad (6)$$

它优于式(2).也可以由 $\rho(F) \leqslant \| F \|_1$,得到 Montel 的上界[1]

$$| \lambda | \leqslant \max \left\{ 1, \sum_{i=1}^{n} | a_i | \right\} \qquad (7)$$

宋永忠[4] 利用 $\rho(F) \leqslant \sqrt{\| F^2 \|}$ 得到新的估计,如

$$\rho(F) \leqslant \sqrt{\| F^2 \|_1} =$$

59

$$\max\left\{1,\sqrt{\sum_{i=1}^{n}|a_i|},\sqrt{\sum_{i=1}^{n}(|a_ia_1+a_{i+1}|)}\right\} \quad (8)$$

$$\rho(\boldsymbol{F})\leqslant\sqrt{\|\boldsymbol{F}^2\|_2}=$$

$$\left[1+\sum_{i=1}^{n}|a_i|^2+\sum_{i=1}^{n}(|a_ia_1+a_{i+1}|)^2\right]^{\frac{1}{4}} \quad (9)$$

宋永忠的估计包含了 Kittaneh 的估计.

Linden[5] 引入了广义友阵并利用广义友阵给出了新的估计. 容易验证, Farmer-Loizou、宋永忠和 Linden 的估计结果通常没有互相包含关系[6].

本章引入新的估计方法, 利用这种方法, 得到一些新的估计式, 改进了许多已知结果.

§2 多项式零点的界的新估计

引理 1[1]（Frobenius） 设 $A\neq0$ 为非负方阵, 则存在唯一实特征值 $\lambda>0$ 满足 $\rho(A)=\lambda$.

引理 2 设

$$q_n(z)=z^n-|a_1|z^{n-1}-\cdots-|a_n| \quad (10)$$

则 $q_n(z)$ 有唯一正根 ρ_1 且对式（1）的任一根 λ 有 $|\lambda|\leqslant\rho_1$.

证明 由于式（10）的友阵非负, 由引理 1 知 $q_n(z)$ 有唯一正根 ρ_1, 若式（1）有根 λ 满足 $|\lambda|>\rho_1$, 则

$$\rho_1^n<|\lambda^n|=|a_1\lambda^{n-1}+a_2\lambda^{n-2}+\cdots+a_n|\leqslant$$

$$|a_1||\lambda|^{n-1}+|a_2||\lambda|^{n-2}+\cdots+|a_n|$$

$$(11)$$

即 $q_n(|\lambda|)\leqslant0$, 从而在 $[|\lambda|,+\infty)$ 上式（10）有根, 矛盾.

定理 1　设 $1 \leqslant s \leqslant n, \sigma > 0$, 取 ρ_1 同引理 2. 又设

$$q_{1\sigma} = z^s - |a_1| z^{s-1} - \cdots - |a_{s-1}| z - (|a_s| + \sigma) \tag{12}$$

$$q_{2\sigma} = z^{n-s} - \frac{|a_{s+1}|}{\sigma} z^{n-s-1} - \cdots - \frac{|a_n|}{\sigma} \tag{13}$$

有唯一正根 $\rho_{1\sigma}, \rho_{2\sigma}$, 则

$$\rho_1 \leqslant \max\{\rho_{1\sigma}, \rho_{2\sigma}\} \tag{14}$$

且存在唯一的 $\sigma_0 > 0$, 满足

$$\rho_1 = \rho_{1\sigma_0} = \rho_{2\sigma_0}$$

证明　由

$$q_n(z) = z^{n-s} q_{1\sigma}(z) + \sigma q_{2\sigma}(z) \tag{15}$$

对 $z > \max\{\rho_{1\sigma}, \rho_{2\sigma}\}$, 有

$$q_{1\sigma}(z) > 0, q_{2\sigma}(z) > 0$$

从而

$$q_n(z) = z^{n-s} q_{1\sigma}(z) + \sigma q_{2\sigma}(z) > 0$$

即知 $\rho_1 \leqslant \max\{\rho_{1\sigma}, \rho_{2\sigma}\}$.

又当 $\sigma = 0$ 时, $\rho_{1\sigma} < \rho_1$, 及 $\lim\limits_{\sigma \to +\infty} \rho_{1\sigma} = +\infty$, 由于 $\rho_{1\sigma}$ 是 σ 的连续单调增函数, 知存在唯一的 σ_0 使 $\rho_{1\sigma_0} = \rho_1$, 而此时恰有 $q_{2\sigma}(\rho_1) = 0$, 故得证.

推论 1　设

$$\boldsymbol{F}_1 = \begin{pmatrix} 0 & 0 & 0 & \cdots & 0 & |a_s| + \sigma \\ 1 & 0 & 0 & \cdots & 0 & |a_{s-1}| \\ 0 & 1 & 0 & \cdots & 0 & |a_{s-2}| \\ \vdots & \vdots & \vdots & & \vdots & \vdots \\ 0 & 0 & 0 & \cdots & 0 & |a_2| \\ 0 & 0 & 0 & \cdots & 1 & |a_1| \end{pmatrix}$$

Zero point 问题

$$\boldsymbol{F}_2 = \begin{pmatrix} 0 & 0 & 0 & \cdots & 0 & \dfrac{\mid a_n \mid}{\sigma} \\ 1 & 0 & 0 & \cdots & 0 & \dfrac{\mid a_{n-1} \mid}{\sigma} \\ 0 & 1 & 0 & \cdots & 0 & \dfrac{\mid a_{n-2} \mid}{\sigma} \\ \vdots & \vdots & \vdots & & \vdots & \vdots \\ 0 & 0 & 0 & \cdots & 0 & \dfrac{\mid a_{s+2} \mid}{\sigma} \\ 0 & 0 & 0 & \cdots & 1 & \dfrac{\mid a_{s+1} \mid}{\sigma} \end{pmatrix}$$

设 $\rho(\boldsymbol{F})$ 是 $\boldsymbol{F}$ 的谱半径,则
$$\rho(\boldsymbol{F}) \leqslant \max\{\rho(\boldsymbol{F}_1), \rho(\boldsymbol{F}_2)\}$$
且存在唯一的 σ 使
$$\rho(\boldsymbol{F}) = \rho(\boldsymbol{F}_1) = \rho(\boldsymbol{F}_2)$$

证明 根据友阵与多项式的关系及定理 1 即得证.

由定理 1 和引理 1 可得到下列新的估计式:

定理 2 式(1)的任意根 λ 满足
$$\mid \lambda \mid \leqslant \max\left\{1, \min\left\{\sum_{i=1}^n \mid a_i \mid, \right.\right.$$
$$\left.\left. \frac{1}{2}\left[\mid a_1 \mid + \sqrt{\mid a_1 \mid^2 + 4\sum_{i=2}^n \mid a_i \mid}\right]\right\}\right\} \quad (16)$$

证明 在推论 1 中取
$$\sigma = \frac{1}{2}\left[\sqrt{\sum_{i=1}^s \mid a_i \mid^2 + 4\sum_{i=s+1}^n \mid a_i \mid} - \sum_{i=1}^s \mid a_i \mid\right]$$
$$(17)$$

直接验证知

62

$$\sum_{i=1}^{s} \mid a_i \mid + \sigma = \frac{1}{\sigma} \sum_{i=s+1}^{n} \mid a_i \mid =$$

$$\frac{1}{2} \left[\sum_{i=1}^{s} \mid a_i \mid + \sqrt{\left(\sum_{i=1}^{s} \mid a_i \mid \right)^2 + 4 \sum_{i=s+1}^{n} \mid a_i \mid} \right]$$

$$(18)$$

从而

$$\mid \lambda \mid \leqslant \rho(\boldsymbol{F}) \leqslant \max\{\rho(\boldsymbol{F}_1), \rho(\boldsymbol{F}_2)\} \leqslant$$

$$\max\{\parallel \boldsymbol{F}_1 \parallel_1, \parallel \boldsymbol{F}_2 \parallel_1\} =$$

$$\max\left\{1, \frac{1}{2} \left[\sum_{i=1}^{s} \mid a_i \mid + \right.\right.$$

$$\left.\left. \sqrt{\left(\sum_{i=1}^{s} \mid a_i \mid \right)^2 + 4 \sum_{i=s+1}^{n} \mid a_i \mid} \right] \right\}$$

由 $1 \leqslant s \leqslant n$ 的任意性知

$$\mid \lambda \mid \leqslant \min_{1 \leqslant s \leqslant n} \max\left\{1, \frac{1}{2} \left[\sum_{i=1}^{s} \mid a_i \mid + \right.\right.$$

$$\left.\left. \sqrt{\left(\sum_{i=1}^{s} \mid a_i \mid \right)^2 + 4 \sum_{i=s+1}^{n} \mid a_i \mid} \right] \right\} \qquad (19)$$

记 $l = \sum_{i=1}^{s} \mid a_i \mid, m = \sum_{i=1}^{n} \mid a_i \mid$，知 $\mid a_1 \mid \leqslant l \leqslant m$，又设

$$\varphi(l) = \frac{1}{2}(l + \sqrt{l^2 + 4(m - l)}) \qquad (20)$$

由

$$\varphi'(l) =$$

$$\frac{2(m - 1)}{\sqrt{l^2 + 4(m - l)}(\sqrt{(l - 2)^2 + 4(m - 1)} + 2 - l)}$$

知，当 $m > 1$ 时 $\varphi(l)$ 单调增加，即有

$$\mid \lambda \mid \leqslant \min_{1 \leqslant s \leqslant n} \max\{1, \varphi(l)\} = \max\{1, \varphi(\mid a_1 \mid)\} =$$

Zero point 问题

$$\max\left\{1,\frac{1}{2}\left[\mid a_1\mid+\sqrt{\mid a_1\mid^2+4\sum_{i=2}^{n}\mid a_i\mid}\right]\right\}$$
(21)

当 $m\leqslant 1$ 时 $\varphi(l)$ 单调减少,从而

$$\mid\lambda\mid\leqslant\min_{1\leqslant s\leqslant n}\max\{1,\varphi(l)\}=\max\{1,\varphi(m)\}=$$

$$\max\left\{1,\sum_{i=1}^{n}\mid a_i\mid\right\}=1$$
(22)

由式(21)和(22)即得式(16).证毕.

定理 2 的结果显然优于式(7),且有:

命题 1 对于式(10)的正根 ρ_1 的估计,估计式(16)优于估计式(8).

证明 由于当 $m\leqslant 1$ 时,式(16)的估计为1,故只需考虑 $m>1$,这时式(8)的上界为

$$s=\left[\sum_{i=1}^{n}(\mid a_i\mid\mid a_1\mid+\mid a_{i+1}\mid)\right]^{\frac{1}{2}}$$

而

$$s^2-\varphi^2(\mid a_1\mid)=$$

$$\sum_{i=1}^{n}(\mid a_i\mid\mid a_1\mid+\mid a_{i+1}\mid)-$$

$$\left[\frac{1}{2}\left(\mid a_1\mid+\sqrt{\mid a_1\mid^2+4\sum_{i=2}^{n}\mid a_i\mid}\right)\right]^2=$$

$$\mid a_1\mid^2+\left(\sum_{i=2}^{n}\mid a_i\mid\right)\cdot\mid a_1\mid+\sum_{i=2}^{n}\mid a_i\mid-$$

$$\frac{1}{4}\mid a_1\mid^2-\frac{1}{4}\mid a_1\mid^2-$$

$$\sum_{i=2}^{n}\mid a_i\mid-\frac{1}{2}\mid a_1\mid\sqrt{\mid a_1\mid^2+4\sum_{i=2}^{n}\mid a_i\mid}=$$

$$\frac{1}{2}\mid a_1\mid^2+\mid a_1\mid\sum_{i=2}^{n}\mid a_i\mid-$$

$$\frac{1}{2}\mid a_1\mid\sqrt{\mid a_1\mid^2+4\sum_{i=2}^{n}\mid a_i\mid}=$$

$$\mid a_1\mid\left[\frac{1}{2}\mid a_1\mid+\sum_{i=2}^{n}\mid a_i\mid-\right.$$

$$\left.\sqrt{\left(\frac{\mid a_1\mid}{2}\right)^2+\sum_{i=2}^{n}\mid a_i\mid}\right]=$$

$$\mid a_1\mid\frac{\mid a_1\mid\sum_{i=2}^{n}\mid a_i\mid+(\sum_{i=2}^{n}\mid a_i\mid)^2-\sum_{i=2}^{n}\mid a_i\mid}{\frac{1}{2}\mid a_1\mid+\sum_{i=2}^{n}\mid a_i\mid+\sqrt{\left(\frac{\mid a_1\mid}{2}\right)^2+\sum_{i=2}^{n}\mid a_i\mid}}=$$

$$\mid a_1\mid\frac{(m-1)\sum_{i=2}^{n}\mid a_i\mid}{\frac{1}{2}\mid a_1\mid+\sum_{i=2}^{n}\mid a_i\mid+\sqrt{\left(\frac{\mid a_1\mid}{2}\right)^2+\sum_{i=2}^{n}\mid a_i\mid}}>0$$

即得证.

定理 3　对式(1)的根 λ 有估计式

$$\mid\lambda\mid\leqslant\min_{0\leqslant s\leqslant n}\max\left\{\left[1+\sum_{i=1}^{s-1}\mid a_i\mid^2+(\mid a_s\mid+\sigma)^2\right]^{\frac{1}{2}},\right.$$

$$\left.\left(1+\sum_{i=s+1}^{n}\left(\frac{\mid a_i\mid}{\sigma}\right)^2\right)^{\frac{1}{2}}\right\}\tag{23}$$

证明　在推论 1 中对 $\boldsymbol{F}_1,\boldsymbol{F}_2$ 利用 Carmichael-Mason 的估计式(2)即得证.

由于式(2)是式(23)中 $\sigma=1,s=0$ 的情况,故式(23)是式(2)的推广.为方便定理 3 结论的使用,我们给出:

推论 2　若选择 s 使

$$\sum_{i=1}^{s}\mid a_i\mid^2\leqslant\sum_{i=s+1}^{n}\mid a_i\mid^2-1-2\mid a_s\mid\tag{24}$$

则

$$| \lambda | \leqslant \left(1 + \sum_{i=s+1}^{n} | a_i |^2\right)^{\frac{1}{2}} \qquad (25)$$

证明　在定理 3 中取 $\sigma = 1$，由式（23）和（24）知

$$| \lambda | \leqslant \min_t \max \left\{ \left(2 + \sum_{i=1}^{t} | a_i |^2 + 2 | a_t |\right)^{\frac{1}{2}}, \right.$$

$$\left. \left(1 + \sum_{i=t+1}^{n} | a_i |^2\right)^{\frac{1}{2}} \right\} \leqslant$$

$$\max \left\{ \left(2 + \sum_{i=1}^{s} | a_i |^2 + 2 | a_s |\right)^{\frac{1}{2}}, \right.$$

$$\left. \left(1 + \sum_{i=s+1}^{n} | a_i |^2\right)^{\frac{1}{2}} \right\} =$$

$$\left(1 + \sum_{i=s+1}^{n} | a_i |^2\right)^{\frac{1}{2}}$$

利用推论 2 进行估计，计算量与式（2）接近，而估计的界要好得多．

在定理 3 中，我们取 $\sigma = 1$，利用推论 1 并对 $\boldsymbol{F}_1, \boldsymbol{F}_2$ 的根利用 Carmichael-Mason 的估计式进行估计，得到优于该估计式的结果．类似地，若将宋永忠、Linden 等的估计式用于 $\boldsymbol{F}_1, \boldsymbol{F}_2$，也可得到更优的结果．

例　考虑 $\lambda^6 - 9\lambda^5 - 16\lambda^4 - 8\lambda^3 - 5\lambda - 7 = 0$ 的根的估计．

Cauchy 的估计为 $| \lambda | \leqslant 17$．

Carmichael-Mason 的估计为 $| \lambda | \leqslant 21.81$．

Farmer-Loizou 的估计为 $| \lambda | \leqslant 18$．

Kittaneh 的估计为 $| \lambda | \leqslant 21.7$．

宋永忠的估计（8）为 $| \lambda | \leqslant 15.4$．

宋永忠的估计（9）为 $| \lambda | \leqslant 14.554$．

定理 2 的估计为 $| \lambda | \leqslant 12$．

定理 3 中取 $\sigma = 2$ 的估计为 $|\lambda| \leqslant 11.045$.

精确解为 $\lambda = 10.584$.

参考资料

［1］HORN R A, JOHNSON C R. Matrix analysis ［M］. Cambridge: Cambridge Univ. Press, 1990.

［2］FARMER M R, LOIZOU G. Locating multiple zeros interactively ［J］. Comput. Math. Appl. , 1985, 11: 595-603.

［3］KITTANEH F. Singular values of companion matrices and bounds on zeros of polynomials［J］. SIAM J. Matrix Anal. Appl. , 1995, 16: 333-340.

［4］宋永忠. 多项式零点的存在区域［J］. 数学学报, 1993, 36: 254-258.

［5］LINDEN H. Bounds for the zeros of polynomials from eigenvalues and singular values of some companion matrices［J］. Linear Algebra and its Applications, 1998, 271: 41-82.

［6］崔伟. 多项式零点定域和计算[D]. 青岛: 青岛海洋大学, 1999.

多项式零点界限的若干估计式[①]

第 7 章

常州信息职业技术学院基础部的戴娟教授 2003 年从多项式零点与矩阵特征值的关系出发，由矩阵特征值的性质给出了三种多项式零点界限的估计式.

多项式零点界限的估计对于多项式零点的计算[1] 是很有意义的，在[1] 中给出了一些简易的零点界限的估计式，在此基础上，本章从多项式零点与矩阵特征值的关系出发，由矩阵特征值的性质进一步给出了多项式零点界限的若干估计式.

设给定的多项式是

$$P(x) = x^n + a_1 x^{n-1} + \cdots + a_{n-1} x + a_n \tag{1}$$

---

① 本章摘编自《常州信息职业技术学院学报》，2003 年，第 2 卷，第 3 期.

与其相应的友阵是

$$F = \begin{bmatrix} 0 & 0 & 0 & \cdots & 0 & 0 & -a_n \\ 1 & 0 & 0 & \cdots & 0 & 0 & -a_{n-1} \\ 0 & 1 & 0 & \cdots & 0 & 0 & -a_{n-2} \\ \vdots & \vdots & \vdots & & \vdots & \vdots & \vdots \\ 0 & 0 & 0 & \cdots & 1 & 0 & -a_2 \\ 0 & 0 & 0 & \cdots & 0 & 1 & -a_1 \end{bmatrix} \quad (2)$$

矩阵 F 的特征值和多项式 $P(x)$ 的零点是一致的,根据这一事实,我们可以通过估计矩阵 F 的特征值来得到多项式 $P(x)$ 的零点界限的估计式.

引理 1[2]　设矩阵 $A = (a_{ij})_{n \times n}$ 是非奇异的,按绝对值从大到小的特征值为

$$| \lambda_1 | \geqslant | \lambda_2 | \geqslant \cdots \geqslant | \lambda_n | > 0$$

记 $\sum\limits_{j=1}^{n} | a_{ij} |$ 的从大到小的顺序是

$$\mu_1 \geqslant \mu_2 \geqslant \cdots \geqslant \mu_n$$

则有下列不等式

$$| \lambda_1 \lambda_2 \cdots \lambda_k | \leqslant \mu_1 \mu_2 \cdots \mu_k \quad (k = 1, 2, \cdots, n) \quad (3)$$

引理 2[3]　多项式 $P(x)$ 如式(1),将其零点的集合分成 k 个非空集

$$\{ \zeta_1^{(1)}, \zeta_2^{(1)}, \cdots, \zeta_{m_1}^{(1)} \}$$
$$\{ \zeta_1^{(2)}, \zeta_2^{(2)}, \cdots, \zeta_{m_2}^{(2)} \}$$
$$\vdots$$
$$\{ \zeta_1^{(k)}, \zeta_2^{(k)}, \cdots, \zeta_{m_k}^{(k)} \}$$

其中 $m_1 + m_2 + \cdots + m_k = n$,则对任意的 $\lambda \geqslant 2$,有

$$| \zeta_1^{(1)} \zeta_2^{(1)} \cdots \zeta_{m_1}^{(1)} |^{\lambda} +$$
$$| \zeta_1^{(2)} \zeta_2^{(2)} \cdots \zeta_{m_2}^{(2)} |^{\lambda} + \cdots +$$
$$| \zeta_1^{(k)} \zeta_2^{(k)} \cdots \zeta_{m_k}^{(k)} |^{\lambda} \leqslant$$

$$(1+\sum_{i=1}^{n}\mid a_i\mid^2)^{\frac{\lambda}{2}}+k-2 \qquad (4)$$

下面给出多项式(1)的零点界限的几个估计式. 不妨假设友阵(2)是非奇异的,按绝对值从大到小的特征值为

$$\mid \zeta_1\mid \geqslant \mid \zeta_2\mid \geqslant \cdots \geqslant \mid \zeta_n\mid > 0$$

它也是多项式(1)的零点.

定理 1 记号 $P(x)$,$\boldsymbol{F}$,$\zeta_i(i=1,2,\cdots,n)$ 的意义如上,令

$$\mid a_n\mid,1+\mid a_{n-1}\mid,1+\mid a_{n-2}\mid,\cdots,1+\mid a_1\mid$$

的从大到小的顺序是

$$\sigma_1 \geqslant \sigma_2 \geqslant \cdots \geqslant \sigma_n$$

再令

$$\left|\frac{1}{a_n}\right|,1+\left|\frac{a_{n-1}}{a_n}\right|,1+\left|\frac{a_{n-2}}{a_n}\right|,\cdots,1+\left|\frac{a_1}{a_n}\right|$$

的从大到小的顺序是

$$\tau_1 \geqslant \tau_2 \geqslant \cdots \geqslant \tau_n$$

则有

$$\frac{\mid a_n\mid}{\sigma_1\sigma_2\cdots\sigma_{n-1}} \leqslant \mid \zeta_i\mid \leqslant$$
$$\mid a_n\mid \tau_1\tau_2\cdots\tau_{n-1} \quad (i=1,2,\cdots,n) \qquad (5)$$

证明 根据引理 1 中的式(3),有

$$\mid \zeta_1\zeta_2\cdots\zeta_k\mid \leqslant \sigma_1\sigma_2\cdots\sigma_k \quad (k=1,2,\cdots,n)$$

特别地,有

$$\mid \zeta_1\zeta_2\cdots\zeta_{n-1}\mid \leqslant \sigma_1\sigma_2\cdots\sigma_{n-1}$$

又矩阵 $\boldsymbol{F}$ 的行列式的绝对值为 $\mid \det \boldsymbol{F}\mid=\mid a_n\mid$,所以

$$\mid \zeta_n\mid=\frac{\mid \det \boldsymbol{F}\mid}{\mid \zeta_1\zeta_2\cdots\zeta_{n-1}\mid} \geqslant \frac{\mid a_n\mid}{\sigma_1\sigma_2\cdots\sigma_{n-1}}$$

从而

$$|\zeta_i| \geqslant |\zeta_n| \geqslant \frac{|a_n|}{|\sigma_1\sigma_2\cdots\sigma_{n-1}|}$$

矩阵 $\boldsymbol{F}$ 的逆矩阵为

$$\boldsymbol{F}^{-1} = \begin{pmatrix} -\dfrac{a_{n-1}}{a_n} & 1 & 0 & 0 & \cdots & 0 & 0 \\[2mm] -\dfrac{a_{n-2}}{a_n} & 0 & 1 & 0 & \cdots & 0 & 0 \\[2mm] -\dfrac{a_{n-3}}{a_n} & 0 & 0 & 1 & \cdots & 0 & 0 \\[2mm] \vdots & \vdots & \vdots & \vdots & & \vdots & \vdots \\[2mm] -\dfrac{a_1}{a_n} & 0 & 0 & 0 & \cdots & 0 & 1 \\[2mm] -\dfrac{1}{a_n} & 0 & 0 & 0 & \cdots & 0 & 0 \end{pmatrix}$$

$\boldsymbol{F}^{-1}$ 按绝对值从大到小的特征值是

$$\frac{1}{|\zeta_n|} \geqslant \frac{1}{|\zeta_{n-1}|} \geqslant \cdots \geqslant \frac{1}{|\zeta_1|} > 0$$

对 $\boldsymbol{F}^{-1}$ 应用引理 1,得到

$$\frac{1}{|\zeta_n\zeta_{n-1}\cdots\zeta_2|} \leqslant \tau_1\tau_2\cdots\tau_{n-1}$$

所以

$$|\zeta_i| \leqslant |\zeta_1| = \frac{|\det \boldsymbol{F}|}{|\zeta_n\zeta_{n-1}\cdots\zeta_2|} \leqslant$$

$$|a_n| \tau_1\tau_2\cdots\tau_{n-1}$$

从而证得式(5). 证毕.

定理 2 多项式 $P(x)$ 的零点 $\zeta_i(i=1,2,\cdots,n)$ 满足

$$\sqrt{\frac{(1+\sum_{i=1}^{n}|a_i|^2)-\sqrt{(1+\sum_{i=1}^{n}|a_i|^2)^2-4|a_n|^2}}{2}} \leqslant$$

$$| \zeta_i | \leqslant$$

$$\sqrt{\frac{(1+\sum_{i=1}^{n} | a_i |^2)+\sqrt{(1+\sum_{i=1}^{n} | a_i |^2)^2 - 4 | a_n |^2}}{2}}$$

$$(6)$$

证明 在引理 2 中我们特别地取 $k=2, m_1=n-1, m_2=1, \lambda=2$，则有

$$| \zeta_1^{(1)} \zeta_2^{(1)} \cdots \zeta_{n-1}^{(1)} |^2 + | \zeta_1^{(2)} |^2 \leqslant 1 + \sum_{i=1}^{n} | a_i |^2$$

换用这里的记号就是

$$| \zeta_1 \zeta_2 \cdots \zeta_{i-1} \zeta_{i+1} \cdots \zeta_n |^2 + | \zeta_i |^2 \leqslant 1 + \sum_{i=1}^{n} | a_i |^2$$

$$(7)$$

我们已经假定 $| \zeta_i | \neq 0 (i=1,2,\cdots,n)$，因而

$$| \zeta_1 \zeta_2 \cdots \zeta_{i-1} \zeta_{i+1} \cdots \zeta_n | = \frac{| a_n |}{| \zeta_i |}$$

代入式（7）即得

$$\frac{| a_n |^2}{| \zeta_i |^2} + | \zeta_i |^2 \leqslant 1 + \sum_{i=1}^{n} | a_i |^2$$

解这个不等式，即得到要证的 $| \zeta_i |$ 的界限估计式（6）.
证毕.

定理 3 多项式 $P(x)$ 的零点 $\zeta_i(i=1,2,\cdots,n)$ 满足

$$| \zeta_i | \leqslant$$

$$\frac{| a_1 |+\sqrt{| a_1 |^2 + n(n-1)^2 + n(n-1)\sum_{i=1}^{n} | a_i |^2}}{n}$$

$$(8)$$

证明 在前面的引理 2 中，取 $k=n, \lambda=2$，则有

72

Zero point 问题

干估计[J].数学学报,1965,15(3):326-341.

[3] MITRINOVIĆ D S,VASIĆ P M. 分析不等式[M].赵汉宾,译.南宁:广西人民出版社,1986.

多项式零点性质的矩阵表示[①]

第 8 章

解放军电子技术学院的贾利新、卢一强两位教授 2006 年利用 Hankel 矩阵有理生成元的性质,给出了多项式零点分布的矩阵刻画.

§1　引　　言

本章中 $C[\lambda]$($R[\lambda]$)表示复(实)系数多项式的集合,$\deg f$ 表示多项式 f 的次数.若 A,B 都是 n 阶方阵,则 $\mathrm{rank}\,A$ 表示 A 的秩,A^{T} 表示 A 的转置矩阵,$A > 0$($A \geqslant 0$)表示 A 是实正定(正半定)的,$A > B$ 表示 $A - B$ 是实正定的.若 $A = (a_{i+j})_{i,j=0}^{n-1}$,则称 A 为一个 n 阶 Hankel 阵.

---

① 本章摘编自《数学的实践与认识》,2006 年,第 36 卷,第 5 期.

Zero point 问题

给定一个有理函数 $P(\lambda) = \dfrac{g(\lambda)}{f(\lambda)}$（$g$ 和 f 是互素的），$P(\lambda)$ 的次数定义为

$$\deg P(\lambda) = \max\{\deg g(\lambda), \deg f(\lambda)\}$$

若 $\boldsymbol{H} = (s_{i+j})_{i,j=0}^{n-1}$ 为一个 n 阶 Hankel 阵，严格真有理函数 $P(\lambda) = \dfrac{g(\lambda)}{f(\lambda)}$（即 $\deg g < \deg f$）在 ∞ 处的 Laurent 展开为

$$P(\lambda) = \frac{g(\lambda)}{f(\lambda)} = \frac{s_0}{\lambda} + \frac{s_1}{\lambda^2} + \cdots + \frac{s_{2n-1}}{\lambda^{2n}} + \cdots$$

则称 $P(\lambda) = \dfrac{g(\lambda)}{f(\lambda)}$ 为 $\boldsymbol{H}$ 的有理生成元，并记作 $\boldsymbol{H} = H_n\left[\dfrac{g}{f}\right]$. 有理生成元的有关结论见 [1]. 设 $\boldsymbol{H} = (s_{i+j})_{i,j=0}^{n-1}$ 为一个 n 阶 Hankel 阵，若 $\boldsymbol{H}$ 的阶数等于 rank $\boldsymbol{H}$ 的前主子阵是非奇异的，则称 $\boldsymbol{H}$ 是真正的（proper）. 若 $\{s_k\}_{k=0}^{2n-1}$ 是一个有限实序列且 $\boldsymbol{H} = (s_{i+j})_{i,j=0}^{n-1} > \boldsymbol{0}$，则称 $\{s_k\}_{k=0}^{2n-1}$ 为正序列. 令

$$P_0(u) = 1$$

$$P_r(u) = \det \begin{pmatrix} s_0 & s_1 & \cdots & s_r \\ \vdots & \vdots & & \vdots \\ s_{r-1} & s_r & \cdots & s_{2r-1} \\ 1 & u & \cdots & u^r \end{pmatrix} =$$

$$\sum_{j=0}^{r} p_j u^j \quad (r = 1, 2, \cdots, n)$$

则 $P_r(u)(r=1,2,\cdots,n)$ 称为关于正序列 $\{s_k\}_{k=0}^{2n-1}$ 的第一类多项式. 令

$$Q_0(u) = 0$$

$$Q_r(u) = (1, u, \cdots, u^{r-1}) \begin{pmatrix} p_1 & p_2 & \cdots & p_r \\ p_2 & & \ddots & 0 \\ \vdots & \ddots & \ddots & \vdots \\ p_r & 0 & \cdots & 0 \end{pmatrix} \cdot$$

$$(s_0, s_1, \cdots, s_{r-1})^{\mathrm{T}} \quad (r = 1, 2, \cdots, n)$$

则 $Q_r(u)(r = 1, 2, \cdots, n)$ 称为关于正序列 $\{s_k\}_{k=0}^{2n-1}$ 的第二类多项式.

以下的结论在本章中是必要的.

引理[2]　设 $\boldsymbol{H}$ 是 n 阶奇异 Hankel 阵，rank $\boldsymbol{H} = s$，则以下命题等价：

（a）$\boldsymbol{H}$ 是真正的；

（b）存在互素多项式 $a, p, \deg p < \deg a = s, a$ 是首一的，使得 $\boldsymbol{H} = H_n \left[\dfrac{p}{a} \right]$.

以下给出本章的主要结论.

定理　设 $f(\lambda)$ 是一个多项式，$\deg f = n > 0$，$\dfrac{f'(\lambda)}{f(\lambda)}$ 在 ∞ 处的 Laurent 展开为

$$\frac{f'(\lambda)}{f(\lambda)} = \frac{s_0}{\lambda} + \frac{s_1}{\lambda^2} + \cdots + \frac{s_{2n-1}}{\lambda^{2n}} + \cdots$$

$$\boldsymbol{H}_1 = (s_{i+j})_{i,j=0}^{n-1}$$

$$\boldsymbol{H}_2 = (s_{i+j+1})_{i,j=0}^{n-1}$$

则：

（1）当 $f(\lambda) \in C[\lambda]$ 时，$f(\lambda)$ 的不同根的个数为 rank $\boldsymbol{H}_1$.

（2）当 $f(\lambda) \in C[\lambda]$ 时，$f(\lambda)$ 有 r 个不同根的充要条件为 rank $\boldsymbol{H}_1 = r$，且 $\boldsymbol{H}_1$ 是真正的.

（3）当 $f(\lambda) \in C[\lambda]$ 时，$f(\lambda)$ 有 n 个不同根的充要条件为 $\boldsymbol{H}_1$ 非奇异.

（4）当 $f(\lambda) \in R[\lambda]$ 时，$f(\lambda)$ 的根都为实数的充要条件为 $\boldsymbol{H}_1 \geqslant 0$ 且 $\boldsymbol{H}_1$ 是真正的.

（5）当 $f(\lambda) \in R[\lambda]$ 时，$f(\lambda)$ 有 n 个实单根的充要条件为 $\boldsymbol{H}_1 > 0$.

（6）当 $f(\lambda) \in R[\lambda]$ 时，$f(\lambda)$ 的根都为正数的充要条件为：

（ⅰ）$\boldsymbol{H}_1 \geqslant 0$ 且 $\boldsymbol{H}_1$ 是真正的；

（ⅱ）若 rank $\boldsymbol{H}_1 = r$，则 $\boldsymbol{H}'_2 = (s_{i+j+1})_{i,j=0}^{r-1} > 0$.

（7）当 $f(\lambda) \in R[\lambda]$ 时，$f(\lambda)$ 有 n 个正单根的充要条件为 $\boldsymbol{H}_1 > 0$ 且 $\boldsymbol{H}_2 > 0$.

（8）当 $f(\lambda) \in R[\lambda]$ 时，$f(\lambda)$ 的根都为负数的充要条件为：

（ⅰ）$\boldsymbol{H}_1 \geqslant 0$ 且 $\boldsymbol{H}_1$ 是真正的；

（ⅱ）若 rank $\boldsymbol{H}_1 = r$，则 $\boldsymbol{H}'_2 = (s_{i+j+1})_{i,j=0}^{r-1} < 0$.

（9）当 $f(\lambda) \in R[\lambda]$ 时，$f(\lambda)$ 有 n 个负单根的充要条件为 $\boldsymbol{H}_1 > 0$ 且 $\boldsymbol{H}_2 < 0$.

（10）当 $f(\lambda) \in R[\lambda]$ 时，$f(\lambda)$ 有 n 个负单根的充要条件为 $\boldsymbol{H}_1 > 0$ 且 $f(\lambda)$ 的系数同号.

（11）当 $f(\lambda) \in R[\lambda]$ 时，$f(\lambda)$ 的根都位于有限区间 (a,b) 的充要条件为：

（ⅰ）$\boldsymbol{H}_1 \geqslant 0$ 且 $\boldsymbol{H}_1$ 是真正的；

（ⅱ）令 rank $\boldsymbol{H}_1 = r$，$\boldsymbol{H}'_1 = (s_{i+j})_{i,j=0}^{r-1}$，$\boldsymbol{H}'_2 = (s_{i+j+1})_{i,j=0}^{r-1}$，则 $a\boldsymbol{H}'_1 < \boldsymbol{H}'_2 < b\boldsymbol{H}'_1$.

（12）当 $f(\lambda) \in R[\lambda]$ 时，$f(\lambda)$ 有 n 个位于有限区间 (a,b) 的单根的充要条件为 $\boldsymbol{H}_1 > 0$ 且 $a\boldsymbol{H}_1 < \boldsymbol{H}_2 < b\boldsymbol{H}_1$.

证明 （1）设
$$f(\lambda) = a_0 (\lambda - T_1)^{n_1} \cdots (\lambda - T_q)^{n_q}$$

78

$T_1, \cdots, T_q$ 是 $f(\lambda)$ 的所有不同的根，$a_0 \neq 0, n_k \geqslant 1$，$1 \leqslant k \leqslant q \leqslant n$，则

$$\frac{f'(\lambda)}{f(\lambda)} = \frac{n_1}{\lambda - T_1} + \cdots + \frac{n_q}{\lambda - T_q} \qquad (\text{I})$$

于是

$$s_p = \sum_{j=1}^{q} n_j T_j^p \quad (p = 0, 1, \cdots, 2n - 1)$$

并且

$$
\boldsymbol{H}_1 = \begin{pmatrix} s_0 & \cdots & s_{n-1} \\ \vdots & & \vdots \\ s_{n-1} & \cdots & s_{2n-2} \end{pmatrix} =
$$

$$
\begin{pmatrix} 1 & \cdots & 1 \\ T_1 & \cdots & T_q \\ \vdots & & \vdots \\ T_1^{n-1} & \cdots & T_q^{n-1} \end{pmatrix} \cdot
$$

$$
\begin{pmatrix} n_1 & & \\ & \ddots & \\ & & n_q \end{pmatrix} \cdot
$$

$$
\begin{pmatrix} 1 & \cdots & 1 \\ T_1 & \cdots & T_q \\ \vdots & & \vdots \\ T_1^{n-1} & \cdots & T_q^{n-1} \end{pmatrix}^{\mathrm{T}} \qquad (\text{II})
$$

由于 $q \leqslant n$，故上式等号右端的 Vandermonde 矩阵

$$
\boldsymbol{V} = \begin{pmatrix} 1 & \cdots & 1 \\ T_1 & \cdots & T_q \\ \vdots & & \vdots \\ T_1^{n-1} & \cdots & T_q^{n-1} \end{pmatrix}
$$

列满秩，因此

$$\operatorname{rank} \boldsymbol{H}_1 = \operatorname{rank} \begin{bmatrix} n_1 & & \\ & \ddots & \\ & & n_q \end{bmatrix} = q$$

因此(1)成立.

(2) 设 $f(\lambda) \in C[\lambda]$ 且 $f(\lambda)$ 有 q 个不同根 $T_1, \cdots,$ T_q. 由(1)的证明,$\operatorname{rank} \boldsymbol{H}_1 = q$ 且 $\dfrac{n_1}{\lambda - T_1} + \cdots + \dfrac{n_q}{\lambda - T_q}$ 是 $\boldsymbol{H}_1$ 的次数为 q 的有理生成元,若 $q = n$,则 $\boldsymbol{H}_1$ 显然是真正的. 如果 $q < n$,根据引理,$\boldsymbol{H}_1$ 也是真正的. 必要性成立.

反之,若 $\operatorname{rank} \boldsymbol{H}_1 = r$,且 $\boldsymbol{H}_1$ 是真正的,由(1), $f(\lambda)$ 有 r 个不同根.

(3) 是(2)的一个直接推论.

若 $f(\lambda) \in R[\lambda]$ 且 $f(\lambda)$ 的根都为实数,则在 (Ⅰ),(Ⅱ)两式中,诸 T_i 均为实数,故 $\boldsymbol{H}_1 \geqslant 0$,$\boldsymbol{H}_1$ 真正性的证明类似于(2).(4)的必要性成立.

以下证(4)的充分性.

若 $\boldsymbol{H}_1 \geqslant 0$ 且 $\boldsymbol{H}_1$ 是真正的,设 $\operatorname{rank} \boldsymbol{H}_1 = q$,由(2), $f(\lambda)$ 有 q 个不同根 $T_1, \cdots, T_q$ 且 $\dfrac{n_1}{\lambda - T_1} + \cdots + \dfrac{n_q}{\lambda - T_q}$ 是 $\boldsymbol{H}_1$ 的次数为 q 的有理生成元.

(a) $\operatorname{rank} \boldsymbol{H}_1 = q < n$,此时,由[1,3],$\boldsymbol{H}_1$ 唯一的次数小于或等于 n 的有理生成元为 $\dfrac{Q_q(\lambda)}{P_q(\lambda)}$,故

$$\frac{Q_q(\lambda)}{P_q(\lambda)} = \frac{n_1}{\lambda - T_1} + \cdots + \frac{n_q}{\lambda - T_q}$$

由[1],$Q_q(\lambda)$ 和 $P_q(\lambda)$ 互素,$P_q(\lambda)$ 的根都为实数且互不相同,因此诸 T_i 均为实数.

(b) $\operatorname{rank} \boldsymbol{H}_1 = q = n$,即 $\boldsymbol{H}_1$ 非奇异,由[1,3],$\boldsymbol{H}_1$ 的

次数为 n 的有理生成元为

$$\frac{Q_n(\lambda) + fQ_{n-1}(\lambda)}{P_n(\lambda) + fP_{n-1}(\lambda)} = \frac{n_1}{\lambda - T_1} + \cdots + \frac{n_q}{\lambda - T_q}$$

（其中 f 为一个实数）

由［1］,诸 T_i 均为实数,故（4）的充分性成立.

（5）是（4）的一个直接推论.

为证（6）～（12）,注意到 $f(\lambda)$ 有 r 个不同的根 $T_1,\cdots,T_r$ 时

$$\boldsymbol{H}'_2 = (s_{i+j+1})_{i,j=0}^{r-1} =$$

$$\begin{pmatrix} s_1 & \cdots & s_r \\ \vdots & & \vdots \\ s_r & \cdots & s_{2r-1} \end{pmatrix} =$$

$$\begin{pmatrix} 1 & \cdots & 1 \\ T_1 & \cdots & T_r \\ \vdots & & \vdots \\ T_1^{r-1} & \cdots & T_r^{r-1} \end{pmatrix} \cdot$$

$$\begin{pmatrix} n_1 T_1 & & \\ & \ddots & \\ & & n_r T_r \end{pmatrix} \cdot$$

$$\begin{pmatrix} 1 & \cdots & 1 \\ T_1 & \cdots & T_r \\ \vdots & & \vdots \\ T_1^{r-1} & \cdots & T_r^{r-1} \end{pmatrix}^{\mathrm{T}}$$

其余的步骤类似于（4）.

参考资料

［1］ AKHIEZER N I. The classical moment problem and some related problems in analysis［M］. New York：English Publishing Co. ,1965.

Zero point 问题

［2］张惠品. Hankel 阵，Bezout 阵，Loewner 阵及其与有理插值的关系［D］. 北京：北京师范大学，1992.

［3］HEINIG G，JUNGNICKEL U. Hankel matrices generated by Markov parameters，Hankel matrix extension，partial realization and Padé-approximation［J］. Oper. Theory Adv. Appl. ，1986，19：231-253.

一类多项式函数零点分布问题[①]

第 9 章

吉林师范大学数学学院的冯志新教授 2006 年讨论了多项式函数当其系数满足一定条件时在圆周内部的零点个数问题.

1. 考察在以原点为圆心的圆周内部零点分布情况

定理 1　设有 n 次多项式

$$p(z) = a_0 + a_1 z + a_2 z^2 + \cdots + a_n z^n \quad (a_n \neq 0)$$

若 $p(z)$ 满足条件

$$|a_k| R^k > |a_0| + |a_1| R + \cdots + |a_{k-1}| R^{k-1} + |a_{k+1}| R^{k+1} + \cdots + |a_n| R^n$$

则 $p(z)$ 在 $|z| < R$ 内有 k 个零点.

---

① 本章摘编自《吉林师范大学学报（自然科学版）》,2006 年,第 4 期.

Zero point 问题

证明 设
$$f(z) = a_k z^k$$
$$\varphi(z) = a_0 + a_1 z + \cdots + a_{k-1} z^{k-1} + a_{k+1} z^{k+1} + \cdots + a_n z^n$$

显然 $f(z)$ 及 $\varphi(z)$ 在 z 平面上解析,且由于
$$|\varphi(z)| = |a_0 + a_1 z + \cdots + a_{k-1} z^{k-1} + a_{k+1} z^{k+1} + \cdots + a_n z^n| \leqslant$$
$$|a_0| + |a_1||z| + \cdots + |a_{k-1}||z|^{k-1} + |a_{k+1}||z|^{k+1} + \cdots + |a_n||z|^n$$

因此在 $|z| = R$ 上有
$$|\varphi(z)| \leqslant |a_0| + |a_1|R + \cdots + |a_{k-1}|R^{k-1} + |a_{k+1}|R^{k+1} + \cdots + |a_n|R^n <$$
$$|a_k|R^k = |f(z)|$$

根据儒歇定理
$$N(f + \varphi, |z| = R) = N(f, |z| = R) = k$$

推论 设有 n 次多项式
$$p(z) = a_0 + a_1 z + a_2 z^2 + \cdots + a_n z^n \quad (a_n \neq 0)$$
若 $p(z)$ 满足条件
$$|a_k| > |a_0| + |a_1| + \cdots + |a_{k-1}| + |a_{k+1}| + \cdots + |a_n|$$
则 $p(z)$ 在 $|z| < 1$ 内有 k 个零点.

例 1 方程 $z^4 - 5z + 1 = 0$ 在圆环 $1 < |z| < 2$ 内有几个根?

解 显然 $|-5| > |1| + |1|$,由推论,方程 $z^4 - 5z + 1 = 0$ 在 $|z| < 1$ 内有 1 个根.

$|2|^4 > |-5| \cdot 2$,由定理 1,方程 $z^4 - 5z + 1 = 0$ 在 $|z| < 2$ 内有 4 个根.

因此方程 $z^4 - 5z + 1 = 0$ 在圆环 $1 < |z| < 2$ 内

有 3 个根.

例 2 方程 $z^6 + 7z + 10 = 0$ 在单位圆内无根.

2. 考察在任意圆周内部零点分布情况

定理 2 设有 n 次多项式

$$p(z) = a_0 + a_1 z + a_2 z^2 + \cdots + a_n z^n \quad (a_n \neq 0)$$

又 $p(z)$ 可变形为

$$p(z) = b_0 + b_1(z - z_0) + b_2(z - z_0)^2 + \cdots +$$
$$b_n(z - z_0)^n \quad (b_n \neq 0)$$

且满足条件

$$|b_k| R^k > |b_0| + |b_1| R + \cdots + |b_{k-1}| R^{k-1} +$$
$$|b_{k+1}| R^{k+1} + \cdots + |b_n| R^n$$

则 $p(z)$ 在 $|z - z_0| < R$ 内有 k 个零点.

证明 设

$$f(z) = b_k(z - z_0)^k$$
$$\varphi(z) = b_0 + b_1(z - z_0) + \cdots + b_{k-1}(z - z_0)^{k-1} +$$
$$b_{k+1}(z - z_0)^{k+1} + \cdots + b_n(z - z_0)^n$$

显然 $f(z)$ 及 $\varphi(z)$ 在 z 平面上解析,且由于

$$|\varphi(z)| = |b_0 + b_1(z - z_0) + \cdots + b_{k-1}(z - z_0)^{k-1} +$$
$$b_{k+1}(z - z_0)^{k+1} + \cdots + b_n(z - z_0)^n| \leqslant$$
$$|b_0| + |b_1| |z - z_0| + \cdots +$$
$$|b_{k-1}| |z - z_0|^{k-1} +$$
$$|b_{k+1}| |z - z_0|^{k+1} + \cdots +$$
$$|b_n| |z - z_0|^n$$

因此在 $|z - z_0| = R$ 上有

$$|\varphi(z)| \leqslant |b_0| + |b_1| R + \cdots + |b_{k-1}| R^{k-1} +$$
$$|b_{k+1}| R^{k+1} + \cdots + |b_n| R^n <$$
$$|b_k| R^k = |f(z)|$$

根据儒歇定理

$$N(f+\varphi,\mid z\mid=R)=N(f,\mid z\mid=R)=k$$

即 $p(z)$ 在 $\mid z-z_0\mid<R$ 内有 k 个零点. 此结论是在定理 1 的基础之上应用平移变换的思想得到的.

例 3 讨论方程 $z^4-5z+1=0$ 在 $\mid z-1\mid<\dfrac{1}{2}$ 内根的个数.

解

$$p(z)=z^4-5z+1=(z-1)^4+4(z-1)^3+$$
$$6(z-1)^2-(z-1)-3$$

显然有

$$3=\mid-3\mid>1\cdot\left(\dfrac{1}{2}\right)^4+4\mid\cdot\left(\dfrac{1}{2}\right)^3+$$
$$\mid 6\mid\cdot\left(\dfrac{1}{2}\right)^2+\mid-1\mid\cdot\dfrac{1}{2}=$$
$$\dfrac{1}{16}+\dfrac{1}{2}+\dfrac{3}{2}+\dfrac{1}{2}=\dfrac{41}{16}$$

因此方程 $z^4-5z+1=0$ 在 $\mid z-1\mid<\dfrac{1}{2}$ 内无根.

3. 对于一般周线情况

定理 3 对于 n 次多项式

$$p(z)=a_0+a_1z+a_2z^2+\cdots+a_nz^n\quad(a_n\neq0)$$

若在周线 C 上满足不等式

$$\mid a_kz^k\mid>\mid a_0+a_1z+\cdots+a_{k-1}z^{k-1}+$$
$$a_{k+1}z^{k+1}+\cdots+a_nz^n\mid$$

或

$$\mid a_kz^k\mid>\mid a_0\mid+\mid a_1\mid\mid z\mid+\cdots+\mid a_{k-1}\mid\mid z\mid^{k-1}+$$
$$\mid a_{k+1}\mid\mid z\mid^{k+1}+\cdots+\mid a_n\mid\mid z\mid^n$$

则当 $z=0$ 在 C 的内部时 $p(z)$ 在 C 内部有 k 个零点,当 $z=0$ 不在 C 的内部时 $p(z)$ 在 C 内部无零点.

证明　设

$$f(z) = a_k z^k$$

$$\varphi(z) = a_0 + a_1 z + \cdots + a_{k-1} z^{k-1} +$$

$$a_{k+1} z^{k+1} + \cdots + a_n z^n$$

应用儒歇定理有

$$N(f + \varphi, C) = N(f, C)$$

当 $z = 0$ 在 C 的内部时 $f(z)$ 在 C 内部有 k 重零点 $z = 0$，当 $z = 0$ 不在 C 的内部时 $f(z)$ 在 C 内部无零点，从而 $p(z)$ 在 C 内部无零点.

参考资料

［1］钟玉泉.复变函数论［M］.北京:高等教育出版社,1979.

［2］路见可,钟寿国,刘士强.复变函数［M］.武汉:武汉大学出版社, 1993.

［3］沃尔科维斯基 L.复变函数论习题集［M］.上海:上海科学技术出版社,1981.

［4］陈晓华.广义儒歇定理［J］.深圳大学学报,2000(1):34-36.

［5］沈景清,曹德.一元 n 次多项式根的圆环覆盖定理［J］.吉林师范学院学报,1999(3):33-35.

［6］杜鸿.复函数在代数基本定理证明中的应用［J］.丽水学院学报, 2004,26(5):28-30.

多项式根的分布问题[①]

第

10

章

P. Erdös 和 P. Turán 在 *Annals of Mathematics* 第 51 卷第一部（1950 年正月号）中曾研究过多项式根的分布问题，其文章主旨在于说明多项式的根在任一以原点为顶点的不同的角内是均匀分布的，其条件为"在中间"的系数不比两端的系数过大．下面是大家熟知的多项式

$$f(x) = a_0 + a_1 x + \cdots + a_n x^n \quad (1)$$

在 $|a_0| = |a_1| = \cdots = |a_n|$ 时，这种分布是理想的情形．李文清教授从另一方面去讨论此问题．我们在 Titchmarsh 的《函数论》里，知函数 $n(r)$ 表示 $f(z)$ 在域 $|z| \leqslant r$ 内的根的个数．现在所要证明的是在 Erdös-Turán 的条件下，几乎全部的根落在一狭窄的环状开域中．在证明

---

① 本章摘编自《李文清科学论文集》，李文清著，厦门大学出版社，1990．

中,函数 $n(r)$ 是一主要工具.上面的话亦可用下列方式表示:环域 $a<|z|<b$,当 $b-a$ 的值很小时,环的面积亦随之变小.所谓几乎全部的根的意义是:假定式(1)的根为

$$z_1 = r_1 \mathrm{e}^{\mathrm{i}\theta_1}, z_2 = r_2 \mathrm{e}^{\mathrm{i}\theta_2}, \cdots, z_n = r_n \mathrm{e}^{\mathrm{i}\theta_n} \tag{2}$$

$$\lim_{n \to \infty} \frac{1}{n} \Big[\sum_{a < r_i < b} 1 \Big] = 1 \tag{3}$$

兹将所要证的定理写在下面.

定理 1 若多项式

$$f(z) = a_0 + a_1 z + \cdots + a_n z^n \tag{4}$$

的根是

$$z_i = r_i \mathrm{e}^{\mathrm{i}\theta_i} \quad (i = 1, 2, \cdots, n) \tag{5}$$

且式(4)的系数满足下列条件

$$|a_n| = |a_0| = c$$
$$c \geqslant |a_i| \quad (i = 2, \cdots, n-1) \tag{6}$$

则在 m 为固定数值($m \ll n$)时

$$\Big(n - \sum_{\frac{m}{m+1} < r_i < \frac{m+1}{m}} 1 \Big) = o(n) \text{ 或 } O(\log n) \tag{7}$$

证明 令 $n(x)$ 为 $f(z)$ 在圆 $|z| \leqslant x$ 内的根的个数(图 1).由 Jensen 公式

$$\int_0^r \frac{n(x)}{x} \mathrm{d}x = \frac{1}{2\pi} \int_0^{2\pi} \log |f(r \mathrm{e}^{\mathrm{i}\theta})| \, \mathrm{d}\theta - \log |f(0)|$$

$n(x)$ 是非递减(non-decreasing)函数

$$\int_r^{\frac{m+1}{m}r} \frac{n(x)}{x} \mathrm{d}x \geqslant n(r) \int_r^{\frac{m+1}{m}r} \frac{\mathrm{d}x}{x} = n(r) \log \frac{m+1}{m}$$

所以

Zero point 问题

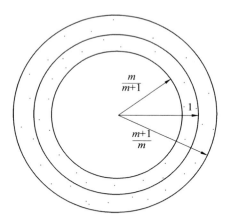

图 1   根密集分布在两同心圆之间

$$n(r) \leqslant \frac{1}{\log \dfrac{m+1}{m}} \int_r^{\frac{m+1}{m}r} \frac{n(x)}{x} \mathrm{d}x$$

令

$$\log \frac{m+1}{m} = \frac{1}{A(m)}$$

则

$$n(r) \leqslant A(m) \int_0^{\frac{m+1}{m}r} \frac{n(x)}{x} \mathrm{d}x$$

$$n(r) \leqslant$$

$$A(m)\left[\frac{1}{2\pi}\int_0^{2\pi} \log\left| f\Big(\frac{m+1}{m}r\mathrm{e}^{\mathrm{i}\theta}\Big) \right| \mathrm{d}\theta - \log\mid f(0)\mid\right]$$

$$n\Big(\frac{m}{m+1}\Big) \leqslant$$

$$A(m)\left[\frac{1}{2\pi}\int_0^{2\pi} \log\mid f(\mathrm{e}^{\mathrm{i}\theta})\mid \mathrm{d}\theta - \log\mid f(0)\mid\right]$$

$$n\left(\frac{m}{m+1}\right) \leqslant A(m)\log \frac{|a_0|+|a_1|+\cdots+|a_n|}{|a_0|}$$

$$(8)$$

所以

$$n\left(\frac{m}{m+1}\right) \leqslant A(m)\log n$$

当 m 固定时

$$n\left(\frac{m}{m+1}\right) = O(\log n) = o(n)$$

上式的意义是落在圆 $|z| \leqslant \dfrac{m}{m+1}$ 内的根的个数是

$O(\log n)$. 将置换 $z = \dfrac{1}{z}$ 施行于 $f(z)$,于是得

$$a_0 z'^n + a_1 z'^{n-1} + \cdots + a_n = 0$$

所以 $f\left(\dfrac{1}{z}\right)$ 在 $|z| = \dfrac{m+1}{m}$ 外的根即 $f(z')$ 在 $\dfrac{m}{m+1} =$

$|z|$ 内的根. 所以可得以下的结论:若 $m \ll n$,则

$$\left(n - \sum_{\frac{m}{m+1}<r_i<\frac{m+1}{m}} 1\right) \leqslant 2A(m)\log n =$$

$$O(\log n) =$$

$$o(n) \qquad (9)$$

为计算 $A(m)$,可用下列公式

$$\log(m+1) - \log m =$$

$$2\left[\frac{1}{2m+1} + \frac{1}{3(2m+1)^3} + \frac{1}{5(2m+1)^5} + \cdots\right]$$

按粗略的计算

$$n\left(\frac{m}{m+1}\right) \leqslant (m+1)\log n$$

我们更可以把条件(6)改成

$$n^{-\lambda} < |a_i| < n^{\lambda}$$

则定理 1 仍然成立,因为

$$n\left(\frac{m}{m+1}\right) \leqslant A(m)\log \frac{|a_0|+|a_1|+\cdots+|a_n|}{a_0} \leqslant$$

$$A(m)\log \frac{n^\lambda + n^\lambda + \cdots + n^\lambda}{n^{-\lambda}} \leqslant$$

$$A(m)(2\lambda+1)\log n$$

应用以上的定理于收敛级数上,则更可明白一些部分和

$$S_n(z) = 1 + a_1 z + \cdots + a_n z^n$$

的性质.

定理 2(定理 1 的推论) 若级数

$$f(z) = 1 + a_1 z + a_2 z^2 + \cdots + a_n z^n + \cdots$$

满足

$$n^{-\lambda} < |a_i| < n^\lambda \quad (1 < i \leqslant n)$$

则此部分和 $S_n(z)$ 的根密集分布在含有单位圆的环状域 $\frac{m}{m+1} < |z| < \frac{m+1}{m}$ 内.

注 以上定理的证明只用了 Jensen 公式,在任何关于复变函数论的书籍中都可以查到.

关于多项式的研究有两个方向:一是计算根的实际方法,在这方面有 Newton 的方法等,并且数学家林家翘在麻省理工学院的《数理学志》常发表此类文章;二是根的分布问题,本章只说明在首项和末项系数较大时的一个粗略的结果.

多项式零点的分布及其应用[①]

第

11

章

　　重庆工业职业技术学院的李倩、谭力两位教授 2013 年研究了一般复系数多项式零点的分布性质,讨论了实系数多项式零点分布的某些性质,首先,利用复变函数理论证明了多项式零点存在定理;其次,利用矩阵特征多项式、特征值的估计理论系统地讨论了一般多项式零点的分布情况,并给出一些结果;最后,给出多项式零点分布在线性控制系统中的应用,具体展示它的实用价值.

§1　多项式的基础知识

1.多项式的基本概念

在多项式的讨论中,我们总是以一

---

①　本章摘编自《重庆文理学院学报》,2013 年,第 32 卷,第 3 期.

个预先给定的域 P 作为基础,以下的讨论,在没有特别强调的情况下都是在复数域当中进行的.

定义 1[1]　设 n 是一个非负整数

$$p(z) = a_n z^n + a_{n-1} z^{n-1} + \cdots + a_0 \qquad (1)$$

其中 $a_0, a_1, \cdots, a_n$ 全属于复数域 **C**,z 是复数域 **C** 中的自变量.表达式(1)称为复数域 **C** 中的一元多项式(函数),以下简称多项式.

在多项式(1)中,$a_i z^i$ 称为 i 次项,a_i 称为 i 次项的系数.如果 $a_n \neq 0$,那么 $a_n z^n$ 称为多项式(1)的首项,a_n 称为首项系数,n 为式(1)的次数.

定义 2　设多项式

$$p(z) = a_n z^n + a_{n-1} z^{n-1} + \cdots + a_0$$

若 $z_0 \in \mathbf{C}$ 使得 $p(z_0) = 0$,则称 z_0 为多项式的零点或根;若 $p(z_0) = A$,则称 z_0 为 A 的点.

定理 1[2]　z_0 是

$$p(z) = a_n z^n + a_{n-1} z^{n-1} + \cdots + a_0$$

的零点的充要条件是:$z - z_0$ 是 $p(z)$ 的因子,即存在多项式 $q(z)$ 使得

$$p(z) = q(z)(z - z_0)$$

我们可以定义重根的概念:

z_0 称为 $p(z)$ 的 k 重根或 k 重(级)零点,如果$(z - z_0)^k$ 是 $p(z)$ 的因子,但$(z - z_0)^{k+1}$ 不是 $p(z)$ 的因子.当 $k = 1$ 时,称 z_0 为简单零点或根;当 $k > 1$ 时,称 z_0 为重根.

定理 2　如果 z_0 是 $p(z)$ 的 k 重零点,那么 z_0 是微商 $p'(z)$ 的 $k - 1$ 重零点.

定理 3　z_0 是 $p(z)$ 的重根的充要条件是 z_0 同时为 $p(z)$ 和 $p'(z)$ 的零点.

以上三个定理是一般域上多项式理论在复数域上的直接具体化.因为无穷域(复数域)上的多项式和多项式函数的区别不是本质的,所以一般域上的多项式形式的概念和定理都可以直接具体到复数域上的多项式函数上,与用函数观点所表达的形式是一致的,是不会有矛盾的.

2. 低次多项式的零点公式

对于一般的低次($n < 5$)多项式的零点,我们早就有了具体公式将其求解出来,也就是通过低次方程的求根公式,我们完全能够在复平面上将低次多项式的零点精确定位.所以,低次多项式零点分布问题是完全解决了的.

如果方程是一次的,那么它的形式是 $a_1 z + a_0 = 0(a_1 \neq 0)$,将 a_0 移到右边并变号,再在方程两边同时除以 a_1,由此即得

$$z = -\frac{a_0}{a_1} \tag{2}$$

如果是二次方程

$$a_2 z^2 + a_1 z^1 + a_0 = 0 \quad (a_2 \neq 0)$$

它的解法也很简单,根据求根公式即得

$$z = -\frac{a_1}{2a_2} \pm \sqrt{-\frac{a_0}{a_2} + \frac{a_1^2}{4a_2^2}} =$$

$$\frac{-a_1 \pm \sqrt{a_1^2 - 4a_2 a_0}}{2a_2} \tag{3}$$

求解一般三次方程($a_3 \neq 0$,不妨设其值为 1)

$$a_3 z^3 + a_2 z^2 + a_1 z^1 + a_0 = 0 \tag{4}$$

的问题可以归结为求解缺二次项的三次方程

$$w^3 + pw + q = 0 \tag{5}$$

其实,我们只需令 $z = w - \dfrac{a_2}{3}$,将此式代入方程(4)即可得方程(5)的形式.

现在设给出的方程是 $w^3 + pw + q = 0$.令 $w = u + v$,于是就有

$$(u+v)^3 + p(u+v) + q = 0$$

即得

$$u^3 + v^3 + q + (3uv + p)(u+v) = 0$$

无论两数和 $u+v$ 是怎样的,我们总可以要求它们的积等于一个预先给定的值.因为如果给定 $u+v=A$,而我们要求 $uv=B$,那么 $u(A-u)=B$,而这只要 u 是二次方程 $u^2 - Au + B = 0$ 的根就行了.由上面的二次方程的求根公式知它是有根的.

于是,令

$$uv = -\frac{p}{3}$$

$$3uv + p = 0$$

对于这样选择的 u 及 v ,就得到

$$u^3 + v^3 + q = 0, 3uv + p = 0 \qquad (6)$$

所以

$$\left(\frac{a_3 w}{2} - a_1 \right)^2 - 4 \left(\frac{a_3^2}{4} - a_2 + w \right) \left(\frac{w^2}{4} - a_0 \right) = 0$$

$$u^3 + v^3 = -q$$

$$u^3 v^3 = -\frac{p^3}{27}$$

由此可知, u^3 及 v^3 是二次方程 $t^2 + qt - \dfrac{p^3}{27} = 0$ 的根.故

$$w = u + v = \sqrt[3]{-\frac{q}{2} + \sqrt{\frac{q^2}{4} + \frac{p^3}{27}}} +$$

96

$$\sqrt[3]{-\frac{q}{2}-\sqrt{\frac{q^2}{4}+\frac{p^3}{27}}} \tag{7}$$

由 $z=w-\dfrac{a_2}{3}$ 即可得一般三次多项式零点的求解公式.

一般四次多项式零点的确定,同样可以通过四次方程的求根公式解决.

设给出的一般四次方程为

$$z^4+a_3z^3+a_2z^2+a_1z+a_0=0$$

将它改写成

$$z^4+a_3z^3=-a_2z^2-a_1z-a_0$$

的形式,并且在两边都加上 $\dfrac{a_3^2z^2}{4}$,于是左边就是一个完全平方式,即

$$\left(z^2+\frac{a_3z}{2}\right)^2=\left(\frac{a_3^2}{4}-a_2\right)z^2-a_1z-a_0$$

再在这个方程的两边加上 $\left(z^2+\dfrac{a_3z}{2}\right)w+\dfrac{w^2}{4}$,式中 w 是一个新的变数,得

$$\left(z^2+\frac{a_3z}{2}+\frac{w}{2}\right)^2=\left(\frac{a_3^2}{4}-a_2+w\right)z^2+$$
$$\left(\frac{a_3w}{2}-a_1\right)z+$$
$$\left(\frac{w^2}{4}-a_0\right) \tag{8}$$

等式(8)的右边是以与 w 有关的式子作系数的 z 的二次三项式. 我们要取适当的 w 使得这个三项式是二项式 $\alpha z+\beta$ 的平方. 要使二次三项式 Az^2+Bz+C 是二项式 $\alpha z+\beta$ 的平方,只要 $B^2-4AC=0$ 就可以了. 事实上,如果 $B^2-4AC=0$,那么

$$Az^2+Bz+C=(\sqrt{A}z+\sqrt{C})^2$$

即

$$Az^2 + Bz + C = (\alpha z + \beta)^2$$

其中 $\alpha = \sqrt{A}$,$\beta = \sqrt{C}$.

因此,如果取 w 的值使它满足条件

$$\left(\frac{a_3 w}{2} - a_1\right)^2 - 4\left(\frac{a_3^2}{4} - a_2 + w\right)\left(\frac{w^2}{4} - a_0\right) = 0 \quad (9)$$

那么就可以使方程(8)右边就是完全平方式 $(\alpha z + \beta)^2$. 展开式(9),得到 w 的一个三次方程,即

$$w^3 - a_2 w^2 + (a_3 a_1 - 4a_0)w - $$
$$[a_0(a_3^2 - 4a_2) + a_1^2] = 0$$

由上面的三次方程求根公式可以求出它的根 w_0,然后再由 w_0 又可以求出 α 和 β,于是就有

$$\left(z^2 + \frac{a_3 z}{2} + \frac{w}{2}\right)^2 = (\alpha z + \beta)^2$$

由此得到

$$z^2 + \frac{a_3 z}{2} + \frac{w}{2} = \alpha z + \beta$$

或

$$z^2 + \frac{a_3 z}{2} + \frac{w}{2} = -\alpha z - \beta \qquad (10)$$

再通过求解这两个二次方程,就可以求出四次方程的根.

对于次数 $n > 4$ 的一般多项式的零点,由现在的群论理论知道,它的零点是不能再像低次多项式一样用它的系数经过四则运算和开方表示出来的. 只有比较特殊的高次多项式可以用特殊方法将其表示出来. 这一理论的证明涉及比较深的代数知识. 现将该结论用定理描述如下:

方程的根可用根式解的判别准则:在特征 0 的域

F 上,多项式 $p(z)$ 的零点可以用根式解的充要条件是 $p(z)$ 的分裂域 E/F 的 Galois 群是可解的[3].

§2　一般多项式零点分布的讨论

在矩阵理论中,我们了解到矩阵有特征多项式和特征值的概念,而且有很多关于特征值的估计理论,特征值又正是特征多项式的零点. 所以我们可以根据矩阵特征值估计理论来讨论多项式零点的分布,这也是一个非常有效的方法.

定义 3[4]　设 n 阶方阵 $A = (a_{ij}) \in \mathbf{C}^{n \times n}$,利用 A 的元素 $a_{ij}(i, j = 1, 2, \cdots, n)$ 引入下列记号

$$R_i = \sum_{j=1}^{n} |a_{ij}|$$

$$T_j = \sum_{i=1}^{n} |a_{ij}|$$

$$P_i = R_i - |a_{ii}|$$

$$Q_i = T_j - |a_{jj}|$$

如果对任意 $i(1 \leqslant i \leqslant n)$ 都有 $|a_{ii}| \geqslant P_i$,则称矩阵 A 为对角占优矩阵;如果对任意 $j(1 \leqslant j \leqslant n)$ 都有 $|a_{jj}| \geqslant Q_i$,则称 A 为列对角占优矩阵;如果 $|a_{ii}| > P_i(|a_{jj}| > Q_i)$ 对任意 $i(j)$ 成立,则称 A 为严格行(列)对角占优矩阵.

引理　若 A 为严格行(列)对角占优矩阵,则 A 必为非奇异矩阵.

证明　只就严格行对角占优矩阵加以证明,至于严格列对角占优矩阵的情况,只要把这里的证明对其

转置矩阵重述一遍即可.

反证法. 设 A 为奇异矩阵,则由其构成的线性方程组 $Ax = 0$ 有非零解 $x = (x_1, x_2, \cdots, x_n)^{\mathrm{T}} \neq \mathbf{0}$. 设

$$|x_r| = \max_{1 \leqslant i \leqslant n}\{|x_i|\}$$

则显然有 $|x_r| \neq 0$,且 $|x_i| \leqslant |x_r|$ $(i = 1, 2, \cdots, n)$. 于是由方程组 $Ax = 0$ 可得

$$a_{r1}x_1 + a_{r2}x_2 + \cdots + a_{rn}x_n = 0$$

或

$$|a_{rr}||x_r| = \left|-\sum_{\substack{j=1\\j\neq r}}^{n}a_{rj}x_j\right| \leqslant$$

$$\sum_{\substack{j=1\\j\neq r}}^{n}|a_{rj}||x_j| \leqslant$$

$$|x_r|P_r$$

从而推出 $|a_{rr}| \leqslant P_r$. 这与条件矛盾,引理得证.

由上面的引理很容易推出下面的定理:

定理 4[5] 设 $A = (a_{ij}) \in \mathbf{C}^{n \times n}$,则它的所有特征值都落在平面上的 n 个圆盘

$$D_i(A) = \{z \mid |z - a_{ii}| \leqslant P_i\} \quad (i = 1, 2, \cdots, n)$$
$$(11)$$

的并集 $\bigcup\limits_{i=1}^{n} D_i(A)$ 上.

证明 对于 A 的任一特征值 λ_i,有 $\det(\lambda_i I - A) = 0$. 根据引理,矩阵 $\lambda_i I - A$ 必非严格行对角占优(亦非严格列对角占优)矩阵,即至少存在一个 i,使得 $|\lambda_i - a_{ii}| \leqslant P_i$ 成立,这表明

$$\lambda_i \in D_i(A) \subset \bigcup\limits_{i=1}^{n} D_i(A)$$

定义 4 上面定理 4 的式(11)所表达的圆盘称为

由 A 所确定的 Gersgorin 圆盘.

定理 5　设 A 的 n 个圆盘中有 s 个圆盘构成复平面上的一个连通域 G,且 G 与 A 的其余 $n-s$ 个圆盘不相交,则 G 中有且仅有 A 的 s 个特征值.

证明　令 $A=D+C$,其中

$$C=\begin{pmatrix} 0 & a_{12} & \cdots & a_{1,n-1} & a_{1n} \\ a_{21} & 0 & \cdots & a_{2,n-1} & a_{2n} \\ \vdots & \vdots & & \vdots & \vdots \\ a_{n1} & a_{n2} & \cdots & a_{n,n-1} & 0 \end{pmatrix}$$

$$D=\begin{pmatrix} a_{11} & & & \\ & a_{22} & & \\ & & \ddots & \\ & & & a_{nn} \end{pmatrix}$$

作参数矩阵 $A(t)=D+tC$,显然 $A(0)=D$,$A(1)=D+C=A$,当 t 从 0 变到 1 时,$A(t)$ 由 D 变到 A. 另外,D 的 n 个 Gersgorin 圆盘就是 A 的 n 个 Gersgorin 圆盘的圆心,即 a_{11},a_{22},$\cdots$,a_{nn}. 对任意 $t(0<t<1)$,$A(t)$ 的每个 Gersgorin 圆盘都落在 A 的一个相应的圆盘之内,且各自始终以 $a_{ii}(1\leqslant i\leqslant n)$ 为圆心. 现在考虑矩阵 $A(t)$ 的任一特征值 $\lambda(t)$,它是 t 的连续函数,所以当 t 由 0 变到 1 时,$A(t)$ 的特征值 $\lambda(t)$ 在复平面上将由各自的圆心 $a_{ii}(1\leqslant i\leqslant n)$ 出发画出 n 条连续曲线,且曲线的终点为 A 的 n 个特征值. 我们断言,这 n 条连续曲线的每一条要么全部落在 G 上,要么全部落在其余的 $n-s$ 个圆盘的并集上. 否则,设这 n 条曲线中至少有一条既落在 G 上又落在其余 $n-s$ 个圆盘的并集上,那么由于连续曲线的性质及 G 与这 $n-s$ 个圆盘的并集不相交,这条曲线 $\lambda(t)$ 上必有一点,不妨设为 $\lambda(t_0)(0<$

$t_0 < 1$),它落在 A 的 n 个圆盘之外.但 $\lambda(t_0)$ 为 $A(t_0)$ 的特征值,由前面所述,它应落在 $A(t_0)$ 的 n 个圆盘的并集之上,从而落在 A 的 n 个圆盘的并集之上.这便产生了矛盾.因此,我们的断言成立.由这一断言立即推出,由 G 的 s 个圆盘的圆心出发的连续曲线 $\lambda(t)$,当 $t \in [0,1]$ 时,应该全部在 G 上,以上分析表明 G 上至少有 s 个 A 的特征值.同理我们也可以证明 A 的其余 $n-s$ 个圆盘至少含 $n-s$ 个 A 的特征值,从而又得 G 上至多有 s 个 A 的特征值.综合上述,即得 G 上恰有 s 个 A 的特征值.定理证毕.

推论 1 若方阵 $A \in \mathbf{C}^{n \times n}$ 的 n 个 Gersgorin 圆盘两两互不相交,则 A 有 n 个互异的特征值.

推论 2 若方阵 $A \in \mathbf{R}^{n \times n}$ 的 n 个 Gersgorin 圆盘两两互不相交,则 A 的特征值为实数.

证明 因为 A 是实矩阵,所以 A 的特征多项式 $f(\lambda)$ 应为实系数 n 次多项式,从而 A 的特征值(即多项式 $f(\lambda)$ 的零点)要么是实数,要么是成对出现的共轭复数.此外,没有其他形式的根.因此,只要我们能证明在所给的条件下,成对出现的共轭复根不存在,则命题即获证明.我们采用反证法.设 A 有一对共轭复数 α 和 $\bar{\alpha}$ 作为某特征根,并不妨设 α 位于上半平面,则 $\bar{\alpha}$ 必位于下半平面,且 α 和 $\bar{\alpha}$ 关于实轴对称.另外,由定理 3,α 必然落在 A 的某个 Gersgorin 圆盘上

$$D_{i_0}(A) = \{z \mid |z - a_{i_0 i_0}| \leqslant P_{i_0}\}$$

由于 A 为实矩阵,故其元素 $a_{i_0 i_0}$ 必为实数,从而圆盘 $D_{i_0}(A)$ 的圆心为实数,因此实轴为 $D_{i_0}(A)$ 的对称轴,这说明 $\bar{\alpha}$ 也落在 $D_{i_0}(A)$ 中,即 $D_{i_0}(A)$ 中有 A 的两个特征值 α 和 $\bar{\alpha}$.这与 A 的 n 个 Gersgorin 圆盘两两互不相

交的条件矛盾(这是因为由此条件及定理 4 可知:A 的每个 Gersgorin 圆盘上只能有 A 的一个特征值).

例如,求矩阵[6]

$$A_1 B = \begin{pmatrix} A & 0 \\ 0 & A \end{pmatrix} \in \mathbf{C}^{4 \times 4}$$

的所有 Gersgorin 圆盘,其中 $A \in \mathbf{C}^{2 \times 2}$ 且 $A = \begin{pmatrix} 1 & 1 \\ 1 & 1 \end{pmatrix}$.

显然,在这里

$$a_{11} = a_{22} = a_{33} = a_{44} = 1$$
$$P_1 = P_2 = P_3 = P_4 = 1$$

因此

$$D_1(\boldsymbol{B}) = D_2(\boldsymbol{B}) = D_3(\boldsymbol{B}) = D_4(\boldsymbol{B}) =$$
$$\{z \mid \mid z - 1 \mid \leqslant 1\}$$

即 $\boldsymbol{B}$ 的 4 个 Gersgorin 圆盘重合为一个,即在圆盘 $\{z \mid \mid z - 1 \mid \leqslant 1\}$ 上有 $\boldsymbol{B}$ 的 4 个特征值.另外,$\boldsymbol{B}$ 的特征多项式为

$$\det(\lambda \boldsymbol{I}_4 - \boldsymbol{B}) = [(\lambda - 1)^2 - 1]^2$$

所以 $\boldsymbol{B}$ 的特征值为 $\lambda_1 = \lambda_2 = 0, \lambda_3 = \lambda_4 = 2$.它们都落在 $\boldsymbol{B}$ 的 4 个 Gersgorin 圆盘的边界上.

下面从另一个角度来理解 Gersgorin 圆盘定理.首先,在复平面上画出各 Gersgorin 圆盘的中心点 a_{11},$a_{22}, \cdots, a_{nn}$.于是 Gersgorin 圆盘定理(即定理 3)表明:n 阶矩阵 A 的任一特征值 λ_j 与离它最近的中心点 $a_{i_0 i_0}$ 的距离不超过 P_{i_0}.上面的例子说明,这个最大距离有时可以达到.因而我们有理由认为,不改变圆盘中心点的取法(即仍取 $a_{11}, a_{22}, \cdots, a_{nn}$ 为圆盘的中心点)便不可能对定理 3 作出实质性的改进.

现在我们可以利用上面的结论讨论多项式零点分

布了. 我们很容易验证矩阵

$$A = \begin{pmatrix} 0 & 0 & 0 & 0 & \cdots & 0 & -a_0 \\ 1 & 0 & 0 & 0 & \cdots & 0 & -a_1 \\ 0 & 1 & 0 & 0 & \cdots & 0 & -a_2 \\ 0 & 0 & 1 & 0 & \cdots & 0 & -a_3 \\ 0 & 0 & 0 & 1 & \cdots & 0 & -a_4 \\ \vdots & \vdots & \vdots & \vdots & & \vdots & \vdots \\ 0 & 0 & 0 & 0 & \cdots & 1 & -a_{n-1} \end{pmatrix}$$

的特征多项式为

$$P(z) = z^n + a_{n-1}z^{n-1} + a_{n-2}z^{n-2} + \cdots + a_0$$

矩阵 A 的特征值就是多项式 $P(z)$ 的零点. 我们把 A 称为多项式 $P(z)$ 的友阵. 那么根据定理 3, 我们可以得到多项式 $P(z)$ 的零点分布在以下两个闭圆区域的并集上

$$\{z \mid |z| \leqslant \max\{|a_0|, |a_1|+1, \cdots, |a_{n-2}|+1\}\} \bigcup$$
$$\{z \mid |z + a_{n-1}| \leqslant 1\}$$

如果我们将上述零点存在的闭区域放大一点, 那么就可以得到一个表述更简单的零点分布区域.

由于

$$|z| - |a_{n-1}| \leqslant |z + a_{n-1}| \leqslant 1$$

故

$$|z| \leqslant |a_{n-1}| + 1$$

所以多项式 $P(z)$ 的零点分布在

$$\{z \mid |z| \leqslant \max\{|a_i|+1, i=0,1,\cdots,n-1\}\}$$

上. 故我们可得到下面的定理.

定理 6 设多项式

$$P(z) = z^n + a_{n-1}z^{n-1} + a_{n-2}z^{n-2} + \cdots + a_0$$

则其所有零点分布在

$$\{z\mid\mid z\mid\leqslant\max\{\mid a_0\mid,\mid a_1\mid+1,\cdots,\mid a_{n-2}\mid+1\}\}\bigcup$$
$$\{z\mid\mid z+a_{n-1}\mid\leqslant1\}$$

上,也全落在

$$\{z\mid\mid z\mid\leqslant\max\{\mid a_i\mid+1,i=0,1,\cdots,n-1\}\}$$

上.

§3　多项式零点分布的应用举例

在控制理论中,我们可以看到自动控制系统最重要的特性莫过于它的稳定性,因为一个不稳定的系统无法完成预期的控制任务.因此,如何判断一个系统是否稳定以及怎样改善其稳定性乃是系统分析与设计的一个首要问题.系统的稳定性,表示系统遭受外界扰动后偏离原来的平衡状态,而扰动消失后,系统自身仍有能力恢复到原来平衡状态的一种"顽性".在经典控制理论中,对于单输入单输出线性定常系统,应用 Routh 判据和 Hurwitz 判据等代数方法判定系统的稳定性,非常方便且有效.至于频域中的 Nyquist 判据,则是更为通用的方法,它不仅用于判定系统是否稳定,而且还能指明改善系统稳定性的方向.

上述方法都是以线性定常分析系统(可用微(差)分方程或传递函数加以描述)的特征方程在复平面上根的分布为基础的.所以,我们可以用上面多项式零点分布的结果和研究方法对其进行讨论.下面举例说明.

线性定常离散时间系统渐近稳定判据[7]:设线性定常离散时间系统的状态方程为

$$\boldsymbol{X}(k+1)=\boldsymbol{GX}(k)$$

则系统在平衡状态 $X_e = 0$ 处渐近稳定的充要条件是矩阵 G 的特征值的模小于 1.

例 设离散时间系统的状态方程为

$$X(k+1) = \begin{pmatrix} 0 & 0 & -\dfrac{1}{5} \\ 1 & 0 & -\dfrac{1}{5} \\ 0 & 1 & -\dfrac{1}{5} \end{pmatrix} X(k)$$

求证:系统是渐近稳定的.

证明 由题意可得特征多项式为

$$P(z) = z^3 + \frac{1}{5}z^2 + \frac{1}{5}z + \frac{1}{5}$$

显然

$$\left| \frac{1}{5} \right| + \left| \frac{1}{5} \right| + \left| \frac{1}{5} \right| < 1$$

经判定特征多项式的零点在 $|z| < 1$ 内,即系统是渐近稳定的.

判断上面例子中特征多项式的零点分布在要求范围内,显然还可以使用前面章节得到的其他结论进行断言,当然更可以用前面的讨论方法进行判断. 多项式零点分布还有其他许多方面的应用,举个应用的例子只是为了具体展示一下讨论多项式零点分布是很有意义的.

参考资料

[1] 北京大学数学系几何与代数教研室代数小组. 高等代数[M]. 北京:高等教育出版社,1999:35.

[2] 钟玉泉. 复变函数论[M]. 北京:高等教育出版社,2010:171.

[3] 聂灵沼,丁石孙. 代数学引论[M]. 北京:高等教育出版社,2000:85.

［4］陈祖明,周家胜.矩阵论引论［M］.北京:北京航空航天大学出版社,2008:136.

［5］杨乐.值分布论及其新研究［M］.北京:科学出版社,1982:123.

［6］吉米多维奇.数学分析习题集题解［M］.济南:山东科学技术出版社,2005:62-63.

［7］夏德.自动控制理论［M］.北京:机械工业出版社,2009:78.

多项式函数零点重数的一个性质[①]

中国地质大学能源学院的樊祺章2017 年探讨了多项式函数零点和零点的重数与函数

$$D_k(f(x)) = \frac{f^{(k)}(x)}{f^{(k+1)}(x)}$$

之间的关系,得出了相应的结论.

设函数 $f(x)$ 在 x_0 的某邻域 $U(x_0, \delta)$ 内存在各阶连续导数.记函数

$$D_k(f(x)) = \frac{f^{(k)}(x)}{f^{(k+1)}(x)}$$

$$f^{(0)}(x) = f(x)$$

$k \in \mathbf{N}$.下面讨论多项式函数 $f(x)$ 的零点与 $D_k(f(x))$ 之间的关系.

引理 1[1] 设 $a_i > 0, p_i > 0, i = 1, 2, \cdots, m$,则

---

① 本章摘编自《高等数学研究》,2017 年,第 20 卷,第 5 期.

$$\lim_{n \to \infty} \left(\frac{p_1 a_1^n + p_2 a_2^n + \cdots + p_m a_m^n}{p_1 + p_2 + \cdots + p_m} \right)^{\frac{1}{n}} =$$

$$\max\{a_1, a_2, \cdots, a_m\}$$

由引理 1 可得：

引理 2 设 $a_i > 0, p_i > 0, i = 1, 2, \cdots, m$, 则

$$\lim_{n \to \infty} (p_1 a_1^n + p_2 a_2^n + \cdots + p_m a_m^n)^{\frac{1}{n}} =$$

$$\max\{a_1, a_2, \cdots, a_m\}$$

引理 3 设 $a_i > 0, p_i > 0, i = 1, 2, \cdots, m$, 则

$$\lim_{n \to \infty} \frac{p_1 a_1^{n+1} + p_2 a_2^{n+1} + \cdots + p_m a_m^{n+1}}{p_1 a_1^n + p_2 a_2^n + \cdots + p_m a_m^n} =$$

$$\max\{a_1, a_2, \cdots, a_m\}$$

证明 不妨假设 $a_1 > a_2 > \cdots > a_m$, 则

$$\lim_{n \to \infty} \frac{p_1 a_1^{n+1} + p_2 a_2^{n+1} + \cdots + p_m a_m^{n+1}}{p_1 a_1^n + p_2 a_2^n + \cdots + p_m a_m^n} =$$

$$\lim_{n \to \infty} \left[a_1 \cdot \frac{p_1 + p_2 \left(\frac{a_2}{a_1} \right)^{n+1} + \cdots + p_m \left(\frac{a_m}{a_1} \right)^{n+1}}{p_1 + p_2 \left(\frac{a_2}{a_1} \right)^n + \cdots + p_m \left(\frac{a_m}{a_1} \right)^n} \right] = a_1$$

所以

$$\lim_{n \to \infty} \frac{p_1 a_1^{n+1} + p_2 a_2^{n+1} + \cdots + p_m a_m^{n+1}}{p_1 a_1^n + p_2 a_2^n + \cdots + p_m a_m^n} =$$

$$\max\{a_1, a_2, \cdots, a_m\}$$

定理 1 设 $f(x)$ 是 k 次多项式函数且它的零点都是正实数 $c_1, c_2, \cdots, c_k$. 如果

$$-\frac{1}{D_0(f(x))} = -\frac{f'(x)}{f(x)} = \sum_{n=0}^{\infty} a_n x^n$$

那么

$$\lim_{n \to \infty} \frac{1}{\sqrt[n]{a_n}} = \lim_{n \to \infty} \frac{a_n}{a_{n+1}} = \min\{c_1, c_2, \cdots, c_k\}$$

证明 由已知,设

$$f(x) = c(x - c_1)(x - c_2)\cdots(x - c_k)$$

则有

$$\frac{f'(x)}{f(x)} = \frac{1}{x - c_1} + \frac{1}{x - c_2} + \cdots + \frac{1}{x - c_k}$$

而由幂级数展开式得

$$\frac{1}{c_i - x} = \frac{1}{c_i} \sum_{n=0}^{\infty} \frac{x^n}{c_i^n} = \sum_{n=0}^{\infty} \frac{x^n}{c_i^{n+1}} \quad (i = 1, 2, \cdots, k)$$

所以

$$-\frac{f'(x)}{f(x)} = \sum_{n=0}^{\infty} \left(\frac{1}{c_1^{n+1}} + \frac{1}{c_2^{n+1}} + \cdots + \frac{1}{c_k^{n+1}} \right) x^n$$

故

$$a_n = \frac{1}{c_1} \cdot \frac{1}{c_1^n} + \frac{1}{c_2} \cdot \frac{1}{c_2^n} + \cdots + \frac{1}{c_k} \cdot \frac{1}{c_k^n}$$

由引理 2 与引理 3 可得

$$\lim_{n \to \infty} \sqrt[n]{a_n} = \lim_{n \to \infty} \frac{a_{n+1}}{a_n} = \max \left\{ \frac{1}{c_1}, \frac{1}{c_2}, \cdots, \frac{1}{c_k} \right\} = $$
$$\frac{1}{\min\{c_1, c_2, \cdots, c_k\}}$$

故

$$\lim_{n \to \infty} \frac{1}{\sqrt[n]{a_n}} = \lim_{n \to \infty} \frac{a_n}{a_{n+1}} = \min\{c_1, c_2, \cdots, c_k\}$$

定理 2 设 x_0 是函数 $f(x)$ 的 m 重零点,且函数 $f(x)$ 在 x_0 的某邻域 $U(x_0, \delta)$ 内存在 $m+1$ 阶连续导数. 则函数 $D_k(f(x))$ 有以下结论:

(1) $D_k(f(x)) = \dfrac{f^{(k)}(x)}{f^{(k+1)}(x)} = \dfrac{x - x_0}{m - k}(1 + \alpha), 0 \leqslant k \leqslant m - 1$,其中 $\lim\limits_{x \to x_0} \alpha = 0$;

(2) $\lim\limits_{x \to x_0} D'_k(f(x)) = \dfrac{1}{m - k}, 0 \leqslant k \leqslant m - 2$.

证明　（1）当 $0 \leqslant k \leqslant m-1$ 时，由 Taylor 公式及 x_0 是函数 $f(x)$ 的 m 重零点知

$$f^{(k)}(x) = f^{(k)}(x_0) + \frac{1}{1!} f^{(k+1)}(x_0)(x-x_0) +$$

$$\frac{1}{2!} f^{(k+2)}(x_0)(x-x_0)^2 + \cdots +$$

$$\frac{1}{(m-k)!} f^{(m)}(x_0)(x-x_0)^{m-k} +$$

$$o(x-x_0)^{m-k} =$$

$$\frac{1}{(m-k)!} f^{(m)}(x_0)(x-x_0)^{m-k} +$$

$$o(x-x_0)^{m-k}$$

故有

$$D_k(f(x)) = \frac{f^{(k)}(x)}{f^{(k+1)}(x)} =$$

$$\frac{\dfrac{1}{(m-k)!} f^{(m)}(x_0)(x-x_0)^{m-k} + o(x-x_0)^{m-k}}{\dfrac{1}{(m-k-1)!} f^{(m)}(x_0)(x-x_0)^{m-k-1} + o(x-x_0)^{m-k-1}} =$$

$$\frac{x-x_0}{m-k} \cdot \frac{1 + \dfrac{(m-k)!\ o(x-x_0)^{m-k}}{f^{(m)}(x_0)(x-x_0)^{m-k}}}{1 + \dfrac{(m-k-1)!\ o(x-x_0)^{m-k-1}}{f^{(m)}(x_0)(x-x_0)^{m-k-1}}}$$

又因为

$$\lim_{x \to x_0} \frac{1 + \dfrac{(m-k)!\ o(x-x_0)^{m-k}}{f^{(m)}(x_0)(x-x_0)^{m-k}}}{1 + \dfrac{(m-k-1)!\ o(x-x_0)^{m-k-1}}{f^{(m)}(x_0)(x-x_0)^{m-k-1}}} = 1$$

所以

$$\frac{1 + \dfrac{(m-k)!\ o(x-x_0)^{m-k}}{f^{(m)}(x_0)(x-x_0)^{m-k}}}{1 + \dfrac{(m-k-1)!\ o(x-x_0)^{m-k-1}}{f^{(m)}(x_0)(x-x_0)^{m-k-1}}} = 1 + \alpha$$

其中 $\lim\limits_{x \to x_0} \alpha = 0$.

所以

$$D_k(f(x)) = \frac{f^{(k)}(x)}{f^{(k+1)}(x)} = \frac{x - x_0}{m - k}(1 + \alpha)$$

其中 $\lim\limits_{x \to x_0} \alpha = 0$.

（2）

$$D'_k(f(x)) = \frac{[f^{(k+1)}(x)]^2 - f^{(k)}(x)f^{(k+2)}(x)}{[f^{(k+1)}(x)]^2} =$$

$$1 - \frac{f^{(k)}(x)f^{(k+2)}(x)}{[f^{(k+1)}(x)]^2} =$$

$$1 - \frac{D_k(f(x))}{D_{k+1}(f(x))}$$

由（1）知

$$\frac{D_k(f(x))}{D_{k+1}(f(x))} = \frac{\dfrac{x - x_0}{m - k}(1 + \alpha_1)}{\dfrac{x - x_0}{m - k - 1}(1 + \alpha_2)} =$$

$$\frac{m - k - 1}{m - k} \cdot \frac{1 + \alpha_1}{1 + \alpha_2}$$

而

$$\lim\limits_{x \to x_0} \alpha_1 = 0$$

$$\lim\limits_{x \to x_0} \alpha_2 = 0$$

所以

$$\lim\limits_{x \to x_0} D'_k(f(x)) = \frac{1}{m - k} \quad (0 \leqslant k \leqslant m - 2)$$

由定理 2 可直接得出以下结论：

推论　设 x_0 是多项式函数

$$f(x) = a_0 x^n + a_1 x^{n-1} + a_2 x^{n-2} + \cdots + a_n$$

$$(a_0 \neq 0)$$

的 m 重零点,则有

$$\lim_{x \to x_0} \frac{f^{(k)}(x) f^{(k+2)}(x)}{[f^{(k+1)}(x)]^2} = 1 - \frac{1}{m-k} \quad (0 \leqslant k \leqslant m-2)$$

特别地,当 $k = 0$ 时,有

$$\lim_{x \to x_0} \frac{f(x) f''(x)}{[f'(x)]^2} = 1 - \frac{1}{m}$$

此结论为[2]的定理 3.

参考资料

[1] 郑华盛,魏贵珍.对一道习题的再思考[J].高等数学研究,2016,19
(2):27-29.

[2] 刘爱平.多项式全部实根及重数的全局收敛算法[J].佳木斯大学学
报(自然科学版),2016,34(1):141-143.

[3] 王海坤,葛莉,唐剑.多项式重根存在性的线性判别及求解[J].阜阳
师范学院学报(自然科学版),2014,31(4):25-30.

Rouche 定理和多项式零点[①]

第 13 章

§1　Rouche 定理的注记

Glicksberg[1] 给出了 Rouche 定理的改进形式如下：

定理 1　假设：

（ⅰ）f 和 g 在区域 G 内解析，γ 是 G 的一条围线；

（ⅱ）在 γ 上满足

$$| f + g | < | f | + | g |　　　(1)$$

则 f 和 g 在 γ 内零点个数相等.

李庆忠、焦宝聪、王安和王燕生[2] 将上述定理 1 进一步改进为：

---

① 　本章摘编自《西南科技大学学报》，2002 年，第 17 卷，第 4 期.

定理 2　假设：

（ⅰ）f 和 g 在区域 G 内亚纯，γ 是 G 的一条围线；

（ⅱ）在 γ 上 f,g 无极点，并且满足

$$|f-g|<|f|+|g| \qquad (2)$$

则有

$$N(f,\gamma)-P(f,\gamma)=N(g,\gamma)-P(g,\gamma) \qquad (3)$$

这里 $N(f,\gamma),P(f,\gamma)$ 分别表示 f 在 γ 内的零点数和极点数.

注　若在 γ 上满足

$$|f-g|^{p}<|f|^{p}+|g|^{p} \quad (p\geqslant 1)$$

类似定理 2 可证结论（3）仍然成立.

西南科技大学理学院的张子芳、付英贵、卢谦、彭煜四位教授 2002 年将 Rouche 定理改进为如下形式：

定理 3　假设 $p\geqslant 1$：

（ⅰ）f,g 在区域 G 内亚纯，γ 是 G 的一条围线；

（ⅱ）除 $p\in\gamma$ 之外，在 γ 上 f,g 无极点，并且满足

$$|f-g|^{p}<|f|^{p}+|g|^{p} \qquad (4)$$

（ⅲ）存在点 P 的 γ 外半邻域 $OU(P)\subset G$,满足：f,g 在 $OU(P)$ 中无极点且式（4）在 $OU(P)$ 成立.

则有

$$\overline{N}(f,\gamma)-\overline{P}(f,\gamma)=\overline{N}(g,\gamma)-\overline{P}(g,\gamma) \qquad (5)$$

这里 $\overline{N}(f,\gamma),\overline{P}(f,\gamma)$ 分别表示 f 在 γ 内和 γ 上的零点数和极点数. $OU(P)=Out(\gamma)\bigcap U(p),Out(\gamma)$ 表示 γ 的外部区域,$U(P)$ 表示点 P 的邻域.

证明　由条件（ⅲ）可知,在 $OU(P)$ 中可找到一段光滑曲线 C_1 满足：在 C_1 上 f,g 无极点,在 C_1 上式（4）成立;并且 C_1 的两个端点一个位于 γ 上 P 的顺时针方向的一侧,另一个位于 γ 上 P 的逆时针方向的一

侧.

　　记 γ_1 为 γ 去掉被 C_1 割下的含有 P 的一段曲线后的剩余部分和 C_1 的并,显然 γ_1 是 G 内的一条围线,并且在 γ_1 上,f,g 无极点,满足式(4).

　　由于在 γ 上式(4)成立,所以 $f \neq 0$,且 $g \neq 0$,用 $|g|^p$ 同除式(4)两边得

$$\left| \frac{f-g}{g} \right|^p < 1 + \left| \frac{f}{g} \right|^p \tag{6}$$

　　由式(6)可得,在 γ_1 上 $\dfrac{f}{g}$ 不能取零和负实数值,即 $\dfrac{f}{g}$ 将 γ_1 映到 $\Omega = C - (-\infty, 0]$ 之内. 在 Ω 中取对数函数主值 $\ln w$,则 $\ln w$ 在 Ω 内单值解析,所以 $\ln \dfrac{f}{g}$ 是 $\left(\dfrac{f}{g} \right)' \left(\dfrac{f}{g} \right)^{-1} \mathrm{d}z$ 在 γ 的某邻域内的单值原函数,故有

$$0 = \frac{1}{2\pi \mathrm{i}} \oint_{\gamma_1} \left(\frac{f}{g} \right)' \left(\frac{f}{g} \right)^{-1} \mathrm{d}z =$$
$$\frac{1}{2\pi \mathrm{i}} \oint_{\gamma_1} \left[\frac{f'}{f} - \frac{g'}{g} \right] \mathrm{d}z =$$
$$[N(f,\gamma_1) - P(f,\gamma_1)] -$$
$$[N(g,\gamma_1) - P(g,\gamma_1)] \tag{7}$$

　　由条件(ⅲ)和(ⅱ)知,在 $OU(P)$ 中,除点 P 之外,f,g 没有其他零点或极点,所以有

$$N(f,\gamma_1) = \overline{N}(f,\gamma), P(f,\gamma_1) = \overline{P}(f,\gamma) \tag{8}$$
$$N(g,\gamma_1) = \overline{N}(g,\gamma), P(g,\gamma_1) = \overline{P}(g,\gamma) \tag{9}$$

将式(8)和(9)代入式(7),即得式(5).

§2 应用实例

在本节中,恒记

$$f(z) = z^n + a_1 z^{n-1} + \cdots + a_{n-1} z + a_n$$

K. P. Dabke[3] 曾给出下面的结论:

定理 4 假设存在 $r > 0$ 满足 $\sum\limits_{k=1}^{n} |a_k| r^{-k} \leqslant 1$,则多项式 $f(z)$ 的根均位于 $|z| \leqslant r$ 之中.

我们知道,线性离散动力系统的渐近行为与系统的特征多项式的零点在复平面上的分布有密切关系.另外,在数值计算中也时常需要预先估计多项式零点在复平面上的大致分布情况.因此,确定多项式的零点有重要的应用背景.下面给出定理 4 的一个推广结果.

定理 5 假设存在 $r > 0$ 和自然数 m 满足

$$\sum_{i=m}^{mn} |C_i| r^{-i} \leqslant 1 \tag{10}$$

则 $f(z)$ 的零点均位于 $|z| \leqslant r$ 之内.

这里 C_i 为多项式 $(\sum\limits_{k=1}^{n} a_k z^{n-k})^m = \sum\limits_{i=m}^{mn} C_i z^{mn-i}$ 的系数.

证明 取 γ 为圆周 $|z| = r$,分两种情况:

(1) $f(z)$ 在 γ 上无零点,此时,在 $|z| = r$ 上,由式 (10) 可得

$$|f(z) - z^n|^m = \left| \sum_{k=1}^{n} a_k z^{n-k} \right|^m =$$

$$\left| \sum_{i=m}^{mn} C_i z^{mn-i} \right| \leqslant$$

$$|z|^{mn} <$$
$$|f(z)|^m + |z|^{mn}$$

由定理 2 的注可知,$f(z)$ 的零点均位于 $|z| < r$ 之内.

(2)$f(z)$ 在 γ 上有零点,不妨设 $P \in \gamma$ 是 $f(z)$ 在 γ 上的唯一零点.

因为对任意 $\varepsilon > 0$,都有

$$\sum_{i=m}^{mn} |C_i| (r+\varepsilon)^{-i} < 1 \qquad (11)$$

由式(11)可知,一定有 $OU(P)$ 满足

$$|f - z^n|^m < |f|^m + |z^n|^m \qquad (12)$$

由定理 3 知,$f(z)$ 的零点均位于 $|z| < r$ 之内.

例 设某离散动力系统的特征方程为

$$f(z) = z^8 - \frac{1}{\sqrt{7}}z^6 - \frac{1}{\sqrt{7}}z^5 + \frac{1}{\sqrt{7}}z^4$$

则有 $n = 8$. 记

$$h(z) = -\frac{1}{\sqrt{7}}z^6 - \frac{1}{\sqrt{7}}z^5 + \frac{1}{\sqrt{7}}z^4$$

若取 $m = 2, r = 1$,则有

$$h^2(z) = \frac{1}{7}z^{12} + \frac{2}{7}z^{11} - \frac{1}{7}z^{10} - \frac{2}{7}z^9 + \frac{1}{7}z^8$$

$\sum_{i=2}^{16} |C_i| = 1$,由定理 5 知,$f(z)$ 的零点均在 $|z| \leqslant 1$ 之中,由此可知,以 $f(z)$ 为特征多项式的离散动力系统的零解是稳定的.

但是,由于

$$\sum_{i=1}^{8} |a_i| = \frac{3}{\sqrt{7}} > 1$$

由定理 4 无法判定 $f(z)$ 的零点均在 $|z| \leqslant 1$ 之中,也无法得到离散动力系统零解稳定的结论.

参考资料

［1］GLICKSBERG I. A remark on Rouche theorem［J］. Amer. Math. Monthly,1976,83:186-187.

［2］李庆忠,焦宝聪,王安,等.复变函数［M］.北京:科学出版社,2000.

［3］DABKE K P. A simple criterion for stability of linear discrete systems［J］. Int. J. Control,1983,37:656-659.

［4］廖晓昕.动力系统的稳定性理论及应用［M］.北京:国防工业出版社,1999.

第二编

特殊多项式的
零点问题

关于微分多项式的零点[①]

第 14 章

§1 引言及主要定理

设 $f(z)$ 是开平面内的超越亚纯函数，我们用 $S(r,f)$ 表示量 $o(T(r,f))(r \to \infty, r \notin E)$，其中 E 是具有有穷线性测度的一个集合[1]，我们用 $a_j(z)$ 表示满足条件 $T(r,a_j) = S(r,f)$ 的亚纯函数，用 c 表示有穷复数，以后不再说明.

设 $m_0, m_1, \cdots, m_k$ 是非负整数，我们称

$$\psi = a_1 f^{m_0} (f')^{m_1} \cdots (f^{(k)})^{m_k}$$

为 f 的微分单项式，$n = \sum_{i=0}^{k} m_i$ 是 ψ 的次数.

① 本章摘编自《数学进展》，1989 年，第 18 卷，第 3 期.

设 $\psi_1,\psi_2,\cdots,\psi_m$ 都是 f 的微分单项式,其次数分别为 $n_1,n_2,\cdots,n_m$. 我们称 $\psi=\sum_{j=1}^{m}a_j\psi_j$ 为 f 的微分多项式,其次数 $n=\max\{n_1,n_2,\cdots,n_m\}$. 在 ψ 中次数为 j 的所有微分单项式的和称为 ψ 的 j 次项.设 ψ 是 f 的 n 次微分多项式,则

$$\psi=P_n(f)+P_{n-1}(f)+\cdots+P_1(f)+a_0 \qquad (1)$$

其中 $P_j(f)(j=1,2,\cdots,n)$ 是 f 的 j 次齐次微分多项式,a_0 是 ψ 的常数项.

C. C. Yang 证明了:

定理 A[2]　设 f 满足

$$N(r,f)+N\left(r,\frac{1}{f}\right)=S(r,f)$$

ψ 是 f 的微分多项式,没有常数项,其次数 $n>1$. 如果 ψ 中每个微分单项式的 f 的次数 $m_0<n$,且 $c\neq0$,那么 $\delta(c,\psi)<1$.

山东大学数学系的仪洪勋教授 1989 年改进了上述结果,证明了:

定理 1　设 f 满足

$$\overline{N}(r,f)+\overline{N}\left(r,\frac{1}{f}\right)=S(r,f)$$

ψ 由式(1)给出.如果 $a_0\not\equiv0,\psi-a_0\not\equiv0$,那么

$$N\left(r,\frac{1}{\psi}\right)=T(r,\psi)+S(r,\psi)$$

推论 1　假设定理 1 的条件成立,则 $\delta(0,\psi)=0$.

推论 2　假设定理 A 的条件成立,则 $\delta(c,\psi)=0$.

定理 2　设 f 满足

$$\overline{N}(r,f)+\overline{N}\left(r,\frac{1}{f}\right)=S(r,f)$$

$$\psi = P_n(f) + P_{n-1}(f) + \cdots + P_m(f) \qquad (2)$$

其中 $P_j(f)(j = m, m+1, \cdots, n)$ 是 ψ 的 j 次项,$n \geqslant m \geqslant 1$. 若 $P_n(f) \not\equiv 0, P_m(f) \not\equiv 0$,则

$$N\left(r, \frac{1}{\psi}\right) \geqslant \frac{n-m}{n} T(r, \psi) + S(r, \psi)$$

推论 假设定理 2 的条件成立,则 $\delta(0, \psi) \leqslant \dfrac{m}{n}$.

定理 3 设 f 满足

$$\overline{N}(r, f) + N\left(r, \frac{1}{f}\right) = S(r, f)$$

ψ 由式(2) 给出. 若 $P_n(f) \not\equiv 0, P_m(f) \not\equiv 0$,则

$$N\left(r, \frac{1}{\psi}\right) = \frac{n-m}{n} T(r, \psi) + S(r, \psi)$$

推论 设 f 是有穷级超越亚纯函数,且定理 3 的条件成立,则 $\delta(0, \psi) = \dfrac{m}{n}$.

C. C. Yang[3] 还证明了:

定理 B 设 f 满足

$$N(r, f) + N\left(r, \frac{1}{f}\right) = S(r, f)$$

ψ 是 f 的 n 次微分多项式. 如果 ψ 中所有微分单项式的次数大于或等于 2,且 ψ 不是齐次的,那么 $\delta(c, \psi) \leqslant 1 - \dfrac{1}{2n}$.

定理 C 设 f 满足

$$N(r, f) + N\left(r, \frac{1}{f}\right) = S(r, f)$$

ψ 是 f 的 $n(n \geqslant 1)$ 次微分多项式. 若 $\delta(0, \psi) > 1 - \dfrac{1}{2n}$,则 $\psi = a_1 h^m, h = f + a_2$,其中 $m \leqslant n$.

本章改进了上述结果,证明了:

定理 4 设 f 满足

$$\overline{N}(r,f) + \overline{N}\left(r,\frac{1}{f}\right) = S(r,f)$$

ψ 由式(1)给出.若 $P_n(f) \not\equiv 0$,且 ψ 不是齐次的,则

$$\overline{N}\left(r,\frac{1}{\psi}\right) \geqslant \frac{1}{n}T(r,\psi) + S(r,\psi)$$

推论 1 假设定理 4 的条件成立,则

$$\Theta(0,\psi) \leqslant 1 - \frac{1}{n}$$

推论 2 假设定理 B 的条件成立,则

$$\Theta(c,\psi) \leqslant 1 - \frac{1}{n}$$

推论 3 把定理 C 的条件

$$\delta(0,\psi) > 1 - \frac{1}{2n}$$

改为

$$\Theta(0,\psi) > 1 - \frac{1}{n}$$

则 $\psi = a_1 f^m$,其中 $m \leqslant n$.

H. S. Gopalakrishna 与 S. S. Bhoosnurmath 证明了:

定理 D[4] 设 f 满足

$$\overline{N}(r,f) + \overline{N}\left(r,\frac{1}{f}\right) = S(r,f)$$

ψ 是 f 的齐次微分多项式,且 $\psi \not\equiv$ 常数,$c \neq 0$,则

$$\overline{N}(r,\psi) + \overline{N}\left(r,\frac{1}{\psi}\right) = S(r,\psi),\text{且 } \Theta(c,\psi) = 0$$

本章推广了上述结果,证明了:

定理 5 设 f 满足

$$\overline{N}(r,f) + \overline{N}\left(r, \frac{1}{f}\right) = S(r,f)$$

ψ 由式(2) 给出. 若

$$P_n(f) \not\equiv 0, P_m(f) \not\equiv 0 \quad (c \neq 0)$$

则

$$\overline{N}(r,\psi) + \overline{N}\left(r, \frac{1}{\psi}\right) \leqslant$$

$$\frac{n-m}{n} T(r,\psi) + S(r,\psi)$$

且

$$\Theta(c,\psi) \leqslant \frac{n-m}{n}$$

显然定理 D 是定理 5 中 $m = n$ 的情况.

§2　几个引理

引理 1　设 f 满足

$$\overline{N}(r,f) + \overline{N}\left(r, \frac{1}{f}\right) = S(r,f)$$

k 为正整数, 则

$$T\left(r, \frac{f^{(k)}}{f}\right) = S(r,f)$$

引理 2　设 f 满足

$$\overline{N}(r,f) + \overline{N}\left(r, \frac{1}{f}\right) = S(r,f)$$

ψ 由式(1) 给出, 则

$$\psi = a_n f^n + a_{n-1} f^{n-1} + \cdots + a_1 f + a_0$$

其中

$$T(r,a_j) = S(r,f) \quad (j = 0,1,\cdots,n)$$

127

证明 令 $a_j = \dfrac{P_j(f)}{f^j}$，根据引理 1 即得引理 2 的

结论.

同理可证：

引理 3 设 f 满足

$$\overline{N}(r, f) + \overline{N}\left(r, \frac{1}{f}\right) = S(r, f)$$

ψ 由式（2）给出，则

$$\psi = a_n f^n + a_{n-1} f^{n-1} + \cdots + a_m f^m$$

其中

$$T(r, a_j) = S(r, f) \quad (j = m, m+1, \cdots, n)$$

引理 4[3] 设

$$\psi = a_n f^n + a_{n-1} f^{n-1} + \cdots + a_1 f + a_0 \quad (a_n \not\equiv 0)$$

则

$$T(r, \psi) = nT(r, f) + S(r, f)$$

引理 5[5] 超越亚纯函数 f 不满足代数恒等式

$$b_n f^n + b_{n-1} f^{n-1} + \cdots + b_1 f + b_0 \equiv 0 \quad (b_n \not\equiv 0)$$

其中

$$\sum_{i=0}^{n} T(r, b_i) = o(T(r, f)) \quad (r = r_k \to \infty)$$

引理 6[6] 设 $g_j (j = 1, 2, \cdots, m)$ 是 m 个线性无关

的亚纯函数，且满足 $\displaystyle\sum_{j=1}^{m} g_j \equiv 1$，则

$$T(r, g_j) < \sum_{i=1}^{m} N\left(r, \frac{1}{g_i}\right) + N(r, g_j) +$$

$$N(r, D) - \sum_{i=1}^{m} N(r, g_i) -$$

$$N\left(r, \frac{1}{D}\right) + O(\log r + \log T(r))$$

$$(r \notin E; j = 1, 2, \cdots, m)$$

其中

$$D = \begin{vmatrix} g_1 & g_2 & \cdots & g_m \\ g'_1 & g'_2 & \cdots & g'_m \\ \vdots & \vdots & & \vdots \\ g_1^{(m-1)} & g_2^{(m-1)} & \cdots & g_m^{(m-1)} \end{vmatrix}$$

$$T(r) = \max_{1 \leqslant i \leqslant m} \{ T(r, g_i) \}$$

引理 7[7]　设 g_1 与 g_2 是两个非常数的亚纯函数，a_1 与 a_2 是两个亚纯函数，且 $a_i \not\equiv 0 (i = 1, 2)$，$T(r, a_i) = o(T(r, g_i))(r \notin E, i = 1, 2)$. 如果 $a_1 g_1 + a_2 g_2 \equiv 1$，那么

$$T(r, g_1) < \overline{N}\left(r, \frac{1}{g_1}\right) + \overline{N}\left(r, \frac{1}{g_2}\right) + \overline{N}(r, g_1) + S(r, g_1)$$

§3　定理 1 的证明

根据引理 2 及定理 1 的条件知

$$\psi = a_n f^n + a_{n-1} f^{n-1} + \cdots + a_1 f + a_0$$

且 $a_j (j = 1, 2, \cdots, n)$ 不全恒等于零. 设使 $a_j \not\equiv 0$ 者为 $a_{j_1}, a_{j_2}, \cdots, a_{j_k}$，其中 $n \geqslant j_1 > j_2 > \cdots > j_k \geqslant 1$，则

$$\psi = a_{j_1} f^{j_1} + \cdots + a_{j_k} f^{j_k} + a_0$$

根据引理 4 知

$$T(r, \psi) = j_1 T(r, f) + S(r, f)$$

令

$$g_i = -\frac{a_{j_i}}{a_0} f^{j_i} (i = 1, 2, \cdots, k), g_{k+1} = \frac{1}{a_0} \psi$$

则 $\sum_{i=1}^{k+1} g_i \equiv 1$. 如果 $g_i (i = 1, 2, \cdots, k+1)$ 线性相关，那

么存在不全为零的常数 $c_i(i=1,2,\cdots,k+1)$，使

$$\sum_{i=1}^{k+1} c_i g_i \equiv 0. \text{ 若 } c_{k+1}=0,\text{则}$$

$$\sum_{i=1}^{k} c_i g_i \equiv 0$$

即

$$\sum_{i=1}^{k} c_i a_{j_i} f^{j_i} \equiv 0$$

根据引理 5 知，这是不可能的. 若 $c_{k+1} \neq 0$，则

$$g_{k+1} = \sum_{i=1}^{k} \left(-\frac{c_i}{c_{k+1}} \right) g_i$$

所以

$$\sum_{i=1}^{k} \left(1 - \frac{c_i}{c_{k+1}} \right) a_{j_i} f^{j_i} + a_0 \equiv 0$$

再根据引理 5 知，这也是不可能的. 这就证明 $g_i(i=1,2,\cdots,k+1)$ 线性无关. 根据引理 6 知

$$T(r,g_{k+1}) < \sum_{i=1}^{k+1} N\left(r,\frac{1}{g_i}\right) + N(r,g_{k+1}) +$$

$$N(r,D) - \sum_{i=1}^{k+1} N(r,g_i) -$$

$$N\left(r,\frac{1}{D}\right) + S(r,g_{k+1})$$

其中

$$D = \begin{vmatrix} g_1 & g_2 & \cdots & g_{k+1} \\ g'_1 & g'_2 & \cdots & g'_{k+1} \\ \vdots & \vdots & & \vdots \\ g_1^{(k)} & g_2^{(k)} & \cdots & g_{k+1}^{(k)} \end{vmatrix} =$$

$$\begin{vmatrix} g_1 & g_2 & \cdots & g_k & 1 \\ g'_1 & g'_2 & \cdots & g'_k & 0 \\ \vdots & \vdots & & \vdots & \vdots \\ g_1^{(k)} & g_2^{(k)} & \cdots & g_k^{(k)} & 0 \end{vmatrix}$$

注意到

$$T(r,g_{k+1}) = T(r,\psi) + S(r,\psi)$$

$$\sum_{i=1}^{k+1} N\left(r,\frac{1}{g_i}\right) - N\left(r,\frac{1}{D}\right) \leqslant$$

$$k\sum_{i=1}^{k} \overline{N}\left(r,\frac{1}{g_i}\right) + N\left(r,\frac{1}{\psi}\right) + S(r,f) =$$

$$N\left(r,\frac{1}{\psi}\right) + S(r,\psi)$$

$$N(r,g_{k+1}) + N(r,D) - \sum_{i=1}^{k+1} N(r,g_i) \leqslant$$

$$k\sum_{i=1}^{k} \overline{N}(r,g_i) = S(r,\psi)$$

所以

$$T(r,\psi) \leqslant N\left(r,\frac{1}{\psi}\right) + S(r,\psi)$$

又

$$N\left(r,\frac{1}{\psi}\right) \leqslant T(r,\psi) + O(1)$$

故

$$N\left(r,\frac{1}{\psi}\right) = T(r,\psi) + S(r,\psi)$$

§4 定理 2 与定理 3 的证明

根据引理 3 与定理 2 的条件知

131

$$\psi = a_n f^n + a_{n-1} f^{n-1} + \cdots + a_m f^m$$

其中 $a_n \not\equiv 0, a_m \not\equiv 0.$ 令

$$\Phi = a_n f^{n-m} + a_{n-1} f^{n-m-1} + \cdots + a_m$$

则 $\psi = f^m \Phi.$

根据引理 4 与定理 1 知

$$N\left(r, \frac{1}{\Phi}\right) = T(r, \Phi) + S(r, \Phi) =$$

$$\frac{n-m}{n} T(r, \psi) + S(r, \psi)$$

所以

$$N\left(r, \frac{1}{\psi}\right) = m N\left(r, \frac{1}{f}\right) + N\left(r, \frac{1}{\Phi}\right) + S(r, f) \geqslant$$

$$\frac{n-m}{n} T(r, \psi) + S(r, \psi)$$

这就证明定理 2 成立.

根据定理 3 的条件知

$$N\left(r, \frac{1}{f}\right) = S(r, f)$$

与前面一样,可以得到

$$N\left(r, \frac{1}{\psi}\right) = m N\left(r, \frac{1}{f}\right) + N\left(r, \frac{1}{\Phi}\right) + S(r, f)$$

由此即知定理 3 成立.

§5　定理 4 的证明

根据引理 2 与定理 4 的条件知

$$\psi = a_n f^n + a_{n-1} f^{n-1} + \cdots + a_1 f + a_0$$

且

$$a_n \not\equiv 0, a_{n-1}f^{n-1} + \cdots + a_1 f + a_0 \not\equiv 0$$

假设 $a_0 \not\equiv 0$，令

$$g_1 = \psi, g_2 = -f(a_n f^{n-1} + \cdots + a_1)$$

显然

$$\overline{N}\left(r, \frac{1}{g_2}\right) \leqslant \overline{N}\left(r, \frac{1}{f}\right) + \overline{N}\left(r, \frac{1}{a_n f^{n-1} + \cdots + a_1}\right) \leqslant$$
$$(n-1)T(r,f) + S(r,f) =$$
$$\frac{n-1}{n}T(r,\psi) + S(r,\psi)$$

且

$$\frac{1}{a_0}g_1 - \frac{1}{a_0}g_2 \equiv 1$$

根据引理 7 知

$$T(r,g_1) < \overline{N}\left(r, \frac{1}{g_1}\right) + \overline{N}\left(r, \frac{1}{g_2}\right) +$$
$$\overline{N}(r,g_1) + S(r,g_1)$$

即

$$T(r,\psi) < \overline{N}\left(r, \frac{1}{\psi}\right) + \frac{n-1}{n}T(r,\psi) + S(r,\psi)$$

所以

$$\overline{N}\left(r, \frac{1}{\psi}\right) \geqslant \frac{1}{n}T(r,\psi) + S(r,\psi)$$

假设 $a_0 \equiv 0$，则

$$\psi = a_n f^n + \cdots + a_m f^m$$

其中 $a_n \not\equiv 0, a_m \not\equiv 0$，且 $n > m$. 令

$$\Phi = a_n f^{n-m} + \cdots + a_m$$

根据上面所证

$$\overline{N}\left(r, \frac{1}{\Phi}\right) \geqslant \frac{1}{n-m}T(r,\Phi) + S(r,\Phi) =$$

$$\frac{1}{n}T(r,\psi)+S(r,\psi)$$

显然 $\psi=f^m\Phi$，由此即得

$$\overline{N}\left(r,\frac{1}{\psi}\right)=\overline{N}\left(r,\frac{1}{f}\right)+\overline{N}\left(r,\frac{1}{\Phi}\right)+S(r,f)\geqslant$$

$$\frac{1}{n}T(r,\psi)+S(r,\psi)$$

§6　定理 5 的证明

根据引理 3 及定理 4 的条件知

$$\psi=f^m(a_nf^{n-m}+\cdots+a_m)$$

其中 $a_n\not\equiv 0,a_m\not\equiv 0$. 显然

$$\overline{N}(r,\psi)=\overline{N}(r,f)+S(r,f)=S(r,\psi)$$

$$\overline{N}\left(r,\frac{1}{\psi}\right)\leqslant$$

$$\overline{N}\left(r,\frac{1}{f}\right)+T(r,a_nf^{n-m}+\cdots+a_m)+S(r,f)=$$

$$(n-m)T(r,f)+S(r,f)=$$

$$\frac{n-m}{n}T(r,\psi)+S(r,\psi)$$

所以

$$\overline{N}(r,\psi)+\overline{N}\left(r,\frac{1}{\psi}\right)\leqslant\frac{n-m}{n}T(r,\psi)+S(r,\psi)$$

令

$$g_1=\frac{1}{c}\psi,g_2=-\frac{1}{c}(\psi-c)$$

则

$$g_1+g_2\equiv 1$$

根据引理 7 知

$$T(r,g_1) < \overline{N}\left(r,\frac{1}{g_1}\right) + \overline{N}\left(r,\frac{1}{g_2}\right) +$$
$$\overline{N}(r,g_1) + S(r,g_1)$$

即

$$T(r,\psi) < \frac{n-m}{n}T(r,\psi) + \overline{N}\left(r,\frac{1}{\psi-c}\right) + S(r,\psi)$$

所以

$$\overline{N}\left(r,\frac{1}{\psi-c}\right) \geqslant \frac{m}{n}T(r,\psi) + S(r,\psi)$$

由此即可得出 $\Theta(c,\psi) \leqslant \dfrac{n-m}{n}$.

§7 几个例子

显然定理 1 的结论是精确的.

设 $f(z) = \mathrm{e}^z$，$\psi = f^n + f^m$，其中 $n > m \geqslant 1$，容易验证

$$N\left(r,\frac{1}{\psi}\right) = \frac{n-m}{n}T(r,\psi) + S(r,\psi), \delta(0,\psi) = \frac{m}{n}$$

这就证明定理 2 与定理 3 是精确的.

设 $f(z) = \mathrm{e}^z$，$\psi = \sum_{k=0}^{n} \mathrm{C}_n^k f^{n-k}$，容易验证

$$\overline{N}\left(r,\frac{1}{\psi}\right) = \frac{1}{n}T(r,\psi) + S(r,\psi), \Theta(0,\psi) = 1 - \frac{1}{n}$$

这就证明定理 4 也是精确的.

设 $f(z) = \mathrm{e}^z$，$\psi = \dfrac{n-1}{n}f^n - f^{n-1}$ $(n \geqslant 2)$. 容易验证

$$\overline{N}(r,\psi) + \overline{N}\left(r,\frac{1}{\psi}\right) = \frac{1}{n}T(r,\psi) + S(r,\psi)$$

$$\Theta\left(-\frac{1}{n},\psi\right)=\frac{1}{n}.$$ 这就证明定理 5 也是精确的.

参考资料

[1] HAYMAN W K. Meromorphic functions[M]. New York: Oxford University Press,1964.

[2] YANG C C. On deficiencies of differential polynomials[J]. Math. Z. ,1970,116:197-204.

[3] YANG C C. On deficiencies of differential polynomials Ⅱ[J]. Math. Z. ,1972,125:107-112.

[4] GOPALAKRISHNA H S, BHOOSNURMATH S S. On the distribution of values of differential polynomials[J]. Indian J. Pure Appl. Math. ,1986,17(3):367-372.

[5] SINGH S K,BARKER G P. A note on transcendental meromorphic functions[J]. Bull. Calcutta Math. Soc. ,1976,68:23-24.

[6] GROSS F. Factorization of meromorphic functions[M]. Washington,D. C. : U. S. Govt. Printing Office,1972.

[7] 仪洪勋. 具有两个亏值的亚纯函数[J]. 数学学报,1987,30(5):588-597.

关于微分多项式零点的定量估计[①]

第 15 章

近年来有不少有关超越整函数或满足 $\delta(\infty,f)=1$ 的亚纯函数 f 的特殊形式（微分多项式）存在无穷多个零点或亏值的结果. 香港科学技术大学数学系的杨重骏, 山东大学数学系的仪洪勋两位教授 1993 年将有些结果归结推广到对任意超越亚纯函数的一类具有广泛形式的微分多项式的零点作讨论, 并得到定量的估计. 在证明中用到了改进的有关微分多项式的 Clunie 引理并对各种辅助函数的零点重数作了较精密的估计.

本章中, f 表示超越整函数或开平面上的超越亚纯函数. Nevanlinna 理论的基本结果及其标准记号可参看[1]. 另外, 本章使用 $N_1\left(r,\dfrac{1}{f}\right)$ 表示 f 的单零点

---

① 本章摘编自《中国科学（A 辑）》, 1993 年, 第 23 卷, 第 1 期.

137

的密指量，$N_2\left(r,\dfrac{1}{f}\right)$ 表示 f 的重级大于或等于 2 的零点的密指量. 照例，$S(r,f)$ 表示任一满足 $o(T(r,f))(r\to\infty,r\notin E)$ 的数量，这里 E 是一个具有有穷线性测度的集合.

定义 1 满足 $T(r,a(z))=S(r,f)$ 的任何亚纯函数 $a(z)$ 称作 $f(z)$ 的小函数.

以后，我们用 $a,a_0,\cdots,a_n$ 表示 f 的小函数，$c,c_0,\cdots,c_n$ 表示复常数.

定义 2 设 $n_0,n_1,\cdots,n_k$ 是非负整数，我们称
$$M[f]=f^{n_0}(f')^{n_1}\cdots(f^{(k)})^{n_k}$$
为 f 的微分单项式，整数
$$\gamma_M=n_0+n_1+\cdots+n_k$$
称作 $M[f]$ 的次数
$$\Gamma_M=n_0+2n_1+\cdots+(k+1)n_k$$
称作 $M[f]$ 的权数.

定义 3 设 $M_j[f](j=1,2,\cdots,n)$ 是 f 的微分单项式，$a_j(z)(j=1,2,\cdots,n)$ 是 f 的小函数，我们称
$$Q(f)=a_1M_1[f]+\cdots+a_nM_n[f]$$
为 f 的微分多项式，整数
$$\gamma_Q=\max\{\gamma_{M_j},1\leqslant j\leqslant n\}$$
称作 $Q(f)$ 的次数
$$\Gamma_Q=\max\{\Gamma_{M_j},1\leqslant j\leqslant n\}$$
称作 $Q(f)$ 的权数.

在研究亚纯函数的亏值的存在性时，微分多项式的零点，或更一般地，微分多项式的值分布是 Nevenlinna 理论应用的一个重要课题. 例如，[2] 中提出了几个关于某些微分多项式零点的有趣的待解问题. 从

那时开始,人们在微分多项式值分布的研究中取得了一些进展[3-15].

定理 A[3]　设 $f(z)$ 为超越整函数,$n \geqslant 2$,$c \neq 0$,则 $f^n f' - c$ 有无穷多个零点.

定理 B[5]　设 $f(z)$ 为超越整函数,$c \neq 0$,则 $ff' - c$ 有无穷多个零点.

定理 C[8]　设 $f(z)$ 为超越整函数,$P(f) = c_n f^n + c_{n-1} f^{n-1} + \cdots + c_0$ 为 f 的常系数多项式,$c_n \neq 0$,$c \neq 0$,则 $P(f)f' - c$ 有无穷多个零点.

我们注意到,上述结果对亚纯函数不一定正确.现在自然要问下述 3 个问题:(1)上述定理对亚纯函数相应的结果是什么?(2)在上述定理中,能否给出其中的微分多项式零点的定量估计?(3)在上述定理中,常数 $c(\neq 0)$ 能否换为 f 的小函数 $a(z)(\not\equiv 0)$?

对于定理 A,[14]中给出了改进的回答.作为[14]中一个结果的推论,我们立即可以导出下述结果:

定理 D　设 $f(z)$ 为满足 $\overline{N}(r, f) = S(r, f)$ 的亚纯函数,$Q_1(f)(\not\equiv 0)$ 与 $Q_2(f)(\not\equiv 0)$ 为 f 的微分多项式.假设 $\psi = f^n Q_1(f) + Q_2(f)$ 及 $\gamma_{Q_2} \leqslant n - 2$,则

$$T(r, f) \leqslant \overline{N}\left(r, \frac{1}{\psi}\right) + S(r, f)$$

显然定理 D 不包含定理 B 与定理 C.本章主要是对于定理 B 与定理 C,部分地回答了上面提出的 3 个问题,一些已知结果可立即从本章结论中推导出.

§1　主要结果

定理 1　设 f 为满足 $\overline{N}(r, f) = S(r, f)$ 的超越亚

139

纯函数,$Q(f)(\not\equiv 0)$ 为 f 的 $n-1$ 次微分多项式. 假设 $\psi=f^n f'+Q(f)$,则

$$T(r,f)\leqslant 8\overline{N}\left(r,\frac{1}{\psi}\right)+S(r,f)$$

推论 设 f 为满足 $\overline{N}(r,f)=S(r,f)$ 的超越亚纯函数,$a(\not\equiv 0)$ 为 f 的小函数,则

$$T(r,f)\leqslant 8\overline{N}\left(r,\frac{1}{ff'-a}\right)+S(r,f)$$

定理 2 设 f 为满足 $\overline{N}(r,f)=S(r,f)$ 的超越亚纯函数

$$P(f)=a_n f^n+a_{n-1}f^{n-1}+\cdots+a_1 f+a_0$$

其中 $a_n(\not\equiv 0)$,$a_{n-1},\cdots,a_1,a_0$ 为 f 的小函数,且 $\dfrac{a_{n-1}}{a_n}$ 是一个常数. 假设 $Q(f)$ 为 f 的次数 $\leqslant n-1$ 的微分多项式且 $\psi=P(f)f'+Q(f)$,则或者

$$\psi=a_n\left(f+\frac{a_{n-1}}{na_n}\right)^n f'$$

或者

$$T(r,f)\leqslant 8\overline{N}\left(r,\frac{1}{\psi}\right)+S(r,f)$$

推论 设 f 与 $P(f)$ 如定理 2 中所述及 $a(z)(\not\equiv 0)$ 为 f 的小函数,则

$$T(r,f)\leqslant 8\overline{N}\left(r,\frac{1}{P(f)f'-a}\right)+S(r,f)$$

作为定理 1 和定理 2 的推广,本章得到:

定理 3 设 f 为超越亚纯函数,$Q(f)(\not\equiv 0)$ 为 f 的 $n-1$ 次微分多项式. 假设 $\psi=f^n f'+Q(f)$,则

$$T(r,f)\leqslant 8\overline{N}\left(r,\frac{1}{\psi}\right)+(5\alpha+9)\overline{N}(r,f)+S(r,f)$$

其中

$$\alpha = \Gamma_Q - (n-1)$$

推论　设 f 为满足 $\Theta(\infty,f) > \dfrac{8}{9}$ 的超越亚纯函数，$a(z)(\not\equiv 0)$ 为 f 的小函数，则 $ff' - a$ 有无穷多个零点.

定理 4　设 f 为超越亚纯函数，$P(f) = a_n f^n + a_{n-1} f^{n-1} + \cdots + a_0$，这里 $a_n(\not\equiv 0),a_{n-1},\cdots,a_0$ 为 f 的小函数，且 $\dfrac{a_{n-1}}{a_n}$ 为一个常数. 假设 $Q(f)$ 为 f 的次数 $\leqslant n-1$ 的微分多项式，且 $\psi = P(f)f' + Q(f)$，则或者

$$\psi = a_n \left(f + \frac{a_{n-1}}{na_n} \right)^n f'$$

或者

$$T(r,f) \leqslant 8\overline{N}\left(r,\frac{1}{\psi}\right) + (5\beta+9)\overline{N}(r,f) + S(r,f)$$

这里 $\beta = \max\{1, \Gamma_Q - (n-1)\}$

推论　设 f 为满足 $\Theta(\infty,f) > \dfrac{13}{14}$ 的超越亚纯函数，$P(f)$ 如定理 4 中所述，$a(z)(\not\equiv 0)$ 为 f 的小函数，则 $P(f)f' - a$ 有无穷多个零点.

我们仅需证明定理 3 与定理 4，在此之前先列举一些所需用的引理.

§2　几个引理

引理 1[4]　设 f 为超越亚纯函数，$Q_1(f)(\not\equiv 0)$ 与 $Q_2(f)(\not\equiv 0)$ 为 f 的微分多项式. 如果 $f^n Q_1(f) = Q_2(f)$ 且 $\gamma_{Q_2} \leqslant n$，那么 $m(r,Q_1(f)) = S(r,f)$.

注 从引理 1 的证明[4]易见,如果在 $Q_1(f)$ 与 $Q_2(f)$ 中的系数 $b(z)$ 用满足 $m(r,b)=S(r,f)$ 来代替 $T(r,b)=S(r,f)$,那么引理 1 仍成立.

引理 2[14] 设 $Q(f)$ 为 f 的微分多项式.如果 z_0 是 f 的 p 重极点,但不是 $Q(f)$ 的系数的零点与极点,那么 z_0 为 $Q(f)$ 的极点,其重数至多为 $\gamma_Q p + (\Gamma_Q - \gamma_Q)$,于是

$$N(r,Q(f)) \leqslant \gamma_Q N(r,f) + (\Gamma_Q - \gamma_Q)\overline{N}(r,f) + S(r,f)$$

引理 3[14] 设 f 为超越亚纯函数,$Q_1(f)(\not\equiv 0)$ 与 $Q_2(f)(\not\equiv 0)$ 为 f 的微分多项式.如果 $f^n Q_1(f) = Q_2(f)$,那么

$$(n - \gamma_{Q_2})T(r,f) \leqslant (\Gamma_{Q_2} - \gamma_{Q_2})\overline{N}(r,f) + S(r,f)$$

引理 4[11] 设 f 为超越亚纯函数,$Q(f)$ 为 f 的微分多项式,则

$$m(r,Q(f)) \leqslant \gamma_Q m(r,f) + S(r,f)$$

注 如果在 $Q(f)$ 中的系数 $b(z)$ 用满足 $m(r,b)=S(r,f)$ 来代替 $T(r,b)=S(r,f)$,那么引理 4 仍成立.

下述结果是[14]中定理 2 的一个简单推论:

引理 5 设 f 为超越亚纯函数,$Q_1(f)(\not\equiv 0)$ 与 $Q_2(f)(\not\equiv 0)$ 为 f 的微分多项式.如果 $\psi = f^n Q_1(f) + Q_2(f)$,那么

$$(n - \gamma_{Q_2} - 1)T(r,f) \leqslant$$
$$\overline{N}\left(r,\frac{1}{\psi}\right) + (\Gamma_{Q_2} - \gamma_{Q_2} + 1)\overline{N}(r,f) + S(r,f)$$

§3　定理 3 与定理 4 的证明

1. 定理 3 的证明

从

$$\psi = f^n f' + Q(f) \tag{1}$$

及它的微分得

$$\psi' = \frac{\psi'}{\psi} f^n f' + \frac{\psi'}{\psi} Q(f)$$

及

$$\psi' = n f^{n-1} (f')^2 + f^n f'' + (Q(f))'$$

于是

$$f^{n-1} F = Q(f)\left(\frac{\psi'}{\psi} - \frac{(Q(f))'}{Q(f)}\right) \tag{2}$$

这里

$$F = n(f')^2 + ff'' - \frac{\psi'}{\psi} ff' \tag{3}$$

如果 $F \equiv 0$，根据本章附录中的附注 1 知，定理 3 成立. 以下我们假设 $F \not\equiv 0$.

根据式（2）及引理 1 的注知

$$m(r, F) = S(r, f) \tag{4}$$

现在我们来估计 $N(r, F)$. 从式（3）易见，F 仅可能的极点来自 f 与 $Q(f)$ 的系数的极点及 ψ 的零点，但不是 ff' 的零点.

设 z_0 是 f 的 p 重极点，则它是 f^{n-1} 的 $(n-1)p$ 重极点，根据式（2）和引理 2，z_0 是 $Q(f)\left(\frac{\psi'}{\psi} - \frac{(Q(f))'}{Q(f)}\right)$ 的重数至多为 $(n-1)p + (\alpha+1)$ 的极点. 再根据式（2），

z_0 是 F 的重数至多为 $(\alpha+1)$ 的极点，于是

$$N(r,F) \leqslant \overline{N}^{*}\left(r,\frac{1}{\psi}\right) + (\alpha+1)\overline{N}(r,f) +$$
$$S(r,f) \tag{5}$$

这里 $\overline{N}^{*}\left(r,\dfrac{1}{\psi}\right)$ 表示 ψ 的零点（但不是 ff' 的零点）的

精简密指量. 我们将使用 $\overline{N}^{**}\left(r,\dfrac{1}{\psi}\right)$ 表示 ψ 的零点

（同时也是 ff' 的零点）的精简密指量. 于是

$$\overline{N}\left(r,\frac{1}{\psi}\right) = \overline{N}^{*}\left(r,\frac{1}{\psi}\right) + \overline{N}^{**}\left(r,\frac{1}{\psi}\right) \tag{6}$$

从式（4）与（5）导出

$$T(r,F) \leqslant \overline{N}^{*}\left(r,\frac{1}{\psi}\right) + (\alpha+1)\overline{N}(r,f) +$$
$$S(r,f) \tag{7}$$

注意到 $\dfrac{\psi'}{\psi}$ 仅有单极点，从式（3）易见

$$N_2\left(r,\frac{1}{f}\right) + \frac{1}{2}N_2\left(r,\frac{1}{f'}\right) \leqslant N\left(r,\frac{1}{F}\right) \tag{8}$$

及

$$\overline{N}\left(r,\frac{1}{F}\right) \leqslant N\left(r,\frac{1}{F}\right) - \frac{1}{2}N_2\left(r,\frac{1}{f}\right) \tag{9}$$

从式（7）与（8）导出

$$2N_2\left(r,\frac{1}{f}\right) + N_2\left(r,\frac{1}{f'}\right) \leqslant$$
$$2\overline{N}^{*}\left(r,\frac{1}{\psi}\right) + 2(\alpha+1)\overline{N}(r,f) + S(r,f) \tag{10}$$

注意到

$$\frac{F}{f^{2}} = n\left(\frac{f'}{f}\right)^{2} + \frac{f''}{f} - \frac{\psi'}{\psi} \cdot \frac{f'}{f}$$

我们有

144

$$m\left(r,\frac{F}{f^2}\right)=S(r,f)$$

于是

$$2m\left(r,\frac{1}{f}\right)\leqslant m\left(r,\frac{F}{f^2}\right)+m\left(r,\frac{1}{F}\right)\leqslant$$

$$T(r,F)-N\left(r,\frac{1}{F}\right)+S(r,f)$$

再根据式（7）得

$$m\left(r,\frac{1}{f}\right)\leqslant\frac{1}{2}\overline{N}^*\left(r,\frac{1}{\psi}\right)+\frac{1}{2}(\alpha+1)\overline{N}(r,f)-$$

$$\frac{1}{2}N\left(r,\frac{1}{F}\right)+S(r,f)\tag{11}$$

设

$$G=-\frac{1}{2n+1}\cdot\frac{\psi'}{\psi}-\frac{n}{2n+1}\cdot\frac{F'}{F}\tag{12}$$

我们有

$$m(r,G)=S(r,f)\tag{13}$$

显然 G 的极点均为单极点，且 G 的极点来自 ψ 与 F 的零点和 f 与 $Q(f)$ 的系数的极点，于是

$$N(r,G)\leqslant\overline{N}\left(r,\frac{1}{\psi}\right)+\overline{N}(r,f)+$$

$$\overline{N}\left(r,\frac{1}{F}\right)+S(r,f)$$

由此及式（9）导出

$$N(r,G)\leqslant\overline{N}\left(r,\frac{1}{\psi}\right)+\overline{N}(r,f)+$$

$$N\left(r,\frac{1}{F}\right)-\frac{1}{2}N_2\left(r,\frac{1}{f}\right)+$$

$$S(r,f)\tag{14}$$

因此

145

$$T(r,G) \leqslant \overline{N}\left(r, \frac{1}{\psi}\right) + \overline{N}(r,f) +$$
$$N\left(r, \frac{1}{F}\right) - \frac{1}{2}N_2\left(r, \frac{1}{f}\right) +$$
$$S(r,f) \tag{15}$$

下面我们来估计 $N\left(r, \frac{1}{f}\right)$. 设 z_1 是 f 的单零点，但不为 ψ 的零点，亦不为 $Q(f)$ 的系数的极点，则从式（3）知

$$F(z_1) = n(f'(z_1))^2 \tag{16}$$

又从

$$F' = (2n+1)f'f'' + ff''' -$$
$$\frac{\psi'}{\psi}((f')^2 + ff'') - \left(\frac{\psi'}{\psi}\right)'ff' \tag{17}$$

可导出

$$F'(z_1) = (2n+1)f'(z_1)f''(z_1) -$$
$$\frac{\psi'(z_1)}{\psi(z_1)}(f'(z_1))^2 \tag{18}$$

从式（16）及（18）得

$$\frac{F'(z_1)}{F(z_1)} = \frac{2n+1}{n} \cdot \frac{f''(z_1)}{f'(z_1)} - \frac{1}{n} \cdot \frac{\psi'(z_1)}{\psi(z_1)} \tag{19}$$

设

$$H = f'' + Gf' \tag{20}$$

如果 $H(z) \equiv 0$，根据本章附录中的附注 3 知，定理 3 成立. 下面假设 $H \not\equiv 0$. 由式（20）有

$$\frac{1}{f'} = \frac{\frac{f''}{f'} + G}{H}$$

由此及式（13）导出

$$m\left(r, \frac{1}{f'}\right) \leqslant m\left(r, \frac{1}{H}\right) + S(r,f) \tag{21}$$

根据式(12),(19)与(20)得
$$H(z_1) = 0 \qquad (22)$$

下面估计 $T(r, H)$. 从式(13)及(20)得
$$m(r, H) \leqslant m(r, f') + S(r, f) \qquad (23)$$
从式(12)及(20)知,H 的极点来自 ψ 与 F 的零点及 f 与 $Q(f)$ 的系数的极点,于是

$$\begin{aligned}
N(r, H) \leqslant & \overline{N}\left(r, \frac{1}{\psi}\right) + N(r, f) + \\
& 2\overline{N}(r, f) + \overline{N}\left(r, \frac{1}{F}\right) + S(r, f) \leqslant \\
& \overline{N}\left(r, \frac{1}{\psi}\right) + N(r, f) + \\
& 2\overline{N}(r, f) + N\left(r, \frac{1}{F}\right) - \\
& \frac{1}{2} N_2\left(r, \frac{1}{f}\right) + S(r, f) \qquad (24)
\end{aligned}$$

注意到
$$T(r, f') = m(r, f') + N(r, f) + \overline{N}(r, f)$$
从式(23),(24)得

$$\begin{aligned}
T(r, H) \leqslant & T(r, f') + \overline{N}\left(r, \frac{1}{\psi}\right) + \\
& \overline{N}(r, f) + N\left(r, \frac{1}{F}\right) - \\
& \frac{1}{2} N_2\left(r, \frac{1}{f}\right) + S(r, f) \qquad (25)
\end{aligned}$$

下面我们来估计 $N\left(r, \frac{1}{f}\right)$. 今以 $N_1^*\left(r, \frac{1}{f}\right)$ 表示 f 的单零点,但不是 ψ 的零点且也不是 $Q(f)$ 系数的极点的密指量,设 $N_1^{**}\left(r, \frac{1}{f}\right)$ 表示 f 的其他单零点的密指量. 从式(21),(22)与(25)得

$$N_1^* \left(r, \frac{1}{f} \right) \leqslant N \left(r, \frac{1}{H} \right) \leqslant T(r, H) -$$

$$m \left(r, \frac{1}{H} \right) + O(1) \leqslant$$

$$T(r, f') + \overline{N} \left(r, \frac{1}{\psi} \right) + \overline{N}(r, f) +$$

$$N \left(r, \frac{1}{F} \right) - \frac{1}{2} N_2 \left(r, \frac{1}{f} \right) -$$

$$m \left(r, \frac{1}{f'} \right) + S(r, f)$$

显然

$$N_1^{**} \left(r, \frac{1}{f} \right) \leqslant \overline{N}^{**} \left(r, \frac{1}{\psi} \right) + S(r, f) \quad (26)$$

从上面两不等式导出

$$N_1 \left(r, \frac{1}{f} \right) \leqslant T(r, f') + \overline{N} \left(r, \frac{1}{\psi} \right) +$$

$$\overline{N}^{**} \left(r, \frac{1}{\psi} \right) + \overline{N}(r, f) +$$

$$N \left(r, \frac{1}{F} \right) - \frac{1}{2} N_2 \left(r, \frac{1}{f} \right) -$$

$$m \left(r, \frac{1}{f'} \right) + S(r, f) \quad (27)$$

注意到

$$N \left(r, \frac{1}{f} \right) = N_1 \left(r, \frac{1}{f} \right) + N_2 \left(r, \frac{1}{f} \right)$$

从式(27)导出

$$N \left(r, \frac{1}{f} \right) \leqslant T(r, f') + \overline{N} \left(r, \frac{1}{\psi} \right) +$$

$$\overline{N}^{**} \left(r, \frac{1}{\psi} \right) + \overline{N}(r, f) +$$

$$N \left(r, \frac{1}{F} \right) + \frac{1}{2} N_2 \left(r, \frac{1}{f} \right) -$$

$$m\left(r,\frac{1}{f'}\right)+S(r,f)$$

从上式及式(11)得

$$T(r,f)\leqslant T(r,f')+\overline{N}\left(r,\frac{1}{\psi}\right)+$$

$$\frac{1}{2}\overline{N}^{*}\left(r,\frac{1}{\psi}\right)+\overline{N}^{**}\left(r,\frac{1}{\psi}\right)+$$

$$\left(\frac{1}{2}\alpha+\frac{3}{2}\right)\overline{N}(r,f)+$$

$$\frac{1}{2}N\left(r,\frac{1}{F}\right)+\frac{1}{2}N_2\left(r,\frac{1}{f}\right)-$$

$$m\left(r,\frac{1}{f'}\right)+S(r,f)\qquad(28)$$

注意到

$$T(r,f')-m\left(r,\frac{1}{f'}\right)=N\left(r,\frac{1}{f'}\right)+O(1)$$

从式(6),(7)及(28)得

$$T(r,f)\leqslant N\left(r,\frac{1}{f'}\right)+2\overline{N}\left(r,\frac{1}{\psi}\right)+$$

$$(\alpha+2)\overline{N}(r,f)+\frac{1}{2}N_2\left(r,\frac{1}{f}\right)+$$

$$S(r,f)\qquad(29)$$

为了估计 $N\left(r,\dfrac{1}{f'}\right)$,我们设

$$U=\frac{H}{f}=\frac{f''+Gf'}{f}\qquad(30)$$

并且首先估计 $T(r,U)$. 因为 $H\not\equiv0$,所以 $U\not\equiv0$,从式(13)和(30)导出

$$m(r,U)=S(r,f)\qquad(31)$$

显然 U 的极点来自 ψ,F 与 f 的零点及 f 与 $Q(f)$ 的系数的极点. 从式(22)和(30)知,f 的单零点但不是 ψ 的

零点,亦不为 $Q(f)$ 的系数的极点者不是 U 的极点,于是

$$N(r,U) \leqslant \overline{N}\left(r,\frac{1}{\psi}\right) + \overline{N}\left(r,\frac{1}{F}\right) +$$

$$N_1^{**}\left(r,\frac{1}{f}\right) + N_2\left(r,\frac{1}{f}\right) +$$

$$2\overline{N}(r,f) + S(r,f)$$

从上式及式(7),(9),(26),(31)得

$$T(r,U) \leqslant \overline{N}\left(r,\frac{1}{\psi}\right) + \overline{N}^*\left(r,\frac{1}{\psi}\right) +$$

$$(\alpha+1)\overline{N}(r,f) + \overline{N}^{**}\left(r,\frac{1}{\psi}\right) +$$

$$\frac{1}{2}N_2\left(r,\frac{1}{f}\right) + 2\overline{N}(r,f) + S(r,f) =$$

$$2\overline{N}\left(r,\frac{1}{\psi}\right) + (\alpha+3)\overline{N}(r,f) +$$

$$\frac{1}{2}N_2\left(r,\frac{1}{f}\right) + S(r,f) \tag{32}$$

设 z_2 是 f' 的单零点,但不是 f 与 ψ 的零点,也不是 $Q(f)$ 的系数的极点,则从式(3)得

$$F(z_2) = f(z_2)f''(z_2)$$

再根据式(17)得

$$F'(z_2) = f(z_2)f'''(z_2) - \frac{\psi'(z_2)}{\psi(z_2)}f(z_2)f''(z_2)$$

于是

$$\frac{F'(z_2)}{F(z_2)} = \frac{f'''(z_2)}{f''(z_2)} - \frac{\psi'(z_2)}{\psi(z_2)} \tag{33}$$

根据式(30)得

$$f'' + Gf' = Uf$$

对上式微分得

$$f''' + Gf'' + G'f' = U'f + Uf'$$

于是

$$f''(z_2) = U(z_2)f(z_2)$$

及

$$f'''(z_2) + G(z_2)f''(z_2) = U'(z_2)f(z_2)$$

由上两式可得

$$\frac{f'''(z_2)}{f''(z_2)} + G(z_2) = \frac{U'(z_2)}{U(z_2)} \tag{34}$$

又从上式及式(33)可导出

$$\frac{U'(z_2)}{U(z_2)} - \frac{F'(z_2)}{F(z_2)} - \frac{\psi'(z_2)}{\psi(z_2)} - G(z_2) = 0 \tag{35}$$

设

$$V = \frac{U'}{U} - \frac{F'}{F} - \frac{\psi'}{\psi} - G \tag{36}$$

从式(35)导出

$$V(z_2) = 0 \tag{37}$$

如果 $V \equiv 0$, 根据本章附录中的附注 4 知, 定理 3 成立.
现假设 $V \not\equiv 0$. 根据式(13)及(36)知

$$m(r, V) = S(r, f) \tag{38}$$

V 的极点来自 ψ, U, F 的零点, U, f 及 $Q(f)$ 的系数的极点, 于是

$$N(r, V) \leqslant \overline{N}\left(r, \frac{1}{\psi}\right) + \overline{N}\left(r, \frac{1}{U}\right) +$$
$$\overline{N}\left(r, \frac{1}{F}\right) + N_1^{**}\left(r, \frac{1}{f}\right) +$$
$$N_2\left(r, \frac{1}{f}\right) + \overline{N}(r, f) + S(r, f)$$

从上式及式(38),(7),(9),(32) 得

$$T(r, V) \leqslant 3\overline{N}\left(r, \frac{1}{\psi}\right) + N_2\left(r, \frac{1}{f}\right) +$$

$$(2\alpha + 5)\overline{N}(r,f) + S(r,f) \qquad (39)$$

设 $N_1^* \left(r, \dfrac{1}{f'}\right)$ 表示 f' 的单零点,但不是 f 与 ψ 的零点, 也不是 $Q(f)$ 系数的极点的密指量, $N_1^{**} \left(r, \dfrac{1}{f'}\right)$ 表 示 f 的 二 重 零 点 的 密 指 量, $N_1^{***} \left(r, \dfrac{1}{f'}\right)$ 表示 f' 的其他单零点的密指量. 从式 (37) 和(39) 得

$$N_1^* \left(r, \frac{1}{f'}\right) \leqslant N\left(r, \frac{1}{V}\right) \leqslant 3\overline{N}\left(r, \frac{1}{\psi}\right) +$$
$$\overline{N}^* \left(r, \frac{1}{\psi}\right) +$$
$$(2\alpha + 5)\overline{N}(r,f) +$$
$$S(r,f)$$

又

$$N_1^{**} \left(r, \frac{1}{f'}\right) \leqslant \frac{1}{2} N_2 \left(r, \frac{1}{f}\right)$$
$$N_1^{***} \left(r, \frac{1}{f'}\right) \leqslant \overline{N}^{**} \left(r, \frac{1}{\psi}\right) + S(r,f)$$

于是

$$N_1 \left(r, \frac{1}{f'}\right) \leqslant 4\overline{N}\left(r, \frac{1}{\psi}\right) + (2\alpha + 5)\overline{N}(r,f) +$$
$$\frac{1}{2} N_2 \left(r, \frac{1}{f}\right) + S(r,f)$$

因此

$$N\left(r, \frac{1}{f'}\right) = N_1 \left(r, \frac{1}{f}\right) + N_2 \left(r, \frac{1}{f'}\right) \leqslant$$
$$4\overline{N}\left(r, \frac{1}{\psi}\right) + (2\alpha + 5)\overline{N}(r,f) +$$
$$\frac{3}{2} N_2 \left(r, \frac{1}{f}\right) + \overline{N}^{**} \left(r, \frac{1}{\psi}\right) +$$

$$N_2\left(r,\frac{1}{f'}\right)+S(r,f) \qquad (40)$$

由上式和式（29）导出

$$T(r,f)\leqslant 6\overline{N}\left(r,\frac{1}{\psi}\right)+(3\alpha+7)\overline{N}(r,f)+$$

$$\overline{N}^{**}\left(r,\frac{1}{\psi}\right)+2N_2\left(r,\frac{1}{f}\right)+$$

$$N_2\left(r,\frac{1}{f'}\right)+S(r,f) \qquad (41)$$

从上式及式（10）得到

$$T(r,f)\leqslant 8\overline{N}\left(r,\frac{1}{\psi}\right)+(5\alpha+9)\overline{N}(r,f)+$$

$$S(r,f) \qquad (42)$$

这就完成了定理 3 的证明.

2. 定理 4 的证明

设 $g=f+\dfrac{a_{n-1}}{na_n}$ 及 $\Phi=\dfrac{\psi}{a_n}$，则 $\psi=P(f)f'+Q(f)$

变成 $\Phi=g^n g'+R(g)$，这里 $R(g)$ 为 g 的次数至多为 $n-1$ 的微分多项式，则易见

$$\Gamma_R-\gamma_R\leqslant\beta=\max\{1,\Gamma_Q-\gamma_Q\}$$

若 $R(g)\equiv 0$，则 $\Phi=g^n g'$，也就是

$$\psi=a_n\left(f+\frac{a_{n-1}}{na_n}\right)^n f'$$

若 $R(g)\not\equiv 0$，则当 $\gamma_R\leqslant n-2$ 时，根据引理 5 知定理 4 成立，当 $\gamma_R=n-1$ 时，根据定理 3 知

$$T(r,g)\leqslant 8\overline{N}\left(r,\frac{1}{\Phi}\right)+[5(\Gamma_R-\gamma_R)+9]\overline{N}(r,g)+$$

$$S(r,g)$$

从上式得

$$T(r,f)\leqslant 8\overline{N}\left(r,\frac{1}{\psi}\right)+(5\beta+9)\overline{N}(r,f)+$$

153

$$S(r, f)$$

这就完成了定理 4 的证明.

下面给出几个待解决的问题.

(1) 在定理 1 的结论的不等式中数字 8 能否达到? 对整函数来说,这个不等式中的估计式的最佳数是多少?

(2) 设 f 为满足 $\overline{N}(r, f) = S(r, f)$ 的超越亚纯函数,$k (\geqslant 2)$ 为一个整数. 如果 $a(z)(\not\equiv 0)$ 为 f 的小函数,能否给出 $ff^{(k)} - a$ 零点数的定量估计?

(3) 设 f 为满足 $\overline{N}(r, f) = S(r, f)$ 的超越亚纯函数,$Q(f)(\not\equiv 0)$ 为 f 的一个次数大于或等于 1 的微分多项式,$a(z)(\not\equiv 0)$ 为 f 的小函数,能否给出 $fQ(f) - a$ 零点的定量估计?

(4) 设 f 为满足 $\overline{N}(r, f) = S(r, f)$ 的超越亚纯函数,$Q_1(f)(\not\equiv 0)$,$Q_2(f)(\not\equiv 0)$ 为 f 的微分多项式. 又设 $\psi = f^n Q_1(f) + Q_2(f)$. 如果 $\gamma_{Q_2} = n - 1$,问当 $Q_1(f)$ 满足什么条件时,ψ 有无穷多个零点? 并试给出一个定量估计.

(5) 在不假设 f 满足 $\overline{N}(r, f) = S(r, f)$ 时,上面问题的答案又如何?

参考资料

[1] 杨乐. 值分布论及其新研究[M]. 北京:科学出版社,1982.

[2] HAYMAN W K. Research problems in function theory[M]. London:Athlone Press,1967.

[3] HAYMAN W K. Picard values of meromorphic functions and their derivatives[J]. Ann. of Math. ,1959,70:9-42.

[4] CLUNIE J. On integral and meromorphic functions[J]. J. London Math Soc. ,1962,37:17-27.

［5］CLUNIE J. On a result of Hayman［J］. J. London Math. Soc. , 1967,42:389-392.

［6］SONS L R. Deficiencies of monomials［J］. Math. Z. ,1969,111:53-68.

［7］YANG C C. On deficiencies of differential polynomials［J］. Math. Z. ,1970,116:197-204.

［8］MUES E. Zur wertverteilung von differential polynomen［J］. Arch. Math. ,1979,32:55-67.

［9］STEINMETZ N. Über die nullstellen von differential polynomen ［J］. Math. Z. ,1981,176:255-264.

［10］ANDERSON J M,BAKER I N,CLUNIE J. The distribution of values of certain entire and meromorphic function［J］. Math. Z. , 1981,178:505-525.

［11］DOERINGER W. Exceptional values of differential polynomials ［J］. Pacific J. Math. ,1982,98:55-62.

［12］敖海龙. 亚纯函数及其导数的多项式的 Picard 例外值［J］. 数学进展,1988,17:415-422.

［13］仪洪勋. 关于微分多项式的零点［J］. 数学进展,1989,18:335-341.

［14］仪洪勋. 关于微分多项式的几个结果［J］. 数学学报,1990,33:302-308.

［15］庄圻泰,华歆厚. 关于亚纯函数的增长性［J］. 中国科学（A 辑）, 1990,(6):569-576.

附　　录

附注 1　如果 $F \equiv 0$,从式(2)得 $\dfrac{\psi'}{\psi} = \dfrac{(Q(f))'}{Q(f)}$. 于是,$\psi = cQ(f)$. 再根据式(1)得

$$f^n f' = (c-1)Q(f)$$

根据引理 3,我们有

$$T(r,f) \leqslant \alpha \overline{N}(r,f) + S(r,f)$$

附注 2　如果 $F \equiv n(f')^2$,那么 $n > 1$ 且

$$T(r,f) \leqslant (\alpha+1)\overline{N}(r,f) + S(r,f)$$

特别地,如果 $n=1$,那么 $F \not\equiv n(f')^2$.

证明 从 $F \equiv n(f')^2$ 及式(3) 我们有 $\dfrac{\psi'}{\psi} = \dfrac{f''}{f'}$. 于是,$\psi = cf'$,再根据式(1) 得

$$f^n f' = cf' - Q(f) \tag{1'}$$

如果 $n > 1$,根据引理 3 得

$$T(r,f) \leqslant (\alpha+1)\overline{N}(r,f) + S(r,f)$$

如果 $n=1$,从式(1') 得

$$(f-c)f' = -Q(f) \tag{2'}$$

这里 $Q(f)$ 满足

$$T(r,Q) = S(r,f) \tag{3'}$$

于是,$N(r,f) = S(r,f)$. 根据式(2'),(3') 和引理 1 得 $m(r,f') = S(r,f)$. 因此 $T(r,f') = S(r,f)$. 从上式及 $f - c = -\dfrac{Q(f)}{f'}$ 导出

$$T(r,f) \leqslant T(r,f') + S(r,f) = S(r,f)$$

这是不可能的.

附注 3 如果 $H(z) \equiv 0$,那么

$$T(r,f) \leqslant 6\overline{N}\left(r, \frac{1}{\psi}\right) + (5\alpha+5)\overline{N}(r,f) +$$
$$S(r,f)$$

证明 如果 $H \equiv 0$,那么

$$f'' = -Gf' \tag{4'}$$

从上式及式(3) 导出

$$F = n(f')^2 - \left(G + \frac{\psi'}{\psi}\right)ff'$$

根据附注 2,我们可以假设 $F \not\equiv n(f')^2$,于是

$$G + \frac{\psi'}{\psi} \not\equiv 0$$

$$f = \frac{n(f')^2 - F}{\left(G + \frac{\psi'}{\psi}\right)f'} \tag{5'}$$

另外,从式(2')及(4')得

$$(2n+1)\frac{f''}{f'} = n \cdot \frac{F'}{F} + \frac{\psi'}{\psi}$$

因此

$$(f')^{2n+1} = cF^n\psi \tag{6'}$$

把式(5')代入上式 ψ 中的 f,得

$$(f')^{2n+1} = cF^n \frac{Q^*(f')}{\left[\left(G + \frac{\psi'}{\psi}\right)f'\right]^n}$$

这里 $Q^*(f')$ 为 f' 的一个 $2n+1$ 次微分多项式,它的系数 $b(z)$ 满足 $m(r,b) = S(r,f)$,于是

$$(f')^{3n+1} = \frac{cF^n Q^*(f')}{\left(G + \frac{\psi'}{\psi}\right)^n} \tag{7'}$$

根据式(4)和引理 4 后的注,我们导出

$$(3n+1)m(r,f') \leqslant (2n+1)m(r,f') + $$
$$nT\left(r, G + \frac{\psi'}{\psi}\right) + S(r,f)$$

再根据式(7)和(12)得

$$m(r,f') \leqslant T\left(r, G + \frac{\psi'}{\psi}\right) + S(r,f) \leqslant$$
$$\overline{N}\left(r, \frac{1}{\psi}\right) + \overline{N}\left(r, \frac{1}{F}\right) +$$
$$\overline{N}(r,f) + S(r,f) \leqslant$$
$$2\overline{N}\left(r, \frac{1}{\psi}\right) + (\alpha + 2)\overline{N}(r,f) +$$
$$S(r,f) \tag{8'}$$

根据式 $(5')$ 得 $f = \dfrac{nf' - \dfrac{F}{f'}}{G + \dfrac{\psi'}{\psi}}$. 于是

$$m(r,f) \leqslant m(r,f') + m\left(r, \frac{1}{f'}\right) +$$
$$T\left(r, G + \frac{\psi'}{\psi}\right) + O(1) \leqslant$$
$$2m(r,f') + N(r,f) +$$
$$\overline{N}(r,f) + 2\overline{N}\left(r, \frac{1}{\psi}\right) +$$
$$(\alpha + 2)\overline{N}(r,f) + S(r,f) \leqslant$$
$$2m(r,f') + N(r,f) +$$
$$2\overline{N}\left(r, \frac{1}{\psi}\right) + (\alpha + 3)\overline{N}(r,f) +$$
$$S(r,f) \qquad (9')$$

把式 $(8')$ 代入式 $(9')$ 得

$$m(r,f) \leqslant N(r,f) + 6\overline{N}\left(r, \frac{1}{\psi}\right) +$$
$$(3\alpha + 7)\overline{N}(r,f) + S(r,f)$$
$$(10')$$

设 $N^*(r,f)$ 表示 f 的重级小于 $\frac{1}{2}(\alpha - 1)$ 的极点的密指量, $N^{**}(r,f)$ 表示 f 的重级大于或等于 $\frac{1}{2}(\alpha - 1)$ 的极点的密指量, 其相应的精简密指量用 $\overline{N}^*(r,f)$ 与 $\overline{N}^{**}(r,f)$ 表示, 于是

$$N(r,f) = N^*(r,f) + N^{**}(r,f)$$

及

$$\overline{N}(r,f) = \overline{N}^*(r,f) + \overline{N}^{**}(r,f)$$

设 z_0 为 f 的 p 重极点, 则 z_0 是 $(f')^{2n+1}$ 的

$(2n+1) \cdot (p+1)$ 重极点,显然 z_0 是 F^n 的极点,其重级至多为 $(\alpha+1)n$. 又 z_0 是 $f^n f'$ 的 $(n+1)p+1$ 重极点,z_0 为 $Q(f)$ 的极点,其重级至多为 $(n-1)p+\alpha$. 再根据式(1) 知,当 $p < \dfrac{1}{2}(\alpha-1)$ 时,z_0 是 ψ 的极点,其重级至多为 $(n-1)p+\alpha$,当 $p \geqslant \dfrac{1}{2}(\alpha-1)$ 时,z_0 是 ψ 的极点,其重级至多为 $(n+1)p+1$. 根据式(6'),我们有

$(2n+1)N^*(r,f)+(2n+1)\overline{N}^*(r,f) \leqslant$
$n(\alpha+1)\overline{N}^*(r,f)+(n-1)N^*(r,f)+\alpha\overline{N}^*(r,f)$

$\quad (2n+1)N^{**}(r,f)+(2n+1)\overline{N}^{**}(r,f) \leqslant$
$\quad\quad n(\alpha+1)\overline{N}^{**}(r,f)+(n+1)N^{**}(r,f)+$
$\quad\quad \overline{N}^{**}(r,f)$

因此

$$N^*(r,f) \leqslant \frac{n+1}{n+2}(\alpha-1)\overline{N}^*(r,f)$$

$$N^{**}(r,f) \leqslant (\alpha-1)\overline{N}^{**}(r,f)$$

根据上面两个不等式得

$$N(r,f) \leqslant (\alpha-1)\overline{N}(r,f) \qquad (11')$$

从式(10') 和(11') 得

$$T(r,f) = m(r,f)+N(r,f) \leqslant$$
$$2N(r,f)+6\overline{N}\left(r,\frac{1}{\psi}\right)+$$
$$(3\alpha+7)\overline{N}(r,f)+S(r,f) \leqslant$$
$$6\overline{N}\left(r,\frac{1}{\psi}\right)+(5\alpha+5)\overline{N}(r,f)+$$
$$S(r,f)$$

附注 4 如果 $V \equiv 0$,那么

$$T(r,f) \leqslant 6\overline{N}\left(r,\frac{1}{\psi}\right) + (5\alpha + 8)\overline{N}(r,f) +$$

$$S(r,f)$$

证明 根据 $V \equiv 0$ 得

$$\frac{U'}{U} = \frac{F'}{F} + \frac{\psi'}{\psi} + G \qquad (12')$$

把式(12)代入式(12')得

$$(2n+1)\frac{U'}{U} = (n+1) \cdot \frac{F'}{F} + 2n\frac{\psi'}{\psi}$$

积分上式得

$$U^{2n+1} = cF^{n+1}\psi^{2n}$$

即

$$\psi^{2n} = \frac{U^{2n+1}}{cF^{n+1}} \qquad (13')$$

根据上式及式(7),(31)得

$$2n \cdot m(r,\psi) \leqslant (2n+1)m(r,U) +$$
$$(n+1)T(r,F) + O(1) \leqslant$$
$$(n+1)\overline{N}\left(r,\frac{1}{\psi}\right) +$$
$$(n+1)(\alpha+1)\overline{N}(r,f) +$$
$$S(r,f)$$

于是

$$m(r,\psi) \leqslant \left(\frac{1}{2} + \frac{1}{2n}\right)\overline{N}\left(r,\frac{1}{\psi}\right) +$$
$$\left(\frac{1}{2} + \frac{1}{2n}\right)(\alpha+1)\overline{N}(r,f) +$$
$$S(r,f) \qquad (14')$$

另外,由式(1)我们有 $f^n = \frac{1}{f'}(\psi - Q(f))$. 再根据

引理 4 得

$$n \cdot m(r,f) \leqslant m\left(r,\frac{1}{f'}\right) + m(r,\psi) +$$
$$m(r,Q(f)) + O(1) \leqslant$$
$$m\left(r,\frac{1}{f'}\right) + m(r,\psi) +$$
$$(n-1)m(r,f) + S(r,f)$$

于是

$$m(r,f) \leqslant m\left(r,\frac{1}{f'}\right) + m(r,\psi) + S(r,f) \quad (15')$$

根据式(30)得

$$\frac{1}{f'} = \frac{1}{Uf}\left(\frac{f''}{f'} + G\right)$$

于是

$$m\left(r,\frac{1}{f'}\right) \leqslant m\left(r,\frac{1}{f}\right) + T(r,U) + S(r,f)$$

再根据式(8),(11)及(32)得

$$m\left(r,\frac{1}{f'}\right) \leqslant \frac{5}{2}\overline{N}\left(r,\frac{1}{\psi}\right) + \left(\frac{3}{2}\alpha + \right.$$
$$\left. \frac{7}{2}\right)\overline{N}(r,f) + S(r,f) \quad (16')$$

把式(14')和(16')代入式(15')得

$$m(r,f) \leqslant \left(3 + \frac{1}{2n}\right)\overline{N}\left(r,\frac{1}{\psi}\right) +$$
$$\left[\left(2 + \frac{1}{2n}\right)\alpha + \left(4 + \right.\right.$$
$$\left.\left. \frac{1}{2n}\right)\right]\overline{N}(r,f) + S(r,f) \quad (17')$$

从式(13')得

$$2nT(r,\psi) \leqslant (2n+1)T(r,U) +$$
$$(n+1)T(r,F) + O(1) \quad (18')$$

把式(7),(10)及(32)代入式(18')得

$$2nT(r,\psi) \leqslant \frac{1}{2}(12n+7)\overline{N}\left(r,\frac{1}{\psi}\right)+$$

$$\frac{1}{2}\big[(8n+5)\alpha+(16n+$$

$$9)\big]\overline{N}(r,f)+S(r,f)$$

于是

$$T(r,\psi) \leqslant \left(3+\frac{7}{4n}\right)\overline{N}\left(r,\frac{1}{\psi}\right)+$$

$$\Big[\left(2+\frac{5}{4n}\right)\alpha+\left(4+$$

$$\frac{9}{4n}\right)\Big]\overline{N}(r,f)+S(r,f) \qquad (19')$$

另外,从式(1) 得 $f^n f' = \psi - Q(f)$. 因此

$$N(r,f^n f') \leqslant T(r,\psi)+N(r,Q(f))$$

根据上式,式(19') 及引理 2 得

$$(n+1)N(r,f)+\overline{N}(r,f) \leqslant$$

$$\left(3+\frac{7}{4n}\right)\overline{N}\left(r,\frac{1}{\psi}\right)+$$

$$\Big[\left(2+\frac{5}{4n}\right)\alpha+\left(4+\frac{9}{4n}\right)\Big]\overline{N}(r,f)+$$

$$(n-1)N(r,f)+$$

$$\alpha\overline{N}(r,f)+S(r,f)$$

于是

$$N(r,f) \leqslant \left(\frac{3}{2}+\frac{7}{8n}\right)\overline{N}\left(r,\frac{1}{\psi}\right)+$$

$$\Big[\left(\frac{3}{2}+\frac{5}{8n}\right)\alpha+$$

$$\left(\frac{3}{2}+\frac{9}{8n}\right)\Big]\overline{N}(r,f)+$$

$$S(r,f) \qquad (20')$$

根据式(17') 和(20') 得

$$T(r,f) = m(r,f) + N(r,f) \leqslant$$
$$6\overline{N}\left(r, \frac{1}{\psi}\right) + (5\alpha +$$
$$8)\overline{N}(r,f) + S(r,f)$$

Krawtchouk 多项式零点的渐近展开及其误差限[①]

第 16 章

§1 引 言

渐近分析是数值计算中的一个理论问题.在渐近分析理论中,关于正交多项式的研究是一个重要课题.Krawtchouk 多项式为

$$K_n(x) = \sum_{k=0}^{n} \binom{N-x}{n-k} \binom{x}{k} (-p)^{n-k} q^k$$

(这里 $p > 0, q > 0, p+q=1, n \leqslant N, N$ 为正整数), $\{K_n(x)\}$ 构成一组正交多项式系,它在现代物理学中有着广泛应用.近年来,关于 Krawtchouk 多项式渐近性态的研究不断出现在一些重要的数学刊

---

① 本章摘编自《应用数学和力学》,2006 年,第 27 卷,第 12 期.

物中. Sharapudinov[1] 给出了当 $x=O(n^{1/2})$ 而 $n=O(N^{1/2})$ 时，形如 $K_n(Np+\sqrt{2Npq}\,x)$ 的多项式的渐近性态，并给出了当 $n=O(N^{1/4})$ 时该多项式最小零点的渐近性态；Ismail 和 Simeonov[2] 给出了在 N/n 不变的情况下 $K_n(x)$ 的渐近性态；特别地，Li 和 Wong[3] 又给出了正交多项式 $K_n(x)$ 的一致有效的渐近展开式，但没有给出该多项式零点的渐近性态. 北京印刷学院基础部的朱晓峰、李秀淳两位教授 2006 年基于[3]，研究 Krawtchouk 多项式 $K_n(\lambda N)$（其中 $\lambda=x/N,0<\lambda<1$）零点的渐近性态，给出了零点的渐近展开式和相应的误差限.

为了方便，我们对下文的标记作些说明. 由[3]中第 2 节可以得出，当 $v<p,q$ 时，$K_n(\lambda N)$ 的零点应在区间 $(\lambda_-,\lambda_+)\subset(0,1)$ 内，其中 $\lambda_\pm$ 是使 2 个鞍点 $w_\pm(\lambda)$ 在两处相撞时的 λ 值，$\lambda_\pm$ 值为

$$\lambda_\pm=\frac{(\sqrt{v}\pm\sqrt{\sigma(1-v)})^2}{1+\sigma}$$

这里 $\sigma=p/q$.

下面我们讨论 Krawtchouk 多项式 $K_n(\lambda N)$ 的渐近性态.

§2　Krawtchouk 多项式 $K_n(\lambda N)$ 的渐近性态

在[3]中，式(5.14),(5.18)给出了当 $n\to\infty$ 时 $K_n(\lambda N)$ 的渐近展开式及其误差限.

引理 1[3]　对于任意固定的 $v(0<v<1)$，Krawtchouk 多项式 $K_n(\lambda N)$（其中 $\lambda=x/N,0<\lambda<$

1）一致有效的渐近展开式为

$$K_n(\lambda N) = \frac{1}{n!} p^n \sigma^{-\lambda N} n^{n/2} e^{\gamma n} \Big[V_n(\beta\sqrt{n}) \sum_{l=0}^{m-1} \frac{a_l}{n^l} +$$

$$\frac{1}{\sqrt{n}} V'_n(\beta\sqrt{n}) \sum_{l=0}^{m-1} \frac{b_l}{n^l} + \varepsilon_m \Big]$$

其误差限为

$$|\varepsilon_m| \leqslant \frac{P_m}{n^m} |V_n(\beta\sqrt{n})| +$$

$$\frac{Q_m}{n^{m+1/2}} |V'_n(\beta\sqrt{n})|$$

其中 β 与 γ 都由 λ 唯一确定, a_l, b_l 由 [3] 中的式 (5.12), (5.13) 确定, $V_n(x) = e^{x^2/2} U(-n-1/2, x)$, 而 $U(a, x)$ 是抛物柱函数 (见 [4]).

现在我们改进引理 1, 取 $m = 1$, 由引理 1, 则有

$$K_n(\lambda N) = \frac{1}{n!} p^n \sigma^{-\lambda N} n^{n/2} e^{\gamma n} \Big[a_0 V_n(\beta\sqrt{n}) +$$

$$\frac{b_0}{\sqrt{n}} V'_n(\beta\sqrt{n}) + O(n^{-1}) \Big] \qquad (1)$$

这里 $(a_0 + \beta b_0/2) \neq 0$. 我们分两种情况讨论 Krawtchouk 多项式的渐近展开.

（ i ）对于任意固定的 $v = (n/N) \in (0, q)$, 由 [4] 中的式 (8.11) 和 (8.15) 可得

$$U(-n-1/2, \beta\sqrt{n}) =$$

$$\sqrt{2\pi} e^{-n/2} n^{n/2+1/6} \big[A_i(\mu^{4/3}\zeta) +$$

$$\mu^{-8/3} B_0(\zeta) A'_i(\mu^{4/3}\zeta) \big] [1 + O(n^{-2})]$$

$$U'(-n-1/2, \beta\sqrt{n}) =$$

$$\sqrt{2\pi} e^{-n/2} n^{n/2+1/3} \big[A'_i(\mu^{4/3}\zeta) +$$

$$\mu^{-4/3} C_0(\zeta) A_i(\mu^{4/3}\zeta) \big] [1 + O(n^{-2})]$$

其中 A_i 是 Airy 函数，A'_i 是 Airy 函数的导函数，且

$$\mu = \sqrt{2n+1}$$

$$2\zeta^{3/2}/3 = 0.5t\sqrt{t^2-1} - 0.5\ln(t + \sqrt{t^2-1})$$

$$t = \beta\sqrt{n/(2(2n+1))}$$

由此有

$$V_n(\beta\sqrt{n}) = \sqrt{2\pi}\, e^{n(\beta^2/4-1/2)} n^{n/2+1/6}\big[A_i(\mu^{4/3}\zeta) +$$

$$\mu^{-8/3}B_0(\zeta)A'_i(\mu^{4/3}\zeta)\big][1+O(n^{-2})] \quad (2)$$

$$\frac{1}{\sqrt{n}}V'_n(\beta\sqrt{n}) = \frac{\beta}{2}\sqrt{2\pi}\, e^{n(\beta^2/4-1/2)} n^{n/2+1/6}\big[A_i(\mu^{4/3}\zeta) +$$

$$\mu^{-8/3}B_0(\zeta)A'_i(\mu^{4/3}\zeta)\big][1+O(n^{-2})] +$$

$$n^{-1/3}\sqrt{2\pi}\, e^{n(\beta^2/4-1/2)} n^{n/2+1/6}\big[A'_i(\mu^{4/3}\zeta) +$$

$$\mu^{-4/3}C_0(\zeta)A_i(\mu^{4/3}\zeta)\big][1+O(n^{-2})] \quad (3)$$

由于 $B_0(\zeta)$ 和 $C_0(\zeta)$ 有界(见[4])，这样舍去式(2)，(3)中的 $\mu^{-8/3}B_0(\zeta)$ 与 $\mu^{-4/3}C_0(\zeta)$ 所在项后，并注意到 $n! \sim n^n e^{-n}\sqrt{2\pi n}$，那么由式(1)可得

$$K_n(\lambda N) = p^n\sigma^{-\lambda N} n^{-1/3} e^{n(\beta^2/4+1/2+\gamma)}\left(a_0 + \frac{\beta}{2}b_0\right)\cdot$$

$$\left[A_i(\mu^{4/3}\zeta) + \frac{b_0}{a_0 + \beta b_0/2}n^{-1/3}A'_i(\mu^{4/3}\zeta) + O(n^{-1})\right]$$

$$(4)$$

引理 2 当 $n \to \infty$ 时，若 $n^{2/3}(\lambda_+ - \lambda)$ 有界，则 $\mu^{4/3}\zeta$ 有界.

证明 由于 μ, ζ 可以展开为

$$\mu = \sqrt{2n}\left(1 + \frac{1}{4n} - \frac{1}{32n^2} + \cdots\right)$$

$$\zeta = 2^{1/3}(t-1)\left[1 + \frac{1}{10}(t-1) + \cdots\right]$$

这里

$$t - 1 = 0.5(\beta - 2)\left[1 + O(n^{-1})\right]$$

从而有

$$\zeta = -2^{-2/3}(2 - \beta)\left[1 + O(2 - \beta)\right]$$

和

$$\mu^{4/3}\zeta = -n^{-2/3}(2 - \beta)\left[1 + O(n^{-1}) + O(2 - \beta)\right] \tag{5}$$

另外,由[3]中的式(6.21),(6.25)和(6.27)知

$$n^{2/3}(2 - \beta) = \left(\frac{c_+}{v}\right)^{2/3} n^{2/3}(\lambda_+ - \lambda) \cdot$$
$$\left[1 + O(n^{-2/3})\right] \tag{6}$$

其中 c_+ 和 r_0 为常数

$$c_+ = \frac{1}{(1 - r_0)(\sigma + r_0)}(1 + \sigma)^{3/2}(\sigma v)^{-1/2} r_0^{3/2}$$

$$r_0 = \sqrt{\frac{\sigma v}{1 - v}} \tag{7}$$

因此不难看出,$\mu^{4/3}\zeta$,$n^{2/3}(2 - \beta)$ 和 $n^{2/3}(\lambda_+ - \lambda)$ 的有界性相同.

如果我们记 $a_+ = n^{2/3}(\lambda_+ - \lambda) = O(1)$,则有

$$\lambda = \lambda_+ - a_+ n^{-2/3}$$

$$\mu^{4/3}\zeta = -a_+ \left(\frac{c_+}{v}\right)^{2/3}\left[1 + O(n^{-2/3})\right]$$

由引理 2 知 $\mu^{4/3}\zeta$ 有界. 再利用 Taylor 公式,则有

$$A_i(\mu^{4/3}\zeta) + \frac{b_0}{a_0 + \beta b_0/2}n^{-1/3}A'_i(\mu^{4/3}\zeta) =$$

$$A_i\left(\mu^{4/3}\zeta + \frac{b_0}{a_0 + \beta b_0/2}n^{-1/3}\right) + O(n^{-2/3})$$

所以式(4)可改写为

$$K_n(\lambda N) = p^n \sigma^{-\lambda N} n^{-1/3} e^{n(\beta^2/4 + 1/2 + \gamma)}\left(a_0 + \frac{\beta}{2}b_0\right) \cdot$$

$$\left[A_i \left(\mu^{4/3} \zeta + \frac{b_0}{a_0 + \beta b_0/2} n^{-1/3} \right) + O(n^{-2/3}) \right]$$

$$(8)$$

我们来计算式（8）中的 $b_0/(a_0 + \beta b_0/2)$. 由［3］中的式（5.12）与（5.13），可知 $\Phi(z_-) = a_0 + b_0 z_-$. 而由［3］中的式（4.4）以及 $\beta - 2 = O(n^{-2/3})$ 知

$$z_- = (\beta - \sqrt{\beta^2 - 4})/2 = \beta/2 + O(n^{-1/3})$$

故有

$$\Phi(z_-) = (a_0 + \beta b_0/2)[1 + O(n^{-1/3})]$$

从而

$$\frac{b_0}{a_0 + \beta b_0/2} = \frac{1}{\Phi(z_-)} \frac{\Phi(z_+) - \Phi(z_-)}{z_+ - z_-}[1 + O(n^{-1/3})]$$

$$(9)$$

在［3］的式（5.4）中，令 $z \to z_\pm$（$w \to w_\pm$），可得

$$\Phi(z_\pm) = \left[\frac{v}{1-v}(1 - w_\pm)(\sigma + w_\pm) \frac{z_\pm}{w_\pm} \frac{z_+ - z_-}{w_+ - w_-} \right]^{1/2}$$

于是式（9）可写成

$$\frac{b_0}{a_0 + \beta b_0/2} = \frac{1}{z_+ - z_-} \left(\frac{z_+}{z_-} \right)^{1/2} \left(\frac{w_+}{w_-} \right)^{-1/2} \cdot$$

$$\left[\frac{(1 - w_+)(\sigma + w_+)}{(1 - w_-)(\sigma + w_-)} \right]^{1/2} \cdot$$

$$[1 + O(n^{-1/3})] \qquad (10)$$

由于［3］中的式（4.4）以及 $n^{2/3}(2 - \beta) = O(1)$，可得

$$z_\pm = \frac{\beta \pm \sqrt{\beta^2 - 4}}{2} = 1 \pm \mathrm{i}(2 - \beta)^{1/2} + O(n^{-2/3})$$

因此

$$\frac{1}{z_+ - z_-} = -\frac{\mathrm{i}}{2} \left(\frac{c_+}{v} \right)^{1/3} (a_+ n^{-2/3})^{-1/2}[1 + O(n^{-1/3})]$$

$$\left(\frac{z_+}{z_-} \right)^{1/2} = 1 + \mathrm{i} \left(\frac{c_+}{v} \right)^{-1/3} (a_+ n^{-2/3})^{1/2} + O(n^{-2/3})$$

通过直接计算，可以从[3]中的式(6.23)得出

$$\left(\frac{w_+}{w_-}\right)^{-1/2} = 1 - \mathrm{i}\left(\frac{1+\sigma}{\sigma v}\right)^{1/2} r_0^{1/2} a_+^{1/2}\, n^{-1/3} + O(n^{-2/3})$$

$$\left[\frac{(1-w_+)(\sigma+w_+)}{(1-w_-)(\sigma+w_-)}\right]^{1/2} =$$

$$1 + \mathrm{i}\left(\frac{1+\sigma}{\sigma v}\right)^{1/2} r_0^{3/2}(a_0 n^{-2/3})^{1/2} \cdot$$

$$\left[(\sigma+r_0)^{-1} - (1-r_0)^{-1}\right] + O(n^{-2/3})$$

因此

$$\frac{b_0}{a_0 + \beta b_0/2} =$$

$$\frac{1}{2}\left[1 - \left(\frac{c_+}{v}\right)^{-1/3} \frac{\sigma}{1-v} \frac{(pv)^{-1/2} r_0^{1/2}}{(1-r_0)(\sigma+r_0)}\right] \cdot$$

$$[1 + O(n^{-1/3})] \tag{11}$$

于是式(8)中的 A_i 可以写成

$$A_i\left(\mu^{4/3}\zeta + \frac{b_0}{a_0 + \beta b_0/2} n^{-1/3}\right) =$$

$$A_i\left\{-n^{2/3}(\lambda_+ - \lambda)\left(\frac{c_+}{v}\right)^{2/3} + \right.$$

$$\frac{n^{-1/3}}{2}\left[1 - \left(\frac{c_+}{v}\right)^{-1/3} \frac{\sigma}{1-v} \frac{(pv)^{-1/2} r_0^{1/2}}{(1-r_0)(\sigma+r_0)}\right] +$$

$$\left. O(n^{-2/3})\right\} \tag{12}$$

（ⅱ）对于任意固定的 $v = (n/N) \in (0, p)$，类似地可以得到与（ⅰ）相似的结果，推导过程略. 上述推导说明，下列结论成立：

定理 1 （ⅰ）对于任意固定的 $v = (n/N) \in (0, q)$，Krawtchouk 多项式 $K_n(\lambda N)$（其中 $\lambda = x/N, 0 < \lambda < 1$）的一致渐近展开式为

$$K_n(\lambda N) = p^n \sigma^{-\lambda N} n^{-1/3} e^{n(\beta^2/4 + 1/2 + \gamma)} \left(a_0 + \frac{\beta}{2} b_0\right) \cdot$$

$$\left[A_i\left(\mu^{4/3}\zeta + \frac{b_0}{a_0 + \beta b_0/2} n^{-1/3}\right) + O(n^{-2/3})\right]$$

其中

$$A_i\left(\mu^{4/3}\zeta + \frac{b_0}{a_0 + \beta b_0/2} n^{-1/3}\right) =$$

$$A_i\left\{- n^{2/3}(\lambda_+ - \lambda)\left(\frac{c_+}{v}\right)^{2/3} + \right.$$

$$\left. \frac{n^{-1/3}}{2}\left[1 - \left(\frac{c_+}{v}\right)^{-1/3} \frac{\sigma}{1-v} \frac{(pv)^{-1/2} r_0^{1/2}}{(1-r_0)(\sigma + r_0)}\right]\right\} +$$

$$O(n^{-2/3})$$

（ⅱ）对于任意固定的 $v = (n/N) \in (0, p)$，Krawtchouk 多项式 $K_n(\lambda N)$（其中 $\lambda = x/N, 0 < \lambda < 1$）的一致渐近展开式为

$$K_n(\lambda N) = (-1)^n p^n \sigma^{-\lambda N} n^{-1/3} e^{n(\beta^2/4 + 1/2 + \gamma)} \left(a_0 + \frac{\beta}{2} b_0\right) \cdot$$

$$\left[A_i\left(\mu^{4/3}\zeta + \frac{b_0}{a_0 + \beta b_0/2} n^{-1/3}\right) + O(n^{-2/3})\right]$$

其中

$$A_i\left(\mu^{4/3}\zeta + \frac{b_0}{a_0 + \beta b_0/2} n^{-1/3}\right) =$$

$$A_i\left\{- n^{2/3}(\lambda - \lambda_-)\left(\frac{c_-}{v}\right)^{2/3} - \right.$$

$$\left. \frac{n^{-1/3}}{2}\left[1 - \left(\frac{c_-}{v}\right)^{-1/3} \frac{\sigma}{1-v} \frac{(pv)^{-1/2} r_0^{1/2}}{(1+r_0)(\sigma - r_0)}\right]\right\} +$$

$$O(n^{-2/3})$$

这里 β 与 γ 都由 λ 唯一确定，a_0, b_0 由［3］中的式 (5.12)，(5.13) 确定.

定理 1 给出了 Krawtchouk 多项式 $K_n(\lambda N)$（其中

$\lambda = x/N, 0 < \lambda < 1$) 的一个渐近展开式,该展开式对于任意固定的 $v = (n/N) \in (0,q)$ 或 $(0,p)$ 是一致有效的. 下面我们利用该展开式讨论 Krawtchouk 多项式零点的渐近展开和相应误差限的问题.

§3 Krawtchouk 多项式 $K_n(\lambda N)$ 零点的渐近性态

先让我们看一个关于零点的常用结论.

引理 3[5]   设 $\Phi(t)$ 连续, $\Psi(t)$ 可微,且 $\Phi(t) = \Psi(t) + \varepsilon(t)$, $\Psi(t) = 0$. 若存在 $\rho > 0$,使当 $|t - \psi| \leqslant \rho$ 时,有:

(a) $r = \min |\Psi'(t)| > 0$;

(b) $E = \max |\varepsilon(t)| < \min\{|\Psi(\psi - \rho)|, |\Psi(\psi + \rho)|\}$,

则在点 $t = \psi$ 的邻域内存在 $\Phi(t)$ 的零点 ϕ,满足

$$|\phi - \psi| \leqslant \frac{E}{r}$$

利用引理 3,我们可以研究 Krawtchouk 多项式零点的渐近性态.

(i) 当 $0 < v < q$ 时,将 Krawtchouk 多项式 $K_n(\lambda N)$ 的零点记为 $\lambda_{n,s}(s = 1, 2, \cdots, n)$,并由大到小排列,即有

$$\lambda_{n,1} > \lambda_{n,2} > \cdots > \lambda_{n,n-1} > \lambda_{n,n}$$

令

$$f(\lambda) = p^{-n} \sigma^{\lambda N} n^{1/3} e^{-n(\beta^2/4 + 1/2 + \gamma)} \left(a_0 + \frac{\beta}{2} b_0\right)^{-1} K_n(\lambda N) \tag{13}$$

$$g(\lambda) = A_i \left\{ -n^{2/3} (\lambda_+ - \lambda) \left(\frac{c_+}{v} \right)^{2/3} + \right.$$

$$\left. \frac{n^{-1/3}}{2} \left[1 - \left(\frac{c_+}{v} \right)^{-1/3} \frac{\sigma}{1-v} \frac{(pv)^{-1/2} r_0^{1/2}}{(1-r_0)(\sigma+r_0)} \right] \right\}$$

$$\tag{14}$$

$$\varepsilon(\lambda) = O(n^{-2/3}) \tag{15}$$

则由定理 1，有

$$f(\lambda) = g(\lambda) + \varepsilon(\lambda)$$

显然，$f(\lambda)$ 的零点就是 $K_n(\lambda N)$ 的零点.

首先讨论 $g(\lambda)$ 的零点. 记 $b_s (s=1,2,\cdots)$ 是 $g(\lambda)$ 的零点，即 $g(b_s)=0$；又记 $a_s (s=1,2,\cdots)$ 为 Airy 函数的零点，即 $A_i(a_s)=0$，不妨设

$$\cdots < a_s < a_{s-1} < \cdots < a_2 < a_1 < 0$$

由式（14）我们得出 a_s 与 b_s 的关系

$$-n^{2/3} (\lambda_+ - b_s) \left(\frac{c_+}{v} \right)^{2/3} +$$

$$\frac{n^{-1/3}}{2} \left[1 - \left(\frac{c_+}{v} \right)^{-1/3} \frac{\sigma}{1-v} \frac{(pv)^{-1/2} r_0^{1/2}}{(1-r_0)(\sigma+r_0)} \right] = a_s$$

解出 b_s，并注意到式（7），便得

$$b_s = \lambda_+ + a_s \left(\frac{c_+}{v} \right)^{-2/3} n^{-2/3} +$$

$$\frac{n^{-1}}{2} \left[\frac{v}{1-v} \frac{p}{r_0} - \left(\frac{c_+}{v} \right)^{-2/3} \right]$$

由引理 3，存在 $f(\lambda)$ 的零点 $\lambda_{n,s}$，有

$$\lambda_{n,s} = b_s + \delta_{n,s} = \lambda_+ + a_s \left(\frac{c_+}{v} \right)^{-2/3} n^{-2/3} +$$

$$\frac{n^{-1}}{2} \left[\frac{v}{1-v} \frac{p}{r_0} - \left(\frac{c_+}{v} \right)^{-2/3} \right] + \delta_{n,s}$$

由式（14）和（15），得

$$|\varepsilon(\lambda)| \leqslant En^{-2/3}$$

$$\mid g'(\lambda) \mid = \left| A'_i \left\{ - n^{2/3} (\lambda_+ - \lambda) \left(\frac{c_+}{v} \right)^{2/3} + \right.\right.$$

$$\frac{n^{-1/3}}{2} \left[1 - \left(\frac{c_+}{v} \right)^{-1/3} \frac{\sigma}{1-v} \cdot \right.$$

$$\left. \left. \frac{(pv)^{-1/2} r_0^{1/2}}{(1-r_0)(\sigma+r_0)} \right] \right\} \left| n^{2/3} \left(\frac{c_+}{v} \right)^{2/3} \geqslant$$

$$Gn^{2/3}$$

其中 E 和 G 是常数. 则由引理 3, 有

$$\mid \delta_{n,s} \mid \leqslant \frac{En^{-2/3}}{Gn^{2/3}} = \frac{E}{G} n^{-4/3}$$

（ⅱ）当 $0 < v < p$ 时，将 Krawtchouk 多项式 $K_n(\lambda N)$ 的零点记为 $\lambda_{n,s}(s=1,2,\cdots,n)$，并由小到大排列，即有

$$\lambda_{n,1} < \lambda_{n,2} < \cdots < \lambda_{n,n-1} < \lambda_{n,n}$$

类似地可以得到与（ⅰ）相似的结果，推导过程略. 于是得出下列结论：

定理 2 （ⅰ）对于任意固定的 $v = (n/N) \in (0, q)$，Krawtchouk 多项式 $K_n(\lambda N)$（其中 $\lambda = x/N, 0 < \lambda < 1$）的零点 $\lambda_{n,s}$ 的渐近展开式为

$$\lambda_{n,s} = \lambda_+ + a_s \left(\frac{c_+}{v} \right)^{-2/3} n^{-2/3} +$$

$$\frac{n^{-1}}{2} \left[\frac{v}{1-v} \frac{p}{r_0} - \left(\frac{c_+}{v} \right)^{-2/3} \right] + \delta_{n,s}$$

其误差限为

$$\mid \delta_{n,s} \mid \leqslant \frac{En^{-2/3}}{Gn^{2/3}} = \frac{E}{G} n^{-4/3}$$

（ⅱ）对于任意固定的 $v = (n/N) \in (0, p)$，Krawtchouk 多项式 $K_n(\lambda N)$（其中 $\lambda = x/N, 0 < \lambda < 1$）的零点 $\lambda_{n,s}$ 的渐近展开式为

$$\lambda_{n,s} = \lambda_- - a_s \left(\frac{c_-}{v}\right)^{-2/3} n^{-2/3} +$$

$$\frac{n^{-1}}{2}\left[\frac{v}{1-v}\frac{p}{r_0} - \left(\frac{c_-}{v}\right)^{-2/3}\right] + \delta_{n,s}$$

其误差限为

$$|\delta_{n,s}| \leqslant \frac{En^{-2/3}}{Gn^{2/3}} = \frac{E}{G}n^{-4/3}$$

这里 $s = 1, 2, \cdots, n, E$ 和 G 都是常数.

定理 2 获得了 Krawtchouk 多项式零点的渐近性态,给出了 Krawtchouk 多项式 $K_n(\lambda N)$（其中 $\lambda = x/N, 0 < \lambda < 1$）零点的一个渐近展开式,并得到了相应的误差限.该误差限是 $O(n^{-4/3})$.

参考资料

[1] SHARAPUDINOV I I. Asymptotic properties of Krawtchouk polynomials [J]. Mat. Zametki, 1988, 44(5): 682-693.

[2] ISMAIL M E H, SIMEONOV P. Strong asymptotics for Krawtchouk polynomials[J]. J. Comput. Appl. Math., 1998, 100(2): 121-144.

[3] LI X C, WONG R. A uniform asymptotic expansion for Krawtchouk polynomials[J]. Journal of Approximation Theory, 2000, 106(1): 155-184.

[4] OLVER F W J. Uniform asymptotic expansions for Weber parabolic cylinder functions of large order [J]. J. Res. Nat. Bur. Standards Sect. B, 1959, 63(2): 131-169.

[5] HETHCOTE H W. Error bounds for asymptotic approximations of zeros of transcendental functions[J]. SIAM J. Math. Anal., 1970, 1(2): 147-152.

[6] MA E J, ZHU X F, LI X C. Asymptotic approximations of Jacobi polynomials and their zeros with error bounds[J]. Tsinghua Science and Technology, 2003, 8(1): 71-78.

[7] 朱晓峰, 李秀淳. 关于 Jacobi 函数渐近性态[J]. 数学的实践与认识,

Zero point 问题

2005,35(4):200-205.

[8] ZHU X F,LI X C. Asymptotic approximations of Jacobi polynomials and their zeros with error bounds[J]. Acta Mathematica Sinica,2006,22(3):729-740.

多项式零点保持线性映射[①]

第17章

§1　结　　论

算子代数上的线性保持问题是研究算子代数上保持算子的某种特征不变的线性映射(见[1]).本章的兴趣是讨论保持多项式

$$p(x,y)=xy-yx^*$$

零点不变的线性映射.在[2]中,作者在 $*$ 环中讨论了乘积 $xy-yx^*$.设 $\mathscr{A}$ 是一个 $*$ 环,固定 $x\in\mathscr{A}$.对所有的 $a\in\mathscr{A}$,定义可加映射 $\delta:\mathscr{A}\to\mathscr{A}$ 为

$$\delta(a)=ax-xa^*$$

容易验证对所有的 $a\in\mathscr{A}$,有

$$\delta(a^2)=a\delta(a)+\delta(a)a^*$$

---

① 本章摘编自《数学学报(中文版)》,2007 年,第 50 卷,第 3 期.

即 δ 是一个 Jordan $*$ 一导子. 有关 Jordan $*$ 一导子的其他结论, 读者可参考[3].

清华大学数学科学系的崔建莲教授 2007 年得到结论如下:

定理 设 H 是复 Hilbert 空间且 $\dim H \geqslant 3$. 假设 Φ 是从 $\mathcal{B}(H)$ 到其自身的弱连续线性双射, 则 Φ 保持多项式 $p(x,y) = xy - yx^*$ 的零点当且仅当存在非零实数 c 及酉算子 $U \in \mathcal{B}(H)$, 使得 $\Phi(A) = cUAU^*$ 对所有的 $A \in \mathcal{B}(H)$ 成立.

为证明此结论, 我们需要下面的引理(见[4]).

引理 1 设 $\mathcal{A}$ 和 $\mathcal{B}$ 是域 F 上的中心闭素代数, 其中 F 的特征不等于 2 和 3. 假定 $\Phi: \mathcal{A} \rightarrow \mathcal{B}$ 是线性双射, 满足对所有的 $X \in \mathcal{A}$, 有

$$\Phi(X^2)\Phi(X) = \Phi(X)\Phi(X^2)$$

如果 $\mathcal{A}$ 和 $\mathcal{B}$ 都不满足 S_4(the standard polynomial identity of degree 4), 则

$$\Phi(x) = c\phi(x) + p(x)$$

对所有的 $x \in \mathcal{A}$ 成立, 其中 $c \in F$ 非零, ϕ 是 $\mathcal{A}$ 到 $\mathcal{B}$ 上的同构或反同构, 且 p 是从 $\mathcal{A}$ 到 $\mathcal{B}$ 的中心的线性映射.

引理 2 对任意的秩一算子 $B \in \mathcal{B}(H)$, 存在秩一算子 $A \in \mathcal{B}(H)$, 使得 $AB = BA^* = 0, BA = A^*B = 0$ 且 $A - A^*$ 是秩一算子.

证明 记 $B = u \otimes v$, 其中 $\|u\| = 1$, 则 $A = x \otimes y$ 满足 $AB = BA^*$ 当且仅当

$$\langle u, y \rangle x \otimes v = \langle y, v \rangle u \otimes x$$

因为 $\dim H \geqslant 3$, 所以 $\dim([u]^\perp) \geqslant 2$, 其中 $[u]$ 表示 u 的线性张, $[u]^\perp = H \ominus [u]$ 是 $[u]$ 在 H 中的正交补. 故存在非零向量 $y \in [u]^\perp$, 使得 $y \perp v$. 令 α 是满足 $\bar{\alpha} \neq \alpha$

的任意复数且 $x = \alpha y$,则简单的计算表明

$$AB = BA^* = 0, BA = A^*B = 0$$

且

$$A - A^* = \left(1 - \frac{\bar{\alpha}}{\alpha}\right)A$$

是秩一算子,故结论成立.

§2　定理的证明

证明　对所有的 $A \in \mathscr{B}(H)$,因为 $I \cdot A = A \cdot I^*$,所以

$$\Phi(I)\Phi(A) = \Phi(A)\Phi(I)^*$$

从而 Φ 的满射性蕴涵对所有的 $B \in \mathscr{B}(H)$,有

$$\Phi(I)B = B\Phi(I)^* \tag{1}$$

故 $\Phi(I) = \Phi(I)^*$.这样式(1)保证 $\Phi(I)$ 属于 $\mathscr{B}(H)$ 的中心,所以存在数 d,使得 $\Phi(I) = dI$,现在 Φ 的单射性表明 $d \neq 0$.对任意的自伴算子 $S \in \mathscr{B}(H)$,因

$$\Phi(S)\Phi(I) = \Phi(I)\Phi(S)^*$$

所以 $\Phi(S) = \Phi(S)^*$,即 Φ 保算子的自伴性.故对所有的自伴算子 $S \in \mathscr{B}(H)$,有

$$\Phi(S^2)\Phi(S) = \Phi(S)\Phi(S^2) \tag{2}$$

设 $S, T \in \mathscr{B}(H)$ 是任意的自伴算子.在式(2)中用 $S + T$ 代替 S,并令

$$[S, T] = ST - TS$$

得

$$([\Phi(ST + TS), \Phi(S)] + [\Phi(S^2), \Phi(T)]) +$$
$$([\Phi(T^2), \Phi(S)] + [\Phi(ST + TS), \Phi(T)]) = 0$$

在上面的等式中用 $-T$ 代替 T,有

$$-([\Phi(ST+TS),\Phi(S)]+[\Phi(S^2),\Phi(T)])+$$
$$([\Phi(T^2),\Phi(S)]+[\Phi(ST+TS),\Phi(T)])=0$$

比较上面的两式,对所有的自伴算子 $T,S\in\mathcal{B}(H)$,有

$$[\Phi(ST+TS),\Phi(S)]+[\Phi(S^2),\Phi(T)]=0 \quad (3)$$

且

$$[\Phi(T^2),\Phi(S)]+[\Phi(ST+TS),\Phi(T)]=0 \quad (4)$$

对任意的 $A\in\mathcal{B}(H)$,记 $S=\dfrac{A+A^*}{2}$ 且 $T=\dfrac{A-A^*}{2i}$,

则 S 和 T 是自伴算子且 $A=S+iT$. 直接计算可得

$$[\Phi(A^2),\Phi(A)]=-([\Phi(ST+TS),\Phi(T)]+$$
$$[\Phi(T^2),\Phi(S)])+$$
$$i([\Phi(S^2),\Phi(T)]+$$
$$[\Phi(ST+TS),\Phi(S)])$$

上式与式(3)和式(4)一起蕴涵 $[\Phi(A^2),\Phi(A)]=0$,即对所有的 $A\in\mathcal{B}(H)$,有

$$\Phi(A^2)\Phi(A)=\Phi(A)\Phi(A^2)$$

成立.

因为 H 是维数大于 2 的复 Hilbert 空间,所以 $\mathcal{B}(H)$ 是中心闭代数[5]. 显然 $\mathcal{B}(H)$ 是一个素代数,即对所有的 $A,B\in\mathcal{B}(H)$,$A\mathcal{B}(H)B=0$ 蕴涵 $A=0$ 或 $B=0$. 由标准的 PI 理论[6],素代数 R 满足 S_4 当且仅当 R 交换或对某个域 F,R 嵌入在 $M_2(F)$ 中. 因此,如果 $\dim H\geqslant 3$,那么 $\mathcal{A}=\mathcal{B}=\mathcal{B}(H)$ 满足引理 1 中的条件. 注意到 $\mathcal{B}(H)$ 的每个自同构是内的,所以存在非零数 c 和 $\mathcal{B}(H)$ 上的线性泛函 f,使得下列之一成立:

(ⅰ) 存在可逆算子 $V\in\mathcal{B}(H)$ 且

$$\Phi(A)=cV^{-1}AV+f(A)I \quad (5)$$

对所有的 $A \in \mathscr{B}(H)$ 成立;

（ii）存在有界共轭线性双射 $V: H \to H$ 且

$$\Phi(A) = cV^{-1}A^*V + f(A)I \qquad (6)$$

对所有的 $A \in \mathscr{B}(H)$ 成立.

显然,对所有的 $A \in \mathscr{B}(H)$,有 $\Phi(A^*) = \Phi(A)^*$,故式（4）和式（5）蕴涵对所有的 $A \in \mathscr{B}(H)$,我们都有 $f(A^*) = \overline{f(A)}$.

假定式（5）成立,我们将证明 $c \in \mathbf{R}$（实数集合）,$V \in \mathscr{B}(H)$ 是酉元且对所有的 $A \in \mathscr{B}(H)$,有 $f(A) = 0$.

对任意的 $x \in H$,因为

$$\Phi(x \otimes x) = \Phi(x \otimes x)^*$$

所以

$$cx \otimes VV^*x = \bar{c}VV^*x \otimes x$$

从而存在某个正数 λ,使得 $VV^* = \lambda I$,故可取 V 是酉算子,这样 $c = \bar{c}$,即 $c \in \mathbf{R}$.

为证 f 是 $\mathscr{B}(H)$ 上的零泛函,注意到 Φ 的弱连续性蕴涵 f 是弱连续的,也注意到 H 上的有限秩算子集合在 $\mathscr{B}(H)$ 中是弱稠的及 Φ 的线性,故我们只需证明对每个秩一算子 F,有 $f(F) = 0$ 即可. 对任意的 $A, B \in \mathscr{B}(H)$ 满足 $AB = BA^*$,则

$$\Phi(A)\Phi(B) = \Phi(B)\Phi(A)^*$$

蕴涵

$$cf(B)(A^* - A) = -[f(B)I + cB]f(A^* - A) \qquad (7)$$

假定存在秩一算子 B 使得 $f(B) \neq 0$. 对于算子 B,由引理 2,存在秩一算子 A 使得 $AB = BA^* = 0$ 且 $A - A^*$ 具有秩一,我们有式（7）成立. 显然,式（7）左边是一个秩一算子,而右边算子的秩总是大于 1,矛盾. 所

181

以对所有的秩一算子 F,有 $f(F)=0$.

我们断言情形(ⅱ)不发生,即式(6)不出现.假定式(6)成立.类似于情形(ⅰ)的证明,我们有 $c \in \mathbf{R}$ 且 $VV^* = I$.下证 f 是秩一算子集合上的零泛函.对所有的 $A, B \in \mathscr{B}(H)$ 满足 $AB = BA^*$,有

$$\Phi(A)\Phi(B) = \Phi(B)\Phi(A)^*$$

故

$$c^2(BA - A^*B) = cf(B)(A^* - A) + f(A^* - A)[cB + f(B)I] \quad (8)$$

引理 2 表明,对秩一算子 B,存在秩一算子 A 满足

$$AB = BA^* = 0, BA = A^*B = 0$$

且 $A^* - A$ 是秩一算子.故式(8)表明

$$cf(B)(A^* - A) = f(A - A^*)[cB + f(B)I]$$

若存在秩一算子 B,使得 $f(B) \neq 0$,则上面等式的左边是一个秩一算子,而右边的算子总是秩大于 1,矛盾.故在 $\mathscr{B}(H)$ 上有 $f \equiv 0$.

这样,对所有的 $A \in \mathscr{B}(H)$,有 $\Phi(A) = cV^{-1}A^*V$.从而对于满足 $AB = BA^*$ 的所有 $A, B \in \mathscr{B}(H)$,有 $BA = A^*B$,这是不可能的.例如,取

$$A = \begin{pmatrix} 1 & 1 \\ 0 & 1 \end{pmatrix}$$

$$B = \begin{pmatrix} 1 & 0 \\ 0 & 0 \end{pmatrix}$$

则

$$AB = BA^* = \begin{pmatrix} 1 & 0 \\ 0 & 0 \end{pmatrix}$$

但

$$BA = \begin{pmatrix} 1 & 1 \\ 0 & 0 \end{pmatrix} \neq \begin{pmatrix} 1 & 0 \\ 1 & 0 \end{pmatrix} = A^*B$$

故情形（ⅱ）不出现.

定理的证明完成.

注　在定理中，假定映射是弱连续的，这一条件只用在证明 $\mathscr{B}(H)$ 上的泛函是一个零泛函. 我们猜测这一条件能被去掉，但目前无法实现，作为后续工作，我们将继续探讨这类问题.

参考资料

［1］HOU J，CUI J. Introduction to linear maps on operator algebras ［M］. Beijing：Science Press，2002.

［2］BREŠAR M，FSOŇER M. On ring with involution equipped with some new product［J］. Publ. Math. Debrecen，2000，57：121-134.

［3］BREŠAR M，ZALAR B. On the structure of Jordan ＊-derivations ［J］. Colloq. Math. ，1992，63：163-171.

［4］BREŠAR M. Commuting traces of biadditive mappings，commutativing-preserving mappings and lie mapping［J］. Trans. Amer. Math. Soc. ，1993，335：525-546.

［5］MATHIEU M. Rings of quotients of ultraprime Banach algebras with applications to elementary operators［J］. Proc. Centre Math. Anal. Austral. Nat. Univ. ，1989，21：297-317.

［6］JACOBSON N. PI-algebras［M］. Berlin：Springer-Verlag，1975.

一簇同时求多项式零点的方法[①]

第 18 章

§1 引 言

设 $f(z)$ 是定义在复数域 S 上的解析函数,求方程 $f(z)=0$ 的根是一个古老又重要的问题,已有很多著名的算法及其变形. 2003 年,[1] 指出,一些著名的方法可以从求方程 $f(z)=0$ 的 m 重根($m=1$ 时为单根)的 Laguerre 方法

$$z^+ = z - \alpha m f(z)/(f'(z) \pm$$
$$\sqrt{(\alpha m-1)(\alpha-1)f'(z)^2 - \alpha m(\alpha-1)f(z)f''(z)})$$ (1)

导出,如 Newton 方法、Euler 方法、Halley 方法、Ostrowski 方法,以及 Hansen-Patrick 方法等都是公式(1)的特

① 本章摘编自《高等学校计算数学学报》,2008 年,第 30 卷,第 3 期.

例,这里 z 为当前迭代点,z^{+} 为新迭代点,α 为参数,当 $\alpha \neq 0,1$ 时,Laguerre 迭代方法的收敛阶为 3.宁波大学理学院的张艺教授 2008 年将 Laguerre 迭代公式(1) 应用于 Weierstrass 方法[2-3] 中的修正量函数,导出了一簇同时求复系数多项式零点的迭代方法,证明了该方法的收敛阶为 4.如果用 Newton 和 Halley 修正量对其修正,在增加极少计算量的情况下,可将收敛阶提高到 5 阶和 6 阶.

§2 迭代方法的导出

设 $\xi_1,\xi_2,\cdots,\xi_v$ 是首项系数为 1 的 n 次复系数多项式 $P(z)$ 的零点,其重数分别为 $m_1,m_2,\cdots,m_v(m_1 + m_2 + \cdots + m_v = n)$,即

$$P(z) = \prod_{i=1}^{v}(z - \xi_i)^{m_i} \quad (\xi_i \neq \xi_j, i \neq j) \quad (2)$$

$z_1,z_2,\cdots,z_v$ 为 $\xi_1,\xi_2,\cdots,\xi_v$ 的近似值,且 $z_1,z_2,\cdots,z_v$ 与 $\xi_1,\xi_2,\cdots,\xi_v$ 这 $2v$ 个点两两不同,记 Weierstrass 方法的修正量函数为

$$Q_i(z) = \frac{P(z)}{\prod_{j=1,j\neq i}^{v}(z - z_j)^{m_j}} \quad (i = 1,2,\cdots,v) \quad (3)$$

则 ξ_i 仍是函数 $Q_i(z)$ 的 m_i 重零点.为了求 ξ_i,现将 Laguerre 迭代公式(1) 应用于函数 $Q_i(z)$,得到

$$z_i^{+} = z_i - \alpha m_i Q_i(z_i)/(Q'_i(z_i) \pm$$
$$\sqrt{(\alpha m_i - 1)(\alpha - 1)Q'_i(z_i)^2 - \alpha m_i(\alpha - 1)Q_i(z_i)Q''_i(z_i)}) \quad (4)$$

为使迭代公式(4) 便于计算,将其改写为

185

Zero point 问题

$$z_i^+ = z_i - \alpha m_i \Big/ \left(\frac{Q'_i(z_i)}{Q_i(z_i)} + \right.$$

$$\left. \sqrt{(\alpha m_i - 1)(\alpha - 1)\left(\frac{Q'_i(z_i)}{Q_i(z_i)}\right)^2 - \alpha m_i(\alpha - 1)\frac{Q'_i(z_i)}{Q_i(z_i)} \cdot \frac{Q''_i(z_i)}{Q'_i(z_i)}} \right)$$

$$(5)$$

对式(3)两边取对数并关于 z 求导,得

$$\frac{Q'_i(z)}{Q_i(z)} = \frac{P'(z)}{P(z)} - \sum_{j=1, j \neq i}^{v} \frac{m_j}{z - z_j} \qquad (6)$$

$$Q'_i(z) = Q_i(z)\left(\frac{P'(z)}{P(z)} - \sum_{j=1, j \neq i}^{v} \frac{m_j}{z - z_j}\right) \qquad (7)$$

对式(7)两边再取对数并求导得

$$\frac{Q''_i(z)}{Q'_i(z)} = \frac{Q'_i(z)}{Q_i(z)} +$$

$$\left(\frac{P(z)P''(z) - (P'(z))^2}{P^2(z)} + \sum_{j=1, j \neq i}^{v} \frac{m_j}{(z - z_j)^2}\right) \cdot$$

$$\left(\frac{P'(z)}{P(z)} - \sum_{j=1, j \neq i}^{v} \frac{m_j}{z - z_j}\right)^{-1}$$

$$(8)$$

记

$$I_v = \{1, 2, \cdots, v\}$$

$$\sigma_{k,i} = \frac{P^{(k)}(z_i)}{P(z_i)}$$

$$S_{k,i} = \sum_{j=1, j \neq i}^{v} \frac{m_j}{z_i - z_j}$$

$$(k = 1, 2, i \in I_v)$$

由式(6)和式(8)得到

$$\frac{Q'_i(z_i)}{Q_i(z_i)} = \sigma_{1,i} - S_{1,i}$$

$$\frac{Q''_i(z_i)}{Q'_i(z_i)} = \sigma_{1,i} - S_{1,i} + \frac{\sigma_{2,i} - \sigma_{1,i}^2 + S_{2,i}}{\sigma_{1,i} - S_{1,i}}$$

$$(i \in I_v) \qquad (9)$$

186

将式(9)代入式(5),就得到了一簇同时求多项式$P(z)$零点(单零点或重零点)的迭代方法

$$z_i^+ = z_i - \alpha m_i / ((\sigma_{1,i} - S_{1,i}) \pm$$
$$\sqrt{m_i \alpha(\alpha - 1)(\sigma_{1,i}^2 - \sigma_{2,i} - S_{2,i}) - (\alpha - 1)(\sigma_{1,i} - S_{1,i})^2})$$
$$(i \in I_v) \tag{10}$$

对 $\alpha \neq 0, 1$,我们将证明迭代公式(10)的收敛阶为 4.

注 实际计算时,迭代公式(10)中根号前"$\pm$"的选取原则是使 $z_i^+ - z_i$ 的模较小.

下面给出迭代公式(10)的几种特殊情形,它们分别是将求函数重零点的一些著名方法应用于 $Q_i(z)$ 得到的结果.

(1)令 $\alpha = 1$,得到

$$z_i^+ = z_i - \frac{m_i}{\sigma_{1,i} - S_{1,i}} \quad (i \in I_v) \tag{11}$$

这是将 Newton 方法应用于 $Q_i(z)$ 所得到的方法.

(2)令 $\alpha = 2$,得到

$$z_i^+ = z_i - 2m_i / ((\sigma_{1,i} - S_{1,i}) \pm$$
$$\sqrt{2m_i(\sigma_{1,i}^2 - \sigma_{2,i} - S_{2,i}) - (\sigma_{1,i} - S_{1,i})^2})$$
$$(i \in I_v) \tag{12}$$

这是将 Euler 方法应用于 $Q_i(z)$ 所得到的方法.

(3)根式前取负号,并将迭代公式(10)变形为

$$z_i^+ = z_i - ((\sigma_{1,i} - S_{1,i}) +$$
$$\sqrt{m_i \alpha(\alpha - 1)(\sigma_{1,i}^2 - \sigma_{2,i} - S_{2,i}) - (\alpha - 1)(\sigma_{1,i} - S_{1,i})^2})m_i /$$
$$((\sigma_{1,i} - S_{1,i})^2 - m_i(\alpha - 1)(\sigma_{1,i}^2 - \sigma_{2,i} - S_{2,i}))$$

再令 $\alpha = 0$,得到

$$z_i^+ = z_i - \frac{2m_i(\sigma_{1,i} - S_{1,i})}{(\sigma_{1,i} - S_{1,i})^2 + m_i(\sigma_{1,i}^2 - \sigma_{2,i} - S_{2,i})}$$
$$(i \in I_v) \tag{13}$$

这是将 Halley 方法应用于 $Q_i(z)$ 所得到的方法.

（4）根式前取正号，并令 $\alpha \to \infty$，得到

$$z_i^+ = z_i - \frac{\sqrt{m_i}}{\sqrt{\sigma_{1,i}^2 - \sigma_{2,i} - S_{2,i}}} \quad (i \in I_v) \quad (14)$$

这是将 Ostrowski 方法应用于 $Q_i(z)$ 所得到的方法.

（5）将迭代公式（10）中的 α 用 $\dfrac{1}{\alpha m_i} + 1$ 替换，可得

$$z_i^+ = z_i - m_i(m_i\alpha + 1)/(m_i\alpha(\sigma_{1,i} - S_{1,i}) \pm$$
$$\sqrt{m_i(m_i\alpha + 1)(\sigma_{1,i}^2 - \sigma_{2,i} - S_{2,i}) - m_i\alpha(\sigma_{1,i} - S_{1,i})^2})$$
$$(i \in I_v) \quad (15)$$

这是将 Hansen-Patrick 方法应用于 $Q_i(z)$ 所得到的方法.

§3　迭代方法的改进

我们知道，求 $f(z)$ 的 m 重零点 ξ 的 Newton 方法和 Halley 方法分别为

$$z^+ = z - m\frac{f(z)}{f'(z)} \quad (16)$$

和

$$z^+ = z - m\frac{2f(z)}{\left(1 + \dfrac{1}{m}\right)f'(z) - \dfrac{f(z)f''(z)}{f'(z)}} \quad (17)$$

将迭代公式（16）和（17）应用于 $P(z)$，得到同时求 $P(z)$ 的零点 $\xi_1, \xi_2, \cdots, \xi_n$ 的 2 阶 Newton 方法

$$z_i^+ = z_i - \frac{m_i}{\sigma_{1,i}} \quad (i \in I_v) \quad (18)$$

及 3 阶 Halley 方法

$$z_i^+ = z_i - 2\left[\left(1+\frac{1}{m_i}\right)\sigma_{1,i} - \frac{\sigma_{2,i}}{\sigma_{1,i}}\right]^{-1} \quad (i \in I_v)$$

$$(19)$$

综合迭代方法（10）和（18），得到：

修正方法 1

$$
\begin{cases}
z_i^{(N)} = z_i - \dfrac{m_i}{\sigma_{1,i}}, i \in I_v \\[2mm]
S_{k,i}^{(N)} = \displaystyle\sum_{j=1, j\neq i}^{v} \dfrac{m_j}{z_i - z_j^{(N)}}, k=1,2, i \in I_v \\[2mm]
z_i^+ = z_i - \alpha m_i/((\sigma_{1,i} - S_{1,i}^{(N)}) \pm \\[2mm]
\sqrt{m_i\alpha(\alpha-1)(\sigma_{1,i}^2 - \sigma_{2,i} - S_{2,i}^{(N)}) - (\alpha-1)(\sigma_{1,i} - S_{1,i}^{(N)})^2}), i \in I_v
\end{cases}
$$

$$(20)$$

综合迭代方法（10）和（19），得到：

修正方法 2

$$
\begin{cases}
z_i^{(H)} = z_i - 2\left[\left(1+\dfrac{1}{m_i}\right)\sigma_{1,i} - \dfrac{\sigma_{2,i}}{\sigma_{1,i}}\right]^{-1}, i \in I_v \\[2mm]
S_{k,i}^{(H)} = \displaystyle\sum_{j=1, j\neq i}^{v} \dfrac{m_j}{z_i - z_j^{(H)}}, k=1,2, i \in I_v \\[2mm]
z_i^+ = z_i - \alpha m_i/((\sigma_{1,i} - S_{1,i}^{(H)}) \pm \\[2mm]
\sqrt{m_i\alpha(\alpha-1)(\sigma_{1,i}^2 - \sigma_{2,i} - S_{2,i}^{(H)}) - (\alpha-1)(\sigma_{1,i} - S_{1,i}^{(H)})^2}), i \in I_v
\end{cases}
$$

$$(21)$$

迭代方法（20）和（21）与基本方法（10）相比较，计算量增加很少，但收敛阶却提高到了 5 阶和 6 阶（见定理），从而提高了计算效率.

为了统一分析迭代方法（10），（20）和（21）的收敛阶，引进下面的记号：记

$$N_i(z_i) = \frac{m_i}{\sigma_{1,i}}$$

$$H_i(z_i) = 2\left[\left(1 + \frac{1}{m_i}\right)\sigma_{1,i} - \frac{\sigma_{2,i}}{\sigma_{1,i}}\right]^{-1}$$

$$z_i^{(1)} = z_i$$

$$z_i^{(2)} = z_i - N_i(z_i)$$

$$z_i^{(3)} = z_i - H_i(z_i)$$

$$S_{l,i}^{(k)} = \sum_{j=1, j\neq i}^{v} \frac{m_j}{z_i - z_j^{(k)}}$$

$$(l = 1,2, k = 1,2,3, i \in I_v)$$

于是迭代方法(10),(20)和(21)可统一表示为下面的迭代格式

$$z_i^+ = z_i - am_i/((\sigma_{1,i} - S_{1,i}^{(k)}) \pm$$

$$\sqrt{m_i a(a-1)(\sigma_{1,i}^2 - \sigma_{2,i} - S_{2,i}^{(k)}) - (a-1)(\sigma_{1,i} - S_{1,i}^{(k)})^2}$$

$$(k = 1,2,3, i \in I_v) \qquad (22)$$

定理 设 $a \neq 0,1$,如果 $z_1, z_2, \cdots, z_v$ 充分接近多项式 $P(z)$ 的零点 $\xi_1, \xi_2, \cdots, \xi_v$,则迭代方法(22)的收敛阶为 $3 + k(k = 1,2,3)$.

证明 记

$$W_i^{(k)} = \frac{\sigma_{1,i}^2 - \sigma_{2,i} - S_{2,i}^{(k)}}{\sigma_{1,i} - S_{1,i}^{(k)}} \quad (k = 1,2,3, i \in I_v)$$

则(22)(根式前取"+")可改写为

$$z_i^+ = z_i - am_i/\left((\sigma_{1,i} - S_{1,i}^{(k)})\left(1 + \right.\right.$$

$$\left.\left.(a-1)\sqrt{1 + \frac{a}{a-1}(m_i W_i^{(k)} - 1)}\right)\right)$$

$$(k = 1,2,3, i \in I_v) \qquad (23)$$

由于

$$\sigma_{1,i} = \frac{P'(z_i)}{P(z_i)} = (\ln P(z))'_{z=z_i} = \sum_{j=1}^{v} \frac{m_j}{z_i - \xi_j}$$

$$\sigma_{1,i}^2 - \sigma_{2,i} = \frac{(P'(z_i))^2 - P''(z_i)P(z_i)}{P^2(z_i)} =$$

$$-\left(\frac{P'(z)}{P(z)}\right)'_{z=z_i}=$$

$$\sum_{j=1}^{v}\frac{m_j}{(z_i-\xi_j)^2}$$

如果记 $\varepsilon_i=z_i-\xi_i,\varepsilon_i^+=z_i^+-\xi_i,i\in I_v,\varepsilon=\max\limits_{i\in I_v}\{|\varepsilon_i|\}$,

并设 $\varepsilon=O(|\varepsilon_i|),i\in I_v$,那么

$$\sigma_{1,i}-S_{1,i}^{(k)}=\sum_{j=1}^{v}\frac{m_j}{z_i-\xi_j}-\sum_{j=1,j\neq i}^{v}\frac{m_j}{z_i-z_j^{(k)}}=$$

$$\frac{m_i}{\varepsilon_i}-A_i^{(k)}$$

$$\sigma_{1,i}^2-\sigma_{2,i}-S_{2,i}^{(k)}=$$

$$\sum_{j=1}^{v}\frac{m_j}{(z_i-\xi_j)^2}-\sum_{j=1,j\neq i}^{v}\frac{m_j}{(z_i-z_j^{(k)})^2}=$$

$$\frac{m_i}{\varepsilon_i^2}-B_i^{(k)}\quad(k=1,2,3,i\in I_v)$$

其中

$$A_i^{(k)}=\sum_{j=1,j\neq i}^{v}\frac{m_j(z_j^{(k)}-\xi_j)}{(z_i-\xi_j)(z_i-z_j^{(k)})}$$

$$B_i^{(k)}=\sum_{j=1,j\neq i}^{v}\frac{m_j(z_j^{(k)}-\xi_j)(2z_i-z_j^{(k)}-\xi_j)}{(z_i-\xi_j)^2(z_i-z_j^{(k)})^2}$$

$$(k=1,2,3,i\in I_v)$$

$$m_iW_i^{(k)}-1=m_i\frac{m_i-\varepsilon_i^2B_i^{(k)}}{(m_i-\varepsilon_iA_i^{(k)})^2}-1=$$

$$\frac{\varepsilon_i(2m_iA_i^{(k)}-m_i\varepsilon_iB_i^{(k)}-\varepsilon_i(A_i^{(k)})^2)}{(m_i-\varepsilon_iA_i^{(k)})^2}=$$

$$C_i^{(k)}\varepsilon_i$$

这里

$$C_i^{(k)}=\frac{2m_iA_i^{(k)}-m_i\varepsilon_iB_i^{(k)}-\varepsilon_i(A_i^{(k)})^2}{(m_i-\varepsilon_iA_i^{(k)})^2}$$

$$(k=1,2,3, i \in I_v)$$

因为迭代方法(18)和(19)的收敛阶分别为 2 和 3,所以,有如下的估计

$$
\begin{cases}
A_i^{(k)} = O(\varepsilon^k) \\
B_i^{(k)} = O(\varepsilon^k) \quad (k=1,2,3, i \in I_v) \\
C_i^{(k)} = O(\varepsilon^k)
\end{cases}
\tag{24}
$$

$$
\sqrt{1 + \frac{\alpha}{\alpha-1}(m_i W_i^{(k)} - 1)} =
$$

$$
\sqrt{1 + \frac{\alpha \varepsilon_i C_i^{(k)}}{\alpha-1}} =
$$

$$
1 + \frac{1}{2} \cdot \frac{\alpha \varepsilon_i C_i^{(k)}}{\alpha-1} + O(\varepsilon^{2(k+1)})
$$

$$(k=1,2,3, i \in I_v)$$

于是,由式(23)得

$$\varepsilon_i^+ =$$

$$
\varepsilon_i - \frac{\alpha m_i}{(\sigma_{1,i} - S_{1,i}^{(k)})\left[1 + (\alpha-1)\left(1 + \frac{\alpha \varepsilon_i C_i^{(k)}}{2(\alpha-1)} + O(\varepsilon^{2(k+1)})\right)\right]} =
$$

$$
\varepsilon_i - \frac{\varepsilon_i m_i}{(m_i - \varepsilon_i A_i^{(k)})[1 + \varepsilon_i C_i^{(k)}/2 + O(\varepsilon^{2(k+1)})]} =
$$

$$
\varepsilon_i - \frac{\varepsilon_i m_i}{m_i - \varepsilon_i A_i^{(k)}}\left[1 - \frac{\varepsilon_i C_i^{(k)}}{2} + O(\varepsilon^{2(k+1)})\right] =
$$

$$
\frac{\varepsilon_i^2(m_i C_i^{(k)} - 2A_i^{(k)})}{2(m_i - \varepsilon_i A_i^{(k)})} + O(\varepsilon^{2k+3}) =
$$

$$
\frac{\varepsilon_i^3[3m_i(A_i^{(k)})^3 - m_i^2 B_i^{(k)} - 2\varepsilon_i(A_i^{(k)})^3]}{2(m_i - \varepsilon_i A_i^{(k)})^3} + O(\varepsilon^{2k+3})
$$

因此,由式(24)知

$$\varepsilon_i^+ = O(\varepsilon^{k+3}) \quad (k=1,2,3, i \in I_v)$$

这就证明了迭代方法(22)的局部收敛阶为 $k+3$($k=1,2,3$).

192

§4　数值算例

例 1　$P(z) = z^5 - z^4 - 6z^3 + 6z^2 + 25z - 25$，则 $P(z)$ 的所有零点为单重零点：$\xi_1 = 1, \xi_2 = -2 + i$，$\xi_3 = -2 - i, \xi_4 = 2 + i, \xi_5 = 2 - i$. 取初始迭代点 $z_1 = 4 + 2i, z_2 = -4 + 5i, z_3 = -5 - 5i, z_4 = 3.2 + 2i, z_5 = 5 - 3i$，迭代终止条件为 $\max\limits_{1 \leqslant i \leqslant 5} | P(z_i^+) | \leqslant 10^{-12}$，选取不同 α 及不同的方法，所需的迭代次数见表 1.

表 1

α	方法(10)	方法(20)	方法(22)
0.9	23	22	22
10	7	5	4
100	6	5	4
1 000	6	5	4

例 2　$P(z) = z^{10} + 8z^9 + 22z^8 + 10z^7 - 50z^6 - 26z^5 + 152z^4 + 78z^3 - 295z^2 - 150z + 250$，则 $P(z)$ 有零点 $\xi_1 = -2 - i, \xi_2 = -2 + i, \xi_3 = 1, \xi_4 = 1 + i, \xi_5 = 1 - i$，它们的重数分别为 $m_1 = 3, m_2 = 3, m_3 = 2, m_4 = 1, m_5 = 1$，取初始迭代点 $z_1 = -4 - 2i, z_2 = -5 + 2i$，$z_3 = 2.5, z_4 = 2.5 + 0.5i, z_5 = 2.5 - 2i$，迭代终止条件与例 1 相同，计算结果见表 2.

表 2

α	方法(10)	方法(20)	方法(22)
0.9	29	25	28

续表2

α	方法（10）	方法（20）	方法（22）
10	9	6	5
100	30	5	5
1 000	20	7	5

数值实验结果表明，对同一组初始迭代点，取 $\alpha > 1$ 有较好的计算效果.

参考资料

[1] PETKOVIĆ L D, PETKOVIĆ M S, ŽIVKOVIĆ D. Hansen-Patrick's family is of Laguerre's type[J]. Novi. Sad. J. Math., 2003,33(1):109-115.

[2] SAKURAI T, PETKOVIĆ M S. On some simultaneous methods based on Weierstrass' correction[J]. J. Comput. Appl. Math., 1995,72(2):275-291.

[3] PETKOVIĆ L D, PETKOVIĆ M S, MILOŠEVIĆ D. Weierstrass-like methods with corrections for the inclusion of polynomial zeros [J]. Computing,2005,75(1):55-69.

[4] HANSEN M,PATRICK M. A family of root-finding methods[J]. Numer. Math. ,1997,27:257-269.

[5] 张艺. 多项式零点同时逼近算法的加速[J]. 宁波大学学报（理工版）,2001,14(4):67-69.

[6] 黄清龙,吴建成. 并行 Halley 迭代法的修正及其效率分析[J]. 高等学校计算数学学报,2004,26(3):279-280.

Legendre 多项式零点的一种求解方法及应用[①]

第 19 章

福州大学数学与计算机科学学院的吕书龙、刘文丽、梁飞豹三位教授 2011 年探讨了 Legendre 正交多项式的性质并给出它关于 n 的奇偶性的通项表示；通过 n 个零点及其对称性，借助配方多项式，建立配方系数与通项系数的对应关系，构造配方系数的非线性方程组；最后，用拟 Newton 法求解配方系数，求得 Legendre 多项式的 n 个零点和对应的求积系数，降低零点求解的复杂度，方便了 Gauss 型求积公式的应用.

带权 $\rho(x)$ 的 n 次正交多项式如 Legendre 多项式、Chebyshev 多项式等是函数逼近领域的重要工具. 在区间 $[-1,1]$ 上，若取 $\rho(x)=1$，则相应的 n

---

① 本章摘编自《福州大学学报（自然科学版）》，2011 年，第 39 卷，第 3 期.

次正交多项式为 Legendre 正交多项式，记为 $P_n(x)^{[1-2]}$，其表达式为

$$\begin{cases} P_0(x)=1 \\ P_n(x)=\dfrac{1}{2^n n!}\dfrac{\mathrm{d}^n}{\mathrm{d}x^n}[(x^2-1)^n] \ , n\geqslant 1 \end{cases} \quad (1)$$

Legendre 正交多项式在函数逼近、多项式回归、数学物理方程和数值积分等领域应用广泛. 其中 Gauss-Legendre 数值求积公式具有 $2n-1$ 次代数精度，性能优良[3]，但计算中需要 Legendre 多项式的 n 个零点 x_k 及对应的求积系数 A_k. 如何快速精确地求解高次 Legendre 多项式的零点是数值计算中的一个重要课题[4-7]，也是一个难题. 对此，[4] 提出先搜索包含 n 个零点的区间，然后再在每个子区间用二分法或割线法求出所有零点的搜索迭代法（SIM，scan-iteration method），该法思路简单，精度高. 本章针对 $P_n(x)$ 的零点性质和通项系数表示，确定了通项系数和配方多项式系数的对应关系，建立关于配方系数的非线性方程组，从性质递推角度给出 $P_n(x)$ 所有零点 x_k 及求积系数 A_k 的求解方法.

§1 $P_n(x)$ 的性质，通项表示和配方系数

n 次正交多项式 $P_n(x)$ 有很多性质，如正交性、奇偶性、递推公式以及具有 n 个不同的零点等[1-2,8]. 为导出算法，下面先给出 $P_n(x)$ 的奇偶性、通项表示和零点对称性等有关性质.

性质 1[1-2] 奇偶性：

196

$$\begin{cases} P_n(-x) = (-1)^n P_n(x)\ ,n \geqslant 0 \\ P'_n(-x) = (-1)^{n+1} P'_n(x)\ ,n \geqslant 1 \end{cases} \tag{2}$$

由上式可知,当 n 为奇数时,$P_n(x)$ 为奇函数;当 n 为偶数时,$P_n(x)$ 为偶函数;而 $P'_n(x)$ 正好与 $P_n(x)$ 的奇偶性相反.

性质 2　$P_n(x)$ 可用通项表示(依据求导展开)

$$P_n(x) = \frac{1}{2^n n!}\ \frac{\mathrm{d}^n}{\mathrm{d}x^n}\big[(x^2-1)^n\big] =$$

$$\frac{1}{2^n n!}\ \frac{\mathrm{d}^n}{\mathrm{d}x^n}\Big[\sum_{i=0}^n (-1)^{n-i} \mathrm{C}_n^i x^{2i}\Big] =$$

$$\frac{1}{2^n n!}\ \frac{\mathrm{d}^n}{\mathrm{d}x^n}\Big[\sum_{i=M}^n (-1)^{n-i} \mathrm{C}_n^i x^{2i}\Big] =$$

$$\sum_{i=M}^n (-1)^{n-i}\ \frac{1}{2^n n!}\ \cdot$$

$$\frac{n!}{i!\ (n-i)!} \mathrm{A}_{2i}^n x^{2i-n} =$$

$$\sum_{i=M}^n (-1)^{n-i}\ \cdot$$

$$\frac{(2i)!}{2^n i!\ (n-i)!\ (2i-n)!} x^{2i-n} =$$

$$\frac{(2n)!}{2^n n!\ n!} \sum_{i=M}^n (-1)^{n-i}\ \cdot$$

$$\frac{(2i)!}{i!\ (n-i)!\ (2i-n)!}\ \cdot$$

$$\frac{n!\ n!}{(2n)!} x^{2i-n} \tag{3}$$

其中,当 n 为奇数时,$M=[n/2]+1$,$[n/2]$ 表示取不大于 $n/2$ 的整数;当 n 为偶数时,$M=n/2$. 式(3)是将 $P_n(x)$ 的通项表示中首项 x^n 的系数提取出来,再整理成首项 x^n 的系数为 1 的表示.

性质 3 零点的对称性及配方表示.

由正交多项式的性质可知,当 n 为奇数时,$P_n(x)$ 必有一个零点为 0,其余 $n-1$ 个零点关于原点对称;当 n 为偶数时,$P_n(x)$ 的 n 个零点关于原点对称. 则 $P_n(x)$ 可以用如下的配方表示

$$
\begin{cases}
P_n(x)=c_n x(x^2-a_1)(x^2-a_2)\cdots(x^2-a_{[n/2]}) & (n\text{ 为奇数}) \\
P_n(x)=c_n(x^2-a_1)(x^2-a_2)\cdots(x^2-a_{[n/2]}) & (n\text{ 为偶数})
\end{cases}
$$

其中,$c_n=\dfrac{(2n)!}{2^n n!\ n!}$,上式可进一步表示成

$$
\begin{cases}
\begin{aligned}
P_n(x)=c_n x\Big[& x^{n-1}-\sum_{i=1}^{N}a_i x^{n-3}+\sum_{1\leqslant i<j\leqslant N}a_i a_j x^{n-5}- \\
& \sum_{1\leqslant i<j<k\leqslant N}a_i a_j a_k x^{n-7}+\cdots+ \\
& (-1)^{n-N+1}\prod_{i=1}^{N}a_i\Big] \quad (n\text{ 为奇数})
\end{aligned} \\
\begin{aligned}
P_n(x)=c_n\Big[& x^{n}-\sum_{i=1}^{N}a_i x^{n-2}+\sum_{1\leqslant i<j\leqslant N}a_i a_j x^{n-4}- \\
& \sum_{1\leqslant i<j<k\leqslant N}a_i a_j a_k x^{n-6}+\cdots+ \\
& (-1)^{n-N}\prod_{i=1}^{N}a_i\Big] \quad (n\text{ 为偶数})
\end{aligned}
\end{cases}
$$

其中,当 n 为奇数时,$N=M-1$;当 n 为偶数时,$N=M$,而 M 的定义来自性质 1,或者统一表示成 $N=[n/2]$;配方系数 $a_1,a_2,\cdots,a_N$ 待求,易得对称零点 $\pm x_i=\pm\sqrt{a_i}$,$i=1,2,\cdots,N$.

用配方表示 $P_n(x)$ 的好处就是将求解 $P_n(x)$ 的 n 个零点的问题简化为求解 N 个配方系数,降低了求解复杂度和难度.性质 3 是本章求解算法的关键之一.

性质 4 对称零点处的求积系数相等.

Gauss-Legendre 求积系数 A_k 的通项表示为

$$A_k = \frac{2}{n} \frac{1}{P_{n-1}(x_k)P'_n(x_k)} \quad (k=1,2,\cdots,N) \quad (4)$$

其中, x_k 是 $P_n(x)$ 的零点. 由性质 1 可知, $P_{n-1}(x)P'_n(x)$ 为偶函数, 再由性质 3 和上式可得在对称零点 $\pm x_k$ 处的求积系数相等. 该性质大大减少了求解求积系数的计算量, 并降低了计算复杂度.

　　基于上述性质, 下面给出求解 $P_n(x)$ 零点的主要思路和过程.

§2　$P_n(x)$ 零点的求解

1. 构造求解 $P_n(x)$ 零点的非线性方程组

　　由性质 2 的通项表示和性质 3 的配方表示, 可推得通项系数 b_i 和配方系数 a_i 之间的对应关系:

$$\begin{cases} \displaystyle\sum_{i=1}^N a_i = \frac{(2n-2)!\ n!\ n!}{1!\ (n-1)!\ (n-2)!\ (2n)!} = \\[2mm] \qquad \frac{n(n-1)}{2(2n-1)} \triangleq b_1 \\[3mm] \displaystyle\sum_{1 \leqslant i < j \leqslant N} a_i a_j = \frac{(2n-4)!\ n!\ n!}{2!\ (n-2)!\ (n-4)!\ (2n)!} \triangleq b_2 \\[3mm] \displaystyle\sum_{1 \leqslant i < j < k \leqslant N} a_i a_j a_k = \frac{(2n-6)!\ n!\ n!}{3!\ (n-3)!\ (n-6)!\ (2n)!} \triangleq b_3 \\[2mm] \vdots \\[2mm] \displaystyle\prod_{i=1}^N a_i = \frac{(2n-2N)!\ n!\ n!}{N!\ (n-N)!\ (n-2N)!\ (2n)!} \triangleq b_N \end{cases} \quad (5)$$

根据上述对应关系, 建立关于 $a_1, a_2, \cdots, a_N$ 的非线性方程组 $F_n(a_1, a_2, \cdots, a_N)$ 如下

$$F_n(a_1,a_2,\cdots,a_N) = \begin{bmatrix} \displaystyle\sum_{i=1}^{N} a_i - b_1 \\[2mm] \displaystyle\sum_{1\leqslant i<j\leqslant N} a_i a_j - b_2 \\[2mm] \displaystyle\sum_{1\leqslant i<j<k\leqslant N} a_i a_j a_k - b_3 \\ \vdots \\ \displaystyle\prod_{i=1}^{N} a_i - b_N \end{bmatrix} \triangleq$$

$$\begin{bmatrix} f_1 - b_1 \\ f_2 - b_2 \\ f_3 - b_3 \\ \vdots \\ f_N - b_N \end{bmatrix} = \begin{bmatrix} 0 \\ 0 \\ 0 \\ \vdots \\ 0 \end{bmatrix} \triangleq \mathbf{0} \quad (6)$$

采用 Newton 法、拟 Newton 法或改进的拟 Newton(Broyden) 法[1-2] 都可求得上述的非线性方程组的解,从而求得配方系数 $a_1,a_2,\cdots,a_N$ 的数值解. 通过不断的迭代和精度控制,可达到预定的精度要求(如数值分析类教科书上常用的 10^{-10}). 下面应用自行编写的 LLLStat 统计软件的非线性方程组求解模块,给出 $n=6,9,10$ 时的计算过程和结果,并应用到一个数值积分的计算中.

2. 当 $n=5,6$ 时的非线性方程组及当 $n=6$ 时 $P_n(x)$ 的零点和求积系数

对方程组

$$F_5(a_1,a_2) = \begin{bmatrix} a_1 + a_2 - 10/9 \\ a_1 a_2 - 5/21 \end{bmatrix} \triangleq \mathbf{0}$$

$$F_6(a_1,a_2,a_3) = \begin{bmatrix} a_1 + a_2 + a_3 - 15/11 \\ a_1 a_2 + a_1 a_3 + a_2 a_3 - 5/11 \\ a_1 a_2 a_3 - 5/231 \end{bmatrix} \triangleq \mathbf{0}$$

当 $n = 5$ 时,由性质 1 知,0 必为其一个零点,所以只需表示两个配方系数即可. 下面给出 $n = 6$ 时应用 LLLStat 软件求解非线性方程组的主要步骤,计算结果列于表 1(保留 16 位小数).

步骤 1:构造 3 个非线性方程和初始条件向量.

function("f_1","x1,x2,x3","result = x1 + x2 + x3 − 15/11;","DOUBLE");

function("f_2","x1,x2,x3","result = x1 * x2 + x1 * x3 + x2 * x3 − 5/11;","DOUBLE");

function("f_3", "x1,x2,x3", "result = x1 * x2 * x3 − 5/231;","DOUBLE");

para = vector(0.1,0.2,0.3,0.01,0.1,500);

/ * 迭代初值 3 个,步长,比例,最大迭代数 * /

步骤 2:调用 Nlinear 函数求解并返回配方系数矩阵 $\boldsymbol{X}$.

X = NLinear("f_1","f_2","f_3",para);

print(X);　 / * 输出配方系数解 a_i * /

步骤 3:由性质 3,计算零点 x_i.

for(i = 1;i <= 3;i ++){X[1,0] = sqrt(X[1,0])};

print(X);　 / * 输出多项式的零点 * /

步骤 4:由性质 4 和式(4)得到求积系数 A_i.

表 1 当 $n = 6$ 时非线性方程组的解、零点和求积系数

i	配方系数解 a_i	多项式零点 x_i	求积系数 A_i
1	0. 056 939 115 966 209 9	$\pm$ 0. 238 619 186 081 526 0	0. 467 913 934 574 275 0
2	0. 437 197 852 758 897 0	$\pm$ 0. 661 209 386 472 165 0	0. 360 761 573 028 128 0
3	0. 869 499 394 911 253 4	$\pm$ 0. 932 469 514 199 394 0	0. 171 324 492 415 988 0

注：Nlinear 函数迭代 10 次.

3. 当 $n = 9,10$ 时的非线性方程组及 $P_n(x)$ 的零点和求积系数

对方程组

$$F_9(a_1,a_2,a_3,a_4) =$$

$$\begin{bmatrix} a_1 + a_2 + a_3 + a_4 - 36/17 \\ a_1a_2 + a_1a_3 + a_1a_4 + a_2a_3 + a_2a_4 + a_3a_4 - 126/85 \\ a_1a_2a_3 + a_1a_2a_4 + a_1a_3a_4 + a_2a_3a_4 - 84/221 \\ a_1a_2a_3a_4 - 63/2\ 431 \end{bmatrix} \triangleq \mathbf{0}$$

（7）

类似第 2 部分，在 LLLStat 统计软件中通过定义 4 个非线性方程，应用 Nlinear 模块求解，计算结果列于表 2（保留 16 位小数）.

表 2 当 $n = 9$ 时非线性方程组的解、零点和求积系数

i	配方系数解 a_i	多项式零点 x_i	求积系数 A_i
1	0. 937 334 249 344 630 5	$\pm$ 0. 968 160 239 497 900 0	0. 081 274 388 495 928 7

续表2

i	配方系数解 a_i	多项式零点 x_i	求积系数 A_i
2	0.105 140 282 589 747 7	$\pm$ 0.324 253 423 404 824 0	0.081 274 388 495 928 7
3	0.376 224 514 443 446 2	$\pm$ 0.613 371 432 692 660 0	0.260 610 696 425 293 0
4	0.698 948 012 445 701 1	$\pm$ 0.836 031 107 343 322 0	0.180 648 160 602 778 0

注:还有一个零点 $x_0 = 0$,对应的求积系数为 $A_0 =$ 0.330 239 355 001 260 0,Nlinear 函数迭代 14 次.

对方程组

$$F_{10}(a_1,a_2,\cdots,a_5) = \begin{bmatrix} f_1 - 45/19 \\ f_2 - 630/323 \\ f_3 - 210/323 \\ f_4 - 315/4\ 199 \\ f_5 - 63/46\ 189 \end{bmatrix} \triangleq \mathbf{0} \quad (8)$$

类似第 2 部分,在 LLLStat 统计软件中通过定义 5 个非线性方程,应用 Nlinear 模块求解,计算结果列于表 3(保留 16 位小数).

表 3　当 $n = 10$ 时非线性方程组的解、零点和求积系数

i	配方系数解 a_i	多项式零点 x_i	求积系数 A_i
1	0.948 493 926 288 501 6	$\pm$ 0.973 906 528 517 239 9	0.066 671 344 307 671 9
2	0.187 831 567 652 521 1	$\pm$ 0.433 395 394 129 334 0	0.269 266 719 309 847 0

续表3

i	配方系数解 a_i	多项式零点 x_i	求积系数 A_i
3	0.748 334 628 387 122 2	$\pm$ 0.865 063 366 688 893 1	0.149 451 349 151 147 0
4	0.022 163 568 807 138 9	$\pm$ 0.148 874 338 981 367 0	0.295 524 224 714 896 0
5	0.461 597 361 496 304 8	$\pm$ 0.679 409 568 299 053 1	0.219 086 362 515 885 0

注：Nlinear 函数迭代 10 次.

4. 高阶 Gauss-Legendre 求积公式在数值积分中的应用

例 求 $\int_0^1 x^2 \mathrm{e}^x \mathrm{d}x$ 的积分值[1].

解 $\int_0^1 x^2 \mathrm{e}^x \mathrm{d}x = \int_{-1}^1 \frac{1}{8}(t+1)^2 \mathrm{e}^{\frac{1}{2}(t+1)} \mathrm{d}t = \mathrm{e} - 2 = $ 0.718 281 828 459 05（保留 14 位小数）.

Gauss 型求积公式具有 $2n-1$ 次代数精度，即 n 越大，计算精度越高. 表 4 给出 $n = 3, 6, 9, 10$ 时应用 Gauss-Legendre 求积公式的计算结果.

表 4 n 不同时的积分值比较

n	计算值	误差
3[1]	0.718 251 799 000	3.002 945 905E$-$5
6	0.718 281 828 489 851	$-$3.080 099 998 838 13E$-$11
9	0.718 281 828 552 970	$-$9.391 999 997 816 41E$-$11
10	0.718 281 828 458 228	8.220 000 201 342 17E$-$13

由表 4 可知，随着 n 的增大，应用 Gauss-Legendre 求积公式计算的积分值与真实值的误差得到良好的控

制,误差下降趋势明显,可见求解高次 Legendre 多项式的零点和求积系数的重要性.

§3　结　　语

本章指出对求解 Legendre 正交多项式 $P_n(x)$ 的 n 个零点非常有用的 4 个性质,确定了多项式中配方系数和通项系数的对应关系并建立起 $[n/2]$ 个非线性方程组,降低了零点求解的难度和复杂度;给出 $n=6,9,$ 10 时所有的零点和求积系数,并用它们计算了一个定积分.计算结果表明,随着 n 的增大,积分误差呈明显缩小的趋势,这既验证了 Gauss 型求积公式的稳定性和收敛性[3],又验证了所提方法的有效性.

本章提出的 $P_n(x)$ 的 n 个零点的求解方法易于在计算机上编程实现,所有计算结果均可通过作者设计的 LLLStat 软件得到.LLLStat 是一款统计软件,提供友好的图形界面和程序设计界面,有丰富的统计功能模块和大量的基础函数库,可应用于与统计计算有关的数据处理、数据挖掘等领域中.

随着 n 的增大,在求解非线性方程组方面的时空效率问题值得进一步探讨.

参考资料

[1] 关治,陆金甫.数值分析基础[M].北京:高等教育出版社,1998.

[2] 杨大地,谈骏渝.实用数值分析[M].重庆:重庆大学出版社,2003.

[3] 夏爱生,胡宝安,王瑞,等.Gauss-Legendre 求积公式的收敛性[J].天津理工大学学报,2006,22(3):63-65.

[4] 张庆礼,王晓梅,殷绍唐,等.高阶高斯积分节点的高精度数值计算

[J]. 中国工程科学, 2008, 10(2):35-40.

[5] BOYD J P. Computing the zeros of a Fourier series or a Chebyshev series or general orthogonal polynomial series with parity symmetries[J]. Computers and Mathematics with Applications, 2007, 54(3):336-349.

[6] BOYD J P. Computing the zeros, maxima and inflection points of Chebyshev, Legendre and Fourier series: solving transcendental equations by spectral interpolation and polynomial root finding[J]. Journal of Engineering Mathematics, 2006, 56(3):203-219.

[7] SWARZTRAUBER P N. On computing the points and weights for Gauss-Legendre quadrature[J]. SIAM Journal of Scientific Computing, 2003, 24(3):945-954.

[8] 余海洋, 方世跃. 关于勒让德多项式递推公式的研究[J]. 四川理工学院学报(自然科学版), 2008, 21(2):27-29, 32.

Jones 多项式的零点[①]

§1　引　　言

近年来,纽结的Jones多项式的零点问题一直是许多数学工作者感兴趣的课题之一.研究的目的一方面是研究 Jones 多项式,另一方面或许是希望找到 Mahler 测度猜测的解决办法.这些工作主要集中在不同类型的纽结和链环的 Jones 多项式的零点分布上[1],在扭转下是否 Jones 多项式几乎所有零点分布在单位圆的附近[2],几种类型的交错纽结和交错链环的 Jones 多项式零点的确定等[3-5].浙江科技学院的陶志雄教授2011年讨论了什么样的有理数和单位根是 Jones

---

①　本章摘编自《数学年刊》,2011 年,第 32 卷,第 1 期.

多项式可能的零点,以及什么样的 Jones 多项式具有平凡的 Mahler 测度,最后回答了林晓松提出的关于 Mahler 测度的一个问题.

全章中 i 总表示 $\sqrt{-1}$,纽结和链环的记号参照 Rolfsen 的表[6],交叉数 11 的纽结参照 Hoste-Thistlethwaite 的表[7],K^* 表示表中纽结 K 的镜面像.0 是多项式的 α 重根表示该多项式有因子 t^α,$2\alpha \in$ **N**.

§2 预备知识

根据 Jones 多项式的定义,使用归纳法可得:对于任何有 $c(L)$ 个分支的链环,它的 Jones 多项式 $V_L(t) = t^n J_L(t)$,其中 $J_L(t) \in \mathbf{Z}[t^{\pm 1}]$,$n = \dfrac{1 + (-1)^{c(L)}}{4}$,所以 n 只可能是 0 或 $\dfrac{1}{2}$.

对于 Jones 多项式有许多赋值性质,下面是一些主要的结论:

引理[8-10]   假设 $V_L(t)$ 是具有 $c(L)$ 个分支链环 L 的 Jones 多项式,则:

(1) $|V_L(-1)| = |\mathrm{Det}(L)| = H_1(D_L; \mathbf{Z})$ 的阶;对于纽结,它是一个奇数.

(2) $V_L(1) = (-2)^{c(L)-1}$.

(3) $V_L(e^{\frac{2\pi i}{3}}) = (-1)^{c(L)-1}$.

(4) $V_L(e^{\frac{\pi i}{3}}) = \pm i^{c(L)-1}(i\sqrt{3})^{\mathrm{Dim}\, H_1(D_L; \mathbf{Z}_3)}$.

(5) 若 $c(L) = 1$,则 $V'_L(1) = 0$;否则有 $V'_L(1) =$

$-3(-2)^{c(L)-2} lk(L).$

（6）当 $c(L)=1$ 时，$V''_L(1)=-3\Delta''_L(1)=-6a_2(L).$

（7）若 Arf(L) 存在，则 $V_L(\mathrm{i})=(-\sqrt{2})^{c(L)-1} \cdot (-1)^{\mathrm{Arf}(L)}$；否则 $V_L(\mathrm{i})=0.$

这里 D_L 是 S^3 分歧沿着 L 的 2—层循环分歧覆盖空间，$a_2(L)$ 是 L 的 Conway 多项式的第二个系数. Arf(L) 的定义参见[10].

Kronecker 定理[11-12]　设 $f(t)\in\mathbf{Z}[t]$ 是多项式，若它的所有零点的模均为 1，则 $f(t)$ 的首项系数为 ±1 的充要条件是 $f(t)$ 的所有零点都是单位根.

§3　有理数作为 Jones 多项式的零点

定理 1　纽结的 Jones 多项式仅有可能的有理根是 0，对于链环来说其有理根只可能是 0 和 -1. 对于交错纽结和交错链环，它们的 Jones 多项式没有负实根.

证明　若 $V_L(t)=1$，则结论是显然的. 若 $V_L(t)\neq1$，则有下列 2 种情形：

情形 I　对于有 $c(L)>1$ 个分支的链环 L，式 $V_L(\mathrm{e}^{\pm\frac{2\pi i}{3}})=(-1)^{c(L)-1}$，$V_L^2(t)\in\mathbf{Z}[t^{\pm1}]$ 意味着有一个 Laurent 多项式 $W_L(t)\in\mathbf{Z}[t^{\pm1}]$，$1-V_L^2(t)=W_L(t)\cdot(t^2+t+1)$，其中 $W_L(t)=t^{-m}(a_0+a_1t+\cdots+a_nt^n)\in\mathbf{Z}[t^{\pm1}]$，$n\geqslant0$，$a_0\neq0$（因为 $V_L(t)\neq1$）. 取 $t_0=\dfrac{p}{q}$，它是 $V_L(t)$ 的一个有理根，$p,q\in\mathbf{Z}$，$q\geqslant1$，p 和 q 互素.

$p=0$ 是可能的，可参见 §6 中的例子.

若 $p \neq 0$,则

$$p^m = q^m \left(a_0 + a_1 \frac{p}{q} + \cdots + a_n \left(\frac{p}{q} \right)^n \right) \cdot$$

$$\left(\left(\frac{p}{q} \right)^2 + \frac{p}{q} + 1 \right) =$$

$$q^{m-n-2} (a_0 q^n + a_1 q^{n-1} p + \cdots +$$

$$a_n p^n)(p^2 + pq + q^2) \qquad (*)$$

(1) 若 $m-n-2>0$,即 $m>n+2>0$,由于 p, q 的最大公因子 $\gcd(p,q)$ 为 1,由 $q \mid p^m$ 可得 $q=1$,重写式 $(*)$,有

$$p^m = (a_0 + a_1 p + \cdots + a_n p^n)(p^2 + p + 1)$$

由

$$\gcd(p, p^2 + p + 1) = 1, \gcd(1 + p + p^2) \mid p^m$$

可推出 $1 + p + p^2 = \pm 1$,但 $1 + p + p^2 \geqslant 1$,这说明 $p = -1$.故 -1 也是 Jones 多项式可能的有理零点(见例 2).

(2) 若 $m-n-2=0$,则 $m=n+2>0$.由式 $(*)$ 得

$$p^m = (a_0 q^n + a_1 q^{n-1} p + \cdots + a_n p^n)(p^2 + pq + q^2)$$

同上讨论得

$$p^2 + pq + q^2 \pm 1 = 0$$

解得 $p = \dfrac{-q \pm \sqrt{-3q^2 \pm 4}}{2}$.但根式内必须是非负的,于是有 $q=1$,$p=-1$.也就是说,在这种情形下,Jones 多项式的有理零点只可能是 -1.

(3) 对于 $m-n-2<0$,$m \geqslant 0$,或者 $m-n-2<0$,$m<0$,讨论是相仿的,也得到如上结果.

情形 II 若 $L=K$ 是一个纽结,因为

$$V_K(1) = V_K(\mathrm{e}^{\pm \frac{2\pi i}{3}}) = 1, (V_K(t) - 1)' \mid_{t=1} = 0$$

所以存在一个 Laurent 多项式

$$W_K(t) = t^{-m}(a_0 + a_1 t + \cdots + a_n t^n) \in \mathbf{Z}[t^{\pm 1}]$$

使得

$$1 - V_K(t) = W_K(t)(1-t)(1-t^3) \quad (n \geqslant 0, a_0 \neq 0)$$

（因 $V_L(t) \neq 1$）．类似于链环情形的讨论，也可得 Jones 多项式的有理根只可能是 0 和 -1．然而

$$1 = W_K(-1)(1-(-1))(1-(-1)^3) = 4W_K(-1)$$

这是不可能的（这个事实也解释了 $V_K(-1) \in 4\mathbf{Z} + 1$），即 -1 不可能是纽结的 Jones 多项式的零点．

最后，若 L 是一个交错的链环（纽结），则其 Jones 多项式也是交错的[1,8]，即

$$V_L(t) = \pm t^s(a_0 - a_1 t + a_2 t^2 - \cdots + (-1)^n a_n t^n)$$

其中 $-2s, n, a_j, j = 1, 2, \cdots, n$ 是非负整数，且 $a_n > 0$．

若 b 是负数，则

$$V_L(b) = \pm b^s(a_0 + a_1(-b) + a_2(-b)^2 + \cdots + a_n(-b)^n) \neq 0$$

所以负数不可能是其零点，尤其是 -1 不是 $V_L(t)$ 的零点．

§4　单位根作为 Jones 多项式的零点

根据引理，有下列结论：

推论　$1, e^{\pm \frac{2\pi i}{3}}, e^{\frac{\pi i}{3}}$ 不是 Jones 多项式的零点．

设 α 是单位根，那么 α 应该是 $t^m \pm 1 (m \in \mathbf{N}_+)$ 的零点，根据多项式理论，若 α 也是 $V_L(t)$ 的零点，则下列四种类型多项式（$k \in \mathbf{N}_+$）之一必是 $V_L(t)$ 的因子：

（a）$h_1(t) = t - 1$；

(b)$h_2(t)=t^{2^{k-1}}+1$；

(c)$h_3(t)=t^{2k}+t^{2k-1}+\cdots+1$；

(d)$h_4(t)=t^{2k}-t^{2k-1}+\cdots-t+1$.

因与引理(2)相矛盾,故(a)和(c)不可能.假设 $V_L(t)=h_4(t)t^s h(t),h(t)\in \mathbf{Z}[t],2s\in \mathbf{Z}$,且 $k\equiv 1(\bmod 3)$,则

$$0\neq|V_L(e^{\frac{\pi i}{3}})|=|h_4(e^{\frac{\pi i}{3}})h(e^{\frac{\pi i}{3}})|=$$
$$|(1+e^{\frac{(2k+1)\pi i}{3}})(1+e^{\frac{\pi i}{3}})^{-1}h(e^{\frac{\pi i}{3}})|=0$$

这也不可能.因此说明 $V_L(t)$ 不含有因子 $h_4(t)$,除非 $k\equiv 0,2(\bmod 3)$.于是有下述定理:

定理 2 设 k,p,m 都是正整数,仅 $t^{2^{m-1}}+1,t^{2k}-t^{2k-1}+\cdots-t+1,k\not\equiv 1(\bmod 3)$ 是 Jones 多项式可能的因子.换言之,若某单位根是 Jones 多项式的零点,则它必是 $e^{\frac{(2p+1)\pi i}{2^{m-1}}}$ 或 $e^{\frac{(2p+1)\pi i}{2k+1}},k\not\equiv 1(\bmod 3)$.

§5　具有平凡 Mahler 测度的 Jones 多项式

设

$$f(t)=a\prod_j(t-\alpha_j)\quad(\alpha_j\in \mathbf{C},0\neq a\in \mathbf{Z})$$

是 $\mathbf{Z}[t^{\pm 1}]$ 中的 Laurent 多项式,它的 Mahler 测度 $m(f)$(相应地,$M(f)$)定义为 $\log|a|+\sum_j\log\max\{1,|\alpha_j|\}$(相应地,$|a|\prod_j\max\{1,|\alpha_j|\}$)[12-13].观察到 $m(V_{4_1}(t))=0$,林晓松的问题是:8 字节的无手征性是否在此起了决定作用? 下面将回答这个问题.

若 Jones 多项式

$$V_L(t) = at^s \prod_{j}^{n} (t - \alpha_j)$$

$$(\alpha_j \in \mathbf{C} - \{0\}, 0 \neq a, 2s \in \mathbf{Z})$$

有平凡的 Mahler 测度,则由 $m(V_L(t))$ 的定义,有 $a = \pm 1$,且对任意的 j,$|\alpha_j| \leqslant 1$. 因为 $|\alpha_1 \alpha_2 \cdots \alpha_n|$ 是 $V_L(t)$ 的最低次项的系数,所以每个 α_j 的模是 1. 下面的定理容易从 Kronecker 定理得出.

定理 3　有平凡 Mahler 测度的 Jones 多项式 $V_L(t)$ 的所有非零零点必是单位根.

现在,设 $V_L(t)$ 是有平凡 Mahler 测度的 Jones 多项式,由定理 2,得

$$V_L(t) = at^s \prod_{u=1}^{l} f_u(t) \prod_{v=1}^{q} g_v(t)$$

$$(a = \pm 1, 2s \in \mathbf{Z})$$

$$f_u(t) = \sum_{r=-k_u}^{k_u} (-1)^{k_u} (-t)^r$$

$$g_v(t) = t^{2^{m_v-1}} + 1$$

$$(k_u \not\equiv 1(\bmod 3), m_v \geqslant 1)$$

因为对任何 u, v,有

$$V_L(1) = (-2)^{c(L)-1}, f_u(1) = 1, g_v(1) = 2$$

所以

$$q = c(L) - 1, a = (-1)^{c(L)-1}$$

对于 $k_u \equiv 0, 2(\bmod 3)$,有

$$f_u(e^{\frac{2\pi i}{3}}) = e^{-\frac{2k_u \pi i}{3}} (1 + e^{\frac{2(2k_u+1)\pi i}{3}})(1 + e^{\frac{2\pi i}{3}})^{-1} = 1$$

当 m_v 分别是奇数或者偶数时,相应地,$g_v(e^{\frac{2\pi i}{3}})$ 分别是 $e^{\frac{\pi i}{3}}$ 或 $e^{-\frac{\pi i}{3}}$,两者可以合写成 $(e^{\frac{\pi i}{3}})^{(-1)^{m_v-1}}$. 则

$$(-1)^{c(L)-1} = V_L(e^{\frac{2\pi i}{3}}) = (-1)^{c(L)-1} e^{\frac{2s\pi i}{3}} e^{\frac{\pi i}{3} \sum_{v=1}^{q} (-1)^{m_v-1}}$$

213

Zero point 问题

即

$$2s + \sum_{v=1}^{q}(-1)^{m_v-1} \equiv 0 \pmod 6$$

此外

$$f_u(\mathrm{i}) = (-\mathrm{i})^{k_u + \frac{1-(-1)^{k_u}}{2}}$$

当 $m_v = 1$ 时，$g_v(\mathrm{i}) = \mathrm{i}+1$；当 $m_v = 2$ 时，$g_v(\mathrm{i}) = 0$；当 $m_v \geqslant 3$ 时，$g_v(\mathrm{i}) = 2$. 所以，若存在 m_v，其值为 2，则 $V_L(\mathrm{i}) = 0$. 否则，若 α, β 分别是数 $m_v = 1$ 和 $m_v \geqslant 3$，则

$$2^{\frac{c(L)-1}{2}} = |V_L(\mathrm{i})| = |(\mathrm{i}+1)^{\alpha} 2^{\beta}| = 2^{\beta + \frac{\alpha}{2}}$$
$$\alpha + \beta = q = c(L) - 1$$

解这些方程易得

$$\alpha = c(L) - 1, \beta = 0$$

因此所有的 m_v 都是数 1. 所以在这种情形下

$$V_L(t) = (-1)^{c(L)-1} t^s \prod_{u=1}^{l} f_u(t)(1+t)^{c(L)-1}$$

进一步地，注意到 $V_L(t)$ 满足引理 (7) 且 $k_u + \frac{1-(-1)^{k_u}}{2}$ 是偶数，等式

$$V_L(\mathrm{i}) = (-1)^q \mathrm{i}^s (-\mathrm{i})^{\sum_{u=1}^{l}\left(k_u + \frac{1-(-1)^{k_u}}{2}\right)}(1+\mathrm{i})^q =$$
$$(-\sqrt{2})^q \mathrm{e}^{\frac{(2s+q)\pi \mathrm{i}}{4}} \mathrm{i}^{\sum_{u=1}^{l}\left(k_u + \frac{1-(-1)^{k_u}}{2}\right)}$$

（因为 $1+\mathrm{i} = \sqrt{2}\,\mathrm{e}^{\frac{\pi \mathrm{i}}{4}}$）意味着 $s + \dfrac{q}{2} \equiv 0 \pmod 2$（引理 (7)). 但

$$2s + q = 2s + \sum_{v=1}^{q}(-1)^{m_v-1} \equiv 0 \pmod 6$$

（因为所有 $m_v = 1$），即

$$s + \frac{q}{2} \equiv 0 \pmod 3$$

换言之

$$s + \frac{c(L)-1}{2} \equiv 0 (\bmod 6)$$

另外，因为 $f_u(1)=1, f'_u(1)=0$，由引理（5）得到对于 $c(L) \neq 1, lk(L) = \frac{2s+c(L)-1}{3} \equiv 0 (\bmod 4)$.

对于 $c(L)=1$，由于

$$V_L(t) = t^s \prod_{u=1}^{l} f_u(t), f'_u(1)=0$$

由引理（5）得 $0 = V'_L(1) = s$，即 $s = 0$.

综上讨论，可得下面的结论.

定理 4　如果 Jones 多项式 $V_L(t)$ 有平凡的 Mahler 测度：

（1）若 m_v 都不为 2，则

$$V_L(t) = (-1)^{c(L)-1} t^s \left(\prod_{u=1}^{l} \sum_{r=-k_u}^{k_u} (-1)^{k_u+r} t^r \right) \cdot$$

$$(t+1)^{c(L)-1}$$

$$s + \frac{c(L)-1}{2} \equiv 0 (\bmod 6)$$

（2）若 m_v 中至少有一个是 2，则

$$V_L(t) = (-1)^{c(L)-1} t^s \left(\prod_{u=1}^{l} \sum_{r=-k_u}^{k_u} (-1)^{k_u+r} t^r \right) \cdot$$

$$\left(\prod_{v=1}^{c(L)-1} (t^{2^{m_v-1}} + 1) \right)$$

$$2s + \sum_{v=1}^{c(L)-1} (-1)^{m_v-1} \equiv 0 (\bmod 6)$$

（3）若 $c(L)=1$，则

$$V_L(t) = \prod_{u=1}^{l} \sum_{r=-k_u}^{k_u} (-1)^{k_u+r} t^r$$

其中对任意的 $u,k_u \not\equiv 1(\bmod\ 3), u, m_v, k_u$ 都是正整数,$2s$ 是整数.

推论 1 若链环 L 的 Jones 多项式有平凡的 Mahler 测度,则 $H_1(D_L;\mathbf{Z}_3)$ 的秩等于 $m_v = 1$ 的个数;若 m_v 都不为 2,或等价地,Arf(L) 存在,则 $lk(L) \equiv 0(\bmod\ 4)$;若至少有一个 m_v 为 2,或等价地,Arf(L) 不存在,则

$$lk(L) = \frac{2s + \sum_{v=1}^{c(L)-1} 2^{m_v+1-c(L)}}{3}$$

证明 一方面,若 $V_L(t)$ 含有 r_1 个因子 $t+1$,即 $m_v = 1$,则

$$|\ (\mathrm{e}^{\frac{\pi\mathrm{i}}{3}} + 1)^{r_1}\ | = |\ (\sqrt{3})^{r_1}\ |$$

另一方面,若 $V_L(t)$ 含有一个因子 $t^{2^{m-1}} + 1, m > 1$,则由于 $2 \equiv -1(\bmod\ 3)$,即

$$2^{m-2} \equiv (-1)^{m-2}(\bmod\ 3)$$

故

$$|\ \mathrm{e}^{2^{m-1}\frac{\pi\mathrm{i}}{3}} + 1\ | = |\ \mathrm{e}^{2(-1)^{m-2}\frac{\pi\mathrm{i}}{3}} + 1\ | = 1$$

这就是说 $V_L(\mathrm{e}^{\frac{\pi\mathrm{i}}{3}})$ 不含有任何 $\sqrt{3}$ 的因子.由引理(4),推论 1 的第一个性质得证.

其他的结果易从引理(5),(7)和定理 4 得到.

特别地,由定理 4(3),具有平凡 Mahler 测度的纽结的 Jones 多项式 $V_K(t)$ 可重写如下

$$\begin{aligned} V_K(t) = t^n &- a_l t^{n-1} + b_l t^{n-2} - c_l t^{n-3} + \\ & d_l t^{n-4} + \cdots + d_l t^{-n+4} - c_l t^{-n+3} + \\ & b_l t^{-n+2} - a_l t^{-n+1} + t^{-n} \end{aligned}$$

其中 l 是 $V_K(t) \in \mathbf{Z}[t]$ 中不可约多项式因子的个数.若 $n \leqslant 2$,则 $c_l = 0$;若 $n \leqslant 3$,则 $d_l = 0$.

推论 2　假设同上，$L = K$ 是一个纽结.

（1）若 K 是交错的，则其交叉数是偶数.

（2）$V_K(t) = V_K(t^{-1})$.

（3）$a_l = l, b_l = \dfrac{l(l+1)}{2}$.

若 $n \geqslant 3$，则 $c_l = \dfrac{l(l+1)(l+2)}{3!}$；

若 $n \geqslant 4$，则 $d_l = \dfrac{l(l+1)(l+2)(l+3)}{4!}$.

（4）K 的 Conway 多项式的第 2 个系数是非负的.

证明　由交叉纽结的 Jones 多项式最高次和最低次之差就是交叉数和引理可知，证明是初等的.

为使用方便起见，应用推论 2，可以制作表 1.

表 1　具有平凡 Mahler 测度的纽结的 $V_K(t)$ 的一些系数

l	a_l	b_l	$c_l (n \geqslant 3)$	$d_l (n \geqslant 4)$
1	1	1	1	1
2	2	3	4	5
3	3	6	10	15
4	4	10	20	35
5	5	15	35	70

由推论 1，并比较上表与纽结的 Jones 多项式表[7,14]，或者使用 Bar-Natan 的程序 "Knot Theory"[7]，不难发现交叉数不超过 11 的纽结中，只有 $4_1, 8_9, 9_{42}, K11n19$ 的 Jones 多项式有平凡的 Mahler 测度. 事实上，它们的 Jones 多项式分别为 $t^2 - t + 1 - t^{-1} + t^{-2}$，$(t^2 - t + 1 - t^{-1} + t^{-2})^2 = t^4 - 2t^3 + 3t^2 - 4t + 5 - 4t^{-1} + 3t^{-2} - 2t^{-3} + t^{-4}$，$t^3 - t^2 + t - 1 + t^{-1} - t^{-2} + t^{-3}$，$t^2 - t + 1 - t^{-1} + t^{-2}$. 在这些纽结中，$9_{42}$ 是有

手征但不是交错的纽结. 这就是说, 纽结的无手征性并不是其 Jones 多项式具有平凡 Mahler 测度的主要决定因素, 这也就回答了林晓松提出的问题.

问题 对于交错纽结, 是否纽结的无手征性决定了它的 Jones 多项式具有平凡的 Mahler 测度, 或者说对于交错纽结, 林晓松的问题是否有肯定答案?

§6 例 子

例 1 考察图 1.

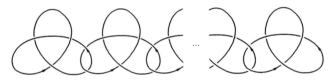

图 1 一个例子

容易计算得出 0 是该链环的 Jones 多项式零点.

一般说来, 可以构造具有任意分支数的链环 L, 使得 0 是该链环的 Jones 多项式零点. 事实上, 任给一个有 n 个顶点的树图, 可选择 n 个纽结 $K_j (j = 1, 2, \cdots, n)$, 使得它们的每个 Jones 多项式具有非负幂 (例如 $8_2^*, 8_5$, 以及一些环面纽结 $K(m, r), m - 1 > 0, r - 1 > 0^{[15]}$ 等). 于是树图的每个顶点表示这样的纽结之一, 树图中的棱表示相邻的两个纽结如图 1 一样勾起来, 并形成一个正交叉. 图 1 是其中最简单的例子. 它的 Jones 多项式为

$$V_L(t) = [-(t^2+1)\sqrt{t}]^{n-1} \prod_{j=1}^{n}(V_{K_j}(t))$$

等式显示 0 和 i 是该链环 L 的 Jones 多项式的零点.

例 2　从 [16] 中定理 3.3、定理 3.3′ 可知对任何不小于 2 的整数 k,有无限多个具有 k 个分支的链环,使得 -1 是其 Jones 多项式的零点.

组合例 1 和 [16] 中定理 3.3、定理 3.3′ 可得到无限多个不分离的具有 $k > 1$ 个分支的链环,使得 0 和 -1 都是这些链环的 Jones 多项式的零点.

例如,根据已给的树图,取 $n \geqslant 1$ 个相同的环面纽结 $K(m,r)$,$m-1 > 0$,$r-1 > 0$ 来构造例 1 中的链环,使用 [16] 中的定理 3.3′ 得到一个有 $n+j$ 个分支的链环 L,其中 $1 \leqslant j \leqslant (m-1)(r-1)n+n-1$. 容易看到 -1 至少是该链环的 Jones 多项式的 j 重根,而 0 是它的 $\dfrac{(m-1)(r-1)n+n-1-j}{2}$ 重根.

例 3　非交错纽结 10_{124},10_{139},10_{145},10_{152},10_{153},10_{154},10_{161} 以及它们的镜面像的 Jones 多项式具有负的零点. 这些例子解释了定理 1 对于非交错纽结来说是不成立的.

例 4　虽然单位根是 9_2,9_{12}^*,10_{10}^*,10_{18}^*,10_{33} 的 Jones 多项式的零点,但其也有非单位根的零点. 此外,尽管 9_{45},9_{46} 的 Jones 多项式的所有零点的绝对值都小于 1,但其 Jones 多项式具有非平凡的 Mahler 测度.

参考资料

[1] LIN X S. Zeros of the Jones polynomial [EB/OL]. (2003-02-11) [2010-05-01]. http:// math. ucr. edu/~ xl/ abs-jk. pdf.

[2] CHAMPANERKAR A, KOFMAN I. On the Mahler measure of

Jones polynomials under twisting[J]. Algebr. Geom. Topol. , 2005,5:1-22.

[3] CHANG S C,SHROCK R. Zeros of Jones polynomials for families of knots and links[J]. Phys. A,2001,301:196-218.

[4] JIN X,ZHANG F. Zeros of the Jones polynomials for families of pretzel links[J]. Phys. A,2003,328:391-408.

[5] WU F Y,WANG J. Zeros of the Jones polynomial[J]. Phys. A, 2001,296:483-494.

[6] ROLFSEN D. Knots and links[M]. Berkeley CA:Publish or Perish Inc. ,1976.

[7] BAR-NATAN D. The knot atlas[EB/OL]. (2007-07-22)[2010-05-01],http:// www. math. toronto. edu/~drorbn/ KAtlas.

[8] KAWAUCHI A. A survey of knot theory[M]. Basel,Boston,Berlin:Birkhäuser,1996.

[9] JONES V F R. Hecke algebra representations of braid groups and link polynomials[J]. Annals of Math,1987,126:335-388.

[10] LICKORISH W B R, MILLETT K C. Some evaluations of link polynomials[J]. Comment. Math. Helv. ,1986,61:349-359.

[11] LANG S. Algebraic number theory[M]. New York,Berlin,Heidelberg:Springer-Verlag,1994.

[12] EVEREST G,WARD T. Heights of polynomials and entropy in algebraic dynamics[M]. London:Springer-Verlag,1999.

[13] BORWEIN P,ERDÉLYI T. Polynomials and polynomial inequalities[M]. Berlin:Springer-Verlag,1995.

[14] STOIMENOW A. Polynomials of knots with up to 10 crossings [EB/OL]. (2007-03-13)[2010-05-01],http:// stoimenov. net/ stoimeno/ homepage/ ptab/poly. ps. gz.

[15] ADAMS C C. The knot book[M]. Providence:American Mathematical Society,2004.

[16] ELIAHOU S,KAUFFMAN L H,THISTLEWAITE M B. Infinite families of links with trivial Jones polynomial[J]. Topology,2003, 42:155-169.

第三编
函数的零点问题

初等数学中的函数零点问题

第

21

章

§1　函数零点:悄然升级的高考亮点

　　函数零点是新课标增加的考查内容,这种问题往往具有知识点多、覆盖面广、综合性强的特点,能有效考查学生的思维水平和解题能力.随着高考对导数知识考查的深入,进一步拓宽了对函数零点问题的命题空间和解题空间,以致在近年来的高考或模考中,试题的难度、深度和广度都在不断加大,试题的背景、结构、交汇更加丰富、更加活泼、更加新颖,并常常位于客观题或解答题靠后的位置,成为逐步升级的高考亮点.安徽省太湖中学的李昭平老师结合部分高考题或模考题予以了介绍.

Zero point 问题

1. 存在零点问题

例 1(2017 年课标卷 Ⅰ) 已知函数

$$f(x) = ae^{2x} + (a-2)e^x - x$$

若 $f(x)$ 有两个零点,求实数 a 的取值范围.

解析 $f'(x) = 2ae^{2x} + (a-2)e^x - 1 = (ae^x - 1)(2e^x + 1)$

当 $a \leqslant 0$ 时,$f'(x) < 0$,函数 $f(x)$ 单调递减,最多有一个零点,不合题意,舍去.

当 $a > 0$ 时,令 $f'(x) = 0$,得

$$x = -\ln a$$

可知 $f(-\ln a)$ 是 $f(x)$ 的极小值,要使得 $f(x)$ 有两个零点,必须有

$$f(-\ln a) < 0$$

即

$$\ln a - \frac{1}{a} + 1 < 0$$

令

$$g(a) = \ln a - \frac{1}{a} + 1$$

则

$$g'(a) = \frac{1}{a} + \frac{1}{a^2} > 0$$

$g(a)$ 在 $(0, +\infty)$ 内单调递增. 又 $g(1) = 0$,所以,当 $0 < a < 1$ 时

$$g(a) < g(1) = 0$$

当 $a > 1$ 时

$$g(a) > g(1) = 0$$

所以 $0 < a < 1$.

又当 $0 < a < 1$ 时

$$f(-\ln a) < 0$$

$$f\left(\ln \frac{3}{a}\right) = a e^{2\ln\frac{3}{a}} + (a-2)e^{\ln\frac{3}{a}} - \ln\frac{3}{a} =$$

$$\frac{3}{a} + 3 - \ln\frac{3}{a} > 0$$

$$f(-1) = a e^{-2} + (a-2)e^{-1} + 1 >$$

$$1 - 2e^{-1} > 0$$

且

$$\ln\frac{3}{a} > \ln\frac{1}{a} = -\ln a$$

所以函数 $f(x)$ 在 $(-\infty, -\ln a)$ 内有一个零点,在 $(-\ln a, +\infty)$ 内也有一个零点,满足题意.

故实数 a 的取值范围是 $(0,1)$.

点评　本题考查指数函数与一次函数的复合型函数,利用导数研究其大致图像,从而确定零点,这是常规思路.在确定导函数 $f'(x)$ 的零点时,涉及对参数 a 的分类讨论.零点存在定理告诉我们:若函数 $f(x)$ 满足 $f(a)f(b) < 0$,且在 (a,b) 内单调,则在 (a,b) 内恰有一个零点.学生常常犯的错误是:通过不等式 $\ln a - \frac{1}{a} + 1 < 0$ 推出 $0 < a < 1$ 就结束,这样做就很不严谨.因为仅由 $f(-\ln a) < 0$ 不能断言函数 $f(x)$ 在 $(-\infty, -\ln a)$ 和 $(-\ln a, +\infty)$ 内各有一个零点,而找到 $f(-1) > 0$ 和 $f\left(\ln\frac{3}{a}\right) > 0$ 又是本题的难点,是对学生思维深度的有效考查.

例 2(2017 年课标卷 $\mathbb{II}$)　已知函数 $f(x) = x^2 - 2x + a(e^{x-1} + e^{-x+1})$ 有唯一零点,则实数 $a = (\quad)$.

A. $-\dfrac{1}{2}$　　　B. $\dfrac{1}{3}$

C. $\dfrac{1}{2}$ D. 1

解析 因为

$$f(2-x)=(2-x)^2-2(2-x)+$$
$$a\left[e^{(2-x)-1}+e^{-(2-x)+1}\right]=$$
$$x^2-2x+a(e^{1-x}+e^{x-1})=$$
$$f(x)$$

所以,$x=1$ 为函数 $f(x)$ 的图像的对称轴. 由题意,函数 $f(x)$ 有唯一零点,所以,$f(x)$ 的零点只可能为 $x=1$,即

$$f(1)=1^2-2\times1+a(e^{1-1}+e^{1-1})=0$$

解得 $a=\dfrac{1}{2}$.

点评 本题考查指数函数与二次函数的复合型函数,它与例 1 的最大区别是:无法判断其导函数

$$f'(x)=2x-2+a(e^{x-1}-e^{1-x})$$

在区间 $(-\infty,1)$ 和 $(1,+\infty)$ 内的符号,进而无法画出其草图. 常规思路受阻,只有另辟蹊径:通过分析函数的性质,结合函数图像的对称性,使得问题顺利解决.

2. 判定零点个数问题

例 3(2016 年合肥模考卷) 设函数 $f(x)=a(2x-1)+(2a^2+1)\ln x,a\in\mathbf{R}$. 试判断 $f(x)$ 在 $\left[\dfrac{1}{2},1\right]$ 上的零点个数.

解析 函数 $f(x)$ 的定义域为 $(0,+\infty)$,且

$$f'(x)=2a+\dfrac{2a^2+1}{x}=\dfrac{2ax+2a^2+1}{x}$$

$$f\left(\dfrac{1}{2}\right)=-(2a^2+1)\ln 2<0,\quad f(1)=a$$

（1）若 $a=0$，在 $\left[\dfrac{1}{2},1\right]$ 上

$$f'(x)=\frac{1}{x}>0$$

$f(x)$ 单调递增，又

$$f(1)=0$$

$$f\left(\frac{1}{2}\right)<0$$

所以，$f(x)$ 在 $\left[\dfrac{1}{2},1\right]$ 上只有一个零点.

（2）若 $a>0$，在 $\left[\dfrac{1}{2},1\right]$ 上

$$f'(x)>0$$

$f(x)$ 单调递增，又

$$f(1)=a>0$$

$$f\left(\frac{1}{2}\right)<0$$

所以，$f(x)$ 在 $\left[\dfrac{1}{2},1\right]$ 上只有一个零点.

（3）若 $a<0$，则

$$a+\frac{1}{2a}\leqslant-\sqrt{2}$$

对一切 $x\in\left[\dfrac{1}{2},1\right]$，有

$$x+a+\frac{1}{2a}\leqslant x-\sqrt{2}<0$$

所以

$$f'(x)=\frac{2ax+2a^2+1}{x}=\frac{2a}{x}\left(x+a+\frac{1}{2a}\right)>0$$

所以，$f(x)$ 在 $\left[\dfrac{1}{2},1\right]$ 上单调递增. 又

$$f(1) = a < 0$$

$$f\left(\frac{1}{2}\right) < 0$$

所以, $f(x)$ 在 $\left[\frac{1}{2}, 1\right]$ 上没有零点.

综上可知: 当 $a < 0$ 时, $f(x)$ 在 $\left[\frac{1}{2}, 1\right]$ 上没有零点; 当 $a \geqslant 0$ 时, $f(x)$ 在 $\left[\frac{1}{2}, 1\right]$ 上有一个零点.

点评 本题考查对数函数与一次函数的复合型函数. 在区间 $\left[\frac{1}{2}, 1\right]$ 上, 端点的函数值 $f\left(\frac{1}{2}\right) < 0$, 符号确定, 但 $f(1) = a$ 的符号由 a 的值确定, 因此要分 $a = 0, a > 0, a < 0$ 三种情况讨论, 再利用函数的单调性确定区间 $\left[\frac{1}{2}, 1\right]$ 上的零点个数. 一般地, 确定函数 $f(x)$ 在某个区间 $[m, n]$ 上的零点个数, 要涉及区间端点的函数值, 即要考虑 $f(m) \cdot f(n)$ 的符号, 当符号无法确定时, 必须对其分类讨论.

例 4(2017 年南昌模考卷) 设函数 $f(x) = 2x^3 - 3(a+1)x^2 + 6ax, a \in \mathbf{R}$. 则 $f(x)$ 的导函数 $f'(x)$ 在 $[-1, 3]$ 上( ).

A. 没有零点

B. 有一个零点

C. 有两个零点

D. 有一个零点或有两个零点

解析 $f'(x) = 6x^2 - 6(a+1)x + 6a = 6(x-1)(x-a)$.

当 $a < -1$ 或 $a > 3$ 时, $f'(x)$ 在 $[-1, 3]$ 上有一个零点, 就是 $x = 1$;

当 $a=1$ 时，$f'(x)$ 在 $[-1,3]$ 上有一个零点，即 $x=1$；

当 $-1 \leqslant a \leqslant 3$ 且 $a \neq 1$ 时，$f'(x)$ 在 $[-1,3]$ 上有两个零点.

故选答案 D.

点评　本题考查含参数 a 的三次函数，它与例3的最大区别是：判定导函数 $f'(x)$ 在 $[-1,3]$ 上的零点个数. 学生审题不清，易犯的错误是：误认为是判定函数 $f(x)$ 在 $[-1,3]$ 上的零点个数. 注意在方程 $6(x-1)(x-a)=0$ 中，参数 a 的值对方程根的影响，必须对 a 分类讨论.

3. 与零点有关的不等式问题

例 5（2017 年天津卷）　已知定义在 **R** 上的函数

$$f(x)=2x^4+3x^3-3x^2-6x+a \quad (a \in \mathbf{R})$$

在区间 $(1,2)$ 内有一个零点 x_0，$g(x)$ 为 $f(x)$ 的导函数. 设 $h(x)=g(x)(m-x_0)-f(m)$，其中 $m \in [1, x_0) \cup (x_0, 2]$. 求证：$h(m)h(x_0) < 0$.

解析　因为

$$g(x)=f'(x)=8x^3+9x^2-6x-6$$

所以

$$g'(x)=24x^2+18x-6=6(4x-1)(x+1)$$

当 $x \in [1,2]$ 时

$$g'(x) > 0$$

$g(x)$ 在 $[1,2]$ 内单调递增，所以

$$g(x) \geqslant g(1) > 0$$

进而 $f(x)$ 在 $[1,2]$ 内单调递增.

因为

$$h(x)=g(x)(m-x_0)-f(m)$$

所以
$$h(m) = g(m)(m - x_0) - f(m)$$
这里视 m 是自变量，x_0 是常量，且
$$m \in [1, x_0) \bigcup (x_0, 2]$$
则
$$h'(m) = g'(m)(m - x_0) + g(m) - f'(m) =$$
$$g'(m)(m - x_0)$$
当 $1 \leqslant m < x_0$ 时
$$h'(m) < 0$$
当 $x_0 < m \leqslant 2$ 时
$$h'(m) > 0$$
所以
$$h(m) > h(x_0) = g(x_0)(x_0 - x_0) - f(x_0) = 0$$
因为
$$h(x) = g(x)(m - x_0) - f(m)$$
所以
$$h(x_0) = g(x_0)(m - x_0) - f(m)$$
令
$$\varphi(x) = g(x_0)(x - x_0) - f(x)$$
其中 $x \in [1, x_0) \bigcup (x_0, 2]$，则
$$\varphi'(x) = g(x_0) - f'(x) = g(x_0) - g(x)$$
显然，在 $(x_0, 2]$ 内 $\varphi'(x) < 0$，在 $[1, x_0)$ 内 $\varphi'(x) > 0$.
所以，当 $x \in [1, x_0) \bigcup (x_0, 2]$ 时
$$\varphi(x) < \varphi(x_0) = 0$$
于是
$$h(x_0) = \varphi(m) < \varphi(x_0) = 0$$
故
$$h(m)h(x_0) < 0$$

点评　本题以四次函数为载体,通过多次求导降低次数,属于难题.难点主要表现在:一是字母多(x,m,x_0);二是函数多($f(x)$,$g(x)$,$h(x)$);三是两次构造新函数($h(m)$,$\varphi(x)$).本题着重考查导数知识的深度运用和灵活运用,有很好的区分度,能让综合能力较强和数学素养较高的学生脱颖而出.

例 6(2016 年安庆模考卷)　设函数 $h(x)=(x-1)^2+m\ln x(m\in \mathbf{R}$,且 $m\neq 0)$.若 $h'(x)$ 有两个零点 $x_1,x_2(x_1<x_2)$,证明:$h(x_2)>\dfrac{1-2\ln 2}{4}$.

解析　$h'(x)=2(x-1)+\dfrac{m}{x}=\dfrac{2x^2-2x+m}{x}$,$x>0$.因为 $h'(x)$ 有两个零点 x_1,x_2,所以 x_1,x_2 是方程 $2x^2-2x+m=0$ 的两个实根,故

$$x_1+x_2=1,\quad x_1 x_2=\frac{m}{2}$$

又

$$0<x_1<x_2$$

所以

$$\frac{1}{2}<x_2<1$$

因为

$$m=2x_1 x_2=-2x_2^2+2x_2$$

所以

$$h(x_2)=(x_2-1)^2+(2x_2-2x_2^2)\ln x_2$$

令

$$\varphi(t)=(t-1)^2+(2t-2t^2)\ln t$$
$$\left(\frac{1}{2}<t<1\right)$$

231

则

$$\varphi'(t) = 2(t-1) + (2-4t)\ln t +$$

$$(2t - 2t^2) \cdot \frac{1}{t} =$$

$$2(1-2t)\ln t > 0$$

所以 $\varphi(t)$ 在 $\left(\dfrac{1}{2}, 1\right)$ 上是增函数，于是可得

$$\varphi(t) > \varphi\left(\frac{1}{2}\right) = \frac{1 - 2\ln 2}{4}$$

即

$$h(x_2) > \frac{1 - 2\ln 2}{4}$$

点评 本题考查对数函数与二次函数的复合型函数，已知其导函数的零点，考虑用常规思路求解. 解题难点在于整体代换得到关于零点 x_2 的新函数

$$h(x_2) = (x_2 - 1)^2 + (2x_2 - 2x_2^2)\ln x_2$$

再对新构造的函数 $\varphi(t)$ 实施求导、定单调性处理，进而得到 $h(x_2)$ 的范围.

4. 与零点有关的即时定义问题

例 7（2017 年杭州模考卷） 给出定义：设 $f'(x)$ 是函数 $y = f(x)$ 的导函数，$f''(x)$ 是函数 $f'(x)$ 的导函数，若 $f''(x)$ 有零点 x_0，则称点 $(x_0, f(x_0))$ 为原函数 $y = f(x)$ 的"拐点".

已知函数 $f(x) = 3x + 4\sin x - \cos x$ 的拐点是 $M(x_0, f(x_0))$，则点 $M($).

A. 在直线 $y = -3x$ 上

B. 在直线 $y = 3x$ 上

C. 在直线 $y = -4x$ 上

D. 在直线 $y = 4x$ 上

解析

$$f'(x) = 3 + 4\cos x + \sin x$$
$$f''(x) = -4\sin x + \cos x$$

由拐点的定义可知,x_0 是 $f''(x)$ 的零点,即

$$f''(x_0) = 0$$

就是

$$4\sin x_0 - \cos x_0 = 0$$

所以

$$f(x_0) = 3x_0 + 4\sin x_0 - \cos x_0 = 3x_0$$

故 $M(x_0, f(x_0))$ 在直线 $y = 3x$ 上,选答案 B.

点评　本题以高等数学中函数的拐点与其二阶导数的关系为背景,利用二阶导数的零点得到函数拐点的定义(设置新情境),考查学生阅读、理解、迁移新知识的能力.其实"拐点"的几何意义是"函数图像上凸、下凸的分界点",它的横坐标就是二阶导数的零点.解题的基本步骤是:弄懂新定义,按定义列式,发现函数关系.

例 8(2016 年广州模考卷)　M 是由满足下列三个条件的函数 $f(x)$ 构成的集合:

① 函数 $f(x) - x$ 有零点;

② 函数 $f(x)$ 的导函数 $f'(x)$ 满足 $0 < f'(x) < 1$;

③ 设 $f(x)$ 的定义域为 D,对于任意 $[m, n] \subset D$,都存在 $x_0 \in [m, n]$,使得等式

$$f(n) - f(m) = (n - m)f'(x_0)$$

成立.

求证:函数 $f(x) - x$ 至多有一个零点.

解析　由条件①,可以假设函数 $f(x) - x$ 有两

个零点,即方程 $f(x)-x=0$ 有两个不相等的实根 α, $\beta(\alpha<\beta)$,则

$$f(\alpha)=\alpha$$
$$f(\beta)=\beta$$

由条件 ③ 知,存在 $x_0\in\left[\alpha,\beta\right]$,使得等式

$$f(\beta)-f(\alpha)=(\beta-\alpha)f'(x_0)$$

成立,即

$$(\beta-\alpha)\left[1-f'(x_0)\right]=0$$

由条件 ② 知,$0<f'(x_0)<1$. 所以只有 $\beta=\alpha$,这与 $\alpha<\beta$ 矛盾,因此假设是错误的.

故函数 $f(x)-x$ 至多有一个零点.

点评 本题是定义与零点有关的新函数问题,主要考查新定义中条件的灵活运用、灵活迁移. 直接证明本题显然比较困难,可从反面入手,运用反证法. 反证法是间接证法的一种,其证明的一般步骤是:① 否定结论(假设结论不成立);② 由假设出发,推出与题设条件或已知结论相矛盾的结果;③ 说明假设错误,肯定原结论成立. 对于一些与"至多""至少""都""不可能"等有关的问题,运用反证法往往马到成功.

以上从八个例题对函数零点问题作了四个方面的透视,这些试题均以函数零点为载体,很好地呈现了函数的单调性、极值、最值、图像等问题,并与相关知识融会贯通,充分体现了函数、导数、不等式、方程之间的联系. 不难看出,处理函数零点问题的主要思想方法是"分类讨论思想""数形结合思想""构造函数思想""转化思想"等,这需要我们不断积累经验和思维方法,在学中做,在做中思,在思中悟.

§2 例析含参零点问题的求解策略

讨论含参函数的零点个数是一类常见问题. 广东省广州市越秀区教育发展中心的吴平生教授以 2018 年全国理科 Ⅱ 卷第 21 题数学高考压轴题为例, 说明这类问题的常用求解策略.

题目 已知函数 $f(x) = e^x - ax^2$.

(1) 若 $a = 1$, 证明: 当 $x \geqslant 0$ 时, $f(x) \geqslant 1$.

(2) 若 $f(x)$ 在 $(0, +\infty)$ 内只有一个零点, 求 a 的值.

本题两问之间是并列关系, 第 1 问较为简单, 证明过程从略; 下面主要讨论第 2 问的解法.

策略 1 分离参数法.

解法 1 令 $f(x) = 0$, 注意 $x > 0$, 分离参数, 方程可化为 $a = \dfrac{e^x}{x^2}$ (图 1).

设

$$g(x) = \frac{e^x}{x^2} \quad (x > 0)$$

则

$$g'(x) = \frac{(x-2)e^x}{x^3}$$

令

$$g'(x) = 0$$

得

$$x = 2$$

易见当 $0 < x < 2$ 时, $g'(x) < 0$, $g(x)$ 单调递减; 当

$x > 2$ 时，$g'(x) > 0$，$g(x)$ 单调递增，故

$$g(x)_{\min} = g(2) = \frac{1}{4}\mathrm{e}^2$$

依题意，函数 $y = \dfrac{\mathrm{e}^x}{x^2}(x > 0)$ 与直线 $y = a$ 的图像

有唯一交点，如图 1 所示，所求 a 的值为 $\dfrac{\mathrm{e}^2}{4}$.

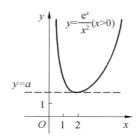

图 1

评注 分离参数策略适用于能将参数独立分离出来的函数零点问题，其原理是将函数零点个数问题转化为一条直线与一个不含参数的函数图像交点个数问题. 本题若是讨论函数 $f(x) = \mathrm{e}^x - ax^2$ 在 $(-\infty$, $+\infty)$ 内的零点个数，则方程 $f(x) = 0$ 分离为 $\dfrac{1}{a} = \dfrac{x^2}{\mathrm{e}^x}$ 会更好些. 因为这时函数 $y = \dfrac{x^2}{\mathrm{e}^x}$ 在区间 $(-\infty, +\infty)$ 内是连续函数，而函数 $y = \dfrac{\mathrm{e}^x}{x^2}$ 不是 $(-\infty, +\infty)$ 内的连续函数.

策略 2 分离函数法.

解法 2 令 $f(x) = 0$，即

$$\mathrm{e}^x - ax^2 = 0$$

因为

$$x > 0$$

所以方程可化为

$$\frac{e^x}{x} = ax$$

令

$$g(x) = \frac{e^x}{x} \quad (x > 0)$$

则

$$g'(x) = \frac{e^x(x-1)}{x^2}$$

令

$$g'(x) = 0$$

得

$$x = 1$$

易见 $x \in (0,1)$ 时

$$g'(x) < 0$$

$g(x)$ 单调递减;$x \in (1, +\infty)$ 时

$$g'(x) > 0$$

$g(x)$ 单调递增. 所以

$$g(x)_{\min} = g(1) = e$$

作出函数 $y = \dfrac{e^x}{x}(x > 0)$ 与 $y = ax$ 的图像,如图 2.

由图可得,$f(x)$ 在 $(0, +\infty)$ 内只有一个零点等价于

直线 $y = ax$ 与曲线 $y = \dfrac{e^x}{x}(x > 0)$ 相切. 设切点为

$P(x_0, y_0)$,则切线方程为

$$y - \frac{e^{x_0}}{x_0} = \frac{e^{x_0}(x_0 - 1)}{x_0^2}(x - x_0)$$

即

$$y = \frac{\mathrm{e}^{x_0}(x_0 - 1)}{x_0^2} x + \frac{\mathrm{e}^{x_0}(2 - x_0)}{x_0}$$

图 2

由此,切线与直线 $y = ax$ 重合,比较系数,得

$$\begin{cases} \dfrac{\mathrm{e}^{x_0}(x_0 - 1)}{x_0^2} = a \\ \dfrac{\mathrm{e}^{x_0}(2 - x_0)}{x_0} = 0 \end{cases}$$

解得

$$\begin{cases} x_0 = 2 \\ a = \dfrac{\mathrm{e}^2}{4} \end{cases}$$

综上,所求 a 的值为 $\dfrac{\mathrm{e}^2}{4}$.

评注　分离函数策略适用于能将原函数分离成两个常见函数的零点问题,其原理是将函数零点个数问题转化为两个常见初等函数的图像交点个数问题.本题有多种分离函数的方法,比如 $\mathrm{e}^x = ax^2$,$\dfrac{1}{a}\mathrm{e}^x = x^2$,$\dfrac{\mathrm{e}^x}{ax} = x$,$\dfrac{1}{ax} = \dfrac{x}{\mathrm{e}^x}$ 等.通常选择一边是常见初等函数,另一边是一次函数的形式,这样研究起来会方便些.

策略 3　直接讨论法.

解法 3　因为 $f(x)=\mathrm{e}^x-ax^2$,所以 $f'(x)=\mathrm{e}^x-2ax$.

① 当 $a=0$ 时,$f(x)=\mathrm{e}^x$ 在 $(0,+\infty)$ 上单调递增,且 $f(0)=1>0$,所以 $f(x)$ 在 $(0,+\infty)$ 内无零点,不合题意,舍去.

② 当 $a<0$ 时,因为 $x>0$,所以 $f'(x)>0$,$f(x)$ 在 $(0,+\infty)$ 上单调递增.又因为 $f(0)=1>0$,所以 $f(x)$ 在 $(0,+\infty)$ 内无零点,不合题意,舍去.

③ 当 $a>0$ 时,导函数 $f'(x)=\mathrm{e}^x-2ax$ 的符号无法直接确定,需要再次分类讨论.

令

$$g(x)=\mathrm{e}^x-2ax \quad (x>0)$$

则

$$g'(x)=\mathrm{e}^x-2a$$

令

$$g'(x)=0$$

得

$$x=\ln(2a)$$

易见 $g(x)$ 在区间 $(0,\ln(2a))$ 上单调递减,在 $(\ln(2a),+\infty)$ 上单调递增,故

$$g(x)_{\min}=g(\ln(2a))=2a(1-\ln(2a))$$

（ⅰ）当 $0<a\leqslant\dfrac{\mathrm{e}}{2}$ 时

$$g(x)\geqslant 2a(1-\ln(2a))\geqslant 0$$

即

$$f'(x)\geqslant 0$$

所以 $f(x)$ 在 $(0,+\infty)$ 上单调递增.又

$$f(0) = 1 > 0$$

所以 $f(x)$ 在 $(0, +\infty)$ 内无零点,不合题意,舍去.

（ⅱ）当 $a > \dfrac{e}{2}$ 时

$$g(x)_{\min} = 2a(1 - \ln(2a)) < 0$$

$g(x)$ 在 $(0, +\infty)$ 内存在两个零点 x_1, x_2,其中

$$x_1 \in (0, \ln(2a))$$
$$x_2 \in (\ln(2a), +\infty)$$

当 $x \in (0, x_1)$ 时

$$f'(x) > 0$$

当 $x \in (x_1, x_2)$ 时

$$f'(x) < 0$$

当 $x \in (x_2, +\infty)$ 时

$$f'(x) > 0$$

所以 $f(x)$ 在区间 $(0, x_1)$ 上单调递增,在 (x_1, x_2) 上单调递减,在 $(x_2, +\infty)$ 上单调递增.画出函数 $y = e^x - ax^2 \left(a > \dfrac{e}{2}\right)$ 的图像,如图 3.

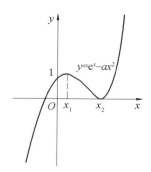

图 3

因为 $f(0) = 1 > 0$,所以要使 $f(x)$ 在 $(0, +\infty)$ 内

240

只有一个零点,当且仅当 $f(x_2)=0$. 又因为 $f'(x_2)=0$,联立方程组

$$\begin{cases} f(x_2)=\mathrm{e}^{x_2}-ax_2^2=0 \\ f'(x_2)=\mathrm{e}^{x_2}-2ax_2=0 \end{cases}$$

解得

$$\begin{cases} x_2=2 \\ a=\dfrac{\mathrm{e}^2}{4} \end{cases}$$

综上,所求 a 的值为 $\dfrac{\mathrm{e}^2}{4}$.

吴平生教授指出:直接讨论策略适用于无法分离参数或无法分离函数时的零点问题.直接讨论函数零点个数的理论依据是函数零点的存在性与唯一性定理:若函数 $f(x)$ 在闭区间 $[a,b]$ 上是连续单调函数,且 $f(a)f(b)<0$,则 $f(x)$ 在开区间 (a,b) 内存在唯一的零点.具体求解过程是将参数暂且看成常数,对函数 $f(x)$ 直接求导,接着分类讨论导函数 $f'(x)$ 的符号,确定 $f(x)$ 的单调性与极值.由此结合函数图像,根据函数零点的存在性与唯一性定理,确定函数 $f(x)$ 的零点个数,综述得出结论.本题在分类讨论时主要有两大难点:一是如何确定含参导函数的符号;二是如何找到异号的两个含参端点函数值.突破这些难点需要在实践中不断积累解题经验.

以上三种求解策略各有其适用范围与求解步骤,求解的思路与着眼点各不相同,表现出的解题过程难易程度各有深浅.如本节中对 2018 年全国理科 Ⅱ 卷第 21 题数学高考压轴题的三种解法,解法 1 最简便,解法 2 次之,解法 3 最烦琐.因此,在遇到其他同类具体问题时,需要我们具体分析,合理选择简洁的求解方法.

§3 复合函数零点问题研究

"中学数学研讨部落"2017 年 12 月 28 日整理发布：

1. 基础知识

（1）复合函数零点问题的特点：考虑关于 x 的方程 $g[f(x)]=0$ 的根的个数,在解此类问题时,要分为两层来分析,第一层是解关于 $f(x)$ 的方程,观察有几个 $f(x)$ 的值使得等式成立；第二层是结合第一层 $f(x)$ 的值求出每一个 $f(x)$ 被几个 x 对应,将 x 的个数汇总后即为 $g[f(x)]=0$ 的根的个数.

（2）求解复合函数 $y=g[f(x)]$ 零点问题的技巧：

① 此类问题与函数图像结合较为紧密,在处理问题的开始要作出 $f(x),g(x)$ 的图像.

② 若已知零点个数求参数的范围,则先估计关于 $f(x)$ 的方程 $g[f(x)]=0$ 中 $f(x)$ 解的个数,再根据个数与 $f(x)$ 的图像特点,分析每个函数值 $f_i(x)$ 被几个 x 所对应,从而确定 $f_i(x)$ 的取值范围,进而决定参数的范围.

2. 例题讲解

例 9 设定义域为 **R** 的函数

$$f(x)=\begin{cases} \dfrac{1}{|x-1|}, & x \neq 1 \\ 1, & x=1 \end{cases}$$

若关于 x 的方程 $f^2(x)+bf(x)+c=0$ 有 3 个不同的

根 x_1, x_2, x_3, 则 $x_1^2 + x_2^2 + x_3^2 = $ _____.

思路　先作出 $f(x)$ 的图像如图 4.

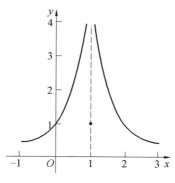

图 4

观察可发现对于任意的 y_0, 满足 $y_0 = f(x)$ 的 x 的个数分别为 2 个 ($y_0 > 0, y_0 \neq 1$) 和 3 个 ($y_0 = 1$), 已知有 3 个根, 从而可得 $f(x) = 1$ 必为

$$f^2(x) + bf(x) + c = 0$$

的根, 而另一根为 1 或者是负数. 所以

$$f(x_i) = 1$$

可解得

$$x_1 = 0, x_2 = 1, x_3 = 2$$

所以

$$x_1^2 + x_2^2 + x_3^2 = 5$$

答案:5.

例 10　关于 x 的方程 $(x^2 - 1)^2 - 3 \mid x^2 - 1 \mid + 2 = 0$ 的不相同实根的个数是(　　).

A. 3　　B. 4　　C. 5　　D. 8

思路　可将 $\mid x^2 - 1 \mid$ 视为一个整体, 即 $t(x) = \mid x^2 - 1 \mid$, 则方程变为

$$t^2 - 3t + 2 = 0$$

可解得 $t=1$ 或 $t=2$,则只需作出 $t(x) = |x^2-1|$ 的图像,然后统计与 $t=1$ 和 $t=2$ 的交点总数即可,共有 5 个.

答案:C.

例 11 已知函数 $f(x) = \left| x + \dfrac{1}{x} \right| - \left| x - \dfrac{1}{x} \right|$,关于 x 的方程 $f^2(x) + a|f(x)| + b = 0(a,b \in \mathbf{R})$ 恰有 6 个不同的实数解,则 a 的取值范围是_____.

思路 所解方程
$$f^2(x) + a|f(x)| + b = 0$$
可视为
$$|f(x)|^2 + a|f(x)| + b = 0$$
故考虑作出 $|f(x)|$ 的图像

$$f(x) = \begin{cases} \dfrac{2}{x}, & x > 1 \\ 2x, & 0 < x \leqslant 1 \\ -2x, & -1 \leqslant x < 0 \\ -\dfrac{2}{x}, & x < -1 \end{cases}$$

则 $|f(x)|$ 的图像如图 5,由图像可知,若有 6 个不同的实数解,则必有
$$f_1(x) = 2$$
$$0 < f_2(x) < 2$$
所以
$$-a = f_1(x) + f_2(x) \in (2, 4)$$
解得
$$-4 < a < -2$$

答案:$-4 < a < -2$.

244

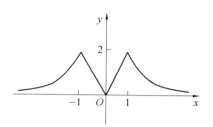

图 5

例 12　已知定义在 **R** 上的奇函数,当 $x > 0$ 时

$$f(x) = \begin{cases} 2^{|x-1|} - 1, 0 < x \leqslant 2 \\ \dfrac{1}{2} f(x-2), x > 2 \end{cases}$$

则关于 x 的方程 $6\big[f(x)\big]^2 - f(x) - 1 = 0$ 的实根的个数为(　　).

A. 6　　B. 7　　C. 8　　D. 9

思路　已知方程

$$6\big[f(x)\big]^2 - f(x) - 1 = 0$$

可解得

$$f_1(x) = \frac{1}{2}$$

$$f_2(x) = -\frac{1}{3}$$

只需统计

$$y = \frac{1}{2}$$

$$y = -\frac{1}{3}$$

与 $y = f(x)$ 的交点个数即可.

由 $f(x)$ 为奇函数,可先作出 $x > 0$ 的图像(图 6).

当 $x > 2$ 时

$$f(x)=\frac{1}{2}f(x-2)$$

则 $x\in(2,4]$ 时的图像只需将 $x\in(0,2]$ 时的图像的纵坐标缩为一半即可.

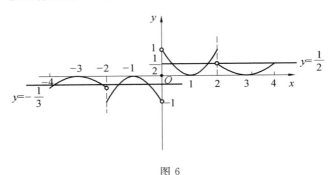

图 6

正半轴图像完成后可再利用奇函数的性质作出负半轴图像. 通过数形结合可得共有 7 个交点.

答案:B.

例 13 若函数 $f(x)=x^3+ax^2+bx+c$ 有极值点 x_1,x_2,且 $f(x_1)=x_1$,则关于 x 的方程 $3(f(x))^2+2af(x)+b=0$ 的不同实根的个数是( ).

A. 3   B. 4   C. 5   D. 6

思路 $f'(x)=3x^2+2ax+b$,由 x_1,x_2 是 $f(x)$ 的极值点,可得 x_1,x_2 为

$$3x^2+2ax+b=0 \qquad (1)$$

的两根,观察到方程(1)与

$$3(f(x))^2+2af(x)+b=0$$

结构完全相同,所以可得

$$3(f(x))^2+2af(x)+b=0$$

的两根为

$$f_1(x) = x_1$$
$$f_2(x) = x_2$$

其中

$$f_1(x_1) = x_1$$

若 $x_1 < x_2$（图 7），可判断出 x_1 是极大值点，x_2 是极小值点，且

$$f_2(x) = x_2 > x_1 = f(x_1)$$

所以 $y = f_1(x)$ 与 $y = f(x)$ 有 2 个交点，而 $y = f_2(x)$ 与 $y = f(x)$ 有 1 个交点，共计 3 个.

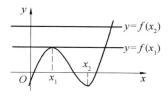

图 7

若 $x_1 > x_2$（图 8），可判断出 x_1 是极小值点，x_2 是极大值点，且

$$f_2(x) = x_2 < x_1 = f(x_1)$$

所以 $y = f_1(x)$ 与 $y = f(x)$ 有 2 个交点，而 $y = f_2(x)$ 与 $y = f(x)$ 有 1 个交点，共计 3 个.

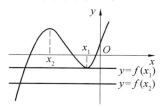

图 8

综上所述，共有 3 个交点.

答案：A.

例 14 已知函数 $f(x)=|x^2-4x+3|$,若方程 $[f(x)]^2+bf(x)+c=0$ 恰有 7 个不相同的实根,则实数 b 的取值范围是(   ).

A. $(-2,0)$ B. $(-2,-1)$

C. $(0,1)$ D. $(0,2)$

思路   考虑通过图像变换作出 $f(x)$ 的图像(图 9),因为

$$[f(x)]^2+bf(x)+c=0$$

最多只能解出 2 个 $f(x)$,若有 7 个根,则

$$f_1(x)=1$$
$$f_2(x)\in(0,1)$$

所以

$$-b=f_1(x)+f_2(x)\in(1,2)$$

解得

$$b\in(-2,-1)$$

答案:B.

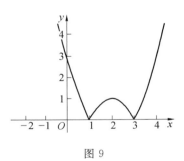

图 9

例 15 已知函数 $f(x)=\dfrac{|x|}{e^x}$,若关于 x 的方程 $f^2(x)-mf(x)+m-1=0$ 恰有 4 个不相等的实根,则实数 m 的取值范围是(   ).

A. $\left(\dfrac{1}{e},2\right)\bigcup(2,e)$　　　B. $\left(\dfrac{1}{e},1\right)$

C. $\left(1,1+\dfrac{1}{e}\right)$　　　D. $\left(\dfrac{1}{e},e\right)$

思路　$f(x)=\begin{cases}\dfrac{x}{e^x},x\geqslant 0\\[3mm]-\dfrac{x}{e^x},x<0\end{cases}$,分析 $f(x)$ 的图像以

便于作图,大致图像如图 10,当 $x\geqslant 0$ 时
$$f'(x)=(1-x)e^{-x}$$
从而 $f(x)$ 在 $(0,1)$ 上单调递增,在 $(1,+\infty)$ 上单调递

减, $f(1)=\dfrac{1}{e}$,且当 $x\rightarrow +\infty$ 时, $y\rightarrow 0$,所以 x 轴的正

半轴为水平渐近线.

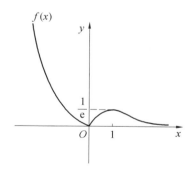

图 10

当 $x<0$ 时
$$f'(x)=(x-1)e^{-x}$$
所以 $f(x)$ 在 $(-\infty,0)$ 上单调递减.

由此作图,从图像可得,若恰有 4 个不相等的实

根,则关于 $f(x)$ 的方程

249

Zero point 问题

$$f^2(x) - mf(x) + m - 1 = 0$$

中

$$f_1(x) \in \left(0, \frac{1}{e}\right)$$

$$f_2(x) \in \left(\frac{1}{e}, +\infty\right)$$

从而将问题转化为根分布问题. 设 $t = f(x)$，则 $t^2 - mt + m - 1 = 0$ 的两根

$$t_1 \in \left(0, \frac{1}{e}\right)$$

$$t_2 \in \left(\frac{1}{e}, +\infty\right)$$

设

$$g(t) = t^2 - mt + m - 1$$

则有

$$\begin{cases} g(0) > 0 \\ g\left(\dfrac{1}{e}\right) < 0 \end{cases} \Rightarrow \begin{cases} m - 1 > 0 \\ \dfrac{1}{e^2} - m \cdot \dfrac{1}{e} + m - 1 < 0 \end{cases}$$

解得

$$m \in \left(1, 1 + \frac{1}{e}\right)$$

答案：C.

例 16 已知函数 $f(x) = \begin{cases} ax + 1, x \leqslant 0 \\ \log_2 x, x > 0 \end{cases}$，则下列关于函数 $y = f[f(x)] + 1$ 的零点个数的判断正确的是（　　）.

A. 当 $a > 0$ 时，有 4 个零点；当 $a < 0$ 时，有 1 个零点

B. 当 $a > 0$ 时，有 3 个零点；当 $a < 0$ 时，有 2 个零点

250

C. 无论 a 为何值，均有 2 个零点

D. 无论 a 为何值，均有 4 个零点

思路　　所求函数的零点个数，即方程 $f[f(x)]=-1$ 的解的个数，先作出 $f(x)$ 的图像，直线 $y=ax+1$ 为过定点 $(0,1)$ 的一条直线，但需要对 a 的符号进行分类讨论. 当 $a>0$ 时，图像如图 11 所示，先拆外层可得

$$f_1(x)=-\frac{2}{a}<0$$

$$f_2(x)=\frac{1}{2}$$

而 $f_1(x)$ 有 2 个对应的 x 满足题意，$f_2(x)$ 也有 2 个对应的 x 满足题意，共计 4 个.

当 $a<0$ 时，$f(x)$ 的图像如图 12 所示，先拆外层可得

$$f(x)=\frac{1}{2}$$

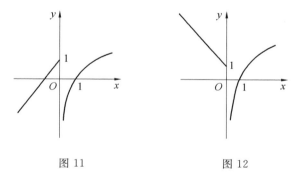

图 11　　　　　　图 12

且 $f(x)=\frac{1}{2}$ 只有 1 个满足题意的 x，所以共有 1 个零点. 结合选项，可判断出 A 正确.

答案：A.

例 17 已知函数 $f(x)=x^3-3x^2+1$, $g(x)=$
$$\begin{cases}\left(x-\dfrac{1}{2}\right)^2+1, & x>0 \\ -(x+3)^2+1, & x\leqslant 0\end{cases}$$ ，则方程 $g[f(x)]-a=0$(a 为正实数) 的实根最多有 _____ 个.

思路 先分析 $f(x)$, $g(x)$ 的性质以便于作图. 由于
$$f'(x)=3x^2-6x=3x(x-2)$$
从而 $f(x)$ 在 $(-\infty,0)$, $(2,+\infty)$ 上单调递增,在 $(0,2)$ 上单调递减,且 $f(0)=1$, $f(2)=-3$, $g(x)$ 为分段函数,作出每段图像即可,如图所示. 若要实根最多,则要优先选取 $f(x)$ 能对应 x 较多的情况. 由 $f(x)$ 的图像(图 13)可得,当 $f(x)\in(-3,1)$ 时,每个 $f(x)$ 可对应 3 个 x.

只需判断 $g[f(x)]=a$ 中 $f(x)$ 能在 $(-3,1)$ 取得的值的个数即可,观察 $g(x)$ 的图像(图 14)可得,当 $a\in\left(1,\dfrac{5}{4}\right)$ 时,可以有 2 个 $f(x)\in(-3,1)$,从而能够找到 6 个根,即最多的根的个数.

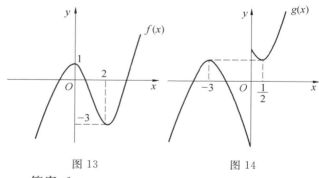

图 13 图 14

答案:6.

例 18　已知函数 $y=f(x)$ 和 $y=g(x)$ 在 $[-2,2]$ 的图像如下(图 15,16),给出下列四个命题:

(1) 方程 $f[g(x)]=0$ 有且只有 6 个根;

(2) 方程 $g[f(x)]=0$ 有且只有 3 个根;

(3) 方程 $f[f(x)]=0$ 有且只有 5 个根;

(4) 方程 $g[g(x)]=0$ 有且只有 4 个根.

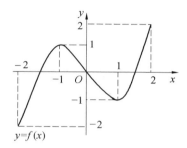

图 15

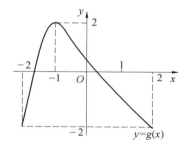

图 16

则正确命题的个数是(　　).

A. 1　　B. 2　　C. 3　　D. 4

思路　每个方程都可通过图像先拆掉第一层,找到内层函数能取得的值,从而统计出 x 的总数.

从(1)中可得

$$g_1(x) \in (-2, -1)$$
$$g_2(x) = 0$$
$$g_3(x) \in (1, 2)$$

进而 $g_1(x)$ 有 2 个对应的 x,$g_2(x)$ 有 2 个,$g_3(x)$ 有 2 个,总计 6 个,(1)正确.

从(2)中可得

$$f_1(x) \in (-2, -1)$$
$$f_2(x) \in (0, 1)$$

进而 $f_1(x)$ 有 1 个对应的 x,$f_2(x)$ 有 3 个,总计 4 个,(2)错误.

从(3)中可得

$$f_1(x) \in (-2, -1)$$
$$f_2(x) = 0$$
$$f_3(x) \in (1, 2)$$

进而 $f_1(x)$ 有 1 个对应的 x,$f_2(x)$ 有 3 个,$f_3(x)$ 有 1 个,总计 5 个,(3)正确.

从(4)中可得

$$g_1(x) \in (-2, -1)$$
$$g_2(x) \in (0, 1)$$

进而 $g_1(x)$ 有 2 个对应的 x,$g_2(x)$ 有 2 个,共计 4 个,(4)正确.

综上所述,正确的命题共有 3 个.

答案:C.

参考资料

[1] 中华人民共和国教育部.普通高中数学课程标准(实验)[M].北京:

人民教育出版社,2003.

[2] 曹才翰,章建跃.数学教育心理学[M].北京:北京师范大学出版社,
1999.

[3] 李昭平.通过数学研究性学习培养学生科学素养[J].中学数学,
2011(4):12-14.

[4] 李昭平.活跃在 2016 高考中的函数问题[J].数学考试(高考数学),
2016(6):10-13.

函数的零点问题[①]

第 22 章

函数的零点问题是微积分中比较常见,也是比较难解决的问题.大连大学信息工程学院的周丽馥、刘自新两位教授2003年就连续函数及导函数的零点问题进行了讨论.在讨论函数零点存在时,本章将零点定理进行推广并得到有用的结果;在讨论导函数零点时,本章给出构造辅助函数的许多种方法.这为解决导函数的零点问题提供了许多方便.最后本章讨论了多元函数的零点问题.

若存在实数 $x=\chi_0$,使 $f(\chi_0)=0$,则称 χ_0 为函数 $f(x)$ 的零点.函数的零点又称为方程 $f(x)=0$ 的实根.

讨论函数零点的存在性,确定函数零点的数量,统称为函数的零点问题.

① 本章摘编自《大连大学学报》,2003 年,第 24 卷,第 4 期.

函数的零点问题常常与连续函数介值定理,导函数介值定理,微分与积分中值定理,函数单调性,函数的极(最)值以及函数的渐近性态联系在一起.讨论函数的零点问题,导函数的零点问题时,零点定理和 Rolle 定理分别占有重要地位.

§1　连续函数的零点问题

设 $f(x)$ 在区间 I 上连续,以下讨论 $f(x)$ 在 I 上零点的存在性、唯一性及零点数量.

1. 存在性

（1）定性考虑

取 $\chi_1, \chi_2 \in I$,若

$$\lim_{\substack{x \to \chi_1 \\ (x \to \infty)}} f(x) = \begin{cases} a > 0 \\ +\infty \end{cases}$$

且

$$\lim_{\substack{x \to \chi_2 \\ (x \to \infty)}} f(x) = \begin{cases} b < 0 \\ -\infty \end{cases}$$

则由 $f(x)$ 的连续性及零点定理可以确定 $\exists \chi_0 \in I$,使 $f(\chi_0) = 0$,即 $f(x)$ 有零点.

（2）定量考虑

若能确定 $\exists \chi_1, \chi_2 \in I$,使 $f(\chi_1) \cdot f(\chi_2) < 0$,则由 $f(x)$ 的连续性及零点定理可以确定 $\exists \chi_0 \in I$,使 $f(\chi_0) = 0$,即 $f(x)$ 有零点.

若函数值异号条件隐蔽,则确定 $\exists \chi_1, \chi_2 \in I$,使

$f(\chi_1) \cdot f(\chi_2) < 0$ 是比较困难的,这时根据题设条件一般有如下方法去确定 $\chi_1(\chi_2)$.

① 如果曲线 $y = f(x)$ 的凹凸性已确定($f''(x)$ 的符号),可以过定点作曲线的一条切线,得到切线与 x 轴的交点 $\chi_1 \in I$,若曲线向上凹,则 $f(\chi_1) > 0$;若曲线向上凸,则 $f(\chi_1) < 0$.

② 将 $f(x)$ 在定点展成 Taylor 公式,据题设条件可以得到有关 $f(x)$ 的不等式,借助此不等式可以确定 $\exists \chi_1 \in I$,使 $f(\chi_1) > 0$ 或 $f(\chi_1) < 0$.

③ 据题设条件,有时考虑 $f(x)$ 的最大值和最小值往往也能确定 $\exists \chi_1 \in I$,使 $f(\chi_1) > 0$ 或 $f(\chi_1) < 0$.

2. 唯一性

应用函数的单调性或者反证法均可奏效.

3. 零点数量

依据异号函数值或驻点,划分区间讨论零点的存在性及唯一性,是确定函数零点数量的基本方法之一.

下面由例题具体讨论函数的零点问题.

例 1 $f(x)$ 在 $(a, +\infty)$ 上二阶可微,$f(a) > 0$,$f'(a) < 0$,$f''(x) < 0(x > a)$,则 $f(x) = 0$ 在 $(a, +\infty)$ 内只有一个实根.

证明 存在性:已知 $f(a) > 0$,再寻求 $\chi_1 \in (a, +\infty)$,使 $f(\chi_1) < 0$,为此有两种处理方法:

(1) 过定点 $(a, f(a))$ 作曲线 $y = f(x)$ 的切线

$$Y - f(a) = f'(a)(X - a)$$

则切线与 x 轴相交时

$$\chi_1 = a - \frac{f(a)}{f'(a)} > a$$

由 $f''(x) < 0$（向上凸）显然有 $f(\chi_1) < 0$.

（2）将 $f(x)$ 在 $x = a$ 进行一阶 Taylor 展开且依题设条件有

$$f(x) = f(a) + f'(a)(x - a) + \frac{1}{2} f''(\xi)(x - a)^2 <$$
$$f(a) + f'(a)(x - a)$$

$a < \xi < x$，得到 $\chi_1 = a - \dfrac{f(a)}{f'(a)} > a$，即有 $f(\chi_1) < 0$，

$f(x)$ 在 $(a, +\infty)$ 上连续及 $f(a) \cdot f(\chi_1) < 0$，由零点定理，$\exists \chi_0 \in (a, +\infty)$，使 $f(\chi_0) = 0$，即 $f(x) = 0$ 在 $(a, +\infty)$ 内有实根.

唯一性：（1）在 $(a, +\infty)$ 上 $f''(x) < 0$，便有 $f'(x)$ 在 $[a, +\infty)$ 上单调递减，因而当 $x > a$ 时便有 $f'(x) < f'(a) < 0$，于是 $f(x)$ 在 $(a, +\infty)$ 上单调递减，故 $f(x) = 0$ 在 $(a, +\infty)$ 上有唯一实根，即只有一个实根.

（2）唯一性证明也可用反证法：若 $\exists \chi'_0 \neq \chi_0 \in (a, +\infty)$，使 $f(\chi'_0) = 0$，则由 Rolle 定理，$\exists \xi \in (a, +\infty)$，使 $f'(\xi) = 0$，这与 $f'(x) < 0$ 是矛盾的. 因而只有一点 χ_0，使 $f(\chi_0) = 0$.

注　例 1 在函数 $f(x)$ 零点存在性的证明中采取了定量的证明方法，也可采取定性的方法证明，即研究函数的渐近性态，具体如下：

由 Lagrange 中值定理，对 $\forall x \in (a, +\infty)$ 有

$$f(x) - f(a) = f'(\xi)(x - a) \quad (a < \xi < x)$$

于是就有

$$\lim_{x \to +\infty} f(x) = \lim_{x \to +\infty} \left[f'(\xi)(x-a) + f(a) \right] = -\infty$$

（当 $x \to +\infty$ 时，不论 $f'(\xi)$ 单调递减且有下界还是 $f'(\xi)$ 单调递减且无下界），即肯定存在一点 $\chi_1 \in (a, +\infty)$，使 $f(\chi_1) < 0$，又 $f(a) > 0$，由 $f(x)$ 的连续性，$f(x)$ 的零点显然存在.

例 2 设 $f(x) = \ln x - \dfrac{x}{e} + \displaystyle\int_0^\pi \sqrt{1 - \cos 2x}\, dx$，则 $f(x)$ 在 $(0, +\infty)$ 内有且仅有两个零点.

该题是讨论函数 $f(x)$ 的零点个数，因而将区间 $(0, +\infty)$ 分成单调区间，然后在每个区间上讨论零点的存在性与唯一性.

证明 由题设

$$f(x) = \ln x - \frac{x}{e} + \int_0^\pi \sqrt{1 - \cos 2x}\, dx$$

于是

$$f'(x) = \frac{1}{x} - \frac{1}{e}$$

即 $f'(e) = 0$（$x = e$ 是驻点），显然在 $(0, e)$ 上 $f'(x) > 0$，即 $f(x)$ 在 $(0, e]$ 上单调递增；在 $(e, +\infty)$ 上 $f'(x) < 0$，即 $f(x)$ 在 $(e, +\infty)$ 上单调递减. 故

$$f(e) = \int_0^\pi \sqrt{1 - \cos 2x}\, dx = 2\sqrt{2} > 0 \qquad (1)$$

$$\lim_{x \to 0^+} f(x) = -\infty \qquad (2)$$

$$\lim_{x \to +\infty} f(x) = \lim_{x \to +\infty} x \left(\frac{\ln x}{x} - \frac{1}{e} + \frac{2\sqrt{2}}{x} \right) = -\infty \quad (3)$$

由式 (1)，(2) 及函数单调性，$f(x)$ 在 $(0, e]$ 上仅有一个零点；由式 (1)，(3) 及函数单调性，$f(x)$ 在 $(e, +\infty)$ 内也仅有一个零点，即 $f(x)$ 在 $(0, +\infty)$ 内有且

仅有两个零点.

§2　导函数的零点问题

将函数的零点问题视为某函数的导函数的零点问题,然后运用 Rolle 定理讨论有时是很方便的. 当零点问题显含导数信息时,更应如此,这里某函数为辅助函数,下面给出构造辅助函数的方法.

1. 积分法(又称找原函数方法)

例 3　设 $f(x)$ 在 $[0,1]$ 上连续,在 $(0,1)$ 内可导, $f(1) = 3\int_0^{\frac{1}{3}} x f(x)\mathrm{d}x$,则 $\exists \xi \in (0,1)$,使 $\xi f'(\xi) + f(\xi) = 0$.

证明　即证方程 $x f'(x) + f(x) = 0$ 在 $(0,1)$ 内有实根.

构造辅助函数(用积分法)

$$F(x) = \int [x f'(x) + f(x)]\mathrm{d}x = \int \mathrm{d}x f(x) = x f(x)$$

(令 $c = 0$),显然 $F'(x) = x f'(x) + f(x)$ (当然辅助函数也可设为 $F(x) = \int_0^x [x f'(x) + f(x)]\mathrm{d}x$),显然 $F(x)$ 在 $[0,1]$ 上连续,在 $(0,1)$ 内可导,且

$$F(1) = f(1) = 3\int_0^{\frac{1}{3}} x f(x)\mathrm{d}x = \eta f(\eta) = F(\eta)$$

$$\left(\eta \in \left(0, \frac{1}{3}\right)\right)$$

由 Rolle 定理, $\exists \xi \in (\eta, 1) \subset (0,1)$,使
$$F'(\xi) = \xi f'(\xi) + f(\xi) = 0$$

261

例 3 中辅助函数的构造是通过积分找到的,因而称为"找原函数法",其一般步骤为:

(1) 先将要证明的结果转化为某个方程根的存在性;

(2) 将(1) 中方程积分,找出原函数(即辅助函数).

例 4　设 $f(x)$ 在 $[0,1]$ 上连续, $\int_0^1 f(x)\mathrm{d}x = 0$,则 $\exists \xi \in (0,1)$,使 $f(1-\chi_0) = -f(\chi_0)$.

略证　设

$$F(x) = \int_0^x \left[f(1-t) + f(t) \right]\mathrm{d}t$$

显然 $F(x)$ 在 $[0,1]$ 上连续,在 $(0,1)$ 内可导,且

$$F(0) = F(1) = \int_0^1 f(1-t)\mathrm{d}t + \int_0^1 f(t)\mathrm{d}t = $$
$$2\int_0^1 f(t)\mathrm{d}t = 0$$

再应用 Rolle 定理即可证明.

注　在许多等式问题的证明上,很多都可以归结到函数的零点问题,因而再据零点问题的讨论便有结果.

2. 指数因子法

直接积分不能很快找出辅助函数,比如讨论方程
$$f'(x) + g'(x)f(x) = 0$$
根的存在性,辅助函数 $F(x)$ 是不能用积分方法得到的.下面选用例题介绍用指数因子法构造辅助函数.

例 5　设 $f(x), g(x)$ 在 $[a,b]$ 上连续,在 (a,b) 内可导, $f(a) = f(b) = 0$.

证明:(1) 对 $\forall \lambda$, $\exists \xi \in (a,b)$,使 $f'(\xi) + \lambda f(\xi) = $

0.

（2）$\exists \eta \in (a,b)$，使
$$f'(\eta) + f(\eta)g'(\eta) = 0$$

证明　（1）设
$$F(x) = e^{\lambda x} f(x)$$

显然
$$F'(x) = e^{\lambda x}(f'(x) + \lambda f(x))$$

且
$$F(a) = e^{\lambda a} f(a) = e^{\lambda b} f(b) = F(b)$$

由 Rolle 定理，$\exists \xi \in (a,b)$，对 $\forall \lambda$ 都有
$$F'(\xi) = e^{\lambda \xi}(f'(\xi) + \lambda f(\xi)) = 0$$

即
$$f'(\xi) + \lambda f(\xi) = 0$$

（2）设
$$F(x) = e^{g(x)} f(x)$$

显然
$$F'(x) = e^{g(x)}(g'(x)f(x) + f'(x))$$

且
$$F(a) = e^{g(a)} f(a) = e^{g(b)} f(b) = F(b)$$

由 Rolle 定理，$\exists \eta \in (a,b)$，使
$$f'(\eta) + f(\eta)g'(\eta) = 0$$

　　注　通过例 5，我们要对 $e^{g(x)}$ 形式的函数多一些关注，记住它在构造辅助函数时的作用，这里我们主要用到这类函数的两点性质：① $e^{g(x)} \neq 0$；② $e^{g(x)}$ 求导之后仍有 $e^{g(x)}$ 因子.

　　例 6　设 $f(x)$ 在 $[0,1]$ 上连续，在 $(0,1)$ 内可导，且满足 $f(1) = k\displaystyle\int_0^{\frac{1}{k}} x e^{1-x} f(x) \mathrm{d}x (k > 1)$，证明：$\exists \xi \in$

$(0,1)$,使 $f'(\xi)=(1-\xi^{-1})f(\xi)$.

证明 设

$$f'(x)-\left(1-\frac{1}{x}\right)f(x)=0$$

即

$$\left[xf(x)\right]'-xf(x)=0$$

再设辅助函数 $F(x)=\mathrm{e}^{1-x}xf(x)$,显然

$$F'(x)=\mathrm{e}^{1-x}\left[(xf(x))'-xf(x)\right]$$

且

$$F(1)=f(1)=k\int_0^{\frac{1}{k}}x\mathrm{e}^{1-x}f(x)\mathrm{d}x=\eta\mathrm{e}^{1-\eta}f(\eta)=F(\eta)$$

$$\left(\eta\in\left(0,\frac{1}{k}\right)\subset(0,1)\right)$$

再由 Rolle 定理即得证.

3. 常数 k 值法

如果导函数的零点问题中含相对常数 k 的边界点（如 a,b 等）或 k 的边界函数值（如 $f(a)$，$f(b)$ 等），则可将它们都移到等式一端，并记为常数 k，然后以端点函数值相等为突破口研究上述等式，则往往可得有效的辅助函数.

例 7 设 $a,b>0$，证明：$\exists\xi\in(a,b)$，使 $a\mathrm{e}^b-b\mathrm{e}^a=(1-\xi)\mathrm{e}^\xi(a-b)$.

证明 由

$$a\mathrm{e}^b-b\mathrm{e}^a=(1-\xi)\mathrm{e}^\xi(a-b)$$

得到

$$\frac{a\mathrm{e}^b-b\mathrm{e}^a}{a-b}=(1-\xi)\mathrm{e}^\xi$$

设 $\dfrac{a\mathrm{e}^b-b\mathrm{e}^a}{a-b}=k$，则有下面的对称式

$$\frac{1}{b}\mathrm{e}^b - \frac{1}{b}k = \frac{1}{a}\mathrm{e}^a - \frac{1}{a}k$$

因此设辅助函数

$$F(x) = \frac{1}{x}\mathrm{e}^x - \frac{1}{x}k$$

则

$$F'(x) = \frac{x\mathrm{e}^x - \mathrm{e}^x + k}{x^2}$$

且

$$F(a) = F(b)$$

由 Rolle 定理,$\exists \xi \in (a,b)$,使 $F'(\xi) = 0$,即

$$\mathrm{e}^\xi(1-\xi) = k = \frac{a\mathrm{e}^b - b\mathrm{e}^a}{a-b}$$

注　在应用"常数 k 值法"时,对称式是关键,它决定某个函数在某两点的函数值相等,因而借助该对称式构造出辅助函数.

§3　多元函数的零点问题

有一类问题,要证明存在两个或两个以上的中间值满足一定的等式,这类问题归结到多元函数的零点问题,通常至少要用两次中值定理才能解决,下面以二元函数为例来说明,即 (ξ, η) 等式问题.

例 8　$f(x)$ 在 $[0,1]$ 上可导,$f(0) = 0, f(1) = 1$,则 $\exists \xi, \eta \in (0,1)$,使 $\dfrac{1}{f'(\xi)} + \dfrac{1}{f'(\eta)} = 2$.

该题可理解为

$$F(x,y) = \frac{1}{f'(x)} + \frac{1}{f'(y)} - 2$$

的零点问题,要讨论二元函数的零点问题,通常须分解为两个一元函数的零点问题.

证明 由介值定理,$\exists c \in (0,1)$,使 $f(c)=\dfrac{1}{2}$(解决问题的突破口),然后将 $f(x)$ 在 $[0,c],[c,1]$ 上分别应用 Lagrange 定理得到

$$f'(\xi)=\frac{f(c)-f(0)}{c}=\frac{f(c)}{c}=\frac{1}{2c}$$

$$(\xi \in (0,c))$$

$$f'(\eta)=\frac{f(1)-f(c)}{1-c}=\frac{1-\dfrac{1}{2}}{1-c}=\frac{1}{2(1-c)}$$

$$(\eta \in (c,1))$$

于是

$$\frac{1}{f'(\xi)}+\frac{1}{f'(\eta)}=2c+2(1-c)=2$$

§4 函数的零点反问题

给定函数零点情况,反求函数表达式或推断函数表达式中未知参数的性态问题,称为函数的零点反问题,与求解其他反问题思路一样,它是从零点问题着手,利用逆向思维求解.

例 9 当 $x>0$ 时,方程 $kx+\dfrac{1}{x^2}=1$ 有唯一实根,试确定 k 的取值范围.

解 设

$$F(x)=kx+\frac{1}{x^2}-1$$

即 $F(x)$ 有唯一零点 $(x>0)$ 且 $F'(x)=k-\dfrac{2}{x^3}$，下面就两种情况讨论：

（1）当 $k\leqslant 0$ 时

$$F'(x)<0,\text{且}\lim_{x\to 0^+}F(x)=+\infty$$

$$\lim_{x\to +\infty}F(x)=\begin{cases}-\infty,&k\neq 0\\-1,&k=0\end{cases}$$

即此时保证 $F(x)$ 有唯一零点.

（2）当 $k>0$ 时

$$F'\left[\left(\dfrac{2}{k}\right)^{\frac{1}{3}}\right]=0,\ F''(x)=\dfrac{6}{x^4}>0$$

即 $F\left[\left(\dfrac{2}{k}\right)^{\frac{1}{3}}\right]$ 是最小值，因 $F(x)$ 只有一个零点，于是 $F\left[\left(\dfrac{2}{k}\right)^{\frac{1}{3}}\right]=0$，即 $k=\dfrac{2}{9}\sqrt{3}$．从而 k 的取值范围为 $k\leqslant 0$ 或 $k=\dfrac{2}{9}\sqrt{3}$．

参考资料

［1］李心灿,宋瑞霞,唐旭晖,等.高等数学专题十二讲［M］.北京:化学工业出版社,2001.

［2］李勇,张佐刚.高等数学知识储备与解题对策［M］.沈阳:东北大学出版社,2001.

解析函数零点的分布问题[①]

第 23 章

§1 导　引

解析函数零点的分布问题是复变函数论中的一个重要问题. 我们知道, 对于实系数多项式

$$P(x) = a_0 x^n + a_1 x^{n-1} + \cdots + a_n$$

其中 x 为实变量, a_i 为实常数 $(i = 1, 2, \cdots, n)$, 如果它在实轴上无零点 (即 $P(x)$ 没有实根), 那么它的零点的分布是关于 x 轴对称的[1]. 但对于复多项式

$$P(z) = a_0 z^n + a_1 z^{n-1} + \cdots + a_n$$

$$(z \text{ 为复变量})$$

① 本章摘编自《山东教育学院学报》, 2005 年, 第 1 期.

则不同. 在满足一定的条件下, 它的零点可以全部分布在一个指定的区域之内. [2] 只给出了 $P(z)$ 的零点全部分布在左半平面 Re $z<0$ 内的充要条件, 而对于 $P(z)$ 的零点分布在其他区域内的条件并未给出. 山东工商学院数学与信息科学学院的崔书英教授 2005 年讨论了 $P(z)$ 的零点分布在各半平面内的情况, 给出并证明了零点分布在各半平面内的充要条件. 这对研究解析函数的值分布具有一定的理论和实用价值.

§2　定量及其证明

定理 1　若 z 平面上复系数多项式
$$P(z)=a_0 z^n+a_1 z^{n-1}+\cdots+a_{n-1}z+a_n \quad (a_0\neq 0)$$
在虚轴上没有零点, 则它的零点全部分布在右半平面 Re $z>0$ 内的充要条件是
$$\Delta_{y(-\infty\to+\infty)}\arg P(\mathrm{i}y)=-n\pi$$

证明　令 C_R 表示左半圆周 $\Gamma_R:z=R\mathrm{e}^{\mathrm{i}\theta}, \dfrac{\pi}{2}\leqslant\theta\leqslant\dfrac{3\pi}{2}$, 及虚轴上从 $-R\mathrm{i}$ 到 $R\mathrm{i}$ 的有向线段所构成的围线 (图 1). 于是 $P(z)$ 的零点全分布在右半平面的充要条件为 $N(P,C_R)=0$ 对任意 R 均成立. 又由于 $P(z)$ 在 C_R 上及内部解析且 $P(z)$ 在 C_R 上不为零, 所以由辐角原理[3] 得
$$N(P,C_R)=\frac{\lim\limits_{R\to\infty}\Delta_{C_R}\arg P(z)}{2\pi}$$
因此, 上述充要条件可写成

Zero point 问题

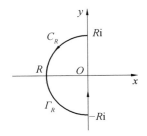

图 1

$$\lim_{R\to\infty}\Delta_{C_R}\arg P(z)=0$$

即

$$\lim_{R\to\infty}\Delta_{\Gamma_R}\arg P(z)+\lim_{R\to\infty}\Delta_{y(-R\to+R)}\arg P(iy)=0 \quad (1)$$

而

$$\lim_{R\to\infty}\Delta_{\Gamma_R}\arg P(z)=$$

$$\lim_{R\to\infty}\Delta_{\Gamma_R}\arg a_0 z^n\left(1+\frac{a_1 z^{n-1}+\cdots+a_{n-1}z+a_n}{a_0 z^n}\right)=$$

$$\lim_{R\to\infty}\Delta_{\Gamma_R}\arg a_0 z^n+$$

$$\lim_{R\to\infty}\Delta_{\Gamma_R}\arg\left(1+\frac{a_1 z^{n-1}+\cdots+a_{n-1}z+a_n}{a_0 z^n}\right)$$

当 $R\to+\infty$ 时，$\dfrac{a_1 z^{n-1}+\cdots+a_{n-1}z+a_n}{a_0 z^n}$ 沿 Γ_R 一致趋

于零，从而

$$\lim_{R\to\infty}\arg\left(1+\frac{a_1 z^{n-1}+\cdots+a_{n-1}z+a_n}{a_0 z^n}\right)=0$$

另外

$$\lim_{R\to\infty}\Delta_{\Gamma_R}\arg a_0 z^n=\lim_{R\to\infty}\left[\Delta_{\Gamma_R}\arg a_0+n\Delta_{\Gamma_R}\arg z\right]=$$

$$\lim_{R\to\infty}\left[0+n\Delta_{\theta\left[\frac{\pi}{2}\to\frac{3\pi}{2}\right]}\arg Re^{i\theta}\right]=$$

$$\lim_{R\to\infty}n\theta_{\left[\frac{3\pi}{2}\to\frac{\pi}{2}\right]}=n\pi$$

270

因此,由式(1)得

$$\lim_{R\to\infty}\Delta_{y(-R\to+R)}\arg P(\mathrm{i}y)=-n\pi$$

即

$$\Delta_{y(-\infty\to+\infty)}\arg P(\mathrm{i}y)=-n\pi$$

定理 2　对于 z 平面上复系数多项式

$$P(z)=a_0z^n+a_1z^{n-1}+\cdots+a_n \quad (a_0\neq0)$$

若在实轴上没有零点,则它的零点全分布在上半平面 $\mathrm{Im}\ z>0$ 内的充要条件为

$$\Delta_{x(-\infty\to+\infty)}\arg P(x)=n\pi$$

证明　令 C_R 表示由下半圆周 $\Gamma_R:z=R\mathrm{e}^{\mathrm{i}\theta}$($\pi\leqslant\theta\leqslant2\pi$) 及实轴从 $+R$ 到 $-R$ 的有向线段所构成的有向闭曲线(图 2).这样 $P(z)$ 的零点全分布在上半平面的充要条件为 $N(P,C_R)=0$ 对任意 R 均成立.同样,由 $P(z)$ 的解析性,根据辐角原理,有

$$N(P,C_R)=\frac{\lim_{R\to\infty}\Delta_{C_R}\arg P(z)}{2\pi}$$

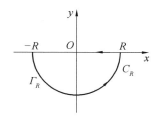

图 2

所以,上述充要条件可写成

$$\lim_{R\to\infty}\Delta_{C_R}\arg P(z)=0$$

即

$$\lim_{R\to\infty}\Delta_{\Gamma_R}\arg P(z)+\lim_{R\to\infty}\Delta_{x(+R\to-R)}\arg P(x)=0$$

271

亦即

$$\lim_{R \to \infty} \Delta_{\Gamma_R} \arg P(z) - \lim_{R \to \infty} \Delta_{x(+R \to -R)} \arg P(x) = 0 \quad (2)$$

而

$$\lim_{R \to \infty} \Delta_{\Gamma_R} \arg P(z) =$$

$$\lim_{R \to \infty} \Delta_{\Gamma_R} \arg a_0 z^n \left(1 + \frac{a_1 z^{n-1} + \cdots + a_{n-1} z + a_n}{a_0 z^n} \right) =$$

$$\lim_{R \to \infty} \Delta_{\Gamma_R} \arg a_0 z^n +$$

$$\lim_{R \to \infty} \Delta_{\Gamma_R} \arg \left(1 + \frac{a_1 z^{n-1} + \cdots + a_{n-1} z + a_n}{a_0 z^n} \right)$$

当 $R \to +\infty$ 时，$\dfrac{a_1 z^{n-1} + \cdots + a_{n-1} z + a_n}{a_0 z^n}$ 沿 Γ_R 一致趋于零，从而上述第二项为零.

另外

$$\lim_{R \to \infty} \Delta_{\Gamma_R} \arg a_0 z^n = \lim_{R \to \infty} [\Delta_{\Gamma_R} \arg a_0 + n \Delta_{\Gamma_R} \arg z] =$$

$$\lim_{R \to \infty} [0 + n \Delta_{\theta[\pi \to 2\pi]} \arg R e^{i\theta}] =$$

$$\lim_{R \to \infty} n \theta_{[\pi \to 2\pi]} = n\pi$$

由式（2）得

$$\lim_{R \to \infty} \Delta_{x(-R \to +R)} \arg P(x) = n\pi$$

即

$$\Delta_{x(-\infty \to +\infty)} \arg P(x) = n\pi$$

定理 3 若 z 平面上复系数多项式

$$P(z) = a_0 z^n + a_1 z^{n-1} + \cdots + a_n \quad (a_0 \neq 0)$$

在实轴上没有零点，则它的零点全分布在下半平面 $\operatorname{Im} z < 0$ 内的充要条件为

$$\Delta_{x(-\infty \to +\infty)} \arg P(x) = -n\pi$$

证明 令 C_R 表示由上半圆周 $\Gamma_R : z = R e^{i\theta} (0 \leqslant \theta \leqslant \pi)$ 及实轴从 $-R$ 到 $+R$ 的有向线段所构成的闭曲

线,并取正向(图 3).于是,$P(z)$ 的零点全分布在下半平面内的充要条件为 $N(P,C_R)=0$ 对任意 R 均成立.由 $P(z)$ 的解析性,根据辐角原理,知

$$N(P,C_R)=\frac{\lim\limits_{R\to\infty}\Delta_{C_R}\arg P(z)}{2\pi}$$

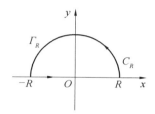

图 3

因此,上述充要条件可写成

$$\lim_{R\to\infty}\Delta_{C_R}\arg P(z)=0$$

即

$$\lim_{R\to\infty}\Delta_{\Gamma_R}\arg P(z)+\lim_{R\to\infty}\Delta_{x(-R\to+R)}\arg P(x)=0 \quad (3)$$

而

$$\lim_{R\to\infty}\Delta_{\Gamma_R}\arg P(z)=$$

$$\lim_{R\to\infty}\Delta_{\Gamma_R}\arg a_0 z^n\left(1+\frac{a_1 z^{n-1}+\cdots+a_{n-1}z+a_n}{a_0 z^n}\right)=$$

$$\lim_{R\to\infty}\Delta_{\Gamma_R}\arg a_0 z^n+$$

$$\lim_{R\to\infty}\Delta_{\Gamma_R}\arg\left(1+\frac{a_1 z^{n-1}+\cdots+a_{n-1}z+a_n}{a_0 z^n}\right)$$

当 $R\to+\infty$ 时,$\dfrac{a_1 z^{n-1}+\cdots+a_{n-1}z+a_n}{a_0 z^n}$ 沿 Γ_R 一致趋于零,于是上述第二项为零.

又

$$\lim_{R\to\infty}\Delta_{\Gamma_R}\arg a_0 z^n = \lim_{R\to\infty}\left[\Delta_{\Gamma_R}\arg a_0 + n\Delta_{\Gamma_R}\arg z\right] =$$
$$\lim_{R\to\infty}\left[0 + n\Delta_{\theta[0\to\pi]}\right]\arg R\mathrm{e}^{\mathrm{i}\theta}\right] =$$
$$\lim_{R\to\infty}n\theta_{[0\to\pi]} = n\pi$$

由式(3)得

$$\lim_{R\to\infty}\Delta_{x(-R\to+R)}\arg P(x) = -n\pi$$

即

$$\Delta_{x(-\infty\to+\infty)}\arg P(x) = -n\pi$$

§3 应用举例

例1 已知多项式 $P(z) = z^4 - 4z^3 + 6z^2 - 5z + 2$ 在虚轴上无零点,试证明它的零点全分布在右半平面 $\mathrm{Re}\,z > 0$ 内.

证明 因

$$\Delta_{y(-\infty\to+\infty)}\arg P(\mathrm{i}y) =$$
$$\lim_{R\to\infty}\Delta_{y(-R\to+R)}\arg\left[(\mathrm{i}y)^4 - 4(\mathrm{i}y)^3 + \right.$$
$$6(\mathrm{i}y)^2 - 5(\mathrm{i}y) + 2\right] =$$
$$\lim_{R\to\infty}\Delta_{y(-R\to+R)}\arg(y^4 + 4\mathrm{i}y^3 - 6y^2 - 5\mathrm{i}y + 2) =$$
$$\lim_{R\to\infty}\Delta_{y(-R\to+R)}\arg y^4\left(1 + \frac{4\mathrm{i}}{y} - \frac{6}{y^2} - \frac{5\mathrm{i}}{y^3} + \frac{2}{y^4}\right) =$$
$$\lim_{R\to\infty}\Delta_{y(-R\to+R)}\arg y^4 +$$
$$\lim_{R\to\infty}\Delta_{y(-R\to+R)}\arg\left(1 + \frac{4\mathrm{i}}{y} - \frac{6}{y^2} - \frac{5\mathrm{i}}{y^3} + \frac{2}{y^4}\right)$$

当 $R\to+\infty$,即 y 为无穷大时,有 $\dfrac{4\mathrm{i}}{y} - \dfrac{6}{y^2} - \dfrac{5\mathrm{i}}{y^3} + \dfrac{2}{y^4} \to$ 一致趋于零,故

274

$$\lim_{R\to\infty}\Delta_{y(-R\to+R)}\arg\left(1+\frac{4\mathrm{i}}{y}-\frac{6}{y^2}-\frac{5\mathrm{i}}{y^3}+\frac{2}{y^4}\right)=0$$

而

$$\lim_{R\to\infty}\Delta_{y(-R\to+R)}\arg y^4=\lim_{R\to\infty}4\Delta_{y(-R\to+R)}\arg y=$$

$$4\left(\frac{\pi}{2}-\frac{3\pi}{2}\right)=$$

$$-4\pi\quad(\text{图 }1)$$

所以

$$\Delta_{y(-\infty\to+\infty)}\arg P(\mathrm{i}y)=-4\pi$$

根据定理 1，$P(z)$ 的零点全在右半平面内.

例 2　已知复系数多项式 $P(z)=z^3-3\mathrm{i}z^2-4z+2\mathrm{i}$ 在实轴上无零点，试判定它的零点全分布在 z 平面的什么区域之内.

解　因

$$\Delta_{x(-\infty\to+\infty)}\arg P(x)=$$

$$\lim_{R\to\infty}\Delta_{x(-R\to+R)}\arg(x^3-3\mathrm{i}x^2-4x+2\mathrm{i})=$$

$$\lim_{R\to\infty}\Delta_{x(-R\to+R)}\arg x^3\left(1-\frac{3\mathrm{i}}{x}-\frac{4}{x^2}+\frac{2\mathrm{i}}{x^3}\right)=$$

$$\lim_{R\to\infty}\Delta_{x(-R\to+R)}\arg x^3+$$

$$\lim_{R\to\infty}\Delta_{x(-R\to+R)}\arg\left(1-\frac{3\mathrm{i}}{x}-\frac{4}{x^2}-\frac{2\mathrm{i}}{x^3}\right)$$

当 $R\to+\infty$，即 $x\to\infty$ 时，$-\dfrac{3\mathrm{i}}{x}-\dfrac{4}{x^2}-\dfrac{2\mathrm{i}}{x^3}$ 趋于零.

因此

$$\lim_{R\to\infty}\Delta_{x(-R\to+R)}\arg\left(1-\frac{3\mathrm{i}}{x}-\frac{4}{x^2}+\frac{2\mathrm{i}}{x^3}\right)=0$$

而

$$\lim_{R\to\infty}\Delta_{x(-R\to+R)}\arg x^3=\lim_{R\to\infty}3\Delta_{x(-R\to+R)}\arg x=$$

$$\lim_{R\to\infty}3(2\pi-\pi)=3\pi$$

所以
$$\Delta_{x(-\infty \to +\infty)} \arg P(x) = 3\pi$$
因此由定理 2 知,$P(z)$ 的零点全在上半平面 $\mathrm{Im}\, z > 0$ 内.

其实,对于上述例 1 和例 2 来讲,我们可以通过对多项式 $P(z)$ 分解因式得出它的零点,从而得知它的零点分布在什么区域内.如在例 1 中
$$P(z) = z^4 - 4z^3 + 6z^2 - 5z + 2 =$$
$$(z-1)(z-2)(z^2 - z + 1)$$
显然它的四个零点 $z=1, z=2, z = \dfrac{1}{2} \pm \dfrac{\sqrt{3}}{2}\mathrm{i}$ 全在右半平面内.又如在例 2 中,有
$$P(z) = (z-\mathrm{i})\big[z-(1+\mathrm{i})\big]\big[z+(1-\mathrm{i})\big]$$
一望而知它的三个零点 $z=\mathrm{i}, z=1+\mathrm{i}, z=-1+\mathrm{i}$ 全在上半平面内,但是大量的问题中多项式不容易分解因式,甚至不能够分解因式,亦即大量的实际问题只能知道函数有多少个零点,但是不容易直接求得,次数高于 4 次的多项式尤为如此.这时利用本章 §2 的结论可以很容易判定其零点分布情况.比如下面的例 3.

例 3 设复多项式 $P(z) = z^6 - 6z^5 + 15z^4 - 21z^3 + 18z^2 - 9z + 2$ 在虚轴上无零点.用与例 1 类似的方法可以求得 $\Delta_{y(-\infty \to +\infty)} \arg P(\mathrm{i}y) = -6\pi$,由定理 1 知 $P(z)$ 的零点全在右半平面内.

参考资料

[1] 北京大学数学力学系.高等代数[M].北京:高等教育出版社,1978.

[2] 钟玉泉.复变函数论[M].北京:高等教育出版社,1988.

[3] 方企勤.复变函数教程[M].北京:北京大学出版社,1996.

函数零点存在性的几种证法[①]

第 24 章

在学习高等数学的过程中,经常会遇到与函数零点相关的一些命题,学生往往感到束手无策,浙江传媒学院的张晓萍教授 2006 年探讨了解决此类问题的一些方法.

§1 利用介值定理

例 1 证明方程 $x^5 + x - 1 = 0$ 有一个正根.

证明 设 $f(x) = x^5 + x - 1$,则 $f(x)$ 在 $[0,1]$ 上连续,且 $f(0) = -1 < 0, f(1) = 1 > 0$,由介值定理知,存在一

---

① 本章摘编自《浙江传媒学院学报》,2006 年,第 1 期.

点 $\xi \in (0,1)$，使得 $f(\xi)=0$，即 ξ 是方程 $x^5 + x - 1 = 0$ 的一个正根.

§2 利用中值定理[1]

我们常常将所要证明的问题转化为证明导数零点的存在性，由中值定理证明之.

例2 设函数 $f(x)$ 在 $[0,1]$ 上连续，且
$$\int_0^1 f(x)\mathrm{d}x = 0$$
证明在开区间 $(0,1)$ 内方程 $f(1-x)+f(x)=0$ 至少有一个根.

证明 设
$$F(x) = \int_0^x [f(1-t)+f(t)]\mathrm{d}t$$
则
$$F(0) = 0$$
$$F(1) = \int_0^1 [f(1-t)+f(t)]\mathrm{d}t =$$
$$\int_0^1 f(1-t)\mathrm{d}t =$$
$$\int_0^1 f(t)\mathrm{d}t = 0$$

由 Rolle 定理知，至少存在一点 $\xi \in (0,1)$，使得 $F'(\xi)=0$，即
$$f(1-\xi)+f(\xi)=0$$

例3 设 $ab>0$，证明方程
$$(1-x)\mathrm{e}^x(a-b) - a\mathrm{e}^b + b\mathrm{e}^a = 0$$
在 a 与 b 之间至少有一个根.

278

证明　设 $f(x) = x \mathrm{e}^{\frac{1}{x}}$,由 $ab > 0$ 知,以 $\dfrac{1}{a}$ 和 $\dfrac{1}{b}$ 为端点的区间不包含原点,故 $f(x)$ 在以 $\dfrac{1}{a}$ 和 $\dfrac{1}{b}$ 为端点的区间上满足 Lagrange 中值定理的条件,从而存在介于 a 与 b 之间的 ξ,使得

$$\frac{1}{b} \mathrm{e}^b - \frac{1}{a} \mathrm{e}^a = \mathrm{e}^\xi (1 - \xi) \left(\frac{1}{b} - \frac{1}{a} \right)$$

整理即得结论.

§3　利用导数

例 4　设函数 $f(x)$ 在 $x = 0$ 处可导,且对任意的实数 x, y 满足方程 $f(x + y) = f(x) + f(y)$,证明:$f(x) - f'(0)x = 0$.

证明　由条件

$$f(x + y) = f(x) + f(y)$$

知 $f(0) = 0$,于是对任意的实数 x 有

$$f'(x) = \lim_{\Delta x \to 0} \frac{f(x + \Delta x) - f(x)}{\Delta x} =$$

$$\lim_{\Delta x \to 0} \frac{f(x) + f(\Delta x) - f(x)}{\Delta x} =$$

$$\lim_{\Delta x \to 0} \frac{f(\Delta x)}{\Delta x} =$$

$$\lim_{\Delta x \to 0} \frac{f(\Delta x) - f(0)}{\Delta x} =$$

$$f'(0)$$

故

$$f(x) = f'(0)x + c$$

令 $x=0$, 得 $c=0$, 所以
$$f(x) - f'(0)x = 0$$

§4　利用最值

例 5　假设 $f(x)$ 在 $[a,b]$ 上可微, 若 $f'_+(a) < 0$, $f'_-(b) > 0$, 则 $f'(x)=0$ 在 (a,b) 内至少有一个根.

证明　因
$$f'_+(a) = \lim_{x \to 0} \frac{f(a+x) - f(a)}{x} < 0$$

故对于充分小的正数 x, $f(x+a) < f(a)$, 于是函数 $f(x)$ 不可能在点 a 取得最小值; 同理函数也不会在点 b 取得最小值, 所以它的最小值只能在 (a,b) 内取得, 由极值的必要条件知, $f'(x)=0$ 在 (a,b) 内至少有一个根.

例 6　设 f 在 $[a,b]$ 上连续, 且对任何 $x \in [a,b]$, 存在 $y \in [a,b]$, 使得
$$|f(y)| < \frac{1}{2}|f(x)|$$

证明: 存在 $\xi \in [a,b]$, 使得 $f(\xi)=0$.

证明　由 f 在 $[a,b]$ 上连续知, $|f|$ 也在 $[a,b]$ 上连续. 若记 $|f|$ 在 $[a,b]$ 上的最小值 $m = |f(\xi)|$, 则当 $m=0$ 时结论成立; 当 $m>0$ 时, 对 $\xi \in [a,b]$, 存在 $y \in [a,b]$, 使得 $|f(y)| < \frac{1}{2}|f(\xi)|$, 矛盾, 所以存在 $\xi \in [a,b]$, 使得 $f(\xi)=0$.

§5　利用函数的幂级数展开式

例 7　证明多项式

$$P(x) = 1 + x + \frac{x^2}{2!} + \frac{x^3}{3!} + \cdots + \frac{x^{2n}}{(2n)!}$$

没有实根.

证明　假设 $P(x)$ 存在实根 x_0,由 $P(x)$ 的常数项为 1 且大于 0 可知,$x_0 < 0$,设 $x_0 = -\bar{x}(\bar{x} > 0)$,则有

$$P(x_0) = 1 - \bar{x} + \frac{\bar{x}^2}{2!} - \frac{\bar{x}^3}{3!} + \cdots + \frac{\bar{x}^{2n}}{(2n)!} =$$

$$e^{-\bar{x}} + \frac{e^{\xi}}{(2n+1)!}(\bar{x})^{2n+1} >$$

$$e^{-\bar{x}} > 0$$

与 $P(x_0) = 0$ 矛盾,故 $P(x)$ 没有实根.

§6　利用积分的保号性

例 8　设 $f(x)$ 在 $[0, +\infty)$ 上可微,且 $0 \leqslant f'(x) \leqslant f(x)$,$f(0) = 0$,求证:对 $\forall x \in [0, +\infty)$,有 $f(x) \equiv 0$.

证明　由 $f'(x) - f(x) \leqslant 0$ 知

$$e^{-x}[f'(x) - f(x)] \leqslant 0$$

即 $[e^{-x}f(x)]' \leqslant 0$,故对 $\forall x \in [0, +\infty)$,有

$$\int_0^x [e^{-t}f(t)]' \mathrm{d}t \leqslant 0$$

即 $e^{-x}f(x) \leqslant 0, f(x) \leqslant 0$,而已知 $f(x) \geqslant 0$,所以对 $\forall x \in [0, +\infty)$,有 $f(x) \equiv 0$.

§7 利用积分中值定理[2]

例9 设 $f(x)$ 在 $[0,1]$ 上连续,在 $(0,1)$ 内可导且满足 $f(1) = k\displaystyle\int_0^{\frac{1}{k}} x e^{1-x} f(x) \mathrm{d}x (k > 1)$,证明至少存在一点 $\xi \in (0,1)$,使得

$$f'(\xi) - (1 - \xi^{-1})f(\xi) = 0$$

证明 设 $F(x) = x e^{1-x} f(x)$,由积分中值定理,至少存在一点 $\eta \in \left[0, \dfrac{1}{k}\right] \subset [0,1]$,使得

$$F(1) = f(1) = k\int_0^{\frac{1}{k}} x e^{1-x} f(x) \mathrm{d}x = F(\eta)$$

又由 $F(x)$ 在 $[\eta, 1]$ 上满足 Rolle 定理的条件知,至少存在一点 $\xi \in (\eta, 1) \subset (0,1)$,使得 $F'(\xi) = 0$,即

$$e^{1-\xi}[f(\xi) - \xi f(\xi) + \xi f'(\xi)] = 0$$

也就是

$$f'(\xi) - (1 - \xi^{-1})f(\xi) = 0$$

前面我们讨论了证明函数零点存在的一些方法,希望能对相关命题的证明有一定的参考作用.

参考资料

[1] 同济大学应用数学系.高等数学:上册[M].5版.北京:高等教育出版社,2002.

[2] 华东师范大学数学系.数学分析:上册[M].3版.北京:高等教育出版社,2001.

函数零点的判定方法[①]

第 25 章

　　函数零点问题是高等数学中的重要问题,解法各有所长.邢台学院数学系的王明礼教授 2013 年讨论了连续函数及其导函数零点的判定方法,这不仅能加深人们对微积分知识的理解,而且能使其掌握解决这类问题的方法和技巧,从而提高数学素养.

　　若存在实数 $x = x_0$,使 $f(x_0) = 0$,则称 x_0 为函数 $f(x)$ 的零点.零点并非是一个点,而是使得 $f(x) = 0$ 的实数 x 的值.函数的零点又称为方程 $f(x) = 0$ 的实根.讨论函数零点的判定方法,在高等数学中具有重要的应用价值.

---

　　① 本章摘编自《萍乡高等专科学校学报》,2013 年,第 30 卷,第 3 期.

Zero point 问题

§1　利用零点定理判断函数的零点

例1　证明:方程 $x = \cos x$ 在 $\left(0, \dfrac{\pi}{2}\right)$ 内至少存在一个实根.

证明　令函数 $\varphi(x) = x - \cos x$,则函数 $\varphi(x)$ 在 $\left[0, \dfrac{\pi}{2}\right]$ 上连续,且

$$\varphi(0) = -1 < 0, \varphi\left(\frac{\pi}{2}\right) = \frac{\pi}{2} > 0$$

由零点定理知,在 $\left(0, \dfrac{\pi}{2}\right)$ 内至少存在一点 c,使得

$$\varphi(c) = c - \cos c = 0$$

即方程 $x = \cos x$ 在 $\left(0, \dfrac{\pi}{2}\right)$ 内至少存在一个实根.

利用零点定理证明函数零点的存在性是最常用的方法之一.零点定理只能保证函数零点的存在性,但没有指明零点的具体个数.

例2　证明:函数

$$f(x) = \left(\frac{2}{\pi} - 1\right) \ln x - \ln 2 + \ln(1 + x)$$

在 $(0, 1)$ 内只有一个零点.

证明

$$f(x) = \left(\frac{2}{\pi} - 1\right) \ln x - \ln 2 + \ln(1 + x)$$

$$f'(x) = \left(\frac{2}{\pi} - 1\right) \frac{1}{x} + \frac{1}{1 + x}$$

令 $f'(x)=0$,可解得

$$x=\frac{\pi}{2}-1$$

当 $x>\frac{\pi}{2}-1$ 时

$$f'(x)>0$$

当 $x<\frac{\pi}{2}-1$ 时

$$f'(x)<0$$

所以,$f(x)$ 在 $x=\frac{\pi}{2}-1$ 处有极小值.

由于 $f\left(\frac{\pi}{2}-1\right)<0$, 而 $\lim\limits_{x\to1^-}f(x)=0$,$f(x)$ 在 $\left(\frac{\pi}{2}-1,1\right)$ 内严格单调递增,从而 $f(x)$ 在 $\left(\frac{\pi}{2}-1,1\right)$ 内没有零点.

而

$$f\left(\frac{\pi}{2}-1\right)<0$$

$$\lim\limits_{x\to0^+}f(x)=+\infty$$

$f(x)$ 在 $\left(0,\frac{\pi}{2}-1\right)$ 内严格单调递减,所以 $f(x)$ 在 $\left(0,\frac{\pi}{2}-1\right)$ 内有零点,且只有一个.

因此 $f(x)$ 在 $(0,1)$ 内有且仅有一个零点.

零点定理常常与最值、极值问题相结合,利用函数的单调性证明方程仅有几个零点存在,进行特殊值验证正负时,特殊值一般为端点或极值点.

§2　利用极限判断连续函数的零点

例3　设 $f(x)$ 在 $[a,b]$ 上连续，$f(a)=f(b)=0$，并且 $f'(a)f'(b)>0$，证明：存在 $\xi \in (a,b)$，使 $f(\xi)=0$.

证明　分两种情况讨论：

（1）若 $f'(a)>0$ 且 $f'(b)>0$，因为

$$0<f'(a)=\lim_{x \to a^+}\frac{f(x)-f(a)}{x-a}$$

由保号性知，存在 $\delta_1>0$，使当 $x \in (a,a+\delta_1)$ 时，有

$$\frac{f(x)-f(a)}{x-a}>0$$

即

$$\frac{f(x)}{x-a}>0$$

所以

$$f(x)>0$$

取 $x_1 \in (a,a+\delta_1)$，则

$$f(x_1)>0$$

类似地，由 $f'(b)>0$，存在 $\delta_2>0$，使当 $x \in (b-\delta_2,b)$ 时，有

$$\frac{f(x)-f(b)}{x-b}>0$$

即

$$\frac{f(x)}{x-b}>0$$

所以

$$f(x) < 0$$

取 $x_2 \in (b - \delta_2, b)$，则

$$f(x_2) < 0$$

所以 $f(x)$ 在 $[x_1, x_2]$ 两端点的值异号. 故

$$\exists \xi \in (x_1, x_2) \subset (a, b)$$

使

$$f(\xi) = 0$$

（2）若 $f'(a) < 0$ 且 $f'(b) < 0$，类似可证存在 $\xi \in (a, b)$，使 $f(\xi) = 0$.

综上所述，存在 $\xi \in (a, b)$，使 $f(\xi) = 0$.

对于连续函数的零点问题，若条件中有导函数或是函数的两端点值为特殊值，则常将导函数转化为极限问题予以考虑，再利用介值性来判断函数零点的存在性.

§3　利用极值判断连续函数的零点

例4　若函数 $f(x)$ 在 $(a, +\infty)$ 内可导，且 $\lim\limits_{x \to a^+} f(x) = \lim\limits_{x \to +\infty} f(x)$，则在 $(a, +\infty)$ 内至少有一点 c，使 $f'(c) = 0$.

证明　设

$$\lim_{x \to a^+} f(x) = \lim_{x \to +\infty} f(x) = A$$

若 $f(x)$ 在 $(a, +\infty)$ 是常数函数，即

$$f(x) = A$$

则对 $\forall c \in (a, +\infty)$，有

$$f'(c) = 0$$

287

若 $f(x)$ 在 $(a, +\infty)$ 不是常数函数, 不妨设 $\exists x_0 \in (a, +\infty)$, 使

$$f(x_0) > A$$

即

$$\lim_{x \to a^+} f(x) = \lim_{x \to +\infty} f(x) = A < f(x_0)$$

根据函数极限的保号性, $\exists x_1 \in (a, x_0)$, 使

$$f(x_1) < f(x_0)$$

$\exists x_2 \in (x_0, +\infty)$, 使

$$f(x_2) < f(x_0)$$

又已知 $f(x)$ 在 $[x_1, x_2]$ 上连续, 则函数 $f(x)$ 在 $[x_1, x_2]$ 上能取得最大值, 显然最大值点不能是区间 $[x_1, x_2]$ 的端点 x_1, x_2, 只能在开区间 (x_1, x_2) 之内, 此时的最大值点就是极大值点. 设此极大值点就是 c, 因为可导函数 $f(x)$ 的极大值点 c 必是稳定点, 所以

$$f'(c) = 0$$

在 $(a, +\infty)$ 内至少有一点 c, 使 $f'(c) = 0$.

§4　利用积分判断函数的零点

例 5　若 $a_0, a_1, a_2, \cdots, a_n$ 为满足

$$a_0 + \frac{a_1}{2} + \cdots + \frac{a_{n-1}}{n} + \frac{a_n}{n+1} = 0$$

的实根, 证明: $a_0 + a_1 x + a_2 x^2 + \cdots + a_n x^n = 0$ 在 $[0, 1]$ 内至少有一个实根.

证明　令

$$f(x) = a_0 + a_1 x + a_2 x^2 + \cdots + a_n x^n$$

则

$$\int_0^1 f(x)\mathrm{d}x = a_0 + \frac{a_1}{2} + \cdots + \frac{a_{n-1}}{n} + \frac{a_n}{n+1} = 0$$

$$(*)$$

由式($*$)以及定积分的定义可得 $f(x)$ 在 $[0,1]$ 上不可能恒正或恒负.

所以:

(1)$f(x) \equiv 0, x \in [0,1]$,从而结论成立.

(2)存在 $x_1, x_2 \in [0,1]$,使 $f(x_1)f(x_2) < 0$,从而由 $f(x)$ 在 $[0,1]$ 上连续可得

$$\exists \xi \in (x_1, x_2) \subset [0,1]$$

使

$$f(\xi) = 0$$

即方程 $f(x) = 0$ 在 $[0,1]$ 内至少有一个实根.

例 6　设 $f(x)$ 在 $[0,1]$ 上连续,在 $(0,1)$ 内可导,且 $3\int_{\frac{2}{3}}^1 f(x)\mathrm{d}x = f(0)$,证明:在 $(0,1)$ 内至少存在一点 c,使 $f'(c) = 0$.

证明　由于函数 $f(x)$ 在 $[0,1]$ 上连续,则由积分中值定理知,至少存在一点 $\xi \in \left[\frac{2}{3}, 1\right]$,使

$$\int_{\frac{2}{3}}^1 f(x)\mathrm{d}x = f(\xi) \cdot \left(1 - \frac{2}{3}\right) = \frac{1}{3}f(\xi)$$

即

$$3\int_{\frac{2}{3}}^1 f(x)\mathrm{d}x = f(\xi)$$

又因为

$$3\int_{\frac{2}{3}}^1 f(x)\mathrm{d}x = f(0)$$

所以

$$f(\xi) = f(0)$$

且由函数 $f(x)$ 在 $[0,\xi]$ 上连续,在 $(0,\xi)$ 内可导,由 Rolle 定理知,至少存在一点 c,使 $f'(c)=0$.

§5　利用 Rolle 定理判断导函数的零点

例 7　设 $f(x)$ 为 n 阶可导函数,若方程 $f(x)=0$ 有 $n+1$ 个相异实根,则方程 $f^{(n)}(x)=0$ 至少有一个实根.

证明　设方程 $f(x)=0$ 的 $n+1$ 个相异实根为

$$x_1 < x_2 < x_3 < \cdots < x_{n-1} < x_n < x_{n+1}$$

对 $f(x)$ 在每个区间 $[x_k,x_{k+1}](k=1,2,\cdots,n)$ 上应用 Rolle 定理知,存在 $\xi_{1k}\in(x_k,x_{k+1})$,使 $f'(\xi_{1k})=0(k=1,2,\cdots,n)$,即 $f'(x)=0$ 至少有 n 个相异实根.

再对 $f'(x)$ 在 $n-1$ 个区间 $[\xi_{1k},\xi_{1,1+k}]$ 上应用 Rolle 定理知,存在 $\xi_{2k}\in(\xi_{1k},\xi_{1,1+k})$,使 $f''(\xi_{2k})=0$ $(k=1,2,\cdots,n)$,即 $f''(x)=0$ 至少有 $n-1$ 个相异实根.重复以上做法知,$f'''(x)=0$ 至少有 $n-2$ 个相异实根,所以,$f^{(n)}(x)=0$ 至少有一个实根.

函数零点问题可视为某函数的导函数零点问题,然后判断是否仍符合 Rolle 定理,再运用 Rolle 定理进行讨论.

§6　利用 Lagrange 中值定理 判断导函数的零点

例 8　若函数 $f(x)$ 在 $[0,1]$ 内可导,且 $f(0)=0$,

对 $\forall x \in [0,1]$,有 $|f'(x)| \leqslant |f(x)|$,则 $f(x)=0$,
$\forall x \in [0,1]$.

证明　对 $\forall x \in [0,1]$,有

$$
\begin{aligned}
|f(x)| = |f(x)-f(0)| =& |f'(\xi_1)| x \leqslant \\
& |f(\xi_1)| x = |f(\xi_1)-f(0)| x = \\
& |f'(\xi_2)| \xi_1 x \leqslant |f(\xi_2)| x^2 = \\
& |f(\xi_2)-f(0)| x^2 = \\
& |f'(\xi_3)| \xi_2 x^2 \leqslant \\
& |f(\xi_3)| x^3 \leqslant \cdots \leqslant |f(\xi_n)| x^n
\end{aligned}
$$

其中 $0 < \xi_n < \xi_{n-1} < \cdots < \xi_3 < \xi_2 < \xi_1 < x$.

已知 $f(x)$ 在 $[0,1]$ 上连续,从而 $f(x)$ 在 $[0,1]$ 上有界,即 $\exists M>0$,对 $\forall x \in [0,1]$,有

$$|f(x)| \leqslant M$$

对 $\forall x \in [0,1)$,有

$$|f(x)| \leqslant |f(\xi_n)| x^n \leqslant Mx^n$$

因为

$$\lim_{n \to \infty} x^n = 0 \quad (0 \leqslant x < 1)$$

所以对 $\forall x \in [0,1)$,有

$$f(x)=0$$

因为 $f(x)$ 在点 1 左连续,所以

$$f(1)=0$$

所以对 $\forall x \in [0,1]$,有 $f(x)=0$ 成立.

§7　利用 Taylor 定理判断函数的零点

例 9　设函数 $f(x)$ 在 $[0,+\infty)$ 上有连续的二阶导数,且 $f(0)>0, f'(0)<0, f''(0)<0$ $(0 \leqslant x <$

$+\infty$)，试证：在区间 $\left(0,-\dfrac{f(0)}{f'(0)}\right)$ 内 $f(x)$ 至少有一个实根.

证明 根据 Taylor 公式，对任意 $x>0$，存在 $\xi\in(0,x)$，有

$$f(x)=f(0)+f'(0)x+\frac{f''(\xi)x^2}{2!}$$

因此，可知 $f(x)$ 在区间 $\left[0,-\dfrac{f(0)}{f'(0)}\right]$ 的两个端点异号，故在区间 $\left(0,-\dfrac{f(0)}{f'(0)}\right)$ 内函数 $f(x)$ 至少有一个实根.

求解函数的零点问题有很多种方法，只要我们能够掌握并灵活运用微积分学的基本理论与方法，就能从更多的角度判定函数的零点.

参考资料

[1] 钱吉林.数学分析题解精粹[M].武汉：崇文书局，2003.

[2] 刘玉链.数学分析：上册[M].2版.北京：高等教育出版社，2001.

[3] 华东师范大学数学系.数学分析：上册[M].3版.北京：高等教育出版社，2001.

第四编
其他函数的零点问题

一类整函数的零点分布[①]

第 26 章

§1　引　　言

在《厦门大学学报》（1955 年第 3 期）所刊出的《指数函数和的零点分布》一文中，李文清教授对

$$F(z) = p_0(z) + p_1(z)\mathrm{e}^{a_1 z} + \cdots + p_n(z)\mathrm{e}^{a_n z} \tag{1}$$

的零点分布作了分析，上式中 $p_i(z)(i = 0, \cdots, n)$ 是多项式，a_n 表示常数．本章讨论的整函数为下列形式

$$F(z) = p_0(z) + p_1(z)\mathrm{e}^{a_1 z} + p_2(z)\mathrm{e}^{a_2 z^2} + \cdots + p_n(z)\mathrm{e}^{a_n z^n} \tag{2}$$

---

① 本章摘编自《厦门大学学报（自然科学版）》，1956 年，第 1 期．

式中 $p_0(z)$，$p_1(z)$，$\cdots$，$p_n(z)$ 是多项式，a_1，a_2，$\cdots$，a_n 表示常数（实数或复数）．一般说来，这类函数的零点密集分布在几个扇形域中，所谓扇形域是指 $z = \gamma e^{i\theta}$，$0 \leqslant \gamma < \infty$，$\alpha \leqslant \theta \leqslant \beta$．我们知道式（1）是所谓指数型的整函数，而式（2）是有限阶的整函数．在本章结束时，我们将举出一类无限阶的整函数零点分布的情况．

§2　常系数的情况

这一节所考虑的是最简单的情况，这样使证明简约而明晰，并且其方法可推广到一般情况．设

$$F(z) = A_0 + A_1 e^{a_1 z} + A_2 e^{a_2 z^2} + \cdots + A_n e^{a_n z^n} \quad (3)$$

A_0，A_1，$\cdots$，A_n 是常数，且 $A_n \neq 0$，又 a_1，a_2，$\cdots$，a_n 是常数，$a_i > 0$，$i = 1, 2, \cdots, n$，则得：

定理 1　已知式（3）中的整函数 $F(z)$，设 A_0，A_1，$\cdots$，A_n 是常数，且 $A_n \neq 0$，又 a_1，a_2，$\cdots$，a_n 是正的常数，对任一 $\delta > 0 \left(\delta < \dfrac{\pi}{2} \right)$，可确定一 M，使当 $|z| = \gamma > M$ 时，$F(z)$ 在

$$z = \gamma e^{i\theta}$$

$$\frac{\delta}{n} - \frac{\pi}{2n} + \frac{2m\pi}{n} \leqslant \theta \leqslant \frac{\pi}{2n} + \frac{2m\pi}{n} - \frac{\delta}{n}$$

没有零点．

证明　由式（3）得

$$|F(z)| \geqslant |A_n e^{a_n z^n}| - \{|A_0| + |A_1| |e^{a_1 z}| + \cdots + |A_{n-1}| |e^{a_{n-1} z^{n-1}}|\}$$

当 $|z| = \gamma >$ 某一数 M_1 时，得

296

$$
|F(z)| \geqslant |A_n \mathrm{e}^{a_n z^n}| - \{|A_0| + |A_1| + \cdots +
$$
$$
|A_{n-1}|\} \cdot \mathrm{e}^{a_{n-1}\gamma^{n-1}} \geqslant
$$
$$
|A_n|\mathrm{e}^{a_n\gamma^n \cos n\theta} - K\mathrm{e}^{a_{n-1}\gamma^{n-1}}
$$
$$
(K = |A_0| + \cdots + |A_{n-1}|)
$$

考察 $\cos n\theta > 0$，其解为

$$
2m\pi - \frac{\pi}{2} < n\theta < \frac{\pi}{2} + 2m\pi
$$
$$
(m = 1, 2, \cdots)
$$

设 δ 为任一小正数．取 θ 满足

$$
2m\pi - \frac{\pi}{2} + \delta \leqslant n\theta \leqslant \frac{\pi}{2} + 2m\pi - \delta
$$

得

$$
\frac{2m\pi}{n} - \frac{\pi}{2n} + \frac{\delta}{n} \leqslant \theta \leqslant \frac{\pi}{2n} - \frac{\delta}{n} + \frac{2m\pi}{n}
$$

当 θ 满足上述条件时

$$
\cos n\theta \geqslant \cos\left(\frac{\pi}{2} - \delta\right) = \sin\delta > 0
$$

则

$$
|F(z)| \geqslant |A_n|\mathrm{e}^{a_n\gamma^n \cos n\theta} - K\mathrm{e}^{a_{n-1}\gamma^{n-1}} \geqslant
$$
$$
|A_n|\mathrm{e}^{a_n\gamma^n \sin\delta} - K\mathrm{e}^{a_{n-1}\gamma^{n-1}} >
$$
$$
0 \quad (当 \gamma > 常数 M 时)
$$

故当 $|z| > M$ 时 $F(z)$ 在扇形域

$$
\frac{2m\pi}{n} - \frac{\pi}{2n} + \frac{\delta}{n} \leqslant \theta \leqslant \frac{\pi}{2n} - \frac{\delta}{n} + \frac{2m\pi}{n}
$$
$$
(m = 0, 1, \cdots, n-1)
$$

没有零点．证毕．

注意在上述计算中 M_1 及 M 的估计如下：

(1) M_1 的估计．令 $|z| = \gamma$．

$$
\{|A_0| + |A_1|\mathrm{e}^{a_1\gamma} + \cdots + |A_{n-1}|\mathrm{e}^{a_{n-1}\gamma^{n-1}}\} =
$$

$$\{\mid A_0 \mid e^{-a_{n-1}\gamma^{n-1}} + \mid A_1 \mid e^{a_1\gamma - a_{n-1}\gamma^{n-1}} + \cdots +$$
$$\mid A_{n-1} \mid\}e^{a_{n-1}\gamma^{n-1}}$$

上式中只要当

$$a_1\gamma - a_{n-1}\gamma^{n-1}$$
$$a_2\gamma^2 - a_{n-1}\gamma^{n-1}$$
$$\vdots$$
$$a_i\gamma^i - a_{n-1}\gamma^{n-1}$$
$$\vdots$$
$$a_{n-2}\gamma^{n-2} - a_{n-1}\gamma^{n-1}$$

都小于或等于 0 时即得所求,亦即

$$a_i\gamma^i - a_{n-1}\gamma^{n-1} \leqslant 0$$
$$(i = 1, \cdots, n - 2)$$

得

$$a_i - a_{n-1}\gamma^{n-i-1} \leqslant 0$$
$$(i = 1, \cdots, n - 2)$$
$$\sqrt[n-i-1]{\frac{a_i}{a_{n-1}}} \leqslant \gamma$$

所以取

$$M_1 \geqslant \max\left\{\sqrt[n-i-1]{\frac{a_i}{a_{n-1}}}\right\}$$
$$(i = 1, \cdots, n - 2)$$

(2)M 的估计. 设 $\gamma = M_1$,若

$$\mid A_n \mid e^{a_n\gamma^n\sin\delta} > Ke^{a_{n-1}\gamma^{n-1}}$$

则令 $M = M_1$ 即可. 设上式不成立,则 $M > M_1$.

则只需求 γ 使

$$\frac{K}{\mid A_n \mid}e^{a_{n-1}\gamma^{n-1} - a_n\gamma^n\sin\delta} < 1$$

因

298

$$\frac{K}{|A_n|}\mathrm{e}^{a_{n-1}\gamma^{n-1}-a_n\gamma^n\sin\delta} < \mathrm{e}^{\frac{K}{|A_n|}+a_{n-1}\gamma^{n-1}-a_n\gamma^n\sin\delta}$$

设 γ_0 是

$$\frac{K}{|A_n|}+a_{n-1}\gamma^{n-1}-a_n\gamma^n\sin\delta=0$$

唯一的正实根. 取 $M>\gamma_0$, 得

$$\frac{K}{|A_n|}\mathrm{e}^{a_{n-1}\gamma^{n-1}-a_n\gamma^n\sin\delta} < 1$$

取 $M=\gamma_0$, 则得所求的 M.

§3　多项式系数

若所考虑的函数为

$$F(z)=A_0(z)+A_1(z)\mathrm{e}^{a_1z}+$$
$$A_2(z)\mathrm{e}^{a_2z^2}+\cdots+A_n(z)\mathrm{e}^{a_nz^n} \tag{4}$$

其中 $a_1,a_2,\cdots,a_n$ 是大于零的常数, $A_0(z),A_1(z),$ $A_2(z),\cdots,A_n(z)$ 是多项式, 其零点分布的情况与 §2 的常系数的情况类似.

定理 2　已知式 (4) 中的整函数 $F(z)$, 当 $a_1,$ $a_2,\cdots,a_n$ 为大于零的常数时, $A_0(z),A_1(z),\cdots,A_n(z)$ 是多项式, 则对任一小正数 δ, 存在一正数 M, 使当 $|z|=\gamma>M$ 时, $F(z)$ 在扇形域

$$\frac{2m\pi}{n}-\frac{\pi}{2n}+\frac{\delta}{n}\leqslant\theta\leqslant\frac{\pi}{2n}-\frac{\delta}{n}+\frac{2m\pi}{n}$$
$$(m=0,1,\cdots,n-1)$$

没有零点.

证明　$|F(z)|\geqslant|A_n(z)||\mathrm{e}^{a_nz^n}|-|A_0(z)|-$
$$|A_1(z)||\mathrm{e}^{a_1z}|-\cdots-$$

$$| A_{n-1}(z) || \mathrm{e}^{a_{n-1} z^{n-1}} |$$

设

$$A_n(z) = a_0 + a_1 z + a_2 z^2 + \cdots + a_m z^m$$

则

$$| F(z) | \geqslant$$

$$| a_m z^m || \mathrm{e}^{a_n z^n} | - | A_n(z) - a_m z^m || \mathrm{e}^{a_n z^n} | -$$

$$| A_0(z) | - | A_1(z) || \mathrm{e}^{a_1 z} | - \cdots -$$

$$| A_{n-1}(z) || \mathrm{e}^{a_{n-1} z^{n-1}} |$$

$$| F(z) | \geqslant \left\{ \frac{1}{2} | a_m z^m || \mathrm{e}^{a_n z^n} | - \right.$$

$$\left. | A_n(z) - a_m z^m || \mathrm{e}^{a_n z^n} | \right\} +$$

$$\left\{ \frac{1}{2} | a_m z^m || \mathrm{e}^{a_n z^n} | - | A_0(z) | - \right.$$

$$| A_1(z) || \mathrm{e}^{a_1 z} | - \cdots -$$

$$\left. | A_{n-1}(z) || \mathrm{e}^{a_{n-1} z^{n-1}} | \right\} =$$

$$I + J$$

第一部分的估计如下:设 $z = \gamma \mathrm{e}^{\mathrm{i}\theta}$,则

$$I = \frac{1}{2} | a_m z^m || \mathrm{e}^{a_n z^n} | - | A_n(z) - a_m z^m || \mathrm{e}^{a_n z^n} | =$$

$$\mathrm{e}^{a_n \gamma^n \cos n\theta} \left\{ \frac{1}{2} | a_m | \gamma^m - | a_0 | - \right.$$

$$\left. | a_1 | \gamma - \cdots - | a_{m-1} | \gamma^{m-1} \right\} >$$

$$0$$

其中 $\gamma > M_1$, M_1 存在,例如取

$$M_1 > \frac{2(| a_0 | + \cdots + | a_{m-1} |)}{a_m}$$

第二部分的估计如下:当 $\cos n\theta \geqslant \eta > 0, \eta$ 固定

300

时,有

$$\lim_{\gamma \to \infty} \frac{\mid A_0(z) \mid + \mid A_1(z) \mid e^{a_1 \gamma} + \cdots + \mid A_n(z) \mid e^{a_{n-1} \gamma^{n-1}}}{\frac{1}{2} \mid a_m \mid \gamma^m \cdot e^{a_n \gamma^n \cos n\theta}} = 0$$

故存在 M_2 使 $\gamma > M_2$,于是

$$J = \frac{1}{2} \mid a_m z^m \mid \mid e^{a_n z^n} \mid - \{\mid A_0(z) \mid + \cdots +$$
$$\mid A_{n-1}(z) \mid \mid e^{a_{n-1} z^{n-1}} \mid\} > 0$$

取 $M = \max\{M_1, M_2\}$,则得 $\mid F(z) \mid > 0, \cos n\theta \geqslant \eta > 0$.

设 δ 为任一固定的小正数 $\left(当然 \delta < \dfrac{\pi}{2}\right)$,取 θ 满足

$$2m\pi - \frac{\pi}{2} + \delta \leqslant n\theta \leqslant \frac{\pi}{2} - \delta + 2m\pi$$

则

$$\frac{2m\pi}{n} - \frac{\pi}{2n} + \frac{\delta}{n} \leqslant \theta \leqslant \frac{\pi}{2n} - \frac{\delta}{n} + \frac{2m\pi}{n}$$
$$(m = 0, 1, \cdots, n-1)$$

此时

$$\cos n\theta \geqslant \cos\left(\frac{\pi}{2} - \delta\right) = \sin \delta > 0$$

取 $\sin \delta = \eta$ 即得定理 2. 证毕.

§4　一种有趣的特殊情况

考察函数

$$F(z) = A(z) + B(z) e^{a_n z^n} \tag{5}$$

$A(z), B(z)$ 是多项式,$a_n > 0$ 为实数,则得:

定理 3 当 γ 大于某数 M 时,式(5) 中函数的零点密集分布在 $2n$ 个对称的任意给定的小辐角的扇形域内. 这个 M 的选择,与辐角的大小有关.

证明

$$| F(z) | \geqslant | A(z) | - | B(z) | \, | \mathrm{e}^{a_n z^n} | =$$
$$| A(z) | - | B(z) | \, \mathrm{e}^{a_n \gamma^n \cos n\theta}$$

当 $\cos n\theta \leqslant - \eta$ 时,有

$$\lim_{\gamma = |z| \to \infty} | B(z) | \, \mathrm{e}^{\gamma^n a_n \cos n\theta} = 0$$

故存在 M_1 使 $| F(z) | > 0$. 当 $\gamma > M_1$ 时,考察 $\cos n\theta < 0$,其解为

$$2m\pi + \frac{\pi}{2} < n\theta < 2m\pi + \frac{3\pi}{2}$$
$$(m = 0, 1, \cdots, n-1)$$

取 δ 为任一固定的小正数.

当

$$2m\pi + \frac{\pi}{2} + \delta \leqslant n\theta \leqslant 2m\pi + \frac{3\pi}{2} - \delta$$

时

$$\cos n\theta \leqslant \cos\left(\frac{\pi}{2} + \delta\right) = -\sin\delta < 0$$

此时 θ 满足

$$\frac{2m\pi}{n} + \frac{\pi}{2n} + \frac{\delta}{n} \leqslant \theta \leqslant \frac{2m\pi}{n} + \frac{3\pi}{2n} - \frac{\delta}{n}$$
$$(m = 0, 1, \cdots, n-1)$$

取 $-\sin\delta = -\eta$ 即满足所求的 δ.

由定理 2,对任一 $\delta > 0$,存在 M_2 使 $\gamma > M_2$,当

$$\frac{\delta}{n} - \frac{\pi}{2n} + \frac{2m\pi}{n} \leqslant \theta \leqslant \frac{\pi}{2n} + \frac{2m\pi}{n} - \frac{\delta}{n}$$
$$(m = 0, 1, \cdots, n-1)$$

时，$F(z)$ 没有零点.

于是当 $\gamma > \max\{M_1,M_2\}$ 时 $F(z)$ 在扇形域：

（1）

$$\frac{2m\pi}{n} + \frac{\pi}{2n} + \frac{\delta}{n} \leqslant \theta \leqslant \frac{2m\pi}{n} + \frac{3\pi}{2n} - \frac{\delta}{n}$$

$$(m = 0,1,\cdots,n-1)$$

（2）

$$\frac{2m\pi}{n} - \frac{\pi}{2n} + \frac{\delta}{n} \leqslant \theta \leqslant \frac{\pi}{2n} + \frac{2m\pi}{n} - \frac{\delta}{n}$$

$$(m = 0,1,\cdots,n-1)$$

没有零点.

于是 $F(z)$ 的零点密集分布在 $2n$ 个对称的小辐角的扇形域内.

例 $F(z) = A(z) + B(z)\mathrm{e}^{z^3}$，由定理 3，对 $\delta > 0$，当 $\gamma > M_\delta$ 时，$F(z)$ 在下列扇形域没有零点：

（Ⅰ）

$$\frac{\delta}{3} - \frac{\pi}{6} \leqslant \theta \leqslant \frac{\pi}{6} - \frac{\delta}{3}$$

（Ⅱ）

$$\frac{\delta}{3} - \frac{\pi}{6} + \frac{2\pi}{3} \leqslant \theta \leqslant \frac{\pi}{6} + \frac{2\pi}{3} - \frac{\delta}{3}$$

（Ⅲ）

$$\frac{\delta}{3} - \frac{\pi}{6} + \frac{4\pi}{3} \leqslant \theta \leqslant \frac{\pi}{6} + \frac{4\pi}{3} - \frac{\delta}{3}$$

又在下列扇形域没有零点：

（Ⅳ）

$$\frac{\pi}{6} + \frac{\delta}{3} \leqslant \theta \leqslant \frac{3\pi}{6} - \frac{\delta}{3}$$

（Ⅴ）

$$\frac{\pi}{6} + \frac{2\pi}{3} + \frac{\delta}{3} \leqslant \theta \leqslant \frac{2\pi}{3} + \frac{3\pi}{6} - \frac{\delta}{3}$$

（Ⅵ）

$$\frac{\pi}{6} + \frac{4\pi}{3} + \frac{\delta}{3} \leqslant \theta \leqslant \frac{4\pi}{3} + \frac{3\pi}{6} - \frac{\delta}{3}$$

如图 1,阴影部分表示（Ⅰ）到（Ⅵ）的扇形域.

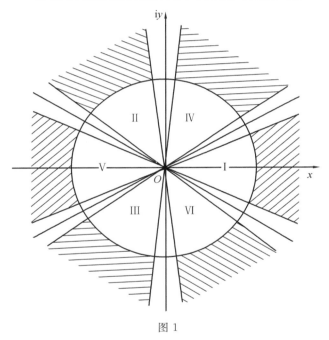

图 1

§5　复系数的情况

考察函数

$$F(z) = A_0(z) + A_1(z)e^{(a_1+ib_1)z} + \cdots +$$
$$A_n(z)e^{(a_n+ib_n)z^n} \tag{6}$$

其中 $A_0(z), \cdots, A_n(z)$ 是多项式. 设 $a_i, b_i > 0, i = 1,$
$2, \cdots, n.$ 考察末项

$$\mid A_n(z)e^{(a_n+ib_n)z^n} \mid = \mid A_n(z) \mid e^{\gamma^n(a_n \cos n\theta - b_n \sin n\theta)}$$

若

$$h(\theta) = a_n \cos n\theta - b_n \sin n\theta \geqslant \eta > 0$$

则当 $\gamma > M_n$ 时 $F(z)$ 没有零点.

设 $a_n > 0, b_n > 0,$ 当 $\cos n\theta > 0$ 时,由 $h(\theta) > 0$ 得 $\dfrac{a_n}{b_n} - \tan n\theta > 0,$ 此 θ 必须满足

$$2m\pi - \frac{\pi}{2} < n\theta < \arctan \frac{a_n}{b_n} + 2m\pi$$

即

$$\frac{2m\pi}{n} - \frac{\pi}{2n} < \theta < \frac{1}{n}\arctan \frac{a_n}{b_n} + \frac{2m\pi}{n}$$

仿 §3 得如下定理：

定理 4 设 $F(z) = A_0(z) + A_1(z)e^{(a_1+ib_1)z} + \cdots +$
$A_n(z)e^{(a_n+ib_n)z^n},$ 其中 $A_0(z), \cdots, A_n(z)$ 是多项式, a_k, b_k 是正实数, $k = 1, 2, \cdots, n.$ 则对任一 $\delta > 0,$ 存在 M_δ 使当 $\gamma > M_\delta$ 时, $F(z)$ 在下列扇形域有零点

$$\frac{\delta}{n} + \frac{2m\pi}{n} - \frac{\pi}{2n} \leqslant \theta \leqslant$$
$$\frac{1}{n}\arctan \frac{a_n}{b_n} + \frac{2m\pi}{n} - \frac{\delta}{n}$$

证明与 §3 相似,故从略.

§6 一类无限阶的整函数

考察整函数

$$F(z) = a_0 e^{e^z} + b_1 e^{z^n} + b_2 e^{z^{n-1}} + \cdots + b_{n+1} \qquad (7)$$

考虑

$$|e^{e^z}| = |e^{e^{x+iy}}| = |e^{e^x \cdot e^{iy}}| = e^{e^x \cdot \cos y}$$

$\cos y > 0$ 的解为

$$2m\pi - \frac{\pi}{2} < y < \frac{\pi}{2} + 2m\pi$$

取任一 $\delta > 0 \left(\frac{\pi}{2} > \delta > 0\right)$，当

$$\delta + 2m\pi - \frac{\pi}{2} \leqslant y \leqslant \frac{\pi}{2} + 2m\pi - \delta$$

时

$$\cos y \geqslant \cos\left(\frac{\pi}{2} - \delta\right) = \sin \delta > 0$$

今取 $y \leqslant kx, x > 0, y > 0, k$ 是大于零的常数，得

$$|z| = \sqrt{x^2 + y^2} \leqslant |x|\sqrt{1 + k^2}$$

考察

$$|F(z)| \geqslant |a_0| e^{e^x \cos y} - Ke^{|z|^n}$$

当 $|z| > M_1$ 时

$$|F(z)| \geqslant |a_0| e^{e^x \cos y} - Ke^{(|x|\sqrt{1+k^2})^n}$$

故存在 $M > 0$，使当 $x > M, \cos y \geqslant \sin \delta$ 时，$|F(z)| > 0$.

综合上述得：

定理 5 $F(z) = a_0 e^{e^z} + b_1 e^{z^n} + b_2 e^{z^{n-1}} + \cdots + b_{n+1}$，在 $y \leqslant kx$ 及 $x > 0, y > 0, k > 0$ 时，对任一 $\delta > 0$，存

在 M 使 $|z| > M$ 时, $F(z)$ 在

$$\delta + 2m\pi - \frac{\pi}{2} \leqslant y \leqslant \frac{\pi}{2} + 2m\pi - \delta$$

的条子域上没有零点.

证明从略.

如图 2 所示, 阴影部分是定理 5 的 $F(z)$ 没有零点的部分.

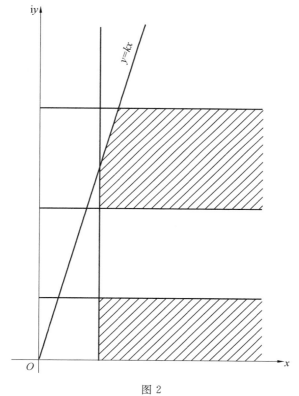

图 2

在 §5, §6 两节, 因证明的方法与 §3 类似, 故证

明就没有必要重复了. 又 §6 还可以考虑在第一象限以外的情况, 以及系数较难的情况, 可得相似的结果.

在 §5 的计算中有

$$h(\theta) = a_n \cos n\theta - b_n \sin n\theta$$

这一函数是与 Phragman-Lindelöf 函数有关的, 可以利用 $h(\theta) = \varlimsup_{\gamma \to \infty} \dfrac{\log |f(\gamma e^{i\theta})|}{\gamma^\rho}$ 研究下列问题:

设 $f(z)$ 的零点在实轴上, $A(z), B(z)$ 是多项式, 问

$$A(z) + B(z)f(z)$$

的零点分布如何?

参考资料

[1] 李文清. 指数函数和的零点分布[J]. 厦门大学学报(自然科学版), 1955,3:20-28.

指数函数和的零点分布[①]

在微分方程的稳定性理论中,有时关联到指数函数和的零点分布问题. 例如 Bellman(参考[1,2])在讨论方程时

$$\frac{\mathrm{d}}{\mathrm{d}t}u(t+1)=a_1u(t+1)+a_2u(t)$$

$$u=\Phi(t)$$

$$(0\leqslant t\leqslant 1)$$

$u(t)$ 的有界解存在的条件为

$$se^s-a_1e^s-a_2=0$$

的根全部落在 $R(s)=-\lambda<0$ 的左半平面内. 我们要问 a_1 及 a_2 满足什么条件才有这样的分布呢? 为了研究这一类问题,我们来讨论更广泛的问题,即所谓指数函数和

$$\Phi(s)=\sum_{r=0}^{n}A_r(s)e^{a_rs} \tag{1}$$

---

① 本章摘编自《厦门大学学报(自然科学版)》,1955 年,第 3 期.

的根的分布问题. 为了明确起见, 设 $a_0 = 0 < a_1 < a_2 < \cdots < a_n$ 为实数, s 表示复数. $A_r(s)$ 表示非常数的多项式, 当 $A_r(s)$ 退化为常数时, 已被 Langer 讨论了 (参考[3]). 这里顺便把 Langer 的结果提一下, 即当 $A_r(s)(r=1,2,\cdots,n)$ 都是常数时, 则 $\Phi(s)$ 的根分布在与虚轴平行的一条子域内, 即 $s = \sigma + i\tau$, $|\sigma| < k$ 的一域内. 他也讨论了 $A_r(s) = c_\gamma s^{\gamma_r}$, c_γ 是常数, γ_r 是实常数的情况, 厦门大学的李文清教授把 $A_r(s)$ 考虑为非常数的多项式. 则 $\Phi(s)$ 的零点落在一曲线条子域内, 因多项式的不同而选取的曲线不同. 本章最后对

$$\Phi(s) = P(s) + Q(s)e^{as}$$

作了详细的讨论, 并把 Bellman 稳定条件用 a_1, a_2 的性质来说明.

为了计算上的方便, 令 $0 < a_1 < a_2 < \cdots < a_n$, 考虑指数函数和

$$\Phi(s) = A_0(s) + A_1(s)e^{a_1 s} +$$
$$A_2(s)e^{a_2 s} + \cdots + A_n(s)e^{a_n s} \qquad (2)$$

在上式中 $A_i(s)(i=0,1,2,\cdots,n)$ 是非常数的多项式. 又用 B_i 表示 $A_i(s)$ 的系数的绝对值之最大者, $A_i(s)$ 的幂次以 m_i 表之, 用 N 表示 $\max\{m_0, m_1, \cdots, m_n\}$, 则得下列定理.

定理 1 满足上述条件的

$$\Phi(s) = A_0(s) + A_1(s)e^{a_1 s} +$$
$$A_2(s)e^{a_2 s} + \cdots + A_n(s)e^{a_n s}$$

的零点落在下列 (ⅰ), (ⅱ), (ⅲ) 的联合区域内 ($s = \sigma + i\tau$):

(ⅰ) $|s| \leqslant M$, 圆形域.

（ⅱ）
$$\left.\begin{array}{l} |\tau| \geqslant e^{\frac{a_n - a_{n-1}}{N}\sigma} \quad \cdots 在右半平面 \\ |\tau| \geqslant e^{-\frac{a_1}{N}\sigma} \quad \cdots 在左半平面 \end{array}\right\} 曲线域.$$

（ⅲ）$-\sigma'_n \leqslant \sigma \leqslant \sigma_n(\sigma'_n, \sigma_n > 0)$，条子域.

上述 M, σ'_n, σ_n 由 $A_r(s)(r=0,1,\cdots,n)$ 的系数、幂次及 $a_1, a_2, \cdots, a_n$ 所决定.（ⅰ），（ⅱ），（ⅲ）的联合区域如图 1 的阴影部分.

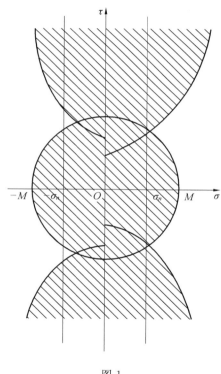

图 1

证明　先证右半平面的情况（$\sigma > 0$）.

设

311

Zero point 问题

$$A_n(s) = a_0^{(n)} s^{m_n} + a_1^{(n)} s^{m_n-1} + \cdots + a_{m_n}^{(n)}$$

则

$$| \Phi(s) | \geqslant | A_n(s) | e^{a_n \sigma} - \sum_{r=1}^{n-1} | A_r(s) | e^{a_r \sigma} - | A_0(s) |$$

$$| \Phi(s) | \geqslant | a_0^{(n)} s^{m_n} | e^{a_n \sigma} - B_n \sum_{r=0}^{m_n-1} | s^r | e^{a_n \sigma} -$$

$$\sum_{r=1}^{n-1} | A_r(s) | e^{a_r \sigma} - | A_0(s) | =$$

$$\frac{1}{2} | a_0^{(n)} | | s |^{m_n} e^{a_n \sigma} -$$

$$B_n \sum_{r=0}^{m_n-1} | s |^r e^{a_n \sigma} +$$

$$\frac{1}{2} | a_0^{(n)} | | s |^{m_n} e^{a_n \sigma} -$$

$$\sum_{r=1}^{n-1} | A_r(s) | e^{a_r \sigma} - | A_0(s) | =$$

$$I + J \quad （分为两部分）$$

第一部分

$$I = \left(\frac{1}{2} | a_0^{(n)} | | s |^{m_n} - B_n \sum_{r=0}^{m_n-1} | s |^r \right) e^{a_n \sigma} \geqslant$$

$$\left(\frac{1}{2} | a_0^{(n)} | \cdot | s |^{m_n} - B_n \cdot m_n | s^{m_n-1} | \right) e^{a_n \sigma} >$$

$$(s \geqslant 1)$$

$$0$$

$$(| s | > \left\{ \frac{2B_n \cdot m_n}{| a_0^{(n)} |}, 1 \right\} = M_1, \{a, b\} \text{ 表示 } \max[a, b])$$

第二部分

$$J = \frac{1}{2} | a_0^{(n)} | | s^{m_n} | e^{a_n \sigma} -$$

312

$$\sum_{r=1}^{n-1} \mid A_r(s) \mid \mathrm{e}^{a_r\sigma} - \mid A_0(s) \mid >$$

$$\frac{1}{2} \mid a_0^{(n)} \mid \mid s \mid^{m_n} \mathrm{e}^{a_n\sigma} -$$

$$\{(\sum_{r=1}^{n-1} \mid A_r(s) \mid) + \mid A_0(s) \mid\}\mathrm{e}^{a_{n-1}\sigma} \geqslant$$

$$\frac{1}{2} \mid a_0^{(n)} \mid \mid s \mid^{m_n} \mathrm{e}^{a_n\sigma} -$$

$$(\sum_{r=0}^{n-1}(m_r+1)B_r \mid s \mid^N)\mathrm{e}^{a_{n-1}\sigma}$$

$$(\mid s \mid \geqslant 1)$$

上式中的 $N = \max\{m_0, m_1, \cdots, m_n\}$，令

$$K_1 = \sum_{r=0}^{n-1}(m_r+1)B_r$$

则

$$J \geqslant \frac{1}{2} \mid a_0^{(n)} \mid \mid s \mid^{m_n} \mathrm{e}^{a_n\sigma} - K_1 \mid s \mid^N \mathrm{e}^{a_{n-1}\sigma} =$$

$$\left(\frac{1}{2} \mid a_0^{(n)} \mid - K_1 \mid s \mid^{N-m_n} \mathrm{e}^{-(a_n-a_{n-1})\sigma}\right) \cdot$$

$$\mid s \mid^{m_n} \mathrm{e}^{a_n\sigma}$$

令

$$\mid \tau \mid < \mathrm{e}^{\frac{a_n-a_{n-1}}{N}\sigma}$$

$$s = \sigma + \mathrm{i}\tau$$

则

$$\mid s \mid^{N-m_n} \leqslant (\mid \sigma \mid + \mid \tau \mid)^{N-m_n} \leqslant$$

$$\{\mid \sigma \mid + \mathrm{e}^{\frac{a_n-a_{n-1}}{N}\sigma}\}^{N-m_n} \leqslant$$

$$\{2\mathrm{e}^{\frac{a_n-a_{n-1}}{N}\sigma}\}^{N-m_n}$$

$$(\sigma > \sigma_0)$$

所以

$$J \geqslant \left\{ \frac{1}{2} \mid a_0^{(n)} \mid - K_1 2^{N-m_n} e^{\frac{(a_n - a_{n-1})(N-m_n)}{N}\sigma + (a_{n-1} - a_n)\sigma} \right\} \cdot$$

$$\mid s \mid^{m_n} \cdot e^{a_n \sigma} \geqslant$$

$$\left\{ \frac{1}{2} \mid a_0^{(n)} \mid - K_1 2^{N-m_n} e^{-\frac{(a_n - a_{n-1})m_n}{N}\sigma} \right\} \mid s \mid^{m_n} \cdot e^{a_n \sigma} >$$

$$0$$

当 σ 充分大时,设 $\sigma > \sigma_n > \sigma_0$,此 σ_n 可看作

$$\frac{1}{2} \mid a_0^{(n)} \mid - K_1 2^{N-m_n} e^{-\frac{a_n - a_{n-1}}{N}m_n \sigma} = 0$$

的唯一的实根. 故当 $s = \sigma + i\tau, \sigma > 0$ 时 $\mid \Phi(s) \mid > 0$,当

(i) $\mid s \mid > \max \left\{ 1, \frac{2B_n \cdot m_n}{\mid a_0^{(n)} \mid} \right\} = M_1$;(ii) $\mid \tau \mid <$

$e^{\frac{a_n - a_{n-1}}{N}\sigma}$;(iii) $\sigma > \sigma_n$ 时上述(i),(ii),(iii)的点集合

即定理 1 在右半平面所满足的结果. 至于左半平面,考虑

$$F(s) = \Phi(s)e^{-a_n s} + A_1(s)e^{-(a_n - a_1)s} + \cdots + A_n(s)$$

按左半平面与右半平面的对称性得相同的结果,只不过:

(1) σ'_n 与 σ_n 大小不同.

(2) $\mid s \mid > M_2, M_2$ 与 M_1 不同,取其大量者为 $\mid s \mid > M$.

(3) $\mid \tau \mid > e^{-\frac{a_1 \sigma}{N}}$.

定理 2 设

$$\Phi(s) = A_0(s) + A_1(s)e^{a_1 s} + \cdots + A_n(s)e^{a_n s}$$

又设

$$a_1 < a_2 < a_3 < \cdots < a_n$$

且

$$m_0 < m_1 < m_2 < \cdots < m_n$$

$(m_r$ 是 $A_r(s)$ 的幂次)

则 $\Phi(s)$ 在右半平面及虚轴上只有有限个零点.

证明

$|\Phi(s)| \geqslant$

$|A_n(s)| e^{a_n \sigma} - \sum_{r=1}^{n-1} |A_r(s)| e^{a_r \sigma} - |A_0(s)| \geqslant$

$e^{a_n \sigma} \{|A_n(s)| - \sum_{r=1}^{n-1} |A_r(s)| - |A_0(s)|\} \geqslant$

$(\sigma \geqslant 0)$

$e^{a_n \sigma} \{|a_0^{(n)}| |s|^{m_n} - \sum_{r=1}^{m_n} |a_r^{(n)}| |s|^{m_n - r} -$

$\sum_{r=0}^{n-1} |A_r(s)|\} \geqslant$

$e^{a_n \sigma} \{|a_0^{(n)}| |s|^{m_n} - m_n B_n |s|^{m_n - 1} -$

$\sum_{r=0}^{n-1} (m_r + 1) B_r |s|^{m_n - 1}\} >$

$(|s| \geqslant 1)$

$0 \quad \left(|s| > \dfrac{m_n B_n + \sum_{r=0}^{n-1} (m_r + 1) B_r}{|a_0^{(n)}|}\right)$

定理 2 的零点分布如图 2 的阴影部分.

设

$$A_0(s) = a_0 s^m + a_1 s^{m-1} + \cdots + a_m$$
$$A_1(s) = b_0 s^n + b_1 s^{n-1} + \cdots + a_n$$

定理 3　考虑 $\Phi(s) = A_0(s) + A_1(s) e^{as}, a > 0$,设 $m > n$,则 $\Phi(s)$ 的零点落在下列两个闭区域的联合集合上:

Zero point 问题

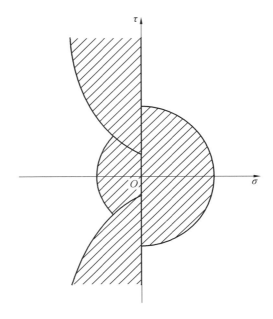

图 2

(1) $|s| \leqslant \dfrac{1}{|a_0|} \big[mM_0 + n(M_1 + 1) \big], \sigma \leqslant 0,$ 其中

$$M_0 = \max_{0 \leqslant i \leqslant m} |a_i|, M_1 = \max_{0 \leqslant i \leqslant n} |b_i|$$

(2) 下列两条曲线 c_1 及 c_2 之间的闭域

$$c_1 \begin{cases} |\tau| = \left(\dfrac{2m(M_1 + 1)}{|a_0|} \right)^{\frac{1}{m-n}} \mathrm{e}^{\frac{a+1}{m-n}\sigma}, \sigma > 0, \\[2mm] \text{当 } |s| > \dfrac{2mM_0}{|a_0|} \\[2mm] \tau \text{ 轴, 当 } |\tau| \leqslant \dfrac{2mM_0}{|a_0|} \end{cases}$$

316

$$c_2 \begin{cases} \tau = \mathrm{e}^{\frac{a}{m}\sigma} \\ |s| = M, 常数 \\ \sigma = \sigma_1, 常数 \end{cases} 三条曲线中取最右边的点所构成$$

的曲线,如图 3 的阴影部分.

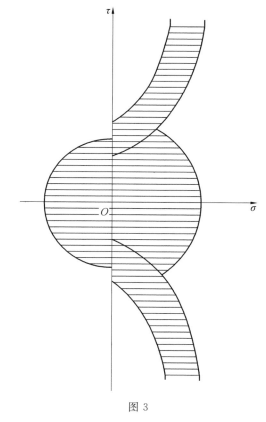

图 3

证明　(1) 令

$$F(s) = \mathrm{e}^{-as}\Phi(s)$$
$$F(s) = \mathrm{e}^{-as}A_0(s) + A_1(s)$$

317

Zero point 问题

$$| F(s) | \geqslant \mathrm{e}^{-a\sigma} | A_0(s) | - | A_1(s) | \geqslant$$
$$\mathrm{e}^{-a\sigma} \{ | a_0 | s^m -$$
$$\sum_{i=1}^{m} | a_i | | s^{m-i} | \} -$$
$$\sum_{i=0}^{n} | b_i s^{n-i} | \geqslant$$
$$\mathrm{e}^{-a\sigma} \{ | a_0 | | s |^m -$$
$$m M_0 | s |^{m-1} -$$
$$n(M_1 + 1) | s |^{m-1} \}$$
$$(\sigma \leqslant 0, | s | \geqslant 1)$$

所以
$$| F(s) | > 0$$
$$\left(| s | > \frac{1}{| a_0 |} [m M_0 + n(M_1 + 1)] \right)$$

（2）
$$(c_1) | F(s) | \geqslant \frac{\mathrm{e}^{-a\sigma}}{2} | a_0 | | s |^m -$$
$$m M_0 | s |^{m-1} \mathrm{e}^{-a\sigma} +$$
$$\frac{\mathrm{e}^{-a\sigma}}{2} | a_0 | | s |^m -$$
$$n(M_1 + 1) | s |^n =$$
$$(| s | \geqslant 1)$$
$$I + J$$

$$I = \mathrm{e}^{-a\sigma} \left\{ \frac{| a_0 |}{2} | s |^m - m M_0 | s |^{m-1} \right\} > 0$$
$$\left(| s | > \frac{2 m M_0}{| a_0 |} \right)$$

$$J = \frac{| a_0 |}{2} \mathrm{e}^{-a\sigma} | s |^m - n(M_1 + 1) | s |^n =$$

318

$$|s|^n \left\{ \frac{|a_0|}{2} e^{-a\sigma} |s|^{m-n} - n(M_1+1) \right\} \geqslant$$

$$|s|^n \left\{ \frac{|a_0|}{2} e^{-a\sigma} |\tau|^{m-n} - n(M_1+1) \right\}$$

设

$$|\tau| \geqslant \left(\frac{2n(M_1+1)}{|a_0|} \right)^{\frac{1}{m-n}} e^{\frac{(a+1)\sigma}{m-n}}$$

$$J \geqslant |s|^n \left\{ \frac{|a_0|}{2} e^{-a\sigma} \frac{2n(M_1+1)}{|a_0|} \cdot \right.$$

$$e^{(a+1)\sigma} - n(M_1+1) \left. \right\} =$$

$$|s|^n \{ n(M_1+1)e^\sigma -$$

$$n(M_1+1) \} \geqslant 0$$

$$(\sigma \geqslant 0)$$

所以

$$|F(s)| > 0$$

其中

$$|s| > \frac{2mM_0}{|a_0|}$$

$$|\tau| > \left(\frac{2n(M_1+1)}{|a_0|} \right)^{\frac{1}{m-n}} \cdot e^{\frac{(a+1)\sigma}{m-n}}$$

故在曲线(c_1)的左边除

$$|s| \leqslant \frac{1}{|a_0|} [mM_0 + n(M_1+1)]$$

之域外没有零点. 至于(c_2)不难由定理 1 推得.

附注 若考虑

$$\Phi(s) = A_0(s) + A(s)e^{as}$$

当$A(s)$的幂次大于$A_0(s)$的幂次时,其图为定理 4 之图以τ轴对称之图形,不再讨论.

定理 4 考虑

$$\Phi(s) = A_0(s) + A_1(s)e^{as} \quad (a > 0)$$

并设 $A_0(s)$ 与 $A_1(s)$ 的幂次相同：

$$A_0(s) = s^n + a_1 s^{n-1} + \cdots + a_n$$

$$A_1(s) = s^n + b_1 s^{n-1} + b_2 s^{n-2} + \cdots + b_n$$

则 $\Phi(s)$ 的零点落在下列两个闭域的联合集合上：

令 ε 为任一大于零的小常数.

（ⅰ）$|\sigma| \leqslant \varepsilon$，一狭条子域.

（ⅱ）$|s| \leqslant \dfrac{n\{B_1 e^{\frac{a}{2}\varepsilon} + B_0 e^{-\frac{a}{2}\varepsilon}\}}{e^{\frac{a}{2}\varepsilon} - e^{-\frac{a}{2}\varepsilon}} \leqslant nB \coth \dfrac{a}{2}\varepsilon$，此

时

$$\begin{cases} B = \max\{B_0, B_1\} \\ B_1 = \max_i\{|b_i|\} \\ B_0 = \max_i\{|a_i|\} \end{cases}$$

证明 考察

$$F(s) = e^{-\frac{a}{2}s}\Phi(s) = A_0(s)e^{-\frac{a}{2}s} + A_1(s)e^{\frac{a}{2}s}$$

$$|F(s)| \geqslant |A_1(s)| e^{\frac{a}{2}\sigma} - |A_0(s)| e^{-\frac{a}{2}\sigma} \geqslant$$

$$(\varepsilon \geqslant \sigma \geqslant 0)$$

$$|s|^n e^{\frac{a}{2}\sigma} - e^{\frac{a}{2}\sigma} n B_1 |s|^{n-1} -$$

$$|s|^n e^{-\frac{a}{2}\sigma} - e^{-\frac{a}{2}\sigma} n B_0 |s|^{n-1} =$$

$$(|s| \geqslant 1)$$

$$|s|^n (e^{\frac{a}{2}\sigma} - e^{-\frac{a}{2}\sigma}) -$$

$$n|s|^{n-1} (B_1 e^{\frac{a}{2}\sigma} + B_0 e^{-\frac{a}{2}\sigma}) >$$

$$0$$

$$\left(s > \frac{n(B_1 e^{\frac{a}{2}\sigma} + B_0 e^{-\frac{a}{2}\sigma})}{e^{\frac{a}{2}\sigma} - e^{-\frac{a}{2}\sigma}}, 0 \leqslant \sigma \leqslant \varepsilon \right)$$

$$|F(s)| > 0 \quad \left(s > nB \coth \frac{a}{2}\varepsilon \right)$$

证毕.

由上述证明可知,定理 4 中 $\Phi(s)$ 的零点的实部是趋于零的,换言之,$\Phi(s)$ 的零点密集分布在虚轴的附近.

对微分方程定性理论的应用如下:

考察微分差分方程

$$\sum_{u=0}^{m}\sum_{v=0}^{n}a_{u,v}x^{(v)}(t+\tau_u)=0 \quad (a_{u,v},\tau_u \text{ 是实常数})$$

$$(3)$$

利用 Euler 方法,令 $x(t)=e^{st}$,求特殊解得

$$\sum_{u=0}^{m}\sum_{v=0}^{n}a_{u,v}s^v \cdot e^{\tau_u s}=0 \qquad (4)$$

为其特征方程,则方程(3)的解可用 $\sum_{j=0}^{\infty}p_j(t)e^{s_j t}$ 表达出来. $p_j(t)$ 表示多项式或常数,s_j 表示方程(4)的根. 其为渐近稳定的条件是方程(4)的根的实部都小于 $-u<0$. 而方程(4)的根即本章讨论的式(1)中 $\Phi(s)=0$ 的根. 所以 $\Phi(s)$ 的根的分布情况可以说明方程(3)的解是否稳定. 关于较复杂的 $\Phi(s)$,本章只谈到其全平面上的分布,如果想应用于稳定性理论仍要考察局部的分布,关于局部的分布问题是更细致的. 现在我们来考虑 Bellman 的方程

$$se^s - a_1 e^s - a_2 = 0 \qquad (5)$$

Bellman 的条件说明当方程(5)的根全部落在 $R(s)=-\lambda<0$ 以左时

$$\frac{\mathrm{d}}{\mathrm{d}t}u(t+1)=a_1 u(t+1)+a_2 u(t)$$

$$u=\Phi(t)$$

$$(0\leqslant t\leqslant 1)$$

321

的解 $u(t)$ 存在且有界.

我们来仔细考虑方程(5)的根的分布,则 Bellman 的假设条件可改写为方程(5)的根都是负根即可,并且求出 a_1 与 a_2 的关系.首先我们来看方程(5)是有无限个根的($a_1 \neq 0, a_2 \neq 0$),其证法如下:令

$$f(s) = se^s - a_1 e^s - a_2$$

因 $f(s)$ 是指数函数型的整函数,若 $f(s)$ 只有有限个零点,则 $f(s)$ 可表示为

$$f(s) = e^{as+b} \cdot p_n(s) \quad (p_n(s) \text{ 为一个多项式}) \quad (6)$$

令 $a = a_1 + ia_2$,则:

(1)$a_1 = 0$.

(2)$a_1 > 0$.

(3)$a_1 < 0$.

(1) 当 $a_1 = 0$ 时

$$f(s) = e^{ia_2 s + b} p_n(s) = se^s - a_1 e^s - a_2$$

使沿实轴 $s \to +\infty$,左端的阶是 σ^n,右端的阶是 e^σ. 等式不成立.

(2) 当 $a_1 > 0$ 时,则 $e^{as+b} p_n(s)$ 沿实轴 $\sigma \to -\infty$ 时趋于零,但当 s 沿实轴趋于 $-\infty$ 时

$$se^s - a_1 e^s - a_2 \to a_2$$

(3) 当 $a_1 < 0$ 时,沿实轴,当 $\sigma \to +\infty$ 时,$e^{as+b} \cdot p_n(s) \to 0$,但

$$se^s - a_1 e^s - a_2 \to +\infty$$

故

$$f(s) = se^s - a_1 e^s - a_2$$

有无限个根. 关于 $f(s)$ 的根可得下列定理. 令 $\Phi(s) = -f(s)$.

定理 5 $\Phi(s) = a_2 + a_1 e^s - se^s = a_2 + (a_1 - s)e^s$ 的

322

根落在下列曲线 (c) 上或左边

$$s = \sigma + i\tau$$

$$c : \begin{cases} \mid s \mid = \mid a_1 \mid + \mid a_2 \mid, \sigma \geqslant 0 \\ \mid \tau \mid = e^{-2\sigma} [\mid a_1 \mid + \mid a_2 \mid], \sigma < 0 \end{cases}$$

证明　（1）

$$\mid \Phi(s) \mid \geqslant \mid s - a_1 \mid e^{\sigma} - \mid a_2 \mid \geqslant$$
$$(\sigma \geqslant 0)$$
$$\mid s \mid e^{\sigma} - \mid a_1 \mid e^{\sigma} - \mid a_2 \mid \geqslant$$
$$\{\mid s \mid - \mid a_1 \mid - \mid a_2 \mid\} e^{\sigma} >$$
$$0 \quad (\mid s \mid > \mid a_1 \mid + \mid a_2 \mid)$$

（2）

$$\mid \Phi(s) \mid \geqslant \mid s \mid e^{\sigma} - \mid a_1 \mid e^{\sigma} - \mid a_2 \mid \geqslant$$
$$(\sigma < 0)$$
$$\mid \tau \mid e^{\sigma} - \mid a_1 \mid e^{\sigma} - \mid a_2 \mid$$

令

$$\mid \tau \mid \geqslant e^{-2\sigma} [\mid a_1 \mid + \mid a_2 \mid]$$
$$\Phi(s) \geqslant e^{-\sigma} [\mid a_1 \mid + \mid a_2 \mid] -$$
$$\mid a_1 \mid e^{\sigma} - \mid a_2 \mid >$$
$$(\sigma < 0)$$
$$0$$

故 $\Phi(s)$ 在

$$c : \begin{cases} \mid s \mid = \mid a_1 \mid + \mid a_2 \mid, \ \sigma \geqslant 0 \\ \mid \tau \mid = e^{-2\sigma} [\mid a_1 \mid + \mid a_2 \mid], \ \sigma < 0 \end{cases}$$

的右边没有零点. 证毕.

实际上，在 $-\lambda \geqslant \sigma \geqslant \mid a_1 \mid + \mid a_2 \mid$（$\lambda > 0$ 为任一常数）之间，$f(s)$ 只有有限个点，只要这有限个点不落在虚轴上及虚轴的右边. 设有 $s_1, s_2, \cdots, s_N$，取

$$\min_{n=1, \cdots, N} \{- R(s_n)\} = \lambda_0$$

R 表示实部. 取 $\frac{1}{2}\lambda_0$, 则 $f(s)$ 的一切根必落在 $\sigma = -\frac{1}{2}\lambda_0$ 以左. 那么 Bellman 的条件改为 $R(s_n) < 0, s_n$ 表示 $f(s)$ 的根, $n = 1, 2, \cdots$, 不影响定理的成立.

今设 a_1, a_2 是实数. 设 $a_1 < 0$, 考虑

$$\Phi(s) = a_2 + a_1 e^s - s e^s$$
$$\mid \Phi(s) \mid \geqslant \mid s - a_1 \mid e^\sigma - \mid a_2 \mid$$
$$(\sigma \geqslant 0)$$

当 $\sigma > 0, a_1 < 0$ 时, 则

$$\mid s - a_1 \mid \geqslant \mid a_1 \mid$$

故

$$\mid \Phi(s) \mid \geqslant \mid a_1 \mid e^\sigma - \mid a_2 \mid > 0$$
$$(\mid a_1 \mid < \mid a_2 \mid, \sigma > 0)$$

左、右平面上没有零点, 虚轴上亦没有零点. 则稳定条件为:

①a_1 是负实数.

②$\mid a_1 \mid > \mid a_2 \mid$.

但 $\mid a_1 \mid$ 不可能等于 $\mid a_2 \mid$. 例如 $\Phi(s) = 1 - e^s + s e^s$, $\Phi(0) = 0$.

上述条件 $\mid a_1 \mid > \mid a_2 \mid$ 是不能改善的.

参考资料

[1] BELLMAN R. On the existence and boundedness of solutions of non-linear differential-difference equations[J]. Annals of Math., 1949, 50(2):347-354.

[2] ЭЛЬСГОЛЬЦ Л Э. Устоичивость решений дифференциально-разностных уравкский[J]. Успехи Матем. Наук, 1954, 9(62):95-112.

[3] LANGER R E. On the zeros of exponential sums and integrals[J]. Bull. Amer. Math. Soc., 1938, 37(4): 213-239.

关于变分方程零点问题的一个分歧图定理

§1　引言和结果

设 E 是一个实 Hilbert 空间, $\lambda \in \mathbf{R}$, $F \in C^2(E \times \mathbf{R}, \mathbf{R})$. 假定 F 的梯度 $D_x F(x, \lambda)$ 为 $A(\lambda)x + N(x, \lambda)$, 其中, 当 $x \to \theta$ 时, $N(x, \lambda) = o(|x|)$ 对有界的 λ 一致. 清华大学应用数学系的李铁成教授考虑了方程

$$A(\lambda)x + N(x, \lambda) = \theta \qquad (1)_\lambda$$

的解的问题.

设 0 是 $A(0)$ 的孤立本征值, 且

$$0 < n = \dim \ker A(0) < +\infty \qquad (2)$$

则由算子扰动理论知, 对充分小的 $|\lambda| \neq 0$, $A(\lambda)$ 恰有 n 个（指数和）本征值在 0 附近, 并且当 $\lambda \to 0$ 时趋于 0. 假设它们都不为 0. 记 $\mathrm{eig}_0(A(\lambda))$ 为这个本

征值集合, $r(A(\lambda))$ 为 $\text{eig}_0(A(\lambda)) \bigcap \{\tau \in \mathbf{R} \mid \tau < 0\}$ 的势. 又设

$$r_{A(\lambda)}^+ = \lim_{\lambda \to 0^+} r(A(\lambda))$$

及

$$r_{A(\lambda)}^- = \lim_{\lambda \to 0^-} r(A(\lambda))$$

存在. 则我们有如下结果:

定理 若 $r_{A(\lambda)}^+ - r_{A(\lambda)}^- = n$, 则 $(\theta, 0)$ 是方程 $(1)_\lambda$ 的一个分歧点, 并且下列三种情况之一必发生:

(1) θ 不是方程 $(1)_0$ 的一个孤立解.

(2) 存在单边 0 邻域 Λ, 使得对 $\forall \lambda \in \Lambda \backslash \{0\}$, 方程 $(1)_\lambda$ 至少有两个不同的非 θ 解.

(3) 存在 0 的一个邻域 Π, 使得对 $\forall \lambda \in \Pi \backslash \{0\}$, 方程 $(1)_\lambda$ 至少有一个非 θ 解.

注 上述定理是 K. C. Chang[2], P. H. Rabinowitz[6] 对如下形式的变分方程

$$(A - \lambda I)x + N(x) = 0 \qquad (1)_\lambda'$$

得到的. 他们的证明主要居于事实: $(1)_\lambda'$ 的分歧方程仍有变分结构. 在这里, 我们允许 F 是任意依赖于 λ 的, 因此一般来说 $(1)_\lambda$ 的分歧方程是没有变分结构的.

§2　定理的证明

本章定理的证明, 要用到以下几个引理, 其中出现的符号, 意义同上.

引理 1[1](中心流形定理) 令 $E_0 = \ker A(0)$, P_0

326

是从 E 到 E_0 上的投影算子，$E_c = (I - P_0)E$. 则存在 $E \times \mathbf{R}$ 的 $(\theta, 0)$ 小邻域 U^* 及 C^1 映射 G^*：

$$G^* : U^* \bigcap (E_0 \times \mathbf{R}) \to E_c \times \mathbf{R}$$

使得流形

$$M^* = \{(x, \lambda) + G^*(x, \lambda) \mid (x, \lambda) \in$$
$$U^* \bigcap (E_0 \times \mathbf{R})\}$$

是系统

$$\begin{cases} -\dfrac{\mathrm{d}x}{\mathrm{d}t} = A(\lambda)x + N(x, \lambda) \\ \dfrac{\mathrm{d}\lambda}{\mathrm{d}t} = 0 \end{cases} \qquad (3)$$

的 C^1 中心流形，即：

（1）M^* 是同 $E_0 \times \mathbf{R}$ 在 $(\theta, 0)$ 相切的 C^1 流形，且对系统（3）不变.

（2）系统（3）所有包含在 U^* 内的整轨线，一定在 M^* 上.

（3）M^* 上系统（作为（3）的子系统）的 C^1 共轭系统为

$$\begin{cases} -\dfrac{\mathrm{d}x_1}{\mathrm{d}t} = P_0 \big[A(\lambda)(x_1 + G_1(x_1, \lambda)) + \\ \qquad\qquad N(x_1 + G_1(x_1, \lambda), \lambda) \big] \\ \dfrac{\mathrm{d}\lambda}{\mathrm{d}t} = 0 \end{cases} \qquad (4)$$

其中 G_1 为 G^* 的第一个分量，$(x_1, \lambda) \in U^* \bigcap (E_c \times \mathbf{R})$.

引理 2[4]（通过数定理）　$\lambda(C(\lambda)) = \mathrm{eig}_0(A(\lambda))$.

引理 3　系统

$$\begin{cases} -\dfrac{\mathrm{d}x_1}{\mathrm{d}t} = C(\lambda)x_1 + \widetilde{N}(x_1, \lambda) \\ \dfrac{\mathrm{d}\lambda}{\mathrm{d}t} = 0 \end{cases} \qquad (5)$$

有 C^1 — Lyapunov 函数 $f(x_1,\lambda)$.

定理的证明 显然 θ 是 $(6)_0$ 的一个解. 若 θ 不是 $(6)_0$ 的孤立解, 则有定理的结论 (1). 除此之外, 剩下的只有两种可能:

(i)θ 是 $(6)_0$ 的孤立解, 且 θ 为 $f(\cdot,0)$ 的极点.

(ii)θ 是 $(6)_0$ 的孤立解, 但 θ 不是 $f(\cdot,0)$ 的极点.

对于(i), 若 θ 为 $f(\cdot,0)$ 的极小点, 我们试图证明"存在 0 右邻域 Λ, 使得对 $\forall \lambda \in \Lambda\backslash\{0\}$, 方程

$$C(\lambda)x_1 + \widetilde{N}(x_1,\lambda) = 0 \qquad (6)_\lambda$$

至少有两个非 θ 解". 反证, 倘若不然, 则存在 $\{\lambda_k\} \to 0^+$, 使得 $(6)_{\lambda_k}$ 至多只有一个非 θ 解.

考虑由系统 (5) 的第一个方程所确定的系统 $(5)_\lambda^{(1)}$. 注意到 $f(\cdot,\lambda)$ 为其 Lyapunov 函数, 故由 θ 为 $f(\cdot,0)$ 的极小点及 θ 是 $(6)_0$ 的孤立解知, 存在 E_0 的 θ 的有界开集 N, 使得对充分小的 λ, $f(\cdot,\lambda)$ 在 N 内有极小点 x_λ, N 为系统 $(5)_\lambda^{(1)}$ 的孤立邻域, 而且 $S_0 = \{\theta\}$, 其中 S_* 表示系统 $(5)_\lambda^{(1)}$ 在 N 内的最大不变集. 从定理假设、引理 2, 我们易知, 对充分小的 $\lambda > 0$, θ 是 $(5)_\lambda^{(1)}$ 的双曲奇点, 且不稳定流形的维数是 n, 特别 θ 为 $f(\cdot,\lambda)$ 的严格极大点, 因此 $\theta \neq x_\lambda$. 又由反证法假设及以上所述知, S_{λ_k} 内奇点只有 θ, x_{λ_k}, 因此 $\{\theta, x_{\lambda_k}\}$ 构成 S_{λ_k} 的一个 Morse 分解, 故有 Morse 等式

$$P(t,h(\pi_{\lambda_k},\{\theta\})) + P(t,h(\pi_{\lambda_k},\{x_{\lambda_k}\})) =$$
$$P(t,h(\pi_{\lambda_k},S_{\lambda_k})) + (1+t)\theta_{\lambda_k}(t) \qquad (7)$$

其中 $\theta_*(t)$ 是 t 的整系数多项式, 系数依赖于 $*$; $P(t, *) = \sum_k t^k \mathrm{rank}\, H_k(*)$, $\mathrm{rank}\, H_k(*)$ 为 $*$ 的 k 阶同调群的秩, $H_k(*)$ 为 $*$ 的 k 阶同调群; $h(*,\otimes)$ 是 $*$ 系统的不变集合 $\otimes$ 的 Morse-Conley 指标.

又由于 θ 为 $f(\cdot,0)$ 的极小点, θ 为 $f(\cdot,\lambda_k)$ 的极大点, x_{λ_k} 为 $f(\cdot,\lambda_k)$ 的极小点, 于是显然有

$$h(\pi_0,\{\theta\})=\Sigma^0$$

即

$$h(\pi_0,S_0)=\Sigma^0$$

$$h(\pi_{\lambda_k},\{\theta\})=\Sigma^n$$

$$h(\pi_{\lambda_k},\{x_{\lambda_k}\})=\Sigma^0$$

其中 Σ^* 为 $*$ 维被点化单位球面的同伦型, 因而有

$$P(t,h(\pi_0,S_0))=1$$

$$P(t,h(\pi_{\lambda_k},\{\theta\}))=t^n$$

$$P(t,h(\pi_{\lambda_k},\{x_{\lambda_k}\}))=1$$

故由 Morse-Conley 指标连续性及式(7)有

$$t^n=(1+t)Q_{\lambda_k}(t) \qquad (8)$$

这与 $Q_{\lambda_k}(t)$ 是整系数多项式矛盾.

若 θ 为 $f(\cdot,0)$ 的极大点, 则我们类似地可以证明: 存在 0 左邻域 Λ, 使得对 $\forall\lambda\in\Lambda\setminus\{0\}$, 方程 $(6)_\lambda$ 至少有两个非 θ 解.

因此对于(i), 我们得到定理的结论(2).

对于(ii), 则 θ 不是 $f(\cdot,0)$ 的极小点. 我们试图证明"存在 0 左邻域 Λ, 使得对 $\forall\lambda\in\Lambda\setminus\{0\}$, 方程 $(6)_\lambda$ 至少有一个非 θ 解". 反证法, 若不然, 则存在 $\{\lambda_k\}\to 0^-$, 使得方程 $(6)_{\lambda_k}$ 只有 θ 解.

再考虑系统 $(5)_\lambda^{(1)}$. 注意到 $f(\cdot,\lambda)$ 为该系统的 Lyapunov 函数及 θ 是方程 $(6)_0$ 的孤立解, 故由反证法假设知, 存在 θ 邻域 N, 使得对充分大的 k, θ 分别为系统 $(5)_0^{(1)}$, $(5)_{\lambda_k}^{(1)}$ 的孤立不变集, 且以 N 为孤立邻域. 由 Morse-Conley 指标连续性, 有

$$h(\pi_0,\{\theta\})=h(\pi_{\lambda_k},\{\theta\}) \qquad (9)$$

由于 θ 不是 $f(\cdot,0)$ 的极小点,于是存在 θ 的对系统 $(5)_0^{(1)}$ 的连通孤立块 B,使得 $B^e \neq \varnothing$,故 $H_0(h(\pi_0,\{\theta\}))=0$,而由定理假设及引理 2,我们有 $h(\pi_{\lambda_k},\{\theta\})=\Sigma^0$,特别有

$$H_0(h(\pi_{\lambda_k},\{\theta\}))=1$$

故

$$h(\pi_0,\{\theta\}) \neq h(\pi_{\lambda_k},\{\theta\}) \qquad (10)$$

式(9)与(10)矛盾.

由于 θ 也不是 $f(\cdot,0)$ 的极大点,因此当我们考虑系统

$$\frac{\mathrm{d}x_1}{\mathrm{d}t}=C(\lambda)x_1+\widetilde{N}(x_1,\lambda) \qquad (5)'^{(1)}_\lambda$$

及其 Lyapunov 函数——$f(\cdot,\lambda)$ 时,仿上即可得:存在 0 右邻域 Λ,使得对 $\forall \lambda \in \Lambda\backslash\{0\}$,方程 $(6)_\lambda$ 至少有一个非 θ 解.

故对于(ⅱ),我们得到定理的结论(3).则定理得证.

注 若 $r_{A(\lambda)}^- - r_{A(\lambda)}^+ = n$,则定理仍成立.

参考资料

[1] CHOW S N,HALE J K. Methods of bifurcation theory[M]. New York:Springer-Verlag,1982.

[2] CHANG K C. Infinite dimensional Morse theory and its applications [M]. Montréal:Presses de l'Université de Montréal,1985.

[3] CONLEY C C. Isolated invariant sets and the Morse index[M]. Providence:American Mathematical Society,1978.

[4] CHOW S N,LAUTERBACH R. A bifurcation theorem for critical points of variational problems[J]. Nonlinear Analysis,1988,12(1): 51-61.

[5] BOTT R. Lectures on Morse theory,old and new[J]. Bull. Amer.

Math. Soc. ,1982,7(2):331-358.

[6] RABINOWITZ P H. A bifurcation theorem for potential operators [J]. J. Funct. Analysis,1977,25(4):412-424.

[7] WILSON F W,Jr. The structure of the level surfaces of a Lyapunov function[J]. J. Diff. Eq. ,1967,3(3):323-329.

基于 Hayman 猜想的复延滞微分多项式的零点研究[①]

第 29 章

南昌大学理学院数学系的高迎春、刘凯两位教授 2023 年基于复微分多项式零点问题的 Hayman 猜想,利用 Yamanoi 给出的亚纯函数高阶导函数的零点估计,得到了复延滞微分多项式零点的进一步结果.如果 $f(z)$ 是一个超级小于 1 的超越亚纯函数,当 $q \geqslant p + s + t + 1$ 时,$[Q(f)P(f(z+c))]^{(k)} - a$ 有无穷多个零点,其中 a 是一个非零常数,$P(z)$ 为有 t 个判别零点的 p 次多项式,$Q(z)$ 为有 s 个判别零点的 q 次多项式.本章的结果改进了由 Nevanlinna 第二基本定理作为主要工具得到的结果.

① 本章摘编自《数学学报(中文版)》,2023 年,第 66 卷,第 1 期.

§1 引　　言

假设读者已经熟悉了 Nevanlinna 理论的基本符号和结果,见[1,2]. 如果函数 $a(z)$ 满足 $T(r,a) = o(T(r,f)) = S(r,f)$,那么 $a(z)$ 称为 $f(z)$ 的小函数. 用 $\rho_2(f)$ 表示函数 f 的超级. 首先,回顾亚纯函数导函数值分布的一个重要结果,也被称为 Milloux 不等式,可见[1]中定理 3.2,[2]中定理 1.22.

定理 A　设 f 是超越亚纯函数,则

$$T(r,f) \leqslant \overline{N}(r,f) + N\left(r, \frac{1}{f}\right) +$$

$$N\left(r, \frac{1}{\psi - 1}\right) - N\left(r, \frac{1}{\psi'}\right) + S(r,f) \tag{1}$$

其中 $\psi(z) = \sum_{i=0}^{l} a_i(z) f^{(i)}(z)$,系数 $a_i(z)$ 是 $f(z)$ 的小函数. Milloux 不等式意味着在 Nevanlinna 第二基本定理的表述中 $f(z) - a$ 的零点计数函数可以被 $\psi(z) - 1$ 的零点计数函数代替. 此外,Milloux 不等式还表明如果 $f(z)$ 是超越亚纯函数且只有有限多个零点和极点,那么 $f^{(k)} - d$ 必有无穷多个零点,其中 d 为非零常数. 在[3]中,Hayman 进一步得到了下面的一个定理,此定理被称为 Hayman 选择,也说明 Milloux 不等式右边控制项数可以被减弱.

定理 B　设 $f(z)$ 是超越亚纯函数,k 是正整数,则

$$T(r,f) \leqslant \left(2 + \frac{1}{k}\right) N\left(r, \frac{1}{f}\right) +$$

$$\left(2 + \frac{2}{k}\right) N\left(r, \frac{1}{f^{(k)} - 1}\right) + S(r,f) \tag{2}$$

定理 B 意味着要么 f 有无穷多个零点,要么 $f^{(k)}-1$ 有无穷多个零点. 此外,在 [2] 中可以找到系数 $2+\dfrac{1}{k}$ 和 $2+\dfrac{2}{k}$ 的一些改进结果. 特别地,考虑 $f(z)$ 的幂函数,定理 B 中关于 $f(z)$ 的零点计数函数可不再需要. 事实上,Hayman[3] 得到了下面复微分多项式零点的一个重要结果.

定理 C 设 $f(z)$ 为超越亚纯函数,$n \geqslant 3$ 为正整数,则 $f(z)^n f'(z)-a$ 有无穷多个零点,其中 a 是非零常数.

考虑 $(f(z)^n)'-a$ 的零点情况,定理 C 表明当 $n \geqslant 4$ 时,$(f(z)^n)'-a$ 有无穷多个零点,后来,Mues 在 [4] 中证明了 $n = 3$ 时结论也成立,Bergweiler 和 Eremenko[5]、陈和方[6] 及 Zalcman[7] 分别证明了 $n = 2$ 时结论也成立. 显然,$f(z)=\mathrm{e}^z+z,a=1$ 是情况 $n=1$ 时的反例. 王和方[8] 将定理 C 推广到了高阶导数的情况,得到如下结果:

定理 D 设 $f(z)$ 为超越亚纯函数,n 和 k 是两个正整数. 若 $n \geqslant k+1$,则 $(f(z)^n)^{(k)}-1$ 有无穷多个零点.

注意定理 D 的结果依赖于 k 的选择. 最近,An 和 Phuong[9] 对定理 D 进行了推广. 设

$$P(z)=b(z-\alpha_1)^{m_1}\cdots(z-\alpha_t)^{m_t}$$
$$Q(z)=d(z-\beta_1)^{n_1}\cdots(z-\beta_s)^{n_s}$$

这里,$bd \neq 0, p \geqslant 1, q \geqslant 1, m_1+\cdots+m_t=p$, $n_1+\cdots+n_s=q$ 且 $\alpha_1,\cdots,\alpha_t$ 是判别的,$\beta_1,\cdots,\beta_s$ 是判别的. 不失一般性,本章中假设 $q > p$,An 和 Phuong 得到了:

定理 E　设 $f(z)$ 为超越亚纯函数, k 是一个正整数. 若 $q \geqslant s+1$, 则 $[Q(f(z))]^{(k)} - a$ 有无穷多个零点, 其中 a 为非零常数.

定理 E 意味着定理 D 中的条件可精确到 $n \geqslant 2$. Laine 和 Yang 在[10]中首次研究了差分多项式的零点问题, 后来此类问题得到了更加广泛的研究. 我们回顾 Liu, Liu 和 Yang[11] 的一个结果, 假设 $\Delta_c f := f(z+c) - f(z)$, c 是一个非零常数.

定理 F　设 $f(z)$ 是超越亚纯函数且 $\rho_2(f) < 1$, $a(z)$ 是 $f(z)$ 的非零小函数.

(1) 若 $q \geqslant s(k+1)+5$, 则 $[Q(f)f(z+c)]^{(k)} - a(z)$ 有无穷多个零点. 进一步, 如果 $f(z)$ 是 $\rho_2(f) < 1$ 的超越整函数, 那么当 $q \geqslant s(k+1)+1$ 时, 上述结论成立.

(2) 若 $\Delta_c f \not\equiv 0$, 则当 $q \geqslant (s+2)(k+1)+3+p$ 时, $[Q(f)(\Delta_c f)^p]^{(k)} - a(z)$ 有无穷多个零点. 进一步, 如果 $f(z)$ 是 $\rho_2(f) < 1$ 的超越整函数, 那么当 $q \geqslant (s+1)(k+1)+1$ 时, 上述结论仍成立.

注意到, 证明定理 F 的基本方法是利用第二基本定理和差分多项式的特征函数的估计, 而本章主要是利用 Yamanoi[12] 给出的关于亚纯函数高阶导数零点的一个重要估计对定理 F 进行推广和改进, 这个思想来自 An 和 Phuong 的[9]中定理 11, 我们可得如下的定理:

定理 1　设 $f(z)$ 是超越亚纯函数且 $\rho_2(f) < 1$, k 是一个正整数且 a 是一个非零常数. 若 $q \geqslant p+s+t+1$, 则 $[Q(f(z))P(f(z+c))]^{(k)} - a$ 有无穷多个零点. 如果 $q \geqslant 2p+s+2t+1$ 且 $\Delta_c f \not\equiv 0$, 那么

$[Q(f(z))P(\Delta_c f)]^{(k)} - a$ 有无穷多个零点.

定理 2 设 $f(z)$ 是超越整函数且 $\rho_2(f) < 1, k$ 是一个正整数且 a 是一个非零常数. 若 $q + p \geqslant s + t + 1$, 则 $[Q(f(z))P(f(z+c))]^{(k)} - a$ 有无穷多个零点. 若 $q \geqslant p + s + t + 1$ 且 $\Delta_c f \not\equiv 0$, 则 $[Q(f(z))P(\Delta_c f)]^{(k)} - a$ 有无穷多个零点.

注 （1）定理 1 和定理 2 都与 k 无关.

（2）定理 1 和定理 2 是定理 F 的推广. 考虑复延滞微分多项式 $[f(z)^q f(z+c)]^{(k)} - a$, 即 $t = 1, p = 1$ 和 $s = 1$ 时, 当 f 分别为亚纯函数和整函数时, 由定理 1 和定理 2 证得分别当 $q \geqslant 4$ 和 $q \geqslant 2$ 时, $[f(z)^q f(z+c)]^{(k)} - a$ 有无穷多个零点, 由定理 F 证得的结果分别是当 $q \geqslant k + 6$ 和 $q \geqslant k + 2$ 时, 结论成立. 对于复延滞微分多项式 $[f(z)^q (\Delta_c f)^p]^{(k)} - a$, 当 f 分别为亚纯函数和整函数时, 由定理 1 和定理 2 证得分别当 $q \geqslant 6$ 和 $q \geqslant 4$ 时, 它有无穷多个零点, 而由定理 F 证得的结果分别是当 $q \geqslant 3k + 6 + p$ 和 $q \geqslant 2k + 3$ 时, 结论成立.

（3）在定理 1 和定理 2 中, 是否可以用任意非零小函数 $a(z)$ 代替非零常数 a 的问题仍未解决.

我们继续考虑另外一种类型的复微分多项式的零点结果, 见 Hayman 的 [3].

定理 G 设 $f(z)$ 是超越亚纯函数 $a \neq 0, b$ 为有穷复数, 当 $q \geqslant 5$ 时, $f(z)^q + af'(z) - b$ 有无穷多个零点. 若 $f(z)$ 为超越整函数, 则当 $q \geqslant 3$ 时, $f(z)^q + af'(z) - b$ 有无穷多个零点, 若 $b = 0$, 则 $q \geqslant 2$ 即可.

定理 G 的差分版本的结果可以参考 Liu 和 Laine 的 [13] 及 Liu 的 [14], 这些结果可以表述为如下定理:

定理 H 设 $f(z)$ 是有穷级的超越亚纯函数且

$\Delta_c f \not\equiv 0$，当 $q \geqslant 8$ 时，$f(z)^q + a(f(z+c) - f(z)) - s(z)$ 有无穷多个零点. 若 $f(z)$ 是有穷级的超越整函数，则当 $q \geqslant 3$ 时，$f(z)^q + a(f(z+c) - f(z)) - s(z)$ 有无穷多个零点，$s(z)$ 是 $f(z)$ 的非零小函数. 特别地，若 $s = 0$，则 $q \geqslant 2$ 即可.

定义计数函数

$$n_{l<h}(r, f(z), f(z+c)) = l$$

它是 $f(z)$ 和 $f(z+c)$ 的公共极点，重数分别为 l, h 且 $l < h$.

定理 3 设 $f(z)$ 是超越亚纯函数，满足 $\rho_2(f) < 1$，$P(\alpha f(z+c) + \beta f(z)) \not\equiv a$，则当 $q \geqslant 2p + s + 2$ 且 $n_{l<h}(r, f(z), f(z+c)) = O(1)$ 时，$Q(f) + P(\alpha f(z+c) + \beta f(z)) - a$ 有无穷多个零点，这里 a 是一个非零常数，α, β 是常数.

注 （1）由定理 3 得到当 $q \geqslant 5$ 时，定理 H 也是成立的，部分回答了在 [14] 中提出的一个问题.

（2）设 $f(z) = \dfrac{1}{(1 - e^z)(1 + e^z)^2}$ 且 $e^c = -1$，则

$$f(z+c) = \frac{1}{(1 + e^z)(1 - e^z)^2}$$

在这种情况下，我们得到 $n_{l<h}(r, f(z), f(z+c))$ 是无穷，我们猜测条件 $n_{l<h}(r, f(z), f(z+c)) = O(1)$ 可以去掉，但目前还没有得到证明.

§2 引   理

差分多项式 $Q(f)P(f(z+c))$ 和 $Q(f)P(\Delta_c f)$ 的特征函数的估计式，在本章的证明中起着重要作用. 在

给出它们的估计式之前,我们需要给出 Nevanlinna 理论中的几个重要引理. Halburd, Korhonen 和 Tohge 得到了超级小于 1 的亚纯函数的对数导数引理的差分版本:

引理 1([15] 中定理 5.1)   设 $f(z)$ 是 $\rho_2(f) < 1$ 的超越亚纯函数,ε 是足够小的正数,则

$$m\left(r, \frac{f(z+c)}{f(z)}\right) = o\left(\frac{T(r,f)}{r^{1-\rho_2(f)-\varepsilon}}\right) = S(r,f) \tag{3}$$

$r \to \infty$ 至多除去一个有穷对数测度集.

引理 2([15] 中引理 8.3)   设 $T:[0, +\infty) \to [0, +\infty)$ 是一个非减的连续函数且 $s \in (0, +\infty)$. 若 T 的超级是严格小于 1 的,即

$$\limsup_{r \to \infty} \frac{\log \log T(r)}{\log r} = \zeta < 1 \tag{4}$$

且 $\delta \in (0, 1-\zeta)$,则

$$T(r+s) = T(r) + o\left(\frac{T(r)}{r^{\delta}}\right) \tag{5}$$

$r \to \infty$ 至多除去一个有穷对数测度集.

从引理 2,我们可以直接得到下面的结果.

引理 3   设 $f(z)$ 是超级小于 1 的超越亚纯函数,则

$$\begin{cases} T(r, f(z+c)) = T(r,f) + S(r,f) \\ N(r, f(z+c)) = N(r,f) + S(r,f) \end{cases} \tag{6}$$

$$N\left(r, \frac{1}{f(z+c)}\right) = N\left(r, \frac{1}{f}\right) + S(r,f) \tag{7}$$

$r \to \infty$ 至多除去一个有穷对数测度集.

引理 4   设 $f(z)$ 是超级小于 1 的超越亚纯函数,则

$$(q-p)T(r,f) + S(r,f) \leqslant$$

$$T(r, Q(f(z))P(f(z+c))) \leqslant$$
$$(p+q)T(r,f) + S(r,f) \qquad (8)$$

若 f 是超越整函数,则

$$T(r, Q(f(z))P(f(z+c))) =$$
$$(p+q)T(r,f) + S(r,f) \qquad (9)$$

$r \to \infty$ 至多除去一个有穷对数测度集.

证明　通过 Valiron-Mohon'ko 定理(见[16]中定理 2.2.5)和引理 3 得到(8)的右边. 接下来去证(8)的左边. 设 $G(z) = Q(f(z))P(f(z+c))$,则

$$Q(f(z))P(f(z)) = G(z) \frac{P(f(z))}{P(f(z+c))} \qquad (10)$$

由引理 1,Valiron-Mohon'ko 定理和(10),可得

$$(p+q)T(r,f) \leqslant$$
$$T(r, G(z)) + T\left(r, \frac{P(f(z))}{P(f(z+c))}\right) + O(1) \leqslant$$
$$T(r, G(z)) + m\left(r, \frac{P(f(z))}{P(f(z+c))}\right) +$$
$$N\left(r, \frac{P(f(z))}{P(f(z+c))}\right) + O(1) \leqslant$$
$$T(r, G(z)) + 2pT(r,f) + S(r,f) \qquad (11)$$

因此可得 $T(r, G(z)) \geqslant (q-p)T(r,f) + S(r,f)$. 对于超越整函数的情况,(8)结合下面的不等式

$$(p+q)T(r,f) = (p+q)m(r,f) \leqslant$$
$$m(r, G(z)) + m\left(r, \frac{P(f(z))}{P(f(z+c))}\right) + O(1) \leqslant$$
$$T(r, G(z)) + S(r,f) \qquad (12)$$

得(9)成立. 因此(8)和(9)得证. 证毕.

利用与引理 4 相同的证明方法,可得下面的引理:

引理 5　设 $f(z)$ 是超级小于 1 的超越亚纯函数且

$\Delta_c f \not\equiv 0$,则

$$(q-2p)T(r,f)+S(r,f) \leqslant$$
$$T(r,Q(f)P(\Delta_c f)) \leqslant$$
$$(q+2p)T(r,f)+S(r,f) \tag{13}$$

进一步,若 $f(z)$ 是超级小于 1 的超越整函数,则

$$(q-p)T(r,f)+S(r,f) \leqslant$$
$$T(r,Q(f)P(\Delta_c f)) \leqslant$$
$$(q+p)T(r,f)+S(r,f) \tag{14}$$

证明 设 $H(z)=Q(f)P(\Delta_c f)$.利用 Nevanlinna 第一基本定理和引理 3,可得

$$qT(r,f)=T(r,Q(f))=$$
$$T\left(r,\frac{P(\Delta_c f)}{H}\right)+O(1) \leqslant$$
$$T(r,H)+T(r,P(\Delta_c f))+O(1) \leqslant$$
$$T(r,H)+pT(r,\Delta_c f)+O(1) \tag{15}$$

因为对于超级小于 1 的超越亚纯函数有

$$T(r,\Delta_c f) \leqslant 2T(r,f)+S(r,f)$$

对于 $\rho_2(f)<1$ 的超越整函数有

$$T(r,\Delta_c f) \leqslant T(r,f)+S(r,f)$$

因此,(13) 和 (14) 得证. 证毕.

Yamanoi[12] 给出了一个 $N\left(r,\dfrac{1}{f^{(k)}}\right)$ 的估计,它在本章定理 1 的证明中起到十分重要的作用.

引理 6 设 f 是超越亚纯函数. 令 $\varepsilon>0$ 和 $A \subset \mathbf{C}$ 是一个有限数的集合,则

$$(k-1)\overline{N}(r,f)+\sum_{b\in A}N_1\left(r,\frac{1}{f-b}\right) \leqslant$$
$$N\left(r,\frac{1}{f^{(k)}}\right)+\varepsilon T(r,f)$$

其中 $r > \mathrm{e}$ 除去一个对数密度为 0 的集合 $E \subset [\mathrm{e},$ $+\infty)$，E 依赖于 f, k, ε 和 A，且

$$N_1\left(r, \frac{1}{f-b}\right) = N\left(r, \frac{1}{f-b}\right) - \overline{N}\left(r, \frac{1}{f-b}\right) \quad (16)$$

§3　定理的证明

定理 1 的证明　设 $G(z) = Q(f(z))P(f(z+c))$. 不失一般性，假设 $a = 1, A = \{0\} \subset \mathbf{C}$，令 $\varepsilon = \dfrac{1}{2(p+q)}$，利用引理 6 和 (8)，可得

$$k\overline{N}(r, G) + N\left(r, \frac{1}{G}\right) - \overline{N}\left(r, \frac{1}{G}\right) \leqslant$$

$$N\left(r, \frac{1}{G^{(k+1)}}\right) + \varepsilon T(r, G) \leqslant$$

$$N\left(r, \frac{1}{G^{(k+1)}}\right) + \frac{1}{2}T(r, f) + S(r, f) \quad (17)$$

其中 $r > \mathrm{e}$ 除去一个对数密度为 0 的集合 $E \subset [\mathrm{e},$ $+\infty)$，E 依赖于 G, k, ε 和 A.

由 (17) 和定理 A，此时 $\psi(z) = G^{(k)}(z)(k \geqslant 1)$，可得

$$T(r, G) \leqslant$$

$$\overline{N}(r, G) + N\left(r, \frac{1}{G}\right) + N\left(r, \frac{1}{G^{(k)} - 1}\right) -$$

$$N\left(r, \frac{1}{G^{(k+1)}}\right) + S(r, G) \leqslant$$

$$k\overline{N}(r, G) + N\left(r, \frac{1}{G}\right) - \overline{N}\left(r, \frac{1}{G}\right) + \overline{N}\left(r, \frac{1}{G}\right) +$$

$$N\left(r, \frac{1}{G^{(k)} - 1}\right) - N\left(r, \frac{1}{G^{(k+1)}}\right) + S(r, G) \leqslant$$

$$\frac{1}{2}T(r,f) + \overline{N}\left(r,\frac{1}{G}\right) + N\left(r,\frac{1}{G^{(k)}-1}\right) + S(r,f) \leqslant$$

$$\left(t+s+\frac{1}{2}\right)T(r,f) + N\left(r,\frac{1}{G^{(k)}-1}\right) + S(r,f) \quad (18)$$

因此,结合(8)和上面的式子,可得

$$\left(q-p-s-t-\frac{1}{2}\right)T(r,f) \leqslant$$

$$N\left(r,\frac{1}{G^{(k)}-1}\right) + S(r,f) \quad (19)$$

所以,当 $q \geqslant p+s+t+1$ 时,$[Q(f)P(f(z+c))]^{(k)} - 1$ 有无穷多个零点.

设 $H(z) = Q(f(z))P(\Delta_c f)$. 利用与上面同样的方法可得到

$$T(r,H) \leqslant$$

$$\frac{1}{2}T(r,f) + \overline{N}\left(r,\frac{1}{H}\right) +$$

$$N\left(r,\frac{1}{H^{(k)}-1}\right) + S(r,f) \leqslant$$

$$\left(2t+s+\frac{1}{2}\right)T(r,f) +$$

$$N\left(r,\frac{1}{H^{(k)}-1}\right) + S(r,f) \quad (20)$$

因此,由(13)可得,当 $q \geqslant 2p+s+2t+1$ 且 $\Delta_c f \not\equiv 0$ 时,$[Q(f(z))P(\Delta_c f)]^{(k)} - 1$ 有无穷多个零点.

定理 2 的证明　考虑 $f(z)$ 是整函数的情况,定义 $G(z), H(z)$ 同上述定理 1 的证明一样. 我们的第一个断言通过(18)和(9)得到,第二个断言通过(20),(14) 和 $\overline{N}\left(r,\frac{1}{H}\right) \leqslant (s+t)T(r,f) + S(r,f)$ 得到.

定理 3 的证明　设

$$F = Q(f) + P(\alpha f(z+c) + \beta f(z)) - a$$

$$R(f) = \frac{[Q(f)]'}{Q(f)} - \frac{F'}{F}$$

$$H(f) = [P(\alpha f(z+c) + \beta f(z)) - a] \cdot$$

$$\left[\frac{F'}{F} - \frac{[P(\alpha f(z+c) + \beta f(z))]'}{P(\alpha f(z+c) + \beta f(z)) - a} \right]$$

显然,利用 Valiron-Mohon'ko 定理和引理 3,可得

$$T(r, Q(f)) = qT(r, f) + S(r, f)$$

$$T(r, F) \leqslant$$

$$T(r, Q(f)) + T(r, P(\alpha f(z+c) + \beta f(z))) + O(1) \leqslant$$

$$qT(r, f) + pT(r, \alpha f(z+c) + \beta f(z)) + O(1) \leqslant$$

$$qT(r, f) + 2pT(r, f) + S(r, f) \leqslant$$

$$(q + 2p)T(r, f) + S(r, f) \tag{21}$$

因此,由对数导数引理可得

$$m(r, R(f)) = S(r, Q(f)) + S(r, F) = S(r, f) \tag{22}$$

通过计算可得

$$Q(f)R(f) = H(f) \tag{23}$$

下面证明 $R(f) \not\equiv 0$. 否则,通过积分会有 $AQ(f) = F(z)$,A 是一个非零常数. 若 $A = 1$,则 $P(\alpha f(z+c) + \beta f(z)) \equiv a$,与已知条件矛盾. 若 $A \neq 1$,则

$$(A-1)Q(f) = P(\alpha f(z+c) + \beta f(z)) - a \tag{24}$$

设 z_0 是 $f(z)$ 的一个 d 重极点. (24)意味着 $z_0 + c$ 一定是 $f(z)$ 的一个 $\dfrac{q}{p}d$ 重极点. 平移(24),可得

$$(A-1)Q(f(z+c)) =$$

$$P(\alpha f(z+2c) + \beta f(z+c)) - a \tag{25}$$

因此,$z_0 + 2c$ 也是 $f(z)$ 的一个 $\left(\dfrac{q}{p}\right)^2 d$ 重极点. 如此,

343

我们可得 $z_0 + mc$ 也是 $f(z)$ 的一个 $\left(\dfrac{q}{p}\right)^m d$ 重极点,进

一步有 $n(\mid z_0 \mid + m \mid c \mid, f) \geqslant \left(\dfrac{q}{p}\right)^m d$,那么

$$\lambda_2\left(\frac{1}{f}\right) = \limsup_{r \to \infty} \frac{\log \log n(r,f)}{\log r} \geqslant$$

$$\limsup_{m \to \infty} \frac{\log \log n(m \mid c \mid + \mid z_0 \mid, f)}{\log(m \mid c \mid + \mid z_0 \mid)} \geqslant$$

$$\limsup_{m \to \infty} \frac{\log \log \left(\dfrac{q}{p}\right)^m d}{\log(m \mid c \mid + \mid z_0 \mid)} = 1 \qquad (26)$$

意味着 $\rho_2(f) \geqslant \lambda_2\left(\dfrac{1}{f}\right) \geqslant 1$,矛盾. 如果 $f(z)$ 为整函数,那么由 (25) 可得 $qT(r,f) = pT(r,f) + S(r,f)$,矛盾. 因此,我们有 $R(f) \not\equiv 0$ 且 $H(f) \not\equiv 0$,可得

$$m(r, H(f)) \leqslant$$
$$m(r, P(\alpha f(z+c) + \beta f(z))) +$$
$$m\left[r, \frac{F'}{F} - \frac{[P(\alpha f(z+c) + \beta f(z))]'}{P(\alpha f(z+c) + \beta f(z)) - a}\right] + O(1) \leqslant$$
$$pm(r, \alpha f(z+c) + \beta f(z)) + S(r,f) \leqslant$$
$$2pm(r,f) + S(r,f) \qquad (27)$$

和

$$qm(r,f) = m(r, Q(f)) + S(r,f) =$$
$$m\left(r, Q(f)R(f)\frac{1}{R(f)}\right) + S(r,f) \leqslant$$
$$m(r, Q(f)R(f)) + m\left(r, \frac{1}{R(f)}\right) + S(r,f) \leqslant$$
$$m(r, H(f)) + m\left(r, \frac{1}{R(f)}\right) + S(r,f) \leqslant$$
$$2pm(r,f) + m\left(r, \frac{1}{R(f)}\right) + S(r,f) \qquad (28)$$

由 Nevanlinna 第一基本定理和(22),可得

$$(q-2p)m(r,f) \leqslant$$

$$m\left(r,\frac{1}{R(f)}\right)+S(r,f)=$$

$$T(r,R(f))-N\left(r,\frac{1}{R(f)}\right)+S(r,f)=$$

$$N(r,R(f))-N\left(r,\frac{1}{R(f)}\right)+S(r,f) \tag{29}$$

由 $R(f)$ 的定义,$R(f)$ 的极点必定为单极点,可能来自于 f 的极点或者 $Q(f)$ 和 F 的零点.下面证明在定理 4 的条件下,f 的极点除去有限多个,都是 $R(f)$ 的零点.若这个断言被证实,则

$$N(r,R(f)) \leqslant$$

$$\overline{N}\left(r,\frac{1}{F}\right)+\overline{N}\left(r,\frac{1}{Q(f)}\right)+S(r,f) \leqslant$$

$$\overline{N}\left(r,\frac{1}{F}\right)+\sum_{i=1}^{s}\overline{N}\left(r,\frac{1}{f-\beta_i}\right)+S(r,f) \leqslant$$

$$\overline{N}\left(r,\frac{1}{F}\right)+sT(r,f)+S(r,f) \tag{30}$$

设 z_0 是 f 的一个 m 重极点,则 z_0 是 $Q(f)$ 的一个 qm 重极点.下面讨论两种情况:

情况 1 设 z_0 是 $f(z)$ 和 $f(z+c)$ 的极点且 $f(z+c)$ 的重数大于 $f(z)$ 的重数.根据条件可知,仅有有限多个极点满足上述情况,这些极点可能是 $R(f)$ 的极点或者零点.这一部分在 $R(f)$ 的零点或者极点计数函数中等于 $S(r,f)$.

情况 2 设 z_0 是 $f(z+c)$ 和 $f(z)$ 的极点且 $f(z+c)$ 的重数小于或者等于 $f(z)$ 的重数,则 z_0 是 $H(f)$ 的至多 $mp+1$ 重极点.由于 $q>p+s+1$,因此有

$$qm - mp - 1 = (q-p)m - 1 > 0 \qquad (31)$$

因此,我们可以断定 z_0 一定是 $R(f)$ 的至少 $(q-p)m-1$ 重零点,可得

$$N\left(r, \frac{1}{R(f)}\right) \geqslant (q-p)N(r,f) - \overline{N}(r,f) + S(r,f)$$
$$(32)$$

结合(29),(30),(32)和第一基本定理,可得

$$(q-2p)T(r,f) =$$
$$(q-2p)m(r,f) + (q-2p)N(r,f) \leqslant$$
$$(q-2p)m(r,f) + (q-p)N(r,f) \leqslant$$
$$N(r, R(f)) - N\left(r, \frac{1}{R(f)}\right) +$$
$$N\left(r, \frac{1}{R(f)}\right) + \overline{N}(r,f) + S(r,f) \leqslant$$
$$\overline{N}\left(r, \frac{1}{F}\right) + (s+1)T(r,f) + S(r,f) \qquad (33)$$

因此

$$(q - 2p - s - 1)T(r,f) \leqslant \overline{N}\left(r, \frac{1}{F}\right) + S(r,f)$$
$$(34)$$

因此,当 $q \geqslant 2p + s + 2$ 时,$Q(f) + P(\alpha f(z+c) + \beta f(z)) - a$ 有无穷多个零点.

参考资料

[1] HAYMAN W K. Meromorphic functions[M]. Oxford:Clarendon Press,1964.

[2] YANG C C,YI H X. Uniqueness theory of meromorphic functions [M]. Dordrecht:Kluwer Academic Publishers,2003.

[3] HAYMAN W K. Picard values of meromorphic functions and their derivatives[J]. Ann. Math. ,1959,70:9-42.

［4］ MUES E. Über ein problem von Hayman［J］. Math. Z. ,1979,164:239-259.

［5］ BERGWEILER W,EREMENKO A. On the singularities of the inverse to a meromorphic function of finite order ［J］. Revista Matemática Iberoamericana,1995,11:355-373.

［6］ CHEN H H,FANG M L. On the value distribution of $f^n f'$［J］. Sci. China Ser. A,1995,38:789-798.

［7］ ZALCMAN L. On some problems of Hayman［D］. Ramat Gan:Bar-Ilan University,1995.

［8］ WANG Y F,FANG M L. Picard values and normal families of meromorphic functions with multiple zeros［J］. Acta. Math. Sinica Engl. Ser. ,1998,14(1):17-26.

［9］ AN T T H,PHUONG N V. A note on Hayman's conjecture［J］. International Journal of Mathematics,2020,31(6):2050048,10 pp.

［10］ LAINE I,YANG C C. Value distribution of difference polynomials ［J］. Proc. Japan Acad. Ser. A,2007,83:148-151.

［11］ LIU K,LIU X L,YANG L Z. The zero distribution and uniqueness of difference-differential polynomials ［J］. Ann. Polon. Math. ,2013,109:137-152.

［12］ YAMANOI K. Zeros of higher derivatives of meromorphic functions in the complex plane［J］. Proc. London Math. Soc. ,2013,106(3):703-780.

［13］ LIU K,LAINE I. A note on value distribution of difference polynomials［J］. Bull. Aust. Math. Soc. ,2010,81:353-360.

［14］ LIU K. Zeros of difference polynomials of meromorphic functions ［J］. Results Math. ,2010,57:365-376.

［15］ HALBURD R G,KORHONEN R J,TOHGE K. Holomorphic curves with shift-invariant hyperplane preimages ［J］. Trans. Amer. Math. Soc. ,2014,366:4267-4298.

［16］ LAINE I. Nevanlinna theory and complex differential equations ［M］. New York:Walter de Gruyter,1993.

第 五 编

Riemann $\zeta(s)$ 函数的零点

李修贤论 Riemann 猜想及其推广

第 30 章

李修贤在其山东大学硕士学位论文中概述了 Riemann 猜想(简称 RH)的相关内容及其等价命题和推广,以及在其假设成立的情况下所得的许多好的结论. Riemann 猜想一直以来被认为是很重要的猜想,因为它包含着很多关于素数的信息,而且在假设其成立的前提下,我们可以得到很多非常好的结论,例如素数定理可以得到一个非常好的余项. 最后他在其假设和另外一个关于 Möbius 函数的求和估计假设下,得到关于前 x 个整数中无 k 次方因子整数个数的新的估计和猜想,即猜想 8,9 和定理 30.

§1　Riemann 猜想

首先我们来介绍下面的 Euler 恒等式.

定理 1（Euler 恒等式）　对于实数 $s > 1$，下式成立

$$\sum_{n=1}^{\infty} \frac{1}{n^s} = \prod_p \left(1 - \frac{1}{p^s}\right)^{-1}$$

上面是著名的 Euler 恒等式，此公式是数论中重要的定理 —— 算术基本定理的解析等价形式，它把我们了解的自然数和不甚理解的素数联系了起来，因此素数的性质可以通过那个求和式来研究，而 Euler 是把 s 当作实数研究的，但是 Riemann 则把它当成复数去研究，进而得到了很多新的结果.

现在令 $s = \sigma + it (\sigma, t \in \mathbf{R})$ 为任意一个复数，我们考虑 Dirichlet 级数[1]

$$\sum_{n=1}^{\infty} \frac{1}{n^s} = 1 + \frac{1}{2^s} + \frac{1}{3^s} + \cdots$$

当 $s = 1$ 时，上式就变成了有名的调和函数，我们注意到在 $\mathscr{R}(s) \leqslant 1$ 时，上面的级数是发散的，当 $\mathscr{R}(s) > 1$ 时，级数是收敛的，而且在这个区域，级数是解析的. 因此，我们起初定义 Riemann zeta 函数为

$$\zeta(s) := \sum_{n=1}^{\infty} \frac{1}{n^s}, \mathscr{R}(s) > 1 \tag{1}$$

从上面的定理 1 中可以很容易看出后面的无穷乘积不等于零，所以对所有的 $s \in \mathbf{C}, \mathscr{R}(s) > 1, \zeta(s) \neq 0$[3].

根据 Riemann zeta 函数的定义，它只定义在

$\mathscr{R}(s) > 1$ 的区域内,在这个区域外级数是发散的,所以没有定义,然而在这个区域内的定义却可以唯一地决定整个复平面内的 zeta 函数值,这是因为 zeta 函数在 $\mathscr{R}(s) > 1$ 内解析,所以根据复变函数的知识,它可以唯一地解析延拓[2] 到除一个点 $s = 1$ 以外的整个复平面.

Riemann 在他 1859 年的论文里证明了 zeta 函数可以解析延拓到除点 $s = 1$ 以外的整个复平面,这个点是一个单极点,留数是 1. 现在我们给出 Riemann zeta 函数的定义,按照约定,记 $s = \sigma + it, \sigma, t \in \mathbf{R}, s \in \mathbf{C}.$

定义 1[3]　　Riemann zeta 函数是 Dirichlet 级数 (1) 的解析延拓,除点 $s = 1$ 以外在整个复平面解析,其为单极点,留数为 1.

为了给出 Riemann zeta 函数的性质,Riemann 对其进行了解析延拓(参考[3]),得到关系式

$$\zeta(s) = \frac{\pi^{\frac{s}{2}}}{\Gamma(s/2)} \left\{ \frac{1}{s(s-1)} + \right.$$
$$\int_1^\infty (x^{\frac{s}{2}-1} + x^{-\frac{s}{2}-\frac{1}{2}}) \cdot$$
$$\left. \left(\frac{\vartheta(x)-1}{2} \right) \mathrm{d}x \right\} \tag{2}$$

其中

$$\vartheta(x) := \sum_{n=-\infty}^{\infty} \mathrm{e}^{-n^2 \pi x}$$

是 Jacobi theta 函数,它满足函数方程

$$x^{\frac{1}{2}} \vartheta(x) = \vartheta(x^{-1}) \quad (x > 0)$$

最终得到以下的定理.

定理 2[3]　　函数

$$\zeta(s) := \frac{\pi^{\frac{s}{2}}}{\Gamma(s/2)}\left\{\frac{1}{s(s-1)} + \right.$$

$$\int_1^\infty (x^{\frac{s}{2}-1} + x^{-\frac{s}{2}-\frac{1}{2}}) \cdot$$

$$\left.\left(\frac{\vartheta(x)-1}{2}\right) \mathrm{d}x\right\}$$

是亚纯函数,仅在 $s=1$ 处是一个单极点,留数为 1.

这样就将 zeta 函数解析延拓到整个复平面. 接下来我们可以在整个复平面内寻找 Riemann zeta 函数的零点,之所以要找这些零点,是因为它们包含了很多素数的信息,然而,并不是所有的零点都是这样,其实我们关心的零点是在带形 $0 \leqslant \mathscr{R}(s) \leqslant 1$ 内的,因为在这个带形以外的零点是很容易得到的,这些点我们称作显然零点,而在带形内的零点就称为非显然零点. 在讨论零点之前,在定理 2 中定义的 Riemann zeta 函数,Riemann 注意到当把 s 换成 $1-s$ 的时候它的大括号内的第一项和后面的无穷积分是不变的,因此有以下的函数方程.

定理 3(函数方程) 对任意的 $s \in \mathbf{C}$,下式成立

$$\pi^{-\frac{s}{2}} \Gamma\left(\frac{s}{2}\right) \zeta(s) = \pi^{-\frac{1-s}{2}} \Gamma\left(\frac{1-s}{2}\right) \zeta(1-s)$$

我们定义

$$\xi(s) := \frac{s}{2}(s-1)\pi^{-\frac{s}{2}} \Gamma\left(\frac{s}{2}\right) \zeta(s) \qquad (3)$$

由式(2)可以看出,$\xi(s)$ 是一个整函数,而且满足简单的函数方程 $\xi(s) = \xi(1-s)$,这说明此函数是关于线 $\mathscr{R}(s) = \frac{1}{2}$ 对称的.

下面我们来讨论 zeta 函数的零点,尤其是非显然零点的位置.

首先我们将讨论 zeta 函数的显然零点. 由于 $\Gamma(s)$ 的极点都是单极点,它们是 $s=0,-1,-2,\cdots$,从式(2)可以看出 zeta 函数有单零点 $s=-2,-4,\cdots$(其中 $\Gamma(s)$ 的 $s=0$ 被项 $\dfrac{1}{s(s-1)}$ 抵消了). 这些来源于 gamma 函数的极点的零点被称为显然零点. 通过函数方程以及 $\zeta(s)$ 在 $\mathscr{R}(s)>1$ 内不为零可以看出,zeta 函数其他的零点都落在垂直带形 $0\leqslant\mathscr{R}(s)\leqslant 1$ 内,这些点就称作非显然零点. 通过方程(3)可以看出,非显然零点正好是 $\xi(s)$ 的零点,因此它们是关于线 $\mathscr{R}(s)=\dfrac{1}{2}$ 对称的. 另外,通过式(2)可以看出,它们是关于 $t=0$ 对称的. 我们先将这些结论总结如下.

定理 4[3]　对于函数 $\zeta(s)$,以下结论成立:

1. $\zeta(s)$ 在 $\mathscr{R}(s)>1$ 内没有零点.

2. $\zeta(s)$ 仅有极点 $s=1$,而且是单极点,留数为 1.

3. $\zeta(s)$ 有显然零点 $s=-2,-4,\cdots$.

4. 非显然零点落在区域 $0\leqslant\mathscr{R}(s)\leqslant 1$ 内,而且它们关于垂直线 $\mathscr{R}(s)=\dfrac{1}{2}$ 和实轴 $\mathscr{I}(s)=0$ 对称.

5. $\xi(s)$ 的零点正好是 $\zeta(s)$ 的非显然零点.

带形 $0\leqslant\mathscr{R}(s)\leqslant 1$ 被称作临界带形,而垂直线 $\mathscr{R}(s)=\dfrac{1}{2}$ 被称作临界线.

Riemann 在他的论文里给出了著名的 Riemann 猜想.

猜想 1(Riemann 猜想)　$\zeta(s)$ 的非显然零点都落在临界线 $\mathscr{R}(s)=\dfrac{1}{2}$ 上.

这就是 Riemann 猜想, Riemann 在研究了 zeta 函数的性质及计算了起初几个零点都在临界线上而提出了 Riemann 猜想. Riemann 的八页论文在数学里有着传奇的地位. 它不仅提出了 Riemann 猜想, 而且加速了解析数论的发展.

§2 非零区域和非显然零点的个数

Riemann 猜想吸引了许多数学家的关注, 从它提出至今已有 165 年了, 然而现在仍然没有被解决, 据说 Hilbert 曾说过: "如果我一千年后复活, 我的第一个问题就是'Riemann 猜想解决了没有?'". Hardy 也说过, 他一生的最大憾事就是没能证明 Riemann 猜想. A. Weil 在 1948 年证明了有限域的代数函数域上的 Riemann 猜想, 他曾希望在猜想提出 100 年的时候能够证明它, 然而后来他也表示: 就算是再过 100 年, 这也不见得是可能的. 但是, Riemann 猜想的难度并不是一开始就被认为很高, Hilbert 曾经断言可期望在二十年的时间里解决它, 然而随着数学家的一个个尝试, 他们逐渐认识到它的难度, 而且至今仍没有解决, 然而已经有很多的结果被作出, 而且随着它的研究, 推动了很多数学分支的发展, 这也是它重要性的体现. 一种攻克它的方法就是拓展非零区域, 我们已经知道当 $\mathscr{R}(s) > 1$ 时, $\zeta(s) \neq 0$, 因此, 我们想尽量将它的非零区域拓展到临界线 $\mathscr{R}(s) = \frac{1}{2}$ 附近. 沿着这个方法, 我们有以下定理:

定理 5[9]　对于所有的 $t \in \mathbf{R}, \zeta(1 + \mathrm{i}t) \neq 0$.

这个定理是和著名的素数定理等价的,也就是

$$\pi(x) \sim \frac{x}{\log x} \quad (x \to \infty)$$

其实更加显然的是证明渐近公式

$$\pi(x) = \int_2^x \frac{\mathrm{d}t}{\log t} + O(x^{\Theta} \log x) \tag{4}$$

等价于

$$\zeta(\sigma + \mathrm{i}t) \neq 0 \quad (\sigma > \Theta)$$

其中 $\frac{1}{2} \leqslant \Theta < 1$. 特别地,下面我们会看到 Riemann 猜

想 $\left($ 也就是在式(4)中 $\Theta = \frac{1}{2}\right)$ 等价于

$$\pi(x) = \int_2^x \frac{\mathrm{d}t}{\log t} + O(x^{\frac{1}{2}} \log x)$$

从上面的公式可以看出,我们只要把 Θ 向 $\frac{1}{2}$ 尽量靠近

便能渐渐得到好的结论,因此无零区域已经成为解决
Riemann 猜想的方法. 在 1899 年,de la Vallée Poussin

利用 $-\frac{\zeta'}{\zeta}(s)$ 的零点展开式得到以下较好的结果.

定理 6(de la Vallée Poussin[3])　存在绝对常数
$c > 0$,使得在区域

$$\mathscr{R}(s) = \sigma > 1 - \frac{c}{\log(|t| + 2)}$$

内没有 zeta 函数的零点.

在 1958 年,Vinogradov 和 Korobov 独立证明了
更好的结论.

定理 7(Korobov, Vinogradov[5-6])　存在正常数
c,使得在区域

$$\mathscr{R}(s) = \sigma \geqslant 1 - \frac{c}{(\log^{\frac{2}{3}} \mid t \mid + 1)(\log\log(\mid t \mid + 3))^{\frac{1}{3}}}$$

内 zeta 函数没有零点.

这个结果中离实轴越远的地方扩展的区域越小,因此这个结论离 Riemann 猜想的解决还有一定的距离.

接下来我们看一下非显然零点的个数. 定义 $N(T)$ 为 $\zeta(s)$ 在矩形区域 $0 \leqslant \sigma \leqslant 1, 0 \leqslant t \leqslant T$ 内的零点个数,那么我们有关于它的基本关系式.

定理 8[1]　设 $T \geqslant 2$,且 T 不是 zeta 函数零点的纵坐标,则

$$N(T) = \frac{T}{2\pi}\log\frac{T}{2\pi} - \frac{T}{2\pi} + \frac{7}{8} +$$

$$S(T) + O\left(\frac{1}{T}\right)$$

其中

$$S(T) = \frac{1}{\pi}\arg\zeta\left(\frac{1}{2} + iT\right)$$

这里辐角 $\arg\zeta(s) \in \left(-\frac{\pi}{2}, \frac{\pi}{2}\right)$.

然而像上面提到的,在 1905 年 Mangoldt 证明了以下定理.

定理 9(Mangoldt[4])　设 $T \geqslant 2$,我们有

$$N(T) = \frac{T}{2\pi}\log\frac{T}{2\pi} - \frac{T}{2\pi} + O(\log T)$$

除了 $N(T)$,定义

$$N(\sigma, T) = \sum_{\mid \mathscr{I}(s) \mid \leqslant T, \mathscr{R}(s) \geqslant \sigma} 1$$

也就是说 $N(\sigma, T)$ 是 zeta 函数在矩形 $\mid \mathscr{I}(s) \mid \leqslant T$, $\mathscr{R}(s) \geqslant \sigma$ 上的零点个数. 我们有以下估计.

定理 10[3]　当 $\dfrac{1}{2}\leqslant\sigma\leqslant 1$ 时,有估计

$$N(\sigma,T)\leqslant CT^{4\sigma(1-\sigma)}(\log T)^{10}$$

在 Riemann 猜想的攻克过程中,下面的定理对 Riemann 猜想的成立起到了重要作用,它为 Riemann 猜想的正确性建立了基本的必要条件.

定理 11(Hardy 定理[7])　在临界线上 $\zeta(s)$ 有无穷多个零点.

由于 Hardy 定理为 Riemann 猜想的成立奠定了基础,许多数学家也开始从这方面通过证明更难的必要条件去攻克 Riemann 猜想. 定义 $N_0(T)$ 是 zeta 函数在直线 $\sigma=\dfrac{1}{2},0<t\leqslant T$ 上的零点个数. 那么, Riemann 猜想就是

$$N(T)=N_0(T)\quad(T>0)$$

而 Hardy 定理就是

$$\lim_{T\to\infty}N_0(T)=\infty$$

在 1921 年,Hardy 和 Littlewood 证明了存在正常数 A_1 使得

$$N_0(T)>A_1T$$

在 1942 年,Selberg[8] 证明了存在正常数 A_2 使得

$$N_0(T)>A_2N(T)$$

且现在最好的结果是由 Conrey[11] 在 1989 年给出的, 他证得 $A_2>\dfrac{2}{5}$.

尽管如此,这个方法还是没能证明 Riemann 猜想. 然而有大量的数值计算都支持 Riemann 猜想是正确的. 首先进行零点计算的人就是 Riemann 本人,但他没有发表,后来 Siegel 还发现了 Riemann 的一个计

算零点的方法,后被其发表,就是 Riemann-Siegel 公式,接下来,从 1903 年 J. P. Gram 计算了 zeta 函数开头的十五个零点起,到 2004 年为止,X. Gourdon[12] 等人计算了开头 10 000 000 000 000 个零点都在临界线上.

虽然至今 Riemann 猜想还没有被证明,但从以上的各种迹象可以看出它很可能是正确的,而且再假设其成立的情况下可以得到很多好的结果,这些结果要比无条件下好得多,并且这些新的结果彼此之间没有什么矛盾,甚至有些结论已经被无条件地证明了,所以由此推出的结论有很重要的研究价值,另外,Riemann 猜想还有很多的等价命题,我们将在下一节讨论它们.

§3 Riemann 猜想的等价命题

本节我们将要讨论 Riemann 猜想的各种等价命题,它们为我们攻克 Riemann 猜想提供了更多的途径.

引进函数

$$\psi(x) = \sum_{n \leqslant x} \Lambda(n)$$

其中 $\Lambda(n)$ 是 Mangoldt 函数:当 $n = p^k (k \geqslant 1)$ 时,$\Lambda(n) = \log p$,其他情况下,$\Lambda(n) = 0$. 则有下面的等价命题.

等价命题 1[1]   RH 成立的充要条件是对任意的 $\varepsilon > 0$,有

$$\psi(x) = x + O(x^{\frac{1}{2}+\varepsilon})$$

等价命题 2[1]   RH 成立的充要条件是

$$\psi(x) = x + O(x^{\frac{1}{2}} \log^2 x)$$

L. Schoenfeld将上面的等价命题用显然的数值形式表示为：

等价命题 3（L. Schoenfeld）　RH 成立的充要条件是对 $x > 73.2$，有

$$| \psi(x) - x | \leqslant \frac{x^{\frac{1}{2}} \log^2 x}{8\pi}$$

我们知道 $\psi(x)$ 和素数定理有着紧密的关系，其实它们存在着等价关系，所以 RH 也有一个关于 $\pi(x)$ 的等价命题，其中 $\pi(x)$ 指不大于 x 的正素数的个数. 首先引进函数

$$\text{Li}(x) := \int_2^x \frac{\mathrm{d}t}{\log t}$$

早在 1849 年，Gauss 就猜测 $\pi(x) \sim \text{Li}(x)$，这也就是著名的素数定理，现已经被以多种方法证明了. 然而该函数和 Riemann 猜想有着紧密的联系.

等价命题 4[36]　RH 成立的充要条件是对任意的 $\varepsilon > 0$，有

$$\pi(x) = \text{Li}(x) + O(x^{\frac{1}{2}+\varepsilon})$$

等价命题 5[13]　RH 成立的充要条件是

$$\pi(x) = \text{Li}(x) + O(\sqrt{x} \log x)$$

在 1976 年，L. Schoenfeld 给出了一个显然的数值形式：

等价命题 6（L. Schoenfeld）　RH 成立的充要条件是对 $x \geqslant 2\,657$，有

$$| \pi(x) - \text{Li}(x) | \leqslant \frac{\sqrt{x} \log x}{8\pi}$$

现在我们引进几个数论中的算术函数.

Liouville 函数
$$\lambda(n) := (-1)^{\Omega(n)}$$
其中 $\Omega(n)$ 指 n 的按重数计算的素因子个数.

Möbius 函数
$$\mu(n) := \begin{cases} 0, \text{如果 } n \text{ 有平方因子} \\ 1, \text{如果 } n = 1 \\ (-1)^k, \text{如果 } n \text{ 是 } k \text{ 个不同素因子的乘积} \end{cases}$$

Mertens 函数
$$M(x) := \sum_{n \leqslant x} \mu(n)$$

关于这些初等数论函数,我们有以下的等价命题.

等价命题 7[9]   对于任意的 $\varepsilon > 0$,RH 等价于
$$\sum_{k=1}^{n} \lambda(k) \ll n^{\frac{1}{2}+\varepsilon}$$

下面是 Robin 得到的等价命题.

等价命题 8[14]   RH 等价于对于所有的 $n > 5\ 040$,有
$$\sigma(n) < e^{\gamma} n \log \log n$$
其中 γ 是 Euler 常数.

从这个方向研究 Riemann 猜想,后来 Lagarias 得到另一个等价命题.

首先定义第 n 个调谐数
$$H_n := \sum_{k=1}^{n} \frac{1}{k}$$

等价命题 9[15]   RH 成立当且仅当对于所有的 $n \geqslant 1$,有
$$\sigma(n) \leqslant H_n + \exp(H_n) \log(H_n)$$
等号只有当 $n = 1$ 时成立.

下面是关于 Mertens 函数的一个等价命题.

等价命题 10[16]　RH 等价于对于任意的 $\varepsilon > 0$，有

$$M(x) = O(x^{\frac{1}{2}+\varepsilon})$$

下面给出 Farey 级数的定义. n 阶 Farey 级数是所有有理数 $\dfrac{a}{b}$ 的集合，它们按从小到大的顺序排列，其中 $0 \leqslant a \leqslant b \leqslant n, (a,b) = 1$. 则有以下等价命题.

等价命题 11[17]　RH 等价于

$$\sum_{k=1}^{m} \left| F_n(k) - \frac{k}{m} \right| = O(n^{\frac{1}{2}+\varepsilon})$$

其中 $\varepsilon > 0, m = \# \{F_n\}$.

令 $\phi(x)$ 为 Euler 函数，N_k 为前 k 个素数的乘积. 那么有以下的等价命题.

等价命题 12[36]　RH 成立当且仅当对于所有的整数 k，有

$$\frac{N_k}{\phi(N_k)} > \mathrm{e}^\lambda \log \log N_k$$

我们可以将上面的等价命题改进为：

等价命题 13[36]　RH 成立当且仅当除了有限多个 k，对于其他所有的整数 k，有

$$\frac{N_k}{\phi(N_k)} > \mathrm{e}^\lambda \log \log N_k$$

设 r_v 为 N 阶 Farey 级数的元素，$v = 1, 2, \cdots, \Phi(N)$，其中 $\Phi(N) = \sum_{n=1}^{N} \phi(n)$. 令 $\delta_v = r_v - v/\Phi(N)$. 则有：

等价命题 14[36]　RH 成立当且仅当对于任意的 $\varepsilon > 0$，有

$$\sum_{v=1}^{\Phi(N)} \delta_v^2 \ll N^{-1+\epsilon}$$

等价命题 15[36]　RH 成立当且仅当对于任意的 $\varepsilon > 0$，有

$$\sum_{v=1}^{\Phi(N)} \mid \delta_v \mid \ll N^{\frac{1}{2}+\epsilon}$$

Xianjin Li 得到了以下的等价命题：

等价命题 16[20]　RH 成立当且仅当对于所有的 n，满足 $\lambda_n > 0$，其中

$$\lambda_n \mid_{s=1} = \sum_{\rho} \left(1 - \left(1 - \frac{1}{\rho}\right)^n\right)$$

这里求和项取遍 zeta 函数的所有非显然零点.

λ_n 还有另一个表达式

$$\lambda_n := \frac{1}{(n-1)!} \frac{\mathrm{d}^n}{\mathrm{d}s^n}(s^{n-1} \log \xi(s))$$

等价命题 17[19]　RH 成立当且仅当对于所有的 $n \geqslant 1$，有 $\lambda_n \geqslant 0$.

等价命题 18[36]　RH 成立当且仅当下式成立

$$\sum_{\rho} \frac{1}{\mid \rho \mid^2} = 2 + \gamma - \log 4\pi$$

其中求和项遍历 zeta 函数的所有非显然零点 $\rho = \beta + \mathrm{i}\gamma$.

等价命题 19[18]　RH 成立当且仅当 $\zeta'(s)$ 在左半带形 $0 < \mathscr{R}(s) < \frac{1}{2}$ 内不为零.

等价命题 20[21]　RH 成立当且仅当

$$\mathscr{R}\left(\frac{\xi'(s)}{\xi(s)}\right) > 0$$

等价命题 21[22]　RH 等价于

$$I := \int_{\frac{1}{2}-i\infty}^{\frac{1}{2}+i\infty} \frac{\log(\mid \zeta(s) \mid)}{\mid s \mid^2} dt = 0$$

进一步,上面的积分可以准确表示为和式

$$I = 2\pi \sum_{\mathscr{R}(\rho) > \frac{1}{2}} \log \left| \frac{\rho}{1-\rho} \right|$$

其中 ρ 是 zeta 函数的非显然零点.

Hardy 和 Littlewood 得到以下结论.

等价命题 22[23]　RH 成立当且仅当

$$\sum_{k=1}^{\infty} \frac{(-x)^k}{k! \ \zeta(2k+1)} = O(x^{-\frac{1}{4}}) \quad (x \to \infty)$$

等价命题 23[9]　RH 成立当且仅当 Dirichlet eta 函数

$$\eta(s) := \sum_{k=1}^{\infty} \frac{(-1)^{k-1}}{k^s} = (1 - 2^{1-s})\zeta(s)$$

在临界带形 $0 < \mathscr{R}(s) < 1$ 内的所有零点都落在临界线 $\mathscr{R}(s) = \frac{1}{2}$ 上.

等价命题 24[16]　RH 成立当且仅当在 $\mathscr{R}(s) > \frac{1}{2}$ 上

$$\sum_{n=1}^{\infty} \frac{\mu(n)}{n^s}$$

收敛.

下面我们利用 Bruijn-Newman 常数 Λ[9] 给出一个等价命题.

等价命题 25[24-25]　RH 成立当且仅当 $\Lambda \leqslant 0$.

1953 年,Salem 给出以下结论.

等价命题 26[26]　RH 成立当且仅当积分方程

$$\int_{-\infty}^{\infty} \frac{e^{-\rho y} \phi(y)}{e^{e^{x-y}} + 1} dy = 0$$

在 $\frac{1}{2} < \rho < 1$ 内除了显然的解 $\phi(y) = 0$，没有其他的有界解.

Volchkov 得到以下的结论，将 zeta 函数的零点与 Euler 常数 γ 联系了起来.

等价命题 27[27]　RH 成立当且仅当

$$\int_0^\infty \int_{\frac{1}{2}}^\infty \frac{(1 - 12t^2)\log|\zeta(\sigma + it)|}{(1 + 4t^2)^3} \, d\rho dt = \frac{(3 - \gamma)\pi}{32}$$

在 $L^2(0,1)$ 上定义 Hilbert-Schmidt 积分算子 A 如下

$$[Af](\theta) := \int_0^1 f(x)\left\{\frac{\theta}{x}\right\}$$

其中 $\{x\}$ 表示 x 的小数部分. 这样我们有下面的命题.

等价命题 28[28]　RH 成立当且仅当 Hilbert-Schmidt 积分算子 A 是内射的.

我们也可以将 Riemann 猜想与遍历论联系起来. Dani 的一个定理说明：对于每一个 $y > 0$，都存在空间 $M = PSL_2(\mathbf{Z}/PSL_2(\mathbf{R}))$ 上的遍历测度 $m(y)$ 支持极限圆流的周期 $1/y$ 闭轨道. 这样我们有下面的等价命题.

等价命题 29[29]　RH 成立当且仅当对于 M 上任意的光滑函数 f，任意的 $\varepsilon > 0$，有

$$\int_M f dm(y) = o(y^{\frac{3}{4} - \varepsilon}) \quad (y \to 0)$$

下面我们将 Riemann 猜想与群元素的阶联系起来.

等价命题 30[31]　RH 成立当且仅当对于充分大的 n，有

$$\log g(n) < \frac{1}{\sqrt{\mathrm{Li}(n)}}$$

其中 $g(n)$ 是 n 阶对称群 S_n 的最高阶.

Riemann 猜想也可与一组函数联系起来.

等价命题 31[32]　　RH 成立当且仅当 $\{\rho_\alpha(t):0<\alpha<1\}$ 的闭线性张成空间是 $L^2(0,1)$,其中

$$\rho_\alpha(t):=\left\{\frac{\alpha}{t}\right\}-\alpha\left\{\frac{1}{t}\right\}$$

这里 $L^2(0,1)$ 是由 $(0,1)$ 上二次可积函数组成的空间.

定义 n 阶 Redheffer 矩阵,$n\times n$ Redheffer 矩阵,$\boldsymbol{R}_n:=[R_n(i,j)]$ 如下

$$R_n(i,j)=\begin{cases}1,j=1\ \text{或}\ i\mid j\\0,\text{其他}\end{cases}$$

容易验证

$$\det(\boldsymbol{R}_n)=\sum_{k=1}^n\mu(k)$$

我们有以下的命题.

等价命题 32[30]　　RH 成立当且仅当对于任意的 $\varepsilon>0$,有

$$\det(\boldsymbol{R}_n)=O(n^{\frac{1}{2}+\varepsilon})$$

现在我们可以将 Riemann 猜想用图论的语言来描述了. 令 $\boldsymbol{R}_n$ 是 Redheffer 矩阵,并且 $\boldsymbol{B}_n:=\boldsymbol{R}_n-\boldsymbol{I}_n$($\boldsymbol{I}_n$ 是 $n\times n$ 单位矩阵),G_n 是有向图,邻接矩阵为 $\boldsymbol{B}_n$. 令 $\overline{G}_n$ 为由 G_n 中的节点 1 加一个环所得的图. 则我们有以下叙述.

等价命题 33[33]　　RH 成立当且仅当对于任意的 $\varepsilon>0$,有

$$|\,\#\{\overline{G}_n\ \text{中的奇圈}\}-\#\{\overline{G}_n\ \text{中的偶圈}\}\,|=O(n^{\frac{1}{2}+\varepsilon})$$

Riesz 证明了以下命题.

等价命题 34(Riesz[35])　　RH 成立当且仅当对于

任意的 $\varepsilon > 0$,有

$$\sum_{k=1}^{\infty} \frac{(-1)^{k+1} x^k}{(k-1)!\,\zeta(2k)} \ll x^{\frac{1}{2}+\varepsilon}$$

上面列出了 Riemann 猜想的一系列等价命题,更多内容可以参考[36],虽然它们没有被证明,但可以说明 Riemann 猜想和数学中的很多问题及分支是有着一定联系的,因此,Riemann 猜想被认为是很重要的猜想,而且假设其成立还有很多很好的结论,这些内容我们将在下面讨论.

§4 Riemann 猜想的推广

本节主要是将 Riemann 猜想进行推广,即广义 Riemann 猜想、扩展 Riemann 猜想(Extended Riemann Hypothesis)以及统一 Riemann 猜想(Grand Riemann Hypothesis),在数学里,我们经常将问题进行推广,以得到一个更加适用的情况,比如我们将实数集推广到复数集便有利于解决很多实数范围内不能解决的问题,又如从复数域推广到域,后者包括了更加广泛的研究领域,以至于解决了五次以上一般方程的根是不能用根式解的问题. 同样,在攻克 Riemann 猜想的过程中,我们也发现了它的各种推广,虽然还不能解决,但对于数学的研究以及发展还是很有作用的.

首先,我们再把 Riemann 猜想列在下面.

猜想 2(Riemann 猜想[13]) $\zeta(s)$ 的非显然零点都落在直线 $\mathscr{R}(s) = \frac{1}{2}$ 上.

我们定义 Dirichlet eta 函数如下

$$\eta(s) := \sum_{k=1}^{\infty} \frac{(-1)^{k-1}}{k^s} = (1 - 2^{1-s})\zeta(s)$$

因为 $\eta(s)$ 在 $\mathcal{R}(s) > 0$ 上是收敛的,所以它本身在大于零的复半平面内就是解析的,因此我们不用像 zeta 函数一样将其解析延拓了. 从上面的等式不难看出,Riemann 猜想成立当且仅当 $\eta(s)$ 在 $0 < \mathcal{R}(s) < 1$ 内的零点都落在直线 $\mathcal{R}(s) = \frac{1}{2}$ 上. 这样,我们通过另一个函数将 Riemann 猜想进行了简单的转化.

下面我们来介绍广义 Riemann 猜想. 首先我们要引进 Dirichlet 特征,它有直接定义(参看 [3] 的第八章),也有构造性定义,这里我们简单介绍下它的构造性定义.

定义 2(Dirichlet 特征)　对于任意的整数 k,模 k 的 Dirichlet 特征,记作 $\chi_k(a)$,是一个定义在整数上的复值函数 $\chi : \mathbf{Z} \to \mathbf{C}$,满足:

1. 如果 $(a,k) > 1$,那么 $\chi(a) = 0$.

2. $\chi(1) \neq 0$.

3. $\chi(a_1 a_2) = \chi(a_1)\chi(a_2)$ 对所有的 $a_1, a_2 \in \mathbf{Z}$ 成立.

4. 如果 $a_1 \equiv a_2(k)$,那么 $\chi(a_1) = \chi(a_2)$.

容易验证它是良定义的.

接下来我们就可以定义 Dirichlet $L-$ 函数了(也叫 $L-$ 函数),具体如下

$$L(s, \chi) = \sum_{n=1}^{\infty} \frac{\chi(n)}{n^s} \quad (s \in \mathbf{C})$$

其实 $L-$ 函数是 Dirichlet 级数的一种特殊情况,

Dirichlet 级数的定义是

$$\sum_{n=1}^{\infty} \frac{a(n)}{n^s}$$

其中 $a(n)(n=1,2,\cdots)$ 是任意的复数列.

那么我们可以看出

$$L(s,\chi_1) = \sum_{n=1}^{\infty} \chi_1(n)n^{-s} = \sum_{n=1}^{\infty} n^{-s} = \zeta(s)$$

所以 $L-$ 函数是 zeta 函数的推广,因此我们有以下的广义 Riemann 猜想.

猜想 3(广义 Riemann 猜想[34]) $L(s,\chi_k)$ 的所有非显然零点,即在临界带形内的零点,都落在直线 $\mathscr{R}(s) = \frac{1}{2}$ 上.

我们注意到 Riemann 猜想只是广义 Riemann 猜想的一个特例,且广义 Riemann 猜想的显然零点也比 RH 的多,其中包括 0 作为一个零点.

下面我们来讨论扩展 Riemann 猜想. 首先我们来介绍一下所需要的知识,它需要 Dedekind zeta 函数. 令 K 为一个整数环为 O_K 的数域,a 是整数环 O_K 中的理想,被称为整理想,而 $N(a)$ 是 a 的范数,关于这些内容具体可参考[37]. 那么 Dedekind zeta 函数定义为

$$\zeta_K(s) := \sum_a N(a)^{-s} \quad (\mathscr{R}(s) > 1)$$

其中求和是对 O_K 中所有的整理想 a 进行的. 和 Riemann zeta 函数、Dirichlet $L-$ 函数相似,Dedekind zeta 函数也需要解析延拓到整个复平面,同样满足函数方程,也有显然和非显然零点之分. 同样,落在带形 $0 < \mathscr{R}(s) < 1$ 内的零点称为非显然零点.

猜想 4(扩展 Riemann 猜想) 所有代数数域的

Dedekind zeta 函数的所有非显然零点都落在直线 $\mathscr{R}(s)=\dfrac{1}{2}$ 上.

我们注意到,当数域 K 取为有理数域 Q 时,Dedekind zeta 函数变为

$$\zeta_Q(s)=\sum_{n=1}^{\infty}n^{-s}\quad(\mathscr{R}(s)>1)$$

可以看出上式便是 Riemann zeta 函数,所以 Riemann 猜想只是扩展 Riemann 猜想的一个特例[38].

下面我们来介绍统一 Riemann 猜想,它涉及自守 L —函数.这里只简单介绍一下,具体参考[39]. 关于 π 的自守 L —函数被定义为

$$L(s,\pi):=\prod_p L(s,\pi_p)$$

其中

$$L(s,\pi_p):=\prod_{j=1}^{m}(1-\alpha_{j,\pi}(p)p^{-s})^{-1}$$

同 Riemann zeta 函数类似,如果令

$$\Lambda(s,\pi):=L(s,\pi_\infty)L(s,\pi)$$

那么它是一个整函数,而且有函数方程

$$\Lambda(s,\pi)=\epsilon_\pi N_\pi^{\frac{1}{2}-s}\Lambda(1-s,\tilde{\pi})$$

其中,$N_\pi\geqslant 1$ 是一个整数,ϵ_π 是模 1 的数,$\tilde{\pi}$ 是逆步表示,$\tilde{\pi}(g)=\pi({}^t g^{-1})$.同样,落在带形 $0<\mathscr{R}(s)<1$ 内的零点称为非显然零点.这样我们就有统一 Riemann 猜想.

猜想 5(统一 Riemann 猜想)　自守 L —函数的所有非显然零点都落在直线 $\mathscr{R}(s)=\dfrac{1}{2}$ 上.

我们看到,广义 Riemann 猜想和扩展 Riemann 猜

想都是 Riemann 猜想的推广,都是在将 zeta 函数推广的前提下得到的,只是它们推广的方向不同. 在广义 Riemann 猜想里,Riemann zeta 函数推广为 Dirichlet $L-$ 函数,而在扩展 Riemann 猜想里,推广为 Dedekind zeta 函数,它们彼此不同,然而却有着与 Riemann zeta 函数类似的性质,那么,在统一 Riemann 猜想里,我们进一步将 Dirichlet $L-$ 函数和 Dedekind zeta 函数推广为自守 $L-$ 函数,它们都是自守 $L-$ 函数的特例,这样,我们将最初的 Riemann 猜想一步步推广到了一个非常广泛的函数里,因此自守 $L-$ 函数是很复杂的,它的解析延拓及函数方程仍没被普遍证明,但如果把统一 Riemann 猜想证明了,那么前面的三个猜想也就全部解决了,但它的证明也许比前三个的证明更加困难. 关于 Riemann 猜想及其推广可参考[40].

§5　Riemann 猜想的推论

本节除了概述 Riemann 猜想的推论,还得到了新的猜想与结论,即猜想 8,9 和定理 30. Riemann 猜想的一个重要之处便是它有着的结论,甚至有些在无条件下已经被证明了,所以本章讨论假设 Riemann 猜想成立的情况下,我们可以推得的结论,它们具有一定的启发性. 一旦 Riemann 猜想被证明,那么随之便证明了这些推论.

1. 一些结论
下面我们来看一些基于 RH 的定理.

定理 12[1]　若 RH 成立,则对任意的 $\varepsilon > 0$,当 $\frac{1}{2} < \sigma_0 \leqslant \sigma \leqslant 1$ 时,一致的有

$$\zeta(s) = O(|t|^\varepsilon) \quad (|t| \geqslant 2)$$

$$\frac{1}{\zeta(s)} = O(|t|^\varepsilon) \quad (|t| \geqslant 2)$$

其中大 O 常数与 ε, σ_0 有关.

定理 13[1]　若 RH 成立,则对充分大的 $|t|$,有

$$|\log \zeta(1 + it)| \leqslant \log \log \log |t| + A$$

特别地

$$\zeta(1 + it) = O(\log \log |t|)$$

$$\frac{1}{\zeta(1 + it)} = O(\log \log |t|)$$

定义 $\log \zeta(s)$ 为如下的单值分支:当 $\mathscr{R}(s) \geqslant 2$ 时

$$\log \zeta(s) = \log |\zeta(s)| + i \arg \zeta(s)$$

$$\left(-\frac{\pi}{2} < \arg \zeta(s) < \frac{\pi}{2}\right)$$

那么,我们有:

定理 14[1]　若 RH 成立,则除了 $s = 1$,$\log \zeta(s)$ 在半平面 $\sigma > \frac{1}{2}$ 内正则,$s = 1$ 是它的对数支点.

定理 15[1]　若 RH 成立,则对任意的 $\varepsilon > 0$,当 $\frac{1}{2} < \sigma_0 \leqslant \sigma \leqslant 1$ 时,一致的有

$$\log \zeta(s) = O((\log |t|)^{2-2\sigma+\varepsilon}) \quad (|t| \geqslant 2)$$

其中大 O 项与 ε, σ_0 有关.

定理 16[1]　若 RH 成立,则有

$$\int_1^x x^{-2}(\psi(x) - x)^2 \mathrm{d}x = O(\log x)$$

令 χ_D 是模 D 的 Dirichlet 特征,则关于 Dirichlet

L — 函数 $L(1, \chi_D)$ 的界, 有以下估计

$$D^{-\varepsilon} \ll_\varepsilon \mid L(1, \chi_D) \mid \ll \log D^{[41]}$$

然而, Littlewood 在假设广义 Riemann 猜想成立的条件下得到了更好的结果.

定理 17[42] 若广义 Riemann 猜想成立, 则有

$$\frac{1}{\log \log D} \ll_\varepsilon \mid L(1, \chi_D) \mid \ll \log \log D$$

关于给定区间内的素数个数, 在 1845 年 Bertrand 断言在区间 $[n, 2n)$ 内必有素数, 我们这里把它称为 Bertrand 定理, 后已被证明, 证明过程在初等数论的书中即有. 下面在假设 RH 成立的情况下, 有如下结果.

定理 18[43] 若 RH 成立, 则对于充分大的 x 和任意的 $\alpha > \dfrac{1}{2}$, 区间 $(x, x + x^\alpha)$ 中必有素数.

后来在 1937 年, Ingham 在无条件下证明了对充分大的 x, 在区间 $(x, x + x^{\frac{5}{8}})$ 内必有素数.

定义

$$\pi(x; k, l) := \# \{p : p \text{ 是素数}, p \leqslant x, p \equiv l \pmod{k}\}$$

关于上式中的最小素数问题, 我们有:

定理 19[34] 若扩展 Riemann 猜想成立, 则满足 $p \equiv l \pmod{k}$ 的最小素数小于 $k^{2+\varepsilon}$, 其中 $\varepsilon > 0, k > k_0(\varepsilon)$.

Heath-Brown[44] 在无条件下得到的最好的结果是最小的素数 p 满足 $p \ll k^{5.5}$.

下面讨论著名的 Goldbach 猜想. 在 1742 年, Goldbach 在写给 Euler 的一封信中提到, 所有大于 4 的自然数都是三个素数的和. 后来 Euler 补充说: 任意大于 3 的偶数都是两个素数之和 (强 Goldbach 猜

想)[45].后来便称之为 Goldbach 猜想,其中包括弱的和强的两种,但我们说 Goldbach 猜想便是指强 Goldbach 猜想,因为弱 Goldbach 猜想可以由强 Goldbach 猜想推出.弱 Goldbach 猜想是说:任意大于 7 的奇数都可以表示为三个奇素数之和.Hardy 和 Littlewood 在假设广义 Riemann 猜想成立的条件下推出对于充分大的奇数,弱 Goldbach 猜想是成立的.然而,1937 年,Vinogradov 在无条件下证得:

定理 20(Vinogradov[46]) 每个充分大的奇数 $N \geqslant N_0$ 都是三个素数的和.

在 1997 年,Deshouillers,Effinger,te Riele 和 Zinoviev 证得以下定理.

定理 21(Deshouillers, Effinger, te Riele, Zinoviev[47]) 若广义 Riemann 猜想成立,则每一个大于 5 的奇数都可以表示成三个素数之和.

关于强 Goldbach 猜想,Hardy 和 Littlewood 在假设广义 Riemann 猜想成立的情况下证得:对于任意的 $\varepsilon > 0$,$E(N) = O(N^{\frac{1}{2}+\varepsilon})$,其中 $E(N)$ 表示小于 N 的不能表示成两个素数之和的偶数的个数.然而在 1973 年,Chen 在无条件下证得至今最好的结论,也就是著名的"1+2".

定理 22(陈氏定理[48]) 每个充分大的偶数都可以表示成一个素数和一个至多有两个素因子的数之和.

猜想 6(Lindelöf猜想) 对于任意的 $\varepsilon > 0$,$t \geqslant 0$,有

$$\zeta\left(\frac{1}{2} + it\right) = O(t^\varepsilon)$$

则有：

定理 23[1] 若 RH 成立,则 Lindelöf 猜想便成立.

猜想 7(Artin 猜想) 对于任一个不等于 -1 的非平方整数 a,存在无穷多个素数 p 使得 a 是模 p 的原根.

那么,有：

定理 24[49] 若广义 Riemann 猜想成立,则 Artin 猜想便成立.

关于 Titchmarsh 函数 $S(T), S_1(T)$,定义如下：对于任意的实数 $T \geqslant 0$,有

$$S(T) := \pi^{-1} \arg \zeta\left(\frac{1}{2} + iT\right)$$

$$S_1(T) := \int_0^T S(T) \mathrm{d}t$$

我们有：

定理 25[9] 若 RH 成立,$\varepsilon > 0$,则对于任意大的 T,不等式

$$S(T) > (\log T)^{\frac{1}{2} - \varepsilon}$$

和

$$S_1(T) < -(\log T)^{\frac{1}{2} - \varepsilon}$$

都有解.

定理 26[9] 若 RH 成立,则对于任意 $\varepsilon > 0$,我们有

$$S_1(T) = \Omega((\log T)^{\frac{1}{2} - \varepsilon})$$

其中,$f(x) = \Omega(g(x))$ 表示存在常数 A 和某个 x_0,使得对于所有的 $x > x_0$,满足

$$|f(x)| \geqslant A|g(x)|$$

关于 Titchmarsh 函数的余项估计,我们有：

定理 27[16]　　若 RH 成立,$\varepsilon > 0$,则对于任意大的 T,有

$$S(T) = O\left(\frac{\log T}{\log \log T}\right)$$

和

$$S_1(T) = O\left(\frac{\log T}{(\log \log T)^2}\right)$$

下面讨论 zeta 函数的均值:对于整数 $k \geqslant 1$,有

$$I_k(T) := \frac{1}{T} \int_0^T \left| \zeta\left(\frac{1}{2} + \mathrm{i}t\right) \right|^{2k} \mathrm{d}t$$

Conrey 和 Ghosh 猜测

$$I_k(T) \sim \frac{a(k)g(k)}{\Gamma(k^2 + 1)}(\log T)^{k^2}$$

其中

$$a(k) := \prod_p \left(\left(1 - \frac{1}{p}\right)^{k^2} \sum_{m=0}^{\infty} \left(\frac{\Gamma(m+k)}{m! \ \Gamma(k)}\right)^2 p^{-m}\right)$$

$g(k)$ 是一个整数. 然而 $I_1(T)$[50] 和 $I_2(T)$[51] 在这之前都已经被具体证明了. 后来 Conrey 和 Ghosh 得到:

定理 28(Conrey,Ghosh[52])　　若 RH 成立,则

$$I_k(T) \geqslant (a(k) + o(1))(\log T)^{k^2}$$

后来,Soundararajan[53] 在无条件下证得更好的结果:对于整数 $k \geqslant 2$,有

$$I_k(T) \geqslant 2(a(k) + o(1))(\log T)^{k^2}$$

2. 关于 $Q(x,k)$ 的结论

下面我们来讨论一下 $Q(x,k)$,它是指 1 到实数 x 之间的无 k 次方因子的整数的个数,也就是说,指 1 到实数 x 之间的整数 n 的个数,n 满足:如果 $p \mid n$,那么,$p^k \nmid n$,其中 $2 \leqslant k \in \mathbf{Z}$. 在无条件的情况下,我们很容易得到

$$Q(x,k) = \frac{x}{\zeta(k)} + O(x^{\frac{1}{k}})$$

特别地,当 $k=2$ 时,上式便成为

$$Q(x) := Q(x,2) = \frac{x}{\zeta(2)} + O(x^{\frac{1}{2}}) =$$

$$\frac{6x}{\pi^2} + O(\sqrt{x})$$

首先,我们来看一下关于 $Q(x)$ 的估计的一些结果[54].

1988 年,Balasubramanian 和 Ramachandra[55-56] 得到

$$Q(x) = \frac{6x}{\pi^2} + \Omega_{\pm}(\sqrt{x})$$

而在 RH 的假设下,现在最好的结果是 Jia[61] 在 1993 年得到的:对于任意的 $\varepsilon > 0$,有

$$Q(x) = \frac{6x}{\pi^2} + O(x^{\frac{17}{54}+\varepsilon})$$

下面是关于 $Q(x,k)$ 的一些结论. 我们先看一个引理.

引理 1(部分求和公式) 令 $f(x)$ 是 $[a,b]$ 上的连续可微函数,C_n 是任一复数,令 $C(x) = \sum\limits_{a < n \leqslant x} C_n$,则

$$\sum_{a < n \leqslant b} C_n f(n) = C(b)f(b) - \int_a^b C(x)f'(x)\mathrm{d}x$$

$$((a,b) \in R)$$

那么,我们很容易得到下面的定理.

定理 29[54] 对于 $k \geqslant 2, k \in \mathbf{Z}_+$,我们有

$$Q(x,k) = \frac{x}{\zeta(k)} + O(x^{\frac{1}{k}})$$

证明 我们知道每一个正整数可以因式分解为

$$n = l \cdot r^k, \mu_k^2(l) = 1$$

其中

$$\mu_k(n) := \begin{cases} (-1)^t, 若 \ n = p_1^{r_1} \cdots p_t^{r_t}, \\ 1 \leqslant r_i < k, i = 1, \cdots, t \\ 0, 其他 \end{cases}$$

上式也就是无 k 次方因子的整数的特征函数, l 是 n 的素因子分解中的那些次幂不能被 k 整除的素数之积, 其次幂为被 k 除得的余数. 这种分解是唯一的, 因此

$$\mu_k^2(n) = \sum_{d \mid r} \mu(r)$$

又因为 $d \mid r$ 等价于 $d^k \mid n$, 所以

$$\mu_k^2(n) = \sum_{d^k \mid n} \mu(d)$$

因而我们有

$$Q(x, k) = \sum_{n \leqslant x} \sum_{d^k \mid n} \mu(d) =$$

$$\sum_{d \leqslant x^{\frac{1}{k}}} \mu(d) \sum_{d^k \mid n, n \leqslant x} 1 =$$

$$\sum_{d \leqslant x^{\frac{1}{k}}} \mu(d) \left[\frac{x}{d^k} \right] =$$

$$\sum_{d \leqslant x^{\frac{1}{k}}} \mu(d) \left(\frac{x}{d^k} + O(1) \right) =$$

$$x \sum_{d \leqslant x^{\frac{1}{k}}} \frac{\mu(d)}{d^k} + O(x^{\frac{1}{k}}) =$$

$$x \sum_{d=1}^{\infty} \frac{\mu(d)}{d^k} - x \sum_{d > x^{\frac{1}{k}}} \frac{\mu(d)}{d^k} + O(x^{\frac{1}{k}}) =$$

$$\frac{x}{\zeta(k)} + xO\left(\sum_{d > x^{\frac{1}{k}}} \frac{1}{d^k} \right) + O(x^{\frac{1}{k}})$$

其中，由引理 1，对于 $A \in \mathbf{R}_+$，我们有

$$\sum_{x^{\frac{1}{k}} < d < A} \frac{1}{d^k} = \frac{1}{A^k} \sum_{x^{\frac{1}{k}} < d < A} 1 + \int_{x^{\frac{1}{k}}}^{A} \frac{k}{t^{k+1}} \sum_{x^{\frac{1}{k}} < d < t} 1 \mathrm{d}t =$$

$$O\left(\frac{1}{A^{k-1}}\right) + O\left(\int_{x^{\frac{1}{k}}}^{A} t^{-k} \mathrm{d}t\right) =$$

$$O\left(\frac{1}{A^{k-1}}\right) + O(x^{\frac{1}{k}} - 1)$$

令 $A \to +\infty$，我们得到

$$\sum_{d > x^{\frac{1}{k}}} \frac{1}{d^k} = O(x^{\frac{1}{k}-1})$$

因而

$$Q(x,k) = \frac{x}{\zeta(k)} + O(x^{\frac{1}{k}})$$

上式是在无条件下得到的，在 1968 年，Vaidya[62] 进一步证明了

$$Q(x,k) = \frac{x}{\zeta(k)} + \Omega(x^{\frac{1}{2k}})$$

现在无条件下最好的结果是 Walfisz[54,63] 利用 zeta 函数的无零区域得到的，他证得存在合适的常数 c，满足

$$Q(x,k) = \frac{x}{\zeta(k)} + O(x^{\frac{1}{k}} \exp\{-ck^{-\frac{8}{5}} \log^{\frac{3}{5}} x \log \log^{\frac{1}{5}} x\})$$

然而，在 RH 的假设下，现在最好的结果是 Graham 和 Pintz 在 1989 年得到的：若 RH 成立，则对于任意的 $\varepsilon > 0$，有

$$Q(x,k) = \frac{x}{\zeta(k)} + O(x^{D(k)+\varepsilon})$$

其中

$$D(k) = \begin{cases} \dfrac{7}{8k+6}, \ 2 \leqslant k \leqslant 5 \\[2mm] \dfrac{67}{514}, \ k = 6 \\[2mm] \dfrac{11(k-4)}{12k^2 - 37k - 41}, \ 7 \leqslant k \leqslant 12 \\[2mm] \dfrac{23(k-1)}{24k^2 + 13k - 37}, \ 13 \leqslant k \leqslant 20 \end{cases}$$

关于 $Q(x,k)$,已经猜想有(比至今已有的估计要好很多)

$$Q(x,k) = \frac{x}{\zeta(k)} + O(x^{\frac{1}{2k} + \varepsilon})$$

下面我们将看到,在假设 RH 和猜想 8 成立的条件下,上式成立. 我们先看几个引理.

引理 2(Riemann-Stieltjes 积分)　令 $f(x)$ 是 $[a, b]$ 上的连续可微函数,C_n 是任一复数,令 $C(x) = \sum_{a < n \leqslant x} C_n$,则

$$\sum_{a < n \leqslant b} C_n f(n) = \int_a^b f(u) \, \mathrm{d}C(u)$$

我们复述等价命题 10 如下:

引理 3[16]　RH 等价于对于任意的 $\varepsilon > 0$,有

$$M(x) = O(x^{\frac{1}{2} + \varepsilon})$$

在初等数论[4] 里,我们知道

$$\sum_{n \leqslant x} \mu(n) \left[\frac{x}{n} \right] = 1$$

因此有

$$\sum_{n \leqslant x^{\frac{1}{k}}} \mu(n) \left\{ \frac{x^{\frac{1}{k}}}{n} \right\} = x^{\frac{1}{k}} \sum_{n \leqslant x^{\frac{1}{k}}} \frac{\mu(n)}{n} - 1$$

令 $z = x^{\frac{1}{k}}$,假设 RH 成立,利用引理 3,我们有

$$\sum_{n \leqslant z} \frac{\mu(n)}{n} = \frac{M(z)}{z} + \int_1^z \frac{M(t)}{t^2} \mathrm{d}t =$$

$$O(z^{-\frac{1}{2}+\varepsilon}) + O(\int_1^z t^{-\frac{3}{2}+\varepsilon} \mathrm{d}t) =$$

$$O(z^{-\frac{1}{2}+\varepsilon})$$

即

$$\sum_{n \leqslant x^{\frac{1}{k}}} \frac{\mu(n)}{n} = O(x^{-\frac{1}{2k}+\varepsilon})$$

结合上面几式,我们有

$$\sum_{n \leqslant x^{\frac{1}{k}}} \mu(n) \left\{ \frac{x^{\frac{1}{k}}}{n} \right\} = O(x^{\frac{1}{2k}+\varepsilon})$$

其中上式中的 ε 是引理 3 中 ε 的 $\frac{1}{k}$. 特别地

$$\sum_{n \leqslant x} \mu(n) \left\{ \frac{x}{n} \right\} = O(x^{\frac{1}{2}+\varepsilon})$$

因此,我们合理地猜测:

猜想 8 对于 $x \in \mathbf{R}_+, k \in \mathbf{Z}_+$,下式成立

$$\sum_{n \leqslant x^{\frac{1}{k}}} \mu(n) \left\{ \frac{x}{n^k} \right\} = O(x^{\frac{1}{2k}+\varepsilon})$$

其中上式中的 ε 是引理 3 中 ε 的 $\frac{1}{k}$,且其等价于 RH.

那么,我们便有下面的定理.

定理 30 如果 RH 和猜想 8 成立,那么就有

$$Q(x, k) = \frac{x}{\zeta(k)} + O(x^{\frac{1}{2k}+\varepsilon})$$

$$(k \geqslant 2, k \in \mathbf{Z}_+)$$

其中上式中的 ε 是引理 3 中 ε 的 $\frac{1}{k}$.

证明 与定理 29 相同,通过引理 3 和猜想 8,我们有

$$Q(x,k) = \sum_{n \leqslant x} \sum_{d^k \mid n} \mu(d) =$$

$$\sum_{d \leqslant x^{\frac{1}{k}}} \mu(d) \sum_{d^k \mid n, n \leqslant x} 1 =$$

$$\sum_{d \leqslant x^{\frac{1}{k}}} \mu(d) \left[\frac{x}{d^k} \right] =$$

$$x \sum_{d \leqslant x^{\frac{1}{k}}} \frac{\mu(d)}{d^k} - \sum_{d \leqslant x^{\frac{1}{k}}} \mu(d) \left\{ \frac{x}{d^k} \right\} =$$

$$x \sum_{d=1}^{\infty} \frac{\mu(d)}{d^k} - x \sum_{d > x^{\frac{1}{k}}} \frac{\mu(d)}{d^k} -$$

$$\sum_{d \leqslant x^{\frac{1}{k}}} \mu(d) \left\{ \frac{x}{d^k} \right\} =$$

$$\frac{x}{\zeta(k)} - x \sum_{d > x^{\frac{1}{k}}} \frac{\mu(d)}{d^k} + O(x^{\frac{1}{2k}+\epsilon})$$

再由引理 2 和 3，对于 $A \in \mathbf{R}_+$，有

$$\sum_{x^{\frac{1}{k}} < d < A} \frac{\mu(d)}{d^k} = \int_{x^{\frac{1}{k}}}^{A} \frac{1}{t^k} \mathrm{d}M(t) =$$

$$\frac{M(t)}{t^k} \Big|_{x^{\frac{1}{k}}}^{A} + \int_{x^{\frac{1}{k}}}^{A} \frac{kM(t)}{t^{k+1}} \mathrm{d}t =$$

$$\frac{M(A)}{A^k} - \frac{M(x^{\frac{1}{k}})}{x} +$$

$$O\left(\int_{x^{\frac{1}{k}}}^{A} t^{-k-\frac{1}{2}+\epsilon} \mathrm{d}t \right) =$$

$$O(A^{\frac{1}{2}-k+\epsilon}) + O(x^{\frac{1}{2k}-1+\epsilon})$$

令 $A \to +\infty$，我们有

$$\sum_{d > x^{\frac{1}{k}}} \frac{\mu(d)}{d^k} = O(x^{\frac{1}{2k}-1+\epsilon})$$

因此，最终得到

$$Q(x,k) = \frac{x}{\zeta(k)} + O(x^{\frac{1}{2k}+\epsilon})$$

383

因此,由引理 3,又知定理 30 中的 ε 是引理 3 中 ε 的 $\dfrac{1}{k}$,所以我们也猜测:RH 等价于

$$Q(x,k) = \frac{x}{\zeta(k)} + O(x^{\frac{1}{2k}+\varepsilon})$$

综上,我们叙述如下:

猜想 9 以下几项是彼此等价的:

(1)RH 成立.

(2) $\displaystyle\sum_{n \leqslant x^{\frac{1}{k}}} \mu(n)\left\{\frac{x}{n^k}\right\} = O(x^{\frac{1}{2k}+\varepsilon})$.

(3) $Q(x,k) = \dfrac{x}{\zeta(k)} + O(x^{\frac{1}{2k}+\varepsilon})$.

其中,$\varepsilon_2 = \varepsilon_3 = \varepsilon_0/k$,$\varepsilon_j(j=2,3)$ 指上面第 j 项公式中的 ε,而 ε_0 这里指引理 3 中的 ε.

由引理 3 知,上面的猜想,也就是说第 2,3 项都等价于 $M(x) = O(x^{\frac{1}{2}+\varepsilon})$.

从哲学的角度分析定理 29 和 30,在定理 29 中,我们对 $\displaystyle\sum_{d>x^{\frac{1}{k}}} \frac{\mu(d)}{d^k}$ 和 $\displaystyle\sum_{d \leqslant x^{\frac{1}{k}}} \mu(d)\left\{\frac{x}{d^k}\right\}$ 估计时,都是直接把 μ 放大到 1,相当于把 μ 的准确信息全舍弃,所以余项是平凡的.然而,在定理 30 中,首先我们不是直接用 RH 去证明余项,而是利用引理 3 把 RH 的信息完全等价地转化为 $M(x) = O(x^{\frac{1}{2}+\varepsilon})$,此过程没有丢失任何信息;其次,利用猜想 8 估计 $\displaystyle\sum_{d \leqslant x^{\frac{1}{k}}} \mu(d)\left\{\frac{x}{d^k}\right\}$ 没有丢失任何信息,而在估计 $\displaystyle\sum_{d>x^{\frac{1}{k}}} \frac{\mu(d)}{d^k}$ 时,我们也是充分利用了 $M(x) = O(x^{\frac{1}{2}+\varepsilon})$,而且此项估计中的 ε 同样满足定理

中的关系.因此,在定理 30 的整个证明过程中,我们几乎保留了 RH 的全部信息,因而所得的余项要好得多,而且这个余项可能就等价于 RH,此即猜想 9 中的(1)和(3).

参考资料

[1] 潘承洞,潘承彪.解析数论基础[M].北京:科学出版社,1999:79.

[2] 余家荣.复变函数[M].3 版.北京:高等教育出版社,1998.

[3] 卡拉楚巴 A A.解析数论基础[M].潘承彪,张南岳,译.北京:科学出版社,1984.

[4] 潘承洞,潘承彪.初等数论[M].2 版.北京:北京大学出版社,2003.

[5] KOROBOV N M. On zeros of the $\zeta(s)$ function[J]. Dokl. Akad. Nauk SSSR(N. S.),1958,118:431- 432.

[6] KOROBOV N M. A new estimate of the function $\zeta(1+it)$[J]. Izv. Akad. Nauk SSSR. Ser. Mat. ,1958,22:161-164.

[7] EDWARDS H M. Riemann's Zeta function[M]. New York:Academic Press,1974.

[8] SELBERG A. On the zeros of Riemann's zeta-function[J]. Skr. Norske Vid. Akad. Oslo I. ,1942,1942(10):59.

[9] BORWEIN P,CHOI S,ROONEY B, et al. The Riemann hypothesis[M]. New York:Springer,2006.

[10] LEVINSON N. More than one third of zeros of Riemann's zeta-function are on $\sigma=\dfrac{1}{2}$[J]. Advanced in Math. ,1974,13:383-436.

[11] CONREY J B. More than two-fifths of the zeros of the Riemann zeta-function are on the critical line[J]. J. Reine Angew. Math. ,1989,399:1-26.

[12] GOURDON X. The 10^{13} first zeros of the Riemann zeta function,and zeros computation at every large height[J/OL]. http:// numbers. computation. free. fr/ Constants/ Miscellaneouszetazeroslel13-le24. pdf.

[13] BOMBIERI E. Problems of the millennium:The Riemann hypothesis[J/OL]. http:// www. claymath. org/ millennium/

Riemann Hypothesis/ Official Problem Description. pdf.

[14] ROBIN G. Grandes valeurs de la fonction somme des diviseurs et Hypothèse de Riemann[J]. J. Math. Pures Appl. ,1984,63(2):187-213.

[15] LAGARIAS J C. An elementary problem equivalent to the Riemann hypothesis[J]. Amer. Math. Monthly, 2002,109(6):534-543.

[16] TITCHMARSH E C. The theory of the Riemann zeta-function [M]. 2nd ed. New York:Oxford University Press,1986.

[17] EDWARDS H M. Riemann's zeta function[M]. New York:Dover Publications Inc. ,2001.

[18] SPEISER A. Geometrisches zur Riemannschen Zeta funktion[J]. Math. Ann. ,1934,110:514-521.

[19] LI X J. The positivity of a sequence of numbers and the Riemann hypothesis[J]. J. Number Theory,1997,65(2):325-333.

[20] BOMBIERI E, LAGARIAS J C. Complements to Li's criterion for the Riemann hypothesis[J]. J. Number Theory, 1999,77(2):274-287.

[21] LAGARIAS J C. On a positivity property of the Riemann ξ-function[J]. Acta Arith. ,1999,89(3):217-234.

[22] BALAZARD M,SAIAS E, YOR M. Notes sur la fonction ζ de Riemann Ⅱ[J]. Adv. Math. ,1999,143(2):284-287.

[23] HARDY G H,LITTLEWOOD J E. Contributions to the theory of the Riemann zeta-function and the theory of the distribution of the primes[J]. Acta Math. ,1918,41(1):119-196.

[24] CSORDAS G,ODLYZKO A,SMITH W, et al. A new Lehmer pair of zeros and a new lower bound for the de Bruijn-Newman constant Λ[J]. Electron. Trans. Numer. Anal. ,1993,1:104-111 (electronic only).

[25] CSORDAS G,SMITH W,VARGA R S. Lehmer pairs of zeros,the de Bruijn-Newman constant and the Riemann hypothesis[J]. Constr. Approx. ,1994,10:107-109.

[26] SALEM R. Sur une proposition équivalente à l'hypothèse de Rie-

mann[J]. C. R. Acad. Sci. Paris,1953,236:1127-1128.

[27] VOLCHKOV V V. On an equality equivalent to the Riemann hypothesis[J]. Ukrain. Mat. Zh. ,1995,47(3):422-423.

[28] ALCÁNTARA-BODE J. An integral equation formulation of the Riemann hypothesis［J］. Integral Equations Operator Theory, 1993,17(2):151-168.

[29] VERJOVSKY A. Discrete measures and the Riemann hypothesis [J]. Kodai Math. J. ,1994,17(3):596-608.

[30] REDHEFFER R M. Eine explizit lösbare Optimierungsaufgabe ［J］. Internat. Schriftenreihe Numer. Math. ,1977,142:141-152.

[31] MASSIAS J P,NICOLAS J L,ROBIN G. Évaluation asymptotique de l'ordre maximum d'un élément du groupe symétrique[J]. Acta Arith. ,1988,50(3):221-242.

[32] BALAZARD M,SAIAS E. The Nyman-Beurling equivalent form for the Riemann hypothesis[J]. Expo. Math. ,2000,18(2):131-138.

[33] BARRATT W,FORCADE R W,POLLINGTON A D. On the spectral radius of a (0,1) matrix related to Mertens' function[J]. Linear Algebra Appl. ,1988,107:151-159.

[34] CHOWLA S. The Riemann hypothesis and Hilbert's tenth problem[M]. New York:Gordon and Breach Science Publishers, 1965.

[35] RIESZ M. Sur l'hypothèse de Riemann[J]. Acta Math. ,1916,40: 185-190.

[36] CONREY J B,FARMER D W. Equivalences to the Riemann hypothesis.

[37] SWINNERTON-DYER H P F. A brief guide to algebraic number theory[M]. Cambridge:Cambridge University Press,2001.

[38] Workshop website network of the American institute of mathematics[J/OL]. http:// www. aimath. org/ WWN/ rh/ articles/ html/ 18a/.

[39] WEIL A. Basic number theory[M]. 3rd ed. New York:Springer, 1973.

[40] SARNAK P. Problems of the mellennium: The Riemann hypothesis[M]. Princeton:Princeton University Press,2004.

[41] GRANVILLE A,SOUNDARARAJAN K. Upper bounds for $|L(1,\chi)|$[J]. Q. J. Math. ,2002,3(3):265-284.

[42] LITTLEWOOD. On the class number of the corpus $P(\sqrt{-k})$ [J]. Proc. London Math. Soc. ,1928,28:358-372.

[43] RADEMACHER H. Higher mathematics from an elementary point of view[M]. Boston,Mass. :Birkhäuser,1983.

[44] HEATH-BROWN D R. Siegel zeros and the least prime in an arithmetic progression[J]. Quart. J. Math. ,1990,41(4):405-418.

[45] IWANIEC H, KOWALSKI E. Analytic number theory[M]. Providence, Rhode Island:American Mathematical Society,2004.

[46] VINOGRADOV I M. Representation of an odd number as a sum of three primes[J]. Dokl. Akad. Nauk SSSR,1937,15:291-294.

[47] DESHOUILLERS J M,EFFINGER G,TE RIELE H J J, et al. A complete Vinogradov 3-primes theorem under the Riemann hypothesis[J]. Electronic Research Announcements of the American Mathematical Society,1997,3:99-104.

[48] CHEN J R. On the representation of a larger even integer as the sum of a prime and the product of at most two primes[J]. Sci. Sinica,1973,16:157-176.

[49] HOOLEY C. On Artin's conjecture[J]. J. Reine Angew. Math. , 1967,225:209-220.

[50] HARDY G H, LITTLEWOOD J E. Contributions to the theory of the Riemann zeta-function and the theory of the distribution of the primes[J]. Acta Math. ,1918,41(1):119-196.

[51] INGHAM A E. Mean-value theorems in the theory of the Riemann zeta-function[J]. Proc. Lond. Math. Soc. ,1926,27:273-300.

[52] CONREY J B,GHOSH A. On mean values of the zeta-function [J]. Mathematika, 1984,31(1):159-161.

[53] SOUNDARARAJAN K. Mean-values of the Riemann zeta-func-

tion[J]. Mathematika，1995，42(1)：158-174.

[54] PAPPALARDI F. A survey on k-freeness[J]. Number Theory，
2004.

[55] BALASUBRAMANIAN R，RAMACHANDRA K. Some prob-
lems of analytic number theory Ⅱ [J]. Studia Sci. Math. Hun-
gar. ，1979，14(1-3)：193-202.

[56] BALASUBRAMANIAN R，RAMACHANDRA K. On square-
free numbers[C]. Proceedings of the Ramanujan Centennial Inter-
national Conference （ Annamalainagar，1987 ），27-30，RMS
Publ. ，1，Ramanujan Math. Soc. ，Annamalainagar，1988.

[57] MONTGOMERY H L，VAUGHAN R C. The distribution of
square-free numbers [J]. Recent progress in analytic number
theory，1979，1：247-256.

[58] GRAHAM S W. The distribution of squarefree numbers[J]. J.
London Math. Soc. ，1981，24(1)：54-64.

[59] JIA C H. The distribution of squarefree numbers[J]. Acta Sci.
Natur. Univ. Pekinensis，1987(2)：154-169.

[60] GRAHAM S W，PINTZ J. The distribution of r-free numbers[J].
Acta Math. Hungar. ，1989，53(1-2)：213-236.

[61] JIA C H. The distribution of square-free numbers[J]. Science in
China Series A：Mathematics，1993，36(2)：154-169.

[62] VAIDYA A M. On the changes of sign of a certain error function
connected with k-free integers[J]. J. Indian Math. Soc. （N. S.)，
1968，32：105-111.

[63] WALFISZ A. Weylsche Exponentialsummen in der neueren
Zahlentheorie [M]. Berlin：VEB Deutscher Verlag der
Wissenschaften，1963.

[64] AXER A. Über einige Grenzwertsätze[J]. S. -B. Math. -Natur.
Kl. Akad. Wiss. Wien，1911，120(2a)：1253-1298.

关于 Riemann zeta 函数零点密度估计[①]

第 31 章

§1　引　言

用 $N(\sigma, T)$ 表示 Riemann zeta 函数 $\zeta(s)$ 在如下矩形区域内的零点个数

$$\sigma \leqslant \mathrm{Re}\, s \leqslant 1,\ |\,\mathrm{Im}\, s\,| \leqslant T \qquad (1)$$

关于 $N(\sigma, T)$ 的上界估计是解析数论的重要问题之一,我们可以用下式表达

$$N(\sigma, T) \ll T^{A(\sigma)(1-\sigma)} \log^c T \qquad (2)$$

或者

$$N(\sigma, T) \ll_\varepsilon T^{A(\sigma)(1-\sigma)+\varepsilon} \qquad (3)$$

密度假设 $A(\sigma) \leqslant 2$,这一点尚无法证明. Ingham 于 1940 年证明了

---

① 本章摘编自《数学杂志》,1993 年,第 13 卷,第 2 期.

$$A(\sigma) \leqslant \frac{3}{2-\sigma}$$

Huxley 于 1972 年证明了

$$A(\sigma) \leqslant \frac{3}{3\sigma-1}$$

著名的 Ingham-Huxley 定理表明

$$A(\sigma) \leqslant \frac{12}{5} \quad \left(\frac{1}{2} \leqslant \sigma \leqslant 1\right)$$

这是整个区间上最好的结果. 当 σ 靠近 1 时, 关于 $A(\sigma)$ 的估计相对来说较为容易, 所得结果也更加精确. Heath-Brown[3] 证明了

$$A(\sigma) \leqslant \frac{4}{4\sigma-1} \quad \left(\frac{25}{28} \leqslant \sigma \leqslant 1\right) \qquad (4)$$

A. Ivi'c[1-2] 将其改进为

$$\begin{cases} A(\sigma) \leqslant \dfrac{4}{2\sigma+1}, \dfrac{17}{18} \leqslant \sigma \leqslant 1 \\[3mm] A(\sigma) \leqslant \dfrac{24}{30\sigma-1}, \dfrac{155}{174} \leqslant \sigma \leqslant \dfrac{17}{18} \end{cases} \qquad (5)$$

这是 σ 邻近 1 时最强的结果.

武汉大学的郑志勇教授 1993 年运用处理这类问题的现有方法, 通过指数对的计算, 证明了如下定理.

定理

$$A(\sigma) \leqslant \frac{4}{2\sigma+1} \quad \left(\frac{47}{50} \leqslant \sigma \leqslant 1\right)$$

$$A(\sigma) \leqslant \frac{15}{20\sigma-8} \quad \left(\frac{97}{109} \leqslant \sigma \leqslant \frac{47}{50}\right)$$

可以验证, 当 $\frac{9}{10} \leqslant \sigma \leqslant \frac{17}{18}$ 时我们的结果比式 (5) 更强.

§2　几个引理

为了证明定理,我们需要如下的几个引理. 它们事实上是 Halaász 方法与大值方法的基本内容.

引理 1　H 为复数域上的内积空间,$\boldsymbol{\varphi} \in H, \boldsymbol{\varphi}_r \in H(r=1,2,\cdots,R)$,则

$$\sum_{r=1}^{R} |(\boldsymbol{\varphi},\boldsymbol{\varphi}_r)|^2 \ll \|\boldsymbol{\varphi}\|^2 \max_{1 \leqslant r \leqslant R} \sum_{s=1}^{R} |(\boldsymbol{\varphi}_r,\boldsymbol{\varphi}_s)|$$

及

$$\sum_{r=1}^{R} |(\boldsymbol{\varphi},\boldsymbol{\varphi}_r)| \leqslant \|\boldsymbol{\varphi}\| \Big(\sum_{1 \leqslant r,s \leqslant R} |(\boldsymbol{\varphi}_r,\boldsymbol{\varphi}_s)|\Big)^{\frac{1}{2}}$$

证明　见[4].

以下假设 $T \geqslant 2$ 为实数,$\{t_r\}(r=1,2,\cdots,R)$ 为满足如下条件的任一组实数

$$\begin{cases} |t_r| \leqslant T, r=1,2,\cdots,R \\ |t_r-t_s| \geqslant \log^c T, 1 \leqslant r \neq s \leqslant R \\ \left|\zeta\left(\dfrac{1}{2}+\mathrm{i}t_r\right)\right| \geqslant V \geqslant T^\varepsilon \end{cases} \tag{6}$$

这里 $c \geqslant 0$ 为绝对常数,$\zeta(s)$ 为 Riemann zeta 函数.

引理 2　令 (k,λ) 为一个指数对 $(k>0)$,$\{t_r\}$ $(r=1,2,\cdots,R)$ 满足式(6),且 $t_1 < t_2 < \cdots < t_R$,则一定有

$$R \ll TV^{-6}\log^8 T + T^{(k+\lambda)/k}V^{-2(1+2k+2\lambda)/k} \cdot$$
$$(\log T)^{(3+6k+4\lambda)/k}$$

证明　见[1] 的定理 8.2.

引理 3　$t_1 < t_2 < \cdots < t_R$ 为满足式(6)的任一组数,则有

$$\sum_{r=1}^{R}\left|\zeta\left(\frac{1}{2}+\mathrm{i}t_r\right)\right|\ll R^{\frac{5}{6}}T^{\frac{1}{6}+\varepsilon}+R^{\frac{23}{24}}T^{\frac{5}{32}+\varepsilon}$$

其中大 O 常数仅与 ε 有关.

证明　由引理 2,取指数对 $\left(\dfrac{4}{18},\dfrac{11}{18}\right)$,则有

$$R\ll TV^{-6}\log^8 T+T^{\frac{15}{4}}V^{-24}\log^{\frac{61}{2}}T$$

立即有

$$\begin{cases}R\ll T^{1+\varepsilon}V^{-6},\text{当 }V\geqslant T^{\frac{11}{72}}\text{ 时}\\[2mm]R\ll T^{\frac{15}{4}+\varepsilon}V^{-24},\text{当 }V\leqslant T^{\frac{11}{72}}\end{cases}$$

上式的等价形式为

$$\begin{cases}\displaystyle\sum_{r=1}^{R}\left|\zeta\left(\frac{1}{2}+\mathrm{i}t_r\right)\right|^{6}\ll T^{1+\varepsilon},\\[4mm]\text{当 }\left|\zeta\left(\dfrac{1}{2}+\mathrm{i}t_r\right)\right|\geqslant T^{\frac{11}{72}}\text{ 时}\\[4mm]\displaystyle\sum_{r=1}^{R}\left|\zeta\left(\frac{1}{2}+\mathrm{i}t_r\right)\right|^{24}\ll T^{\frac{15}{4}+\varepsilon},\\[4mm]\text{当 }\left|\zeta\left(\dfrac{1}{2}+\mathrm{i}t_r\right)\right|\leqslant T^{\frac{11}{72}}\text{ 时}\end{cases}$$

现由 Hölder 不等式

$$\sum_{r=1}^{R}\left|\zeta\left(\frac{1}{2}+\mathrm{i}t_r\right)\right|\ll$$

$$R^{\frac{5}{6}}\Bigg(\sum_{\substack{r=1\\ \left|\zeta\left(\frac{1}{2}+\mathrm{i}t_r\right)\right|\geqslant T^{\frac{11}{72}}}}^{R}\left|\zeta\left(\frac{1}{2}+\mathrm{i}t_r\right)\right|^{6}\Bigg)^{\frac{1}{6}}+$$

$$R^{\frac{23}{24}}\Bigg(\sum_{\substack{r=1\\ \left|\zeta\left(\frac{1}{2}+\mathrm{i}t_r\right)\right|\leqslant T^{\frac{11}{72}}}}^{R}\left|\zeta\left(\frac{1}{2}+\mathrm{i}t_r\right)\right|^{24}\Bigg)^{\frac{1}{24}}\leqslant$$

$$R^{\frac{5}{6}}T^{\frac{1}{6}+\varepsilon}+R^{\frac{23}{24}}T^{\frac{5}{32}+\varepsilon}$$

引理 3 证毕.

393

§3　定理的证明

根据[1]中零点检测方法,对于任意参数 X 及 Y, $1 \leqslant X \ll T^{c}, 1 \leqslant Y \ll T^{c}$. 以 $N(\sigma, T)$ 计数的 $\zeta(s)$ 的零点 $\rho = \beta + ir$, 必满足如下三个条件之一.

（ⅰ）$1 \ll \displaystyle\sum_{x < n < y \log^2 y} a(n) n^{-\rho} \mathrm{e}^{-\frac{n}{y}}$.

（ⅱ）$1 \ll \displaystyle\int_{-\log^2 T}^{\log^2 T} \zeta\left(\frac{1}{2} + ir + iv\right) M_x\left(\frac{1}{2} + ir + iv\right) \cdot$

$\Gamma\left(\dfrac{1}{2} - \beta + iv\right) y^{\frac{1}{2} - \beta + iv} \mathrm{d}v$.

（ⅲ）$| I_m(\rho) | \leqslant \log^2 T$.

这里

$$M_x(s) = \sum_{n < Y} \mu(n) n^{-s}$$

$$a(n) = \sum_{d \mid n, d \leqslant x} \mu(d)$$

像通常那样,以 R_1 及 R_2 分别表示满足条件（ⅰ）或（ⅱ）的 $\zeta(s)$ 的零点个数,且这些零点的虚部为 $2\log^4 T -$ 佳位组. 则平凡地有

$$N(\sigma, T) \ll (R_1 + R_2 + 1)\log^5 T \qquad (7)$$

现令 $X = T^{\varepsilon}$, 由[1]中式(11.21),取指数对 $(k, \lambda) = \left(\dfrac{4}{18}, \dfrac{11}{18}\right)$, 可知

$$R_2 \ll T^{\varepsilon}(Y^{3-8\sigma} T + Y^{12(1-\sigma)} T^{\frac{15}{4}}) \qquad (8)$$

现在我们来估计 R_1. 由（ⅰ）及二分法,存在一个数 N, $N = 2^{-j} Y \log^2 Y (j = 1, 2, \cdots)$, 使

$$\sum_{N < n \leqslant 2N} a(n)n^{-\rho}\mathrm{e}^{-\frac{n}{y}} \gg \frac{1}{\log y} \qquad (9)$$

存在仅与 ε 有关的整数 $k \geqslant 2$，使

$$N^k \leqslant Y^2 \log^4 Y \leqslant N^{k+1}$$

于是

$$\sum_{N^k < n \leqslant (2N)^k} b(n)n^{-\rho} \gg \frac{1}{\log^k Y}$$

$$\sum_{M < n \leqslant 2M} b(n)n^{-\rho} \ll \frac{1}{\log^{k+1} Y}$$

这里

$$b(n) \ll n^{\varepsilon}$$

$$Y^{\frac{4}{3}} \log^{\frac{8}{3}} Y \ll M \ll Y^2 \log^4 Y$$

由部分和及 Hölder 不等式

$$R_1 \ll \log^D T \sum_{r=1}^{R_1} \Big| \sum_{M < n \leqslant 2M} b(n)n^{-\sigma - \mathrm{i}t_r} \Big|^2 \qquad (10)$$

这里 D 为常数，仅与 ε 有关，且 $|t_r| \leqslant T$，$\{t_r\}(r=1,$ $2,\cdots,R_1)$ 为 $2\log^4 T$ — 佳位组.

为了对式(10)运用引理 1，我们令

$$\boldsymbol{\varphi} = \{\varphi^{(n)}\}_{n=1}^{\infty}$$

$$\varphi^{(n)} = \begin{cases} b(n)n^{-s}\mathrm{e}^{\frac{n}{2M}}, & \text{当 } M < n \leqslant 2M \text{ 时} \\ 0, & \text{否则} \end{cases}$$

及

$$\boldsymbol{\varphi}_r = \{\varphi_r^{(n)}\}_{n=1}^{\infty}$$

$$\varphi_r^{(n)} = n^{-\mathrm{i}t_r}\mathrm{e}^{-\frac{n}{2M}} \quad (r=1,2,\cdots,R_1)$$

为复数域上平方收敛序列所构成的内积空间中的一组向量.

显然

$$\| \boldsymbol{\varphi} \|^2 = \sum_{M < n \leqslant 2M} b^2(n)n^{-2\sigma}\mathrm{e}^{\frac{n}{M}} \ll M^{1-2\sigma}T^{\varepsilon}$$

$$\| \boldsymbol{\varphi}_r \|^2 = \sum_{n=1}^{\infty} e^{-\frac{n}{M}} \ll M$$

及

$$(\boldsymbol{\varphi}_r, \boldsymbol{\varphi}_s) = \sum_{n=1}^{\infty} n^{-i(t_r-t_s)} e^{-\frac{n}{M}}$$

由引理 1 知

$$R_1 \ll T^{\varepsilon} \left(M^{2(1-\sigma)} + M^{1-2\sigma} \max_{1 \leqslant r \leqslant R_1} \sum_{\substack{s=1 \\ s \neq r}}^{R_1} | \sum_{n=1}^{\infty} n^{-i(t_r-t_s)} e^{-\frac{n}{M}} | \right)$$

（11）

经 Mellin 变换

$$\sum_{n=1}^{\infty} n^{-it} e^{-\frac{n}{M}} = \frac{1}{2\pi i} \int_{2-i\infty}^{2+i\infty} \zeta(w+it) M^w \Gamma(w) \mathrm{d}w \quad (12)$$

把上述积分移至直线 $\mathrm{Re}\, w = \dfrac{1}{2}$ 上，过积点 $w = 1 - it$，

留数 $\ll M e^{-|t|}$，再由 Stirling 公式，则

$$\sum_{n=1}^{\infty} n^{-it} e^{-\frac{n}{M}} = \frac{1}{2\pi i} \int_{-\log^2 T}^{\log^2 T} \zeta\left(\frac{1}{2} + it + iv\right) \cdot$$
$$M^{\frac{1}{2}+iv} \Gamma\left(\frac{1}{2} + it + iv\right) \mathrm{d}v +$$
$$O(M e^{-|t|}) + o(1) \quad (13)$$

从而

$$\sum_{\substack{s=1 \\ s \neq r}}^{R_1} | \sum_{n=1}^{\infty} n^{-i(t_r-t_s)} e^{-\frac{n}{M}} | \ll M \sum_{\substack{s=1 \\ s \neq r}}^{R_1} e^{-(t_r-t_s)} +$$
$$M^{\frac{1}{2}} \int_{-\log^2 T}^{\log^2 T} \sum_{\substack{s=1 \\ s \neq r}}^{R_1} \left| \zeta\left(\frac{1}{2} + it_r - it_s + iv\right) \right| \mathrm{d}v + o(R_1)$$

（14）

显然

$$\sum_{\substack{s=1 \\ s \neq r}}^{R_1} \mathrm{e}^{-|t_r - t_s|} \ll 1$$

当 $1 \leqslant r \leqslant R_1$ 给定之后,令 $\tau_s = t_r - t_s + v$,则

$$|\tau_s| \leqslant 3T, \quad |\tau_{s_1} - \tau_{s_2}| \geqslant \log^4 T \quad (s_1 \neq s_2)$$

这里 $s = 1, 2, \cdots, R_1$.

由引理 3 知

$$\sum_{s=1}^{R_1} \left| \zeta\left(\frac{1}{2} + \mathrm{i} t_s\right) \right| \leqslant R_1^{\frac{5}{6}} T^{\frac{1}{6}+\varepsilon} + R_1^{\frac{23}{24}} T^{\frac{5}{32}+\varepsilon}$$

故有

$$R_1 \ll T^{\varepsilon}(M^{2(1-\sigma)} + M^{9-12\sigma}T + M^{36-48\sigma} \cdot T^{\frac{15}{4}}) \quad (15)$$

现分 $\sigma \leqslant \dfrac{31}{34}$ 和 $\sigma \geqslant \dfrac{31}{34}$ 两种情况来估计 R_1.

若 $\sigma \leqslant \dfrac{31}{34}$,我们令 $T_0 = M^{4(46\sigma-34)/15}$,并用 R_0 表示 $\zeta(s)$ 在长度不超过 T_0 的子区间中被 R_1 计数的零点的个数,则

$$R_1 \ll R_0\left(1 + \frac{T}{T_0}\right) \ll$$

$$T^{\varepsilon}(M^{2-2\sigma} + TM^{(166-214\sigma)/15})$$

由式(9),则$\left(\text{当}\dfrac{166}{214} \leqslant \sigma \leqslant \dfrac{31}{34} \text{时}\right)$

$$R_1 \ll T^{\varepsilon}(Y^{40-\sigma}) + TY^{4(108-214\sigma)/45} \quad (16)$$

结合式(8),关于 R_2 的估计,当 $\dfrac{97}{109} \leqslant \sigma \leqslant \dfrac{31}{34}$ 时,令

$$Y = T^{15/(20\sigma-8)}$$

立即有

$$N(\sigma, T) \ll T^{15(1-\sigma)/(20\sigma-8)+\varepsilon} \quad (17)$$

若 $\dfrac{31}{34} \leqslant \sigma \leqslant 1$,在式(15)中取 $T_0 = M^{10\sigma-7}$,则

$$R_1 \ll T(M^{2-2\sigma} + TM^{9-12\sigma}) \ll$$

$$T^{\varepsilon}\left(Y^{4(1-\sigma)} + TY^{12-16\sigma}\right) \ll$$
$$T^{\varepsilon}\left(Y^{4(1-\sigma)} + TY^{3-6\sigma}\right) \qquad (18)$$

结合式（8），当 $\dfrac{47}{50} \leqslant \sigma \leqslant 1$ 时，令 $Y = T^{1/(2\sigma+1)}$，从而

$$N(\sigma, T) \ll T^{4(1-\sigma)/(2\sigma+1)+\varepsilon} \qquad (19)$$

若 $\dfrac{31}{34} \leqslant \sigma \leqslant \dfrac{47}{50}$，则于式（18）中令 $Y = T^{15/4(20\sigma-8)}$，我们

又有式（11）成立.

由式（19）与式（17），我们有

$$N(\sigma, T) \ll \begin{cases} T^{15(1-\sigma)/(20\sigma-8)+\varepsilon}, & \text{当 } \dfrac{97}{109} \leqslant \sigma \leqslant \dfrac{47}{50} \\[2mm] T^{4(1-\sigma)/(2\sigma+1)+\varepsilon}, & \text{当 } \dfrac{47}{50} \leqslant \sigma \leqslant 1 \end{cases}$$

这就完成了定理的证明.

参考资料

[1] IVI'C A. The Riemann-zeta function[M]. New York：John Wiley and Sons, 1985.

[2] IVI'C A. Exponent pairs and the zeta-function of Riemann[J]. Studia Sci. Math. Hung., 1980, 15：157-181.

[3] HEATH-BROWN. Zero-density estimates for the Riemann zeta-function and Dirichlet L — function[J]. J. London Math. Soc., 1979, 19(2)：221-232.

[4] MONTGOMERY H L. Topics in multiplicative number theory [M]. Berlin：Springer, 1971.

GL(2) 上自守 L－函数的零点间隔[①]

第

32

章

设 $f(z)$ 是全模群 $SL_2(\mathbf{Z})$ 上权为 k 的 Hecke 特征形式，$L(s,f)$ 为其对应的自守 L－函数．利用此 L－函数带有光滑算子的二次积分均值，河南大学数学与统计学院的唐恒才教授 2022 年证明了 $L(s,f)$ 在临界线上存在无穷多对零点，其间隔大于平均距离的 1.88 倍．

§1　引　　言

设 $f(z)$ 为全模群 $\Gamma = SL(2,\mathbf{Z})$ 上权为 $k \equiv 0 (\bmod\, 2)$ 的 Hecke 特征形式，它在无穷远尖点 ∞ 处有 Fourier 展式

$$f(z) = \sum_{n=1}^{\infty} \lambda_f(n) n^{\frac{k-1}{2}} e(nz)$$

---

① 本章摘编自《数学学报（中文版）》，2022 年，第 65 卷，第 2 期．

399

其中 $e(x) := e^{2\pi i x}$, 正规化了的 Fourier 系数 $\lambda_f(n)$ 是 Hecke 算子 T_n 的特征形式. 对 Hecke 特征形式 f, 其对应的 $L-$ 函数 $L(s,f)$ 定义为

$$L(s,f) = \sum_{n=1}^{\infty} \frac{\lambda_f(n)}{n^s} \tag{1}$$

该级数在右半平面 $\Re s > 1$ 上绝对收敛, 并且可以解析延拓到整个复平面. 其 Euler 积为

$$L(s,f) = \prod_p \left(1 - \frac{\alpha_p}{p^s}\right)^{-1} \left(1 - \frac{\beta_p}{p^s}\right)^{-1} \quad (\Re s > 1)$$

本章将研究 $L(s,f)$ 非显然零点的分布规律. 令

$$0 < \gamma_f(1) \leqslant \gamma_f(2) \leqslant \cdots \leqslant \gamma_f(n) \leqslant \cdots$$

表示 $L-$ 函数 $L(s,f)$ 在上半平面上非显然零点的纵坐标, $\tilde{\gamma}_f(n)$ 表示上半平面临界线上 $L(s,f)$ 第 n 个零点的虚部. 这里, 如果是 m 阶零点, 那么其虚部在序列 $\{\gamma_f(n)\}$, $\{\tilde{\gamma}_f(n)\}$ 里重复记 m 次. 广义 Riemann 假设 (GRH) 是说

$$\tilde{\gamma}_f(n) = \gamma_f(n) \quad (n \geqslant 1)$$

关于 Riemann zeta 函数 $\zeta(s)$ 的相关课题已经被广泛研究.

由 Iwaniec 和 Kowalski 的著作[1] 中第 5 章可知

$$N(T,f) = \sum_{0 < \gamma_f(n) \leqslant T} 1 = \frac{T}{\pi} \log \frac{T}{2\pi e} + O_k(\log T)$$

其中 $T \geqslant 1$, O 常数依赖于 k. 由此可知, $\gamma_f(n+1) - \gamma_f(n)$ 的平均距离为

$$\frac{\pi}{\log \gamma_f(n)}$$

令

400

$$\begin{cases} \Lambda(f) := \limsup_{n \to \infty} \dfrac{\widetilde{\gamma}_f(n+1) - \widetilde{\gamma}_f(n)}{\pi/\log \widetilde{\gamma}_f(n)} \\[2mm] \lambda(f) := \limsup_{n \to \infty} \dfrac{\gamma_f(n+1) - \gamma_f(n)}{\pi/\log \gamma_f(n)} \end{cases} \tag{2}$$

在广义 Riemann 假设下,我们有 $\Lambda(f) = \lambda(f)$. 显然 $\Lambda(f) \geqslant \lambda(f) \geqslant 1$,猜想的结果是 $\Lambda(f) = \lambda(f) = \infty$. 对于 $\Lambda(f)$ 的下界,Barrett 等人[2] 证明了如下结果

$$\Lambda(f) \geqslant \sqrt{3} \approx 1.732\cdots$$

同时,在广义 Riemann 假设下,$\lambda(f) \geqslant \sqrt{3}$. 该结果依赖于 $L(s,f)$ 和 $L'(s,f)$ 在临界线上的二次积分均值的渐近公式.事实上,在 Hall[3] 和 Bredberg[4] 工作的基础上,他们证明了

$$\int_{T}^{2T} L^{(\mu)}\left(\frac{1}{2} + \mathrm{i}t, f\right) L^{(\nu)}\left(\frac{1}{2} + \mathrm{i}t, f\right) \mathrm{d}t =$$

$$\frac{(-1)^{\mu+\nu} 2^{\mu+\nu+1}}{\mu+\nu+1} R_f T (\log T)^{\mu+\nu+1} +$$

$$O(T(\log T)^{\mu+\nu})$$

其中 $T \to \infty$,$\mu, \nu = 0, 1$,R_f 是 Rankin-Selberg L—函数 $L(s, f \times f)$ 在极点 $s = 1$ 处的留数.值得一提的是,Bui,Bredberg 和 Turnage-Butterbaugh[5] 考虑了二次数域上 Dedekind zeta 函数的零点间隔问题.本章利用 Bui,Bredberg 和 Turnage-Butterbaugh[5] 及 Bui 和 Milinovich[6] 处理 zeta 函数零点间隔的技巧,得到了如下结论.

定理 1　$L(s,f)$,$\Lambda(f)$ 分别由公式(1) 和(2) 给出,那么

$$\Lambda(f) \geqslant 1.88$$

另外,在广义 Riemann 假设下,我们也有 $\lambda(f) \geqslant 1.88$.这个结果改进了 Barrett 等人[2] 的工作,主要是

因为我们在计算 L — 函数的积分均值时引入了如下形式的 Dirichlet 多项式

$$M(s,f) = M(s,f,P) = \sum_{h \leqslant y} \frac{\lambda_f(h) P[h]}{h^s} \qquad (3)$$

其中，$y = T^\vartheta$，$0 < \vartheta < \dfrac{5}{27}$ 且

$$P[h] = P\left[\frac{\log \dfrac{y}{h}}{\log y}\right] \qquad (4)$$

这里，$1 \leqslant h \leqslant y$，且

$$P(x) = \sum_{j \geqslant 0} b_j x^j$$

是一个待定的多项式. 为了处理 M 带来的障碍，我们需要引入如下 Rankin-Selberg L — 函数

$$L(s, f \times f) = \sum_{n=1}^{\infty} \frac{\lambda_f^2(n)}{n^s} = \frac{L(s, f \otimes f)}{\zeta(2s)} \qquad (\Re s > 1)$$

它可以解析延拓到整个复平面 $\mathbf{C}$，$s = 1$ 为其单极点，留数记为 R_f. 其 Euler 积是

$$L(s, f \times f) =$$
$$\prod_p \left(1 - \frac{\alpha_p^2}{p^s}\right)^{-1} \left(1 - \frac{1}{p^s}\right)^{-2} \left(1 - \frac{\beta_p^2}{p^s}\right)^{-1} \left(1 - \frac{1}{p^{2s}}\right)$$
$$(\Re s > 1)$$

为方便起见，当 $h > y$ 时，记 $P[h] = 0$. 因此

$$P[h] = \sum_{j \geqslant 0} \frac{b_j j!}{(\log y)^j} \frac{1}{2\pi i} \int_{(1)} \left(\frac{y}{h}\right)^s \frac{ds}{s^{j+1}}$$

这里，$h \in \mathbf{N}$，$\displaystyle\int_{(c)}$ 是指积分线为直线 $\Re s = c$.

定义

$$F(t, v, \kappa, M; f) :=$$
$$e^{iv t \mathscr{L}} L\left(\frac{1}{2} + it + i\frac{\kappa \pi}{\mathscr{L}}, f\right) M\left(\frac{1}{2} + it, f\right)$$

其中 $v,\kappa \in \mathbf{R}$ 为待定参数, $\mathscr{L} = \log \dfrac{T}{2\pi}$. 选取合适的参数 v, 因子 $\mathrm{e}^{\mathrm{i}v\mathscr{L}}$ 使得 F 类似于 $T \leqslant t \leqslant 2T$ 上的一个实函数. 另外, 指数上应该是

$$\theta(t) = \mathscr{T}\left(\log \Gamma\left(k + \frac{1}{2} + \mathrm{i}t\right)\right) - t\log \pi$$

这里, 我们选用 $t\mathscr{L}$ 主要是为了简化计算. 为了证明定理 1, 首先讨论函数 $\mid F(t,v,\kappa,M;f)\mid^2$ 和 $\mid F'(t,v,\kappa, M;f)\mid^2$ 的二次积分均值估计. 给定实函数 $w(t)$, 在区间 $[1,2]$ 上紧致, 并且对任意的 $j \geqslant 0, \varepsilon > 0$, 有

$$w^{(j)}(t) \ll_{j,\varepsilon} T^{\varepsilon}$$

定理 2　令 $0 < \vartheta < \dfrac{5}{27}$. 那么对充分大的 T, 我们有

$$\int_{-\infty}^{+\infty} \mid F^{(j)}(t,v,\kappa,M;f)\mid^2 w\left(\frac{t}{T}\right)\mathrm{d}t =$$

$$c_j(v,\kappa)R_f^3 A_f(\log y)^3 \mathscr{L}^{1+2j}\hat{w}(0)T + O(T\mathscr{L}^{2j+3})$$

其中 $j = 0,1, A_f$ 由 (12) 给出

$$c_j(v,\kappa) = \int_0^1\int_0^1\int_0^{1-x}\int_0^{1-x} \mathrm{e}^{\mathrm{i}2\kappa\pi(x_2-x_1)}(2-\vartheta(x_1 +$$

$$x_2))P(1-x-x_1)P(1-x-x_2)\times$$

$$(v-\vartheta(x+x_1+x_2)-2-$$

$$\vartheta(x_1+x_2)t)^{2j}\mathrm{d}x_1\mathrm{d}x_2\mathrm{d}x\mathrm{d}t$$

§2　自守 L — 函数的二次积分均值

本节将考虑

$$I_{\alpha,\beta}(M,f) =$$

$$\int_{-\infty}^{+\infty} L\left(\frac{1}{2} + \alpha_1 + \mathrm{i}t, f\right) L\left(\frac{1}{2} + \beta_1 - \mathrm{i}t, f\right) \times$$

$$M\left(\frac{1}{2} + \alpha_2 + \mathrm{i}t, f\right) M\left(\frac{1}{2} + \beta_2 - \mathrm{i}t, f\right) w\left(\frac{t}{T}\right) \mathrm{d}t$$

$$(5)$$

其中 $\alpha_j, \beta_j \ll \mathscr{L}^{-1}(j=1,2)$，Dirichlet 多项式 $M(s,f)$ 由（3）给出. 首先，我们介绍 $L(s,f)$ 的渐近函数方程.

引理 1 设 G 为整函数，在垂直的带形区域内指数递减，$G(0)=1$. 那么，对任意的复数 $\alpha,\beta,0 \leqslant |\Re\alpha|$，$|\Re\beta| \leqslant \frac{1}{2}$，我们有

$$L\left(\frac{1}{2} + \alpha + \mathrm{i}t, f\right) L\left(\frac{1}{2} + \beta - \mathrm{i}t, f\right) =$$

$$\sum_{m,n \geqslant 1} \frac{\lambda_f(m)\lambda_f(n)}{m^{\frac{1}{2}+\alpha} n^{\frac{1}{2}+\beta}} \left(\frac{m}{n}\right)^{-\mathrm{i}t} V_{\alpha,\beta}(mn,t) +$$

$$X_{\alpha,\beta,t} \sum_{m,n \geqslant 1} \frac{\lambda_f(m)\lambda_f(n)}{m^{\frac{1}{2}-\beta} n^{\frac{1}{2}-\alpha}} \left(\frac{m}{n}\right)^{-\mathrm{i}t} V_{-\beta,-\alpha}(mn,t)$$

这里

$$V_{\alpha,\beta}(mn,t) = \frac{1}{2\pi\mathrm{i}} \int_{(1)} G(s) g_{\alpha,\beta}(s,t) x^{-s} \frac{\mathrm{d}s}{s} \quad (6)$$

其中

$$g_{\alpha,\beta}(s,t) =$$

$$\frac{L_\infty\left(\frac{1}{2} + \alpha + s + \mathrm{i}t, f\right) L_\infty\left(\frac{1}{2} + \beta + s - \mathrm{i}t, f\right)}{L_\infty\left(\frac{1}{2} + \alpha + \mathrm{i}t, f\right) L_\infty\left(\frac{1}{2} + \beta - \mathrm{i}t, f\right)}$$

$$X_{\alpha,\beta,t} = \frac{L_\infty\left(\frac{1}{2} - \alpha - \mathrm{i}t, f\right) L_\infty\left(\frac{1}{2} - \beta + \mathrm{i}t, f\right)}{L_\infty\left(\frac{1}{2} + \alpha + \mathrm{i}t, f\right) L_\infty\left(\frac{1}{2} + \beta - \mathrm{i}t, f\right)}$$

证明　详见[1]中定理5.3或[7]中引理1.证毕.

由引理1可得

$$I_{\underline{\alpha},\underline{\beta}}(M,f) = \sum_{a,b \leqslant y} \sum \frac{\lambda_f(a)\lambda_f(b)P[a]P[b]}{a^{\frac{1}{2}+\alpha_2}b^{\frac{1}{2}+\beta_2}} \times$$
$$[I_1 + I_2 + I_3 + I_4] \qquad (7)$$

其中

$$I_1 = \sum_{am=bn} \frac{\lambda_f(m)\lambda_f(n)}{m^{\frac{1}{2}+\alpha_1}n^{\frac{1}{2}+\beta_1}} \int_{-\infty}^{+\infty} w\left(\frac{t}{T}\right) V_{\alpha_1,\beta_1}(mn,t)\,\mathrm{d}t$$

$$I_2 = \sum_{am=bn} \frac{\lambda_f(m)\lambda_f(n)}{m^{\frac{1}{2}-\beta_1}n^{\frac{1}{2}-\alpha_1}} \int_{-\infty}^{+\infty} w\left(\frac{t}{T}\right) \times$$
$$X_{\alpha_1,\beta_1,t} V_{-\beta_1,-\alpha_1}(mn,t)\,\mathrm{d}t$$

$$I_3 = \sum_{am \neq bn} \frac{\lambda_f(m)\lambda_f(n)}{m^{\frac{1}{2}+\alpha_1}n^{\frac{1}{2}+\beta_1}} \int_{-\infty}^{+\infty} w\left(\frac{t}{T}\right) \times$$
$$\left(\frac{am}{bn}\right)^{-\mathrm{i}t} V_{\alpha_1,\beta_1}(mn,t)\,\mathrm{d}t$$

和

$$I_4 = \sum_{am \neq bn} \frac{\lambda_f(m)\lambda_f(n)}{m^{\frac{1}{2}+\alpha_1}n^{\frac{1}{2}+\beta_1}} \int_{-\infty}^{+\infty} w\left(\frac{t}{T}\right) X_{\alpha_1,\beta_1,t} \times$$
$$\left(\frac{am}{bn}\right)^{-\mathrm{i}t} V_{-\beta_1,-\alpha_1}(mn,t)\,\mathrm{d}t$$

对 I_3 和 I_4,我们有如下估计.

引理2　令 $0 < \vartheta < \dfrac{5}{27}, \alpha_j, \beta_j \ll \mathscr{L}^{-1}(j=1,2).$ 那么存在常数 $\varepsilon > 0$,使得

$$\sum_{a,b \leqslant y} \frac{\lambda_f(a)\lambda_f(b)P[a]P[b]}{a^{\frac{1}{2}+\alpha_2}b^{\frac{1}{2}+\beta_2}}[I_3 + I_4] \ll T^{1-\varepsilon}$$

证明　见[7]中命题1.唯一的不同点是那里的 $\mu_f(a)\mu_f(b)$ 换成了 $\lambda_f(a)\lambda_f(b)$,其中 μ_f 由下式给出

$$\frac{1}{L(s,f)} = \sum_{n=1}^{\infty} \frac{\mu_f(n)}{n^s} \quad (\Re s > 1)$$

因为 $\mu_f(n)$ 和 $\lambda_f(n)$ 有同样的上界估计 n^ϵ,所有结论成立. 证毕.

对于 I_1 和 I_2 的贡献,我们有下面两个引理.

引理 3　给定整数 $j \geqslant 0, n \geqslant 1$,实数 $y > 0$. 令

$$K_j(\alpha) = \frac{1}{2\pi i} \int_{(\mathscr{L}^{-1})} \left(\frac{y}{n}\right)^u L(1+\alpha+u, f \times f) \frac{\mathrm{d}u}{u^{j+1}}$$

如果 $j=0$,我们假定 $y \neq n$. 对 $\alpha \ll \mathscr{L}^{-1}$,有

$$K_j(\alpha) = \frac{R_f \left(\log \frac{y}{n}\right)^{j+1}}{j!} \int_0^1 \left(\frac{y}{n}\right)^{-\alpha x_1} (1-x_1)^j \mathrm{d}x_1 + O((\log y)^j)$$

证明　证明与 Bui 和 Milinovich 的 [6] 中引理 4.1 的证明类似. 这里,我们仅给出大致的思路. 由留数定理及估计式

$$L(1+s, f \times f) = \frac{R_f}{s} + O(1)$$

可得

$$K_j(\alpha) = \frac{1}{2\pi i} \oint q^u \frac{\mathrm{d}u}{(\alpha+u) u^{j+1}} + O((\log y)^j)$$

其中,积分路径是以原点为中心,半径 $\asymp (\log y)^{-1}$ 的小圆,$q = \frac{y}{n}$. 因此,圆内有两个极点 $u = -\alpha, 0$. 由

$$\frac{1}{\alpha+u} = \int_{\frac{1}{q}}^1 a^{\alpha-1} \mathrm{d}a + \frac{q^{-\alpha-u}}{\alpha+u}$$

得

$$K_j(\alpha) = \int_{\frac{1}{q}}^1 a^{\alpha-1} \frac{1}{2\pi i} \oint (qa)^u \frac{\mathrm{d}u}{u^{j+1}} \mathrm{d}a + O((\log y)^j) =$$

$$\frac{1}{j!} \int_{\frac{1}{q}}^1 a^{\alpha-1} (\log qa)^j \mathrm{d}a + O((\log y)^j)$$

作变量替换 $a \to q^{-x_1}$,引理得证.

引理 4　令 g 是一个光滑函数，则

$$\sum_{n\leqslant y}\frac{\lambda_f^2(n)}{n^{1+\alpha}}g\left(\frac{\log\frac{y}{n}}{\log y}\right)=$$

$$R_f\log y\int_0^1 y^{-\alpha x}g(1-x)\mathrm{d}x+O(1)$$

证明　由公式

$$\sum_{n\leqslant y}\lambda_f^2(n)=R_fy+O(y^{\frac{3}{5}})$$

和分部求和可知结论成立. 证毕.

最后，我们给出 $L_{\underline{\alpha},\underline{\beta}}(M,f)$ 的渐近公式.

引理 5　设 $0<\vartheta<\dfrac{5}{27}$，$\alpha_j,\beta_j\ll\mathscr{L}^{-1}(j=1,2)$，则

$$I_{\underline{\alpha},\underline{\beta}}(M,f)=c(\underline{\alpha},\underline{\beta})R_f^3A_f(\log y)^3\widehat{\mathscr{L}w}(0)T+O(T\mathscr{L}^3)$$

$$(8)$$

其中

$$c(\underline{\alpha},\underline{\beta})=$$

$$\int_0^1\int_0^1\int_0^{1-x}\int_0^{1-x}y^{-(\alpha_2+\beta_2)x-(\alpha_1+\beta_2)x_1-(\alpha_2+\beta_1)x_2}\times$$

$$(T^2y^{-(x_1+x_2)})^{(-(\alpha_1+\beta_1)t)}\times$$

$$(2-\vartheta(x_1+x_2))P(1-x-x_1)\times$$

$$P(1-x-x_2)\mathrm{d}x_1\mathrm{d}x_2\mathrm{d}x\mathrm{d}t$$

证明　由引理 1 和引理 2 得

$$I_{\underline{\alpha},\underline{\beta}}(M,f)=\mathscr{J}_1+\mathscr{J}_2+O(T^{1-\varepsilon})$$

其中

$$\mathscr{J}_1=\sum_{a,b\leqslant y}\frac{\lambda_f(a)\lambda_f(b)P[a]P[b]}{a^{\frac{1}{2}+\alpha_2}b^{\frac{1}{2}+\beta_2}}\times$$

$$\sum_{am=bn}\frac{\lambda_f(m)\lambda_f(n)}{m^{\frac{1}{2}+\alpha_1}n^{\frac{1}{2}+\beta_1}}\int_{-\infty}^{+\infty}w\left(\frac{t}{T}\right)V_{\alpha_1,\beta_1}(mn,t)\mathrm{d}t$$

$$\mathscr{J}_2 = \sum_{a,b\leqslant y}\sum \frac{\lambda_f(a)\lambda_f(b)P[a]P[b]}{a^{\frac{1}{2}+\alpha_2}b^{\frac{1}{2}+\beta_2}} \times$$

$$\sum_{am=bn}\frac{\lambda_f(m)\lambda_f(n)}{m^{\frac{1}{2}-\beta_1}n^{\frac{1}{2}-\alpha_1}}\int_{-\infty}^{+\infty}w\left(\frac{t}{T}\right)\times$$

$$X_{\alpha_1,\beta_1,t}V_{-\beta_1,-\alpha_1}(mn,t)\mathrm{d}t$$

首先估计 $\mathscr{J}_1$. 由（4）和（6）可得

$$\mathscr{J}_1 = \sum_{i,j}\frac{b_i b_j i! \, j!}{(\log y)^{i+j}}\left(\frac{1}{2\pi\mathrm{i}}\right)^3\int_{-\infty}^{+\infty}\int_{(1)}\int_{(1)}\int_{(1)}w\left(\frac{t}{T}\right)\times$$

$$G(s)g_{\alpha_1,\beta_1}(s,t)y^{u+v}\times$$

$$\sum_{am=bn}\frac{\lambda_f(a)\lambda_f(b)\lambda_f(m)\lambda_f(n)}{a^{\frac{1}{2}+\alpha_2+u}b^{\frac{1}{2}+\beta_2+v}m^{\frac{1}{2}+\alpha_1+s}n^{\frac{1}{2}+\beta_1+s}}\frac{\mathrm{d}u}{u^{i+1}}\frac{\mathrm{d}v}{v^{j+1}}\frac{\mathrm{d}s}{s}\mathrm{d}t$$

为方便起见，假设

$$G(s) = \mathrm{e}^{s^2}\frac{(\alpha_1+\beta_1)^2-(2s)^2}{(\alpha_1+\beta_1)^2}$$

显然，当 $s = -\dfrac{\alpha_1+\beta_1}{2}$ 时，$G(s)=0$. 对于 $\mathscr{J}_1$ 中的求和，

由 $\lambda_f(n)$ 的可乘性和 $L(s,f\times f)$ 的 Euler 积可知

$$\sum_{am=bn}\frac{\lambda_f(a)\lambda_f(b)\lambda_f(m)\lambda_f(n)}{a^{\frac{1}{2}+\alpha_2+u}b^{\frac{1}{2}+\beta_2+v}m^{\frac{1}{2}+\alpha_1+s}n^{\frac{1}{2}+\beta_1+s}} =$$

$$L(1+\alpha_2+\beta_2+u+v,f\times f)\times$$

$$L(1+\alpha_2+\beta_1+u+s,f\times f)\times$$

$$L(1+\alpha_1+\beta_1+2s,f\times f)\times$$

$$L(1+\alpha_1+\beta_2+v+s,f\times f)\times$$

$$A_f(\underline{\alpha},\underline{\beta};u,v,s) \tag{9}$$

其中 $A_f(\underline{\alpha},\underline{\beta};u,v,s)$ 在包含原点的区域

$$\Omega(\underline{\alpha},\underline{\beta},u,v,s)=\begin{cases}\Re(\alpha_2+\beta_2+u+v)\geqslant-\dfrac{1}{2}\\[2mm]\Re(\alpha_2+\beta_1+u+s)\geqslant-\dfrac{1}{2}\\[2mm]\Re(\alpha_1+\beta_2+v+s)\geqslant-\dfrac{1}{2}\\[2mm]\Re(\alpha_1+\beta_1+s)\geqslant-\dfrac{1}{2}\end{cases}$$

内绝对收敛.

为了处理 $A_f(\underline{\alpha},\underline{\beta};u,v,s)$，我们首先平移积分线 $\Re u=\Re v=1$ 到 $\Re u=\Re v=\delta$，$\delta>0$ 充分小. 其次，平移积分线 $\Re s=1$ 到 $\Re s=-\dfrac{\delta}{2}$，过极点 $s=0$. 注意，该积分在 $s=-\dfrac{\alpha_1+\beta_1}{2}$ 处解析. 因为 $t\asymp T$，$y=T^\vartheta$，$\vartheta<\dfrac{5}{27}$，所以平移后的积分的贡献是

$$\sum_{i,j}\frac{b_ib_j i!\ j!}{(\log y)^{i+j}}\left(\frac{1}{2\pi\mathrm{i}}\right)^3\int_{-\infty}^{+\infty}\int_{(\delta)}\int_{(\delta)}\int_{\left(-\frac{\delta}{2}\right)}w\left(\frac{t}{T}\right)\times$$

$$G(s)g_{\alpha_1,\beta_1}(s,t)y^{u+v}\times$$

$$L(1+\alpha_2+\beta_2+u+v,f\times f)\times$$

$$L(1+\alpha_2+\beta_1+u+s,f\times f)\times$$

$$L(1+\alpha_1+\beta_1+2s,f\times f)\times$$

$$L(1+\alpha_1+\beta_2+v+s,f\times f)\times$$

$$A_f(\underline{\alpha},\underline{\beta};u,v,s)\frac{\mathrm{d}u}{u^{i+1}}\frac{\mathrm{d}v}{v^{j+1}}\frac{\mathrm{d}s}{s}\mathrm{d}t\ll$$

$$\int_{-\infty}^{+\infty}w\left(\frac{t}{T}\right)\mathrm{d}t\,y^{2\delta}T^{-\delta}\ll T^{1-\varepsilon}$$

这里，我们用到了 Stirling 公式来估计 $g_{\alpha_1,\beta_1}(s,t)$，故

$$g_{\alpha_1,\beta_1}(s,t)\ll|t^{2s}|$$

因而

$$\mathscr{J}_1 = \hat{w}(0)\,TL(1+\alpha_1+\beta_1,f\times f)\times$$

$$\sum_{i,j\geqslant 0}\frac{b_ib_j i!\ j!}{(\log y)^{i+j}}\mathscr{J}_{i,j} + O(T^{1-\varepsilon}) \qquad (10)$$

其中

$$\mathscr{J}_{i,j} = \left(\frac{1}{2\pi\mathrm{i}}\right)^2 \int_{(1)}\int_{(1)} y^{u+v}A_f(\underline{\alpha},\underline{\beta};u,v,0)\times$$
$$L(1+\alpha_2+\beta_2+u+v,f\times f)\times$$
$$L(1+\alpha_2+\beta_1+u,f\times f)\times$$
$$L(1+\alpha_1+\beta_2+v,f\times f)\frac{\mathrm{d}u}{u^{i+1}}\frac{\mathrm{d}v}{v^{j+1}}$$

进一步地,对 $u-$ 积分和 $v-$ 积分的路径右移. 由 $L(1+\alpha_2+\beta_2+u+v,f\times f)$ 的定义得

$$\mathscr{J}_{i,j} = \sum_{n\leqslant y}\frac{\lambda_f^2(n)}{n^{1+\alpha_2+\beta_2}}\left(\frac{1}{2\pi\mathrm{i}}\right)^2\times$$
$$\int_{(1)}\int_{(1)}\left(\frac{y}{n}\right)^{u+v}A_f(\underline{\alpha},\underline{\beta};u,v,0)\times$$
$$L(1+\alpha_2+\beta_1+u,f\times f)$$
$$L(1+\alpha_1+\beta_2+v,f\times f)\frac{\mathrm{d}u}{u^{i+1}}\frac{\mathrm{d}v}{v^{j+1}}$$

左移积分线 $\Re u=\Re v=1$ 到 $\Re u=\Re v=\mathscr{L}^{-1}$,由 Taylor 公式得

$$A_f(\underline{\alpha},\underline{\beta};u,v,0) =$$
$$A_f(\underline{0},\underline{0};0,0,0) + O(\mathscr{L}^{-1}) + O(|u|+|v|)$$

进而

$$\mathscr{J}_{i,j} = A(\underline{0},\underline{0};0,0,0)\sum_{n\leqslant y}\frac{\lambda_f^2(n)}{n^{1+\alpha_2+\beta_2}}\times$$
$$K_i(\alpha_2+\beta_1)K_j(\alpha_1+\beta_2) + O(\mathscr{L}^{i+j+1})$$

这里,变量 u 和 v 彻底分开,$K_j(\alpha)$ 由引理 3 给出. 另外,由公式(9)可得

$$A_f(\underline{0},\underline{0};s,s,s) =$$

410

$$(L(1+2s,f\times f))^{-4}\times$$

$$\sum_{am=bn}\frac{\lambda_f(a)\lambda_f(b)\lambda_f(m)\lambda_f(n)}{(abmn)^{\frac{1}{2}+s}}=$$

$$\prod_p\Big(1-\frac{\alpha_p^2}{p^{1+2s}}\Big)^4\Big(1-\frac{1}{p^{1+2s}}\Big)^8$$

$$\Big(1-\frac{\beta_p^2}{p^{1+2s}}\Big)^4\Big(1-\frac{1}{p^{2(1+2s)}}\Big)^{-4}\times$$

$$\left[\sum_{n\geqslant 0}\frac{(\sum\limits_{j=0}^{n}\lambda_f(p^j)\lambda_f(p^{n-j}))^2}{p^{n(1+2s)}}\right]\qquad(11)$$

$$A_f:=A_f(\underline{0},\underline{0};0,0,0)=$$

$$\prod_p\Big(1-\frac{\alpha_p^2}{p}\Big)^4\Big(1-\frac{1}{p}\Big)^4\times$$

$$\Big(1-\frac{\beta_p^2}{p}\Big)^4\Big(1+\frac{1}{p}\Big)^{-4}\times$$

$$\left[\sum_{n\geqslant 0}\frac{(\sum\limits_{j=0}^{n}\lambda_f(p^j)\lambda_f(p^{n-j}))^2}{p^n}\right]\qquad(12)$$

更进一步地，由引理 3 得

$$\mathscr{J}_{i,j}=A_fR_f^2\frac{(\log y)^{i+j+2}}{i!\,j!}\int_0^1\int_0^1\sum_{n\leqslant y}\frac{\lambda_f^2(n)}{n^{1+\alpha_2+\beta_2}}\times$$

$$\Big(\frac{y}{n}\Big)^{-(\alpha_1+\beta_2)x_1-(\alpha_2+\beta_1)x_2}\left[\frac{\log\dfrac{y}{n}}{\log y}\right]^{i+j+2}\times$$

$$(1-x_1)^j(1-x_2)^i\mathrm{d}x_1\mathrm{d}x_2+O(\mathscr{L}^{i+j+1})$$

对内重和，由引理 4 和变量替换

$$x_i\rightarrow\frac{x_i}{1-x},x_j\rightarrow\frac{x_j}{1-x}$$

可知

$$\mathscr{J}_{i,j}=A_fR_f^2\frac{(\log y)^{i+j+3}}{i!\,j!}\times$$

$$\int_0^1 \int_0^{1-x} \int_0^{1-x} y^{-(\alpha_2+\beta_2)x-(\alpha_1+\beta_2)x_1-(\alpha_2+\beta_1)x_2} \times$$
$$(1-x-x_1)^j \times (1-x-$$
$$x_2)^i \mathrm{d}x_1 \mathrm{d}x_2 \mathrm{d}x + O(\mathscr{L}^{i+j+1})$$

将上式代入(10)可得

$$\mathscr{J}_1 = A_f R_f^2 \hat{w}(0) T(\log y)^3 L(1+\alpha_1+\beta_1, f \times f) \times$$
$$\int_0^1 \int_0^{1-x} \int_0^{1-x} y^{-(\alpha_2+\beta_2)x-(\alpha_1+\beta_2)x_1-(\alpha_2+\beta_1)x_2} \times$$
$$P(1-x-x_1)P(1-x-x_2)\mathrm{d}x_1\mathrm{d}x_2\mathrm{d}x +$$
$$O(T \mid L(1+\alpha_1+\beta_1, f \times f) \mid \mathscr{L})$$

另外

$$L(1+s, f \times f) = \frac{R_f}{s} + O(1)$$

最后

$$\mathscr{J}_1 = \frac{A_f R_f^3 \hat{w}(0) T(\log y)^3}{\alpha_1+\beta_1} \times$$
$$\int_0^1 \int_0^{1-x} \int_0^{1-x} y^{-(\alpha_2+\beta_2)x-(\alpha_1+\beta_2)x_1-(\alpha_2+\beta_1)x_2} \times$$
$$P(1-x-x_1)P(1-x-x_2)\mathrm{d}x_1\mathrm{d}x_2\mathrm{d}x +$$
$$O(T \mid L(1+\alpha_1+\beta_1, f \times f) \mid \mathscr{L})$$

下面计算 $\mathscr{J}_2$. 与 $\mathscr{J}_1$ 的估计相似,作变量替换 $\alpha_1 \rightarrow -\beta_1$,并利用公式

$$X_{\alpha_1, \beta_1, t} = \left(\frac{t}{2\pi}\right)^{-2(\alpha_1+\beta_1)}(1+o(1))$$

我们有

$$\mathscr{J}_2 = -\frac{T^{-2(\alpha_1+\beta_1)}A_f R_f^3 \hat{w}(0) T(\log y)^3}{\alpha_1+\beta_1} \times$$
$$\int_0^1 \int_0^{1-x} \int_0^{1-x} y^{-(\alpha_2+\beta_2)x-(\beta_2-\beta_1)x_1-(\alpha_2-\alpha_1)x_2} \times$$
$$P(1-x-x_1)P(1-x-x_2)\mathrm{d}x_1\mathrm{d}x_2\mathrm{d}x +$$
$$O(T \mid L(1-\alpha_1-\beta_1, f \times f) \mid \mathscr{L})$$

由

$$\frac{1-z^{-(\alpha+\beta)}}{\alpha+\beta}=(\log z)\int_0^1 z^{-(\alpha+\beta)t}\mathrm{d}t$$

得

$$\mathscr{J}_1+\mathscr{J}_2=A_f R_f^3\hat{w}(0)T(\log y)^3\times$$

$$\int_0^1\int_0^{1-x}\int_0^{1-x}y^{-(\alpha_2+\beta_2)x-(\alpha_1+\beta_2)x_1-(\alpha_2+\beta_1)x_2}\times$$

$$\left(\frac{1-(T^{-2}y^{x_1+x_2})^{\alpha_1+\beta_1}}{\alpha_1+\beta_1}\right)\times$$

$$P(1-x-x_1)P(1-x-x_2)\mathrm{d}x_1\mathrm{d}x_2\mathrm{d}x+$$

$$O(T\mid L(1+\alpha_1+\beta_1,f\times f)\mid\mathscr{L})=$$

$$c(\underline{\alpha},\underline{\beta})A_f R_f^3(\log y)^3\hat{\mathscr{L}w}(0)T+$$

$$O(T\mathscr{L}^3+T\mid L(1+\alpha_1+\beta_1,f\times f)\mid\mathscr{L})\quad(13)$$

接下来,我们首先假设

$$\mid\alpha_1+\beta_1\mid\geqslant C\mathscr{L}^{-1}$$

其中 $C>0$ 是一个固定的常数.那么(13)中的余项是 $O(T\mathscr{L}^3)$.下面考虑 $\mid\alpha_1+\beta_1\mid\leqslant C\mathscr{L}^{-1}$ 的情况,记 $I(\alpha_1,\beta_1,\alpha_2,\beta_2):=I_{\underline{\alpha},\underline{\beta}}(M,f)$,$R(\alpha_1,\beta_1,\alpha_2,\beta_2)$ 为(8)中 $I_{\underline{\alpha},\underline{\beta}}(M,f)$ 的主项.设

$$D_1:=\{z\in\mathbf{C}\mid\mid z-\alpha_1\mid<r_1\}$$

$$D_2:=\{z\in\mathbf{C}\mid\mid z-\beta_1\mid<r_2\}$$

其中 $r_j=2^{j+1}C\mathscr{L}^{-1}$.由 Cauchy 积分公式,得

$$I(\alpha_1,\beta_1,\alpha_2,\beta_2)-R(\alpha_1,\beta_1,\alpha_2,\beta_2)=$$

$$\left(\frac{1}{2\pi\mathrm{i}}\right)^2\int_{\partial D_1}\int_{\partial D_2}\frac{I(z_1,z_2,\alpha_2,\beta_2)-R(z_1,z_2,\alpha_2,\beta_2)}{(z_1-\alpha_1)(z_2-\beta_1)}\mathrm{d}z_1\mathrm{d}z_2$$

$$(14)$$

由 $\mid z_1-\alpha_1\mid=r_1$,$\mid z_2-\beta_1\mid=r_2$ 可知 $\mid z_1+z_2\mid\geqslant C\mathscr{L}^{-1}$.另外

$$\mid I(z_1,z_2,\alpha_2,\beta_2)-R(z_1,z_2,\alpha_2,\beta_2)\mid\ll T\mathscr{L}^3$$

因此,由(14)得
$$|\, I(\alpha_1,\beta_1,\alpha_2,\beta_2) - R(\alpha_1,\beta_1,\alpha_2,\beta_2)\,| \ll T\mathscr{L}^3$$
证毕.

§3　定理2的证明

当 $j = 0$ 时
$$|\, F(t,v,\kappa,M;f)\,| =$$
$$\left| L\left(\frac{1}{2}+\mathrm{i}t+\mathrm{i}\frac{\kappa\pi}{\mathscr{L}},f\right) M\left(\frac{1}{2}+\mathrm{i}t,f\right) \right|$$

因此
$$c_0(v,\kappa) = c(\underline{\alpha},\underline{\beta})\,\big|_{\alpha_1=\mathrm{i}\frac{\kappa\pi}{\mathscr{L}},\beta_1=-\mathrm{i}\frac{\kappa\pi}{\mathscr{L}},\alpha_2=\beta_2=0}$$

当 $j = 1$ 时
$$\frac{F'(t,v,\kappa,M;f)}{\mathrm{i}e^{\mathrm{i}t\mathscr{L}}} =$$
$$v\mathscr{L}L\left(\frac{1}{2}+\mathrm{i}t+\mathrm{i}\frac{\kappa\pi}{\mathscr{L}},f\right)\times$$
$$M\left(\frac{1}{2}+\mathrm{i}t,f\right)+\left(\frac{\mathrm{d}}{\mathrm{d}\alpha_1}+\frac{\mathrm{d}}{\mathrm{d}\alpha_2}\right)\times$$
$$L\left(\frac{1}{2}+\alpha_1+\mathrm{i}t+\mathrm{i}\frac{\kappa\pi}{\mathscr{L}},f\right)\times$$
$$M\left(\frac{1}{2}+\alpha_2+\mathrm{i}t,f\right)\bigg|_{\alpha_1=\alpha_2=0} =$$
$$\mathscr{L}Q\left(\frac{1}{\mathscr{L}}\left(\frac{\mathrm{d}}{\mathrm{d}\alpha_1}+\frac{\mathrm{d}}{\mathrm{d}\alpha_2}\right)\right)\times$$
$$L\left(\frac{1}{2}+\alpha_1+\mathrm{i}t+\mathrm{i}\frac{\kappa\pi}{\mathscr{L}},f\right)\times$$
$$M\left(\frac{1}{2}+\alpha_2+\mathrm{i}t,f\right)\bigg|_{\alpha_1=\alpha_2=0}$$

其中

$$Q(x) = v + x$$

由此可知

$$\int_T^{2T} \mid F'(t, v, \kappa, M; f) \mid^2 w\left(\frac{t}{T}\right) \mathrm{d}t =$$

$$\mathcal{L}^2 Q\left(\frac{1}{\mathcal{L}}\left(\frac{\mathrm{d}}{\mathrm{d}\alpha_1} + \frac{\mathrm{d}}{\mathrm{d}\alpha_2}\right)\right) \times$$

$$Q\left(\frac{1}{\mathcal{L}}\left(\frac{\mathrm{d}}{\mathrm{d}\beta_1} + \frac{\mathrm{d}}{\mathrm{d}\beta_2}\right)\right) I_{\underline{\alpha}, \underline{\beta}}\Bigg|_{\alpha_1 = \mathrm{i}\frac{\kappa\pi}{\mathcal{L}}, \beta_1 = -\mathrm{i}\frac{\kappa\pi}{\mathcal{L}}, \alpha_2 = \beta_2 = 0}$$

$$(15)$$

为了计算 $c_1(v, \kappa)$，我们需要验证上述微分算子能够作用到 $I_{\underline{\alpha}, \underline{\beta}}(M, f)$ 和 $c(\underline{\alpha}, \underline{\beta})$ 上. 作为 α_j 和 β_j 的函数，对每个变量，$I_{\underline{\alpha}, \underline{\beta}}(M, f)$ 和 $c(\underline{\alpha}, \underline{\beta})$ 在以原点为中心的充分小圆盘上是解析的. 由 Cauchy 积分公式可知，(15) 中的微分式可以写成路径以点 $\alpha_1 = \mathrm{i}\dfrac{\kappa\pi}{\mathcal{L}}, \beta_1 = -\mathrm{i}\dfrac{\kappa\pi}{\mathcal{L}}$，$\alpha_2 = \beta_2 = 0$ 为圆心，半径 $\approx \mathcal{L}^{-1}$ 的积分式. 另外，微分作用到余项上的大小为 $O(\mathcal{L}^2)$，进而最终的贡献是 $O(T\mathcal{L}^5)$.

下面将从 $c(\underline{\alpha}, \underline{\beta})$ 出发，计算 $c_1(v, \kappa)$. 由 Q 的定义可知

$$Q\left(\frac{1}{\mathcal{L}}\left(\frac{\mathrm{d}}{\mathrm{d}\alpha_1} + \frac{\mathrm{d}}{\mathrm{d}\alpha_2}\right)\right) X_1^{\alpha_1} X_2^{\alpha_2} =$$

$$Q\left(\frac{\log X_1 + \log X_2}{\mathcal{L}}\right) X_1^{\alpha_1} X_2^{\alpha_2}$$

由引理 3 中 $c(\underline{\alpha}, \underline{\beta})$ 的表达式得

$$Q\left(\frac{1}{\mathscr{L}}\left(\frac{\mathrm{d}}{\mathrm{d}\alpha_1}+\frac{\mathrm{d}}{\mathrm{d}\alpha_2}\right)\right)Q\left(\frac{1}{\mathscr{L}}\left(\frac{\mathrm{d}}{\mathrm{d}\beta_1}+\frac{\mathrm{d}}{\mathrm{d}\beta_2}\right)\right)c(\underline{\alpha},\underline{\beta})=$$

$$\int_0^1\int_0^1\int_0^{1-x}\int_0^{1-x}y^{-(\alpha_2+\beta_2)x-(\alpha_1+\beta_2)x_1-(\alpha_2+\beta_1)x_2}\times$$

$$(T^2y^{-(x_1+x_2)})^{(-(\alpha_1+\beta_1)t)}(2-\vartheta(x_1+x_2))\times$$

$$Q(-\vartheta(x+x_1+x_2)-(2-\vartheta(x_1+x_2)t)^2)\times$$

$$P(1-x-x_1)P(1-x-x_2)\mathrm{d}x_1\,\mathrm{d}x_2\,\mathrm{d}x\,\mathrm{d}t$$

选取

$$\alpha_1=\mathrm{i}\,\frac{\kappa\pi}{\mathscr{L}},\beta_1=-\mathrm{i}\,\frac{\kappa\pi}{\mathscr{L}},\alpha_2=\beta_2=0$$

定理 2 得证.

§4　定理 1 的证明

首先,我们来介绍 Wirtinger 不等式(见[8]中定理 258)的一个变体,详见[4,6].

引理 6　令 $f:[a,b]\rightarrow\mathbf{C}$ 为一个连续可导函数,设 $f(a)=f(b)=0$,则

$$\int_a^b\mid f(x)\mid^2\mathrm{d}x\leqslant\left(\frac{b-a}{\pi}\right)^2\int_a^b\mid f'(x)\mid^2\mathrm{d}x$$

其次,对函数 $F(t,v,\kappa,M;f)$ 应用该引理. 假设

$$\Lambda(f)\leqslant\kappa \tag{16}$$

令 $\tilde{t}_f(1)\leqslant\tilde{t}_f(2)\leqslant\cdots\leqslant\tilde{t}_f(N)$ 为 $F(t,v,\kappa,M;f)$ 在区间 $[T,2T]$ 上的零点. 由(16)得

$$\tilde{t}_f(n+1)-\tilde{t}_f(n)\leqslant(1+o(1))\frac{\kappa\pi}{\mathscr{L}}$$

其中 $1\leqslant n\leqslant N-1,T\rightarrow\infty$. 由引理 6 得

$$\int_{\tilde{t}_f(n)}^{\tilde{t}_f(n+1)} \mid F(t,v,\kappa,M;f) \mid^2 \mathrm{d}t \leqslant$$

$$\left(\frac{\tilde{t}_f(n+1) - \tilde{t}_f(n)}{\pi}\right)^2 \times$$

$$\int_{\tilde{t}_f(n)}^{\tilde{t}_f(n+1)} \mid F'(t,v,\kappa,M;f) \mid^2 \mathrm{d}t \leqslant$$

$$(1+o(1)) \frac{\kappa^2}{\mathscr{L}^2} \int_{\tilde{t}_f(n)}^{\tilde{t}_f(n+1)} \mid F'(t,v,\kappa,M;f) \mid^2 \mathrm{d}t$$

两端对 n 求和得

$$\int_{\tilde{t}_f(1)}^{\tilde{t}_f(N)} \mid F(t,v,\kappa,M;f) \mid^2 \mathrm{d}t \leqslant$$

$$(1+o(1)) \frac{\kappa^2}{\mathscr{L}^2} \int_{\tilde{t}_1}^{\tilde{t}_N} \mid F'(t,v,\kappa,M;f) \mid^2 \mathrm{d}t$$

由 $\tilde{t}_f(1) - T, 2T - \tilde{t}_f(N) \ll 1$ 及

$$\mid F(t,v,\kappa,M;f) \mid^2 \ll (\mid t \mid + 1)^{1-\varepsilon}$$

得

$$\int_T^{2T} \mid F(t,v,\kappa,M;f) \mid^2 \mathrm{d}t \leqslant$$

$$(1+o(1)) \frac{\kappa^2}{\mathscr{L}^2} \int_T^{2T} \mid F'(t,v,\kappa,M;f) \mid^2 \mathrm{d}t$$

综上可知,若

$$h(v,\kappa;f) :=$$

$$\limsup_{T \to \infty} \frac{\mathscr{L}^2}{\kappa^2} \frac{\displaystyle\int_T^{2T} \mid F(t,v,\kappa,M;f) \mid^2 \mathrm{d}t}{\displaystyle\int_T^{2T} \mid F'(t,v,\kappa,M;f) \mid^2 \mathrm{d}t} > 1$$

这与(16) 矛盾. 因此 $\Lambda > \kappa$. 由定理 2 可知

$$h(v,\kappa;f) = \frac{c_0(v,\kappa)}{\kappa^2 c_1(v,\kappa)}$$

利用 Mathmatica 9.0,选取

417

$$\vartheta = \frac{5}{27}, v = 1.19, P(x) = 1 - 3.7x + 2.9x^2$$

我们有

$$h(1.19, 1.88; f) > 1.005$$

进而 $\Lambda(f) > 1.88$.

参考资料

[1] IWANIEC H, KOWALSKI E. Analytic number theory [M]. Providence, RI: American Mathematical Society Colloquium Publications, 2004.

[2] BARRETT O, MCDONALD B, MILLER S J, et al. Gaps between zeros of GL(2) L-functions[J]. J. Math. Anal. Appl., 2015, 429: 204-232.

[3] HALL R R. The behavior of the Riemann zeta-function on the critical line[J]. Mathematika, 1999, 46: 281-313.

[4] BREDBERG J. On large gaps between consecutive zeros, on the critical line, of some zeta-functions [D]. Oxford: University of Oxford, 2011.

[5] BUI H M, BREDBERG J, TURNAGE-BUTTERBAUGH C L. Gaps between zeros of Dedekind zeta-functions of quadratic number fields II [J]. Quart. J. Math., 2016, 67: 467-482.

[6] BUI H M, MILINOVICH M B. Gaps between zeros of the Riemann zeta-function[J]. Quart. J. Math., 2018, 69: 403-423.

[7] BERNARD D. Modular case of Levinson's theorem [J]. Acta Arith., 2015, 167: 201-236.

[8] HARDY G H, LITTLEWOOD J E, PÓLYA G. Inequalities[M]. Cambridge: Cambridge University Press, 1988.

Jacobi 函数方程与 Riemann $\xi(s)$ 函数零点[①]

第

33

章

山东科技大学交通学院的刘法胜教授 2016 年利用 Jacobi 函数方程和 Schwarz 反射原理给出了 Riemann zeta 函数零点满足的方程,进而推得零点均落在实部为 1/2 的临界线上. 如此,所有与 Riemann 猜想等价的命题和以 Riemann 假设作为前提条件的结论都成立.

§1　研究背景

Riemann 猜想源于 Dirichlet 级数函数

$$\zeta(s) = \sum_{n=1}^{\infty} \frac{1}{n^s} \tag{1}$$

①　本章摘编自《山东科技大学学报(自然科学版)》,2016 年,第 35 卷,第 1 期.

其中 $s = \sigma + \mathrm{i}t, \mathrm{Re}(s) = \sigma > 1$.

[1,2] 列出了有关 Riemann 猜想的重大历史事件. 1737 年, Euler 给出了著名的乘积公式, 即对所有大于 1 的实数 s, 有

$$\zeta(s) = \sum_{n=1}^{\infty} \frac{1}{n^s} = \prod_{p}(1 - p^{-s})^{-1} \qquad (2)$$

其中, n 为自然数, p 为素数. Euler 乘法公式建立起了 Dirichlet 级数函数和素数分布的密切联系, 也可以说建立了自然数加法运算和素数乘积运算之间的一种联系.

1792 年, Gauss 提出后来被称为素数定理的结论. 1859 年, Riemann 在[3]中将式(1)解析延拓到除 $s = 1$ 以外的整个复平面上, 并提出 Riemann 猜想: Riemann zeta 函数的所有非平凡零点都在临界线 $\mathrm{Re}(s) = \frac{1}{2}$ 上.

由 Euler 乘积公式(2)可以得到 Riemann zeta 函数在 $\mathrm{Re}(s) > 1$ 的区域内没有零点. 1896 年, Hadamard 和 Poussion 分别独立证明了素数定理. 素数定理等价于 Riemann zeta 函数在 $\mathrm{Re}(s) = 1$ 上没有零点.

1914 年, 丹麦数学家 Bohr 与德国数学家 Landau 证明了包含临界线的无论多么窄的带状区域都包含了 Riemann zeta 函数的几乎所有非平凡零点. 同一年, 英国数学家 Hardy 证明了 Riemann zeta 函数有无穷多个非平凡零点位于临界线上.

1942 年, 挪威数学家 Selberg 证明了有正百分比的非平凡零点在临界线上. Levinson 在 1974 年证明了

至少有 34% 的零点位于临界线上．直到 1989 年，美国数学家 Conrey 证明了至少有 40% 的零点位于临界线上．

　　RH 之所以重要，其原因之一是 RH 有诸多重要的等价命题和以其作为假设而成立的重要结论．[2] 中给出了 32 个重要的等价命题；李修贤[4]在学位论文《黎曼猜想与素数分布》中专门罗列了 34 个与 Riemann 猜想等价的结论．RH 的各种等价结论和基于 RH 而成立的结论使人们有理由相信 RH 的正确性，因而，人们更愿意称 Riemann 猜想为 Riemann 假设．

　　关于数值计算验证或者说试图举出反例的工作，极大促进了 RH 的相关研究．1932 年，数学家 Siegel 从 Riemann 的手稿中获得了重大发现 —— 计算 Riemann zeta 函数非平凡零点的方法，称为 Riemann-Siegel 公式．至 1969 年，350 万个零点得到验证，全部位于临界线上，这无疑大大增强了数学家们对 RH 的信心．到 2004 年，Gourdon 用计算机验证了 Riemann zeta 函数的前 10^{13} 个零点都落在 RH 的临界线上．

　　Riemann 猜想的提出已经过去近两个世纪，而猜想是否成立，一直未得到肯定．RH 被公认为是"外行不懂，专家证明不了的世界难题"[2]．

　　Riemann 的著名论文《论小于给定数的素数分布》中已经意识到猜想是成立的．令人惋惜的是，Riemann 提出 RH 七年后就撒手人寰．考察提出 RH 的原始论文[3]，我们发现，Riemann 通过 Jacobi 函数方程给出了 Riemann zeta 函数的解析延拓表达[5]．

Edwards[6], Karatsuba[7] 都有用 theta 级数函数和 Jacobi 函数方程处理 Riemann zeta 函数解析延拓的论述. Jacobi 函数方程与 Riemann zeta 函数关系密切, 前者自变量的倒数与后者变量的共轭变量对应. Riemann 原意就是要去证明 RH, 只是未能如愿, 才以猜想的形式给出了著名的 RH. 倘若, Riemann 当时就沿着此思路给出 RH 的证明, 或者后来人及时补上其证明, 或许 RH 不会如此出名. RH 的诸多重要等价问题和基于 RH 的重要结果进一步凸显了 RH 的重要性, 而等价问题的难以证明则说明, 除了 Riemann 当初猜想的基于 Jacobi 变换的思路, 恐怕还没有发现更有效的思路.

现在可以说, RH 的极限情形和具体零点计算, 只是增大了 RH 成立的可能性, 将 Jacobi 函数方程的性质和反射原理结合应用是证明 RH 的有效方法.

§2　以 theta 级数表达的 Riemann zeta 函数解析延拓显表达

Dirichlet 级数函数有多种解析延拓的途径, 由于解析延拓的唯一性原理, 各种延拓形式上不同, 但本质上是等价的[5-7]. Riemann 利用 theta 级数函数和 Jacobi 方程将 zeta 函数解析延拓到除 1 之外的整个复平面上[3-5].

由于 RH 起源于 Dirichlet 级数函数的解析延拓, 而基于 theta 级数表达的 Riemann zeta 函数的解析延拓用到著名的 Jacobi 函数方程关系, 为了本章的完整

性和可读性,此处以定理形式给出该既有结果[5].

定理 $\mathbf{1}^{[8]}$

$$\theta(x^{-1}) = \sqrt{x}\,\theta(x) \tag{3}$$

$$2\omega(x) + 1 = x^{-\frac{1}{2}}\left[2\omega(x^{-1}) + 1\right] \tag{4}$$

其中, $\theta(x) = \sum_{n=-\infty}^{\infty} e^{-n^2\pi x}$, $\omega(x) = \sum_{n=1}^{\infty} e^{-n^2\pi x}$, $x > 0$.

证明见[8] 第 188 页,也可参考[5] 第 $5 \sim 8$ 页给出的另一证明.

定理 $\mathbf{2}^{[5]}$　　下述函数是 Dirichlet 级数函数在复平面上除 $s = 1$ 以外的解析延拓

$$A(s) = \pi^{\frac{s}{2}}\Gamma^{-1}\left(\frac{s}{2}\right)\frac{1}{s(s-1)} +$$

$$\int_1^\infty \omega(x)(x^{\frac{s}{2}} + x^{\frac{1-s}{2}})\,\frac{\mathrm{d}x}{x} \tag{5}$$

其中, $\omega(x) = \sum_{n=1}^{\infty} e^{-n^2\pi x}$.

记 $A(s) = \zeta(s)$,为 Riemann zeta 函数.鉴于该定理在 RH 中的重要性,此处给出其证明之一,详细过程见[5] 第 11 页.

证明　　$\pi^{-\frac{s}{2}}\Gamma\left(\frac{s}{2}\right)\zeta(s) =$

$$\frac{1}{s(s-1)} + \int_1^\infty \omega(x)(x^{\frac{s}{2}} + x^{\frac{1-s}{2}})\,\frac{\mathrm{d}x}{x}$$

其中 $\omega(x) = \sum_{n=1}^{\infty} e^{-n^2\pi x}$.

用积分公式表示 gamma 函数,对于 $\mathrm{Re}(s) > 0$ 和自然数 n,有

$$\Gamma\left(\frac{s}{2}\right) = \int_0^\infty e^{-u} u^{\frac{s}{2}-1}\,\mathrm{d}u =$$

$$n^s \int_0^\infty e^{-\pi n^2 x} \pi^{\frac{s}{2}} x^{\frac{s}{2}} \frac{dx}{x}$$

此处，作 $u = \pi n^2 x$ 的变量替换，结果为

$$\pi^{-\frac{s}{2}} \Gamma\left(\frac{s}{2}\right) n^s = \int_0^\infty e^{-\pi n^2 x} x^{\frac{s}{2}} \frac{dx}{x}$$

先假设 $\mathrm{Re}(s) > 1$ 并对所有 n 求和，得

$$\pi^{-\frac{s}{2}} \Gamma\left(\frac{s}{2}\right) \zeta(s) = \sum_{n=1}^\infty \int_0^\infty e^{-\pi n^2 x} x^{\frac{s}{2}-1} dx$$

改变求和（$\sum$）与积分（$\int$）的顺序（绝对收敛可以改变顺序），则有

$$\pi^{-\frac{s}{2}} \Gamma\left(\frac{s}{2}\right) \zeta(s) = \int_0^\infty \omega(x) x^{\frac{s}{2}-1} dx$$

利用 Jacobi 方程（4），并作积分变换 $x \to x^{-1}$ 于下述积分中，有

$$
\begin{aligned}
\pi^{-\frac{s}{2}} \Gamma\left(\frac{s}{2}\right) \zeta(s) &= \int_0^\infty \omega(x) x^{\frac{s}{2}-1} dx = \\
&\int_0^1 \omega(x) x^{\frac{s}{2}-1} dx + \\
&\int_1^\infty \omega(x) x^{\frac{s}{2}-1} dx = \\
&\int_1^\infty \left[\omega(x^{-1}) x^{-\frac{s}{2}-1} + \right. \\
&\left. \omega(x) x^{\frac{s}{2}-1} \right] dx = \\
&\frac{1}{s(s-1)} + \int_1^\infty \omega(x) \cdot \\
&(x^{\frac{s}{2}-1} + x^{\frac{-s-1}{2}}) dx \quad\quad (6)
\end{aligned}
$$

定理得证.

当 $x \to \infty$ 时

$$\omega(x) = \sum_{n=1}^\infty e^{-n^2 \pi x} = O(e^{-\pi x})$$

因而,对于任意 K,作为复变量上 s 的函数的上述广义积分在 $\mathrm{Re}(s) > K$ 内绝对且一致收敛.等式关系是在 $\mathrm{Re}(s) > 1$ 的假设下证得的,但是等式右端对所有 s 有定义,即该公式给出了 Dirichlet 级数函数(式(1))在整个复平面上(奇点 1 除外)的解析延拓显表达式,记为

$$A(s) = \zeta(s) = \pi^{\frac{s}{2}} \Gamma^{-1}\left(\frac{s}{2}\right)\left[\frac{1}{s(s-1)} + \right.$$

$$\left. \int_1^\infty \omega(x)\left(x^{\frac{s}{2}} + x^{\frac{1-s}{2}}\right)\frac{\mathrm{d}x}{x}\right]$$

尽管对 Dirichlet 级数函数有多种解析延拓方法和形式,但由于解析延拓唯一性定理,它们本质上是等价的.不同的解析延拓方式会有不同的方便之处,基于 theta 级数函数和 Jacobi 方程,将 Dirichlet 级数函数解析延拓为上述显形式更方便.

至此,可以说,解析延拓后的 Riemann zeta 函数是整个复平面上除简单极点 1(其留数为 1)以外所有点上的解析函数.

现在,可以在复平面上考虑 Riemann zeta 函数的零点了.人们对其零点感兴趣,是因为它们包含着素数的信息.然而,人们并非对 Riemann zeta 函数的所有零点都感兴趣.

在讨论其零点之前,我们先给出一个 Riemann zeta 函数的方程.注意到在 $A(s)$ 中,把 s 与 $1-s$ 作替换,等式成立.因此,有函数方程

$$\xi(s) = \frac{1}{2}s(s-1)\pi^{-\frac{s}{2}}\Gamma\left(\frac{s}{2}\right)\zeta(s)$$

$$\xi(s) = \xi(1-s) \tag{7}$$

记

$$\xi(s) = \frac{1}{2}s(s-1)\pi^{-\frac{s}{2}}\Gamma\left(\frac{s}{2}\right)\zeta(s) =$$

$$\frac{1}{2} + \frac{1}{2}(s-1)s\int_1^\infty \omega(x) \cdot$$

$$(x^{\frac{s}{2}} + x^{\frac{1-s}{2}})\frac{\mathrm{d}x}{x} \tag{8}$$

通过上述辅助函数,Riemann 猜想可以表达为 Riemann zeta 函数的所有零点都落在 $\mathrm{Re}(s) = \frac{1}{2}$ 的直线上,即

$$\xi(s) = 0 \Rightarrow \mathrm{Re}(s) = \frac{1}{2}$$

由于所有 Riemann zeta 函数的零点关于直线 $\mathrm{Im}(s) = 0$ 和直线 $\mathrm{Re}(s) = \frac{1}{2}$ 对称,且 $\xi(0) = \xi(1) = \frac{1}{2}$,并且,对于任意 t,$1 + \mathrm{i}t$ 不可能成为 Riemann 函数的零点[5],因此,只需证明在 $0 < \mathrm{Re}(s) < 1$ 的带形区域内 RH 成立即可.

§3 有关引理

为行文方便,我们给出以下引理[3,5].

引理 1 设 x 是正实数,对多值对数函数,只取其主支,则

$$x^{\frac{s}{2}} = x^{\frac{\sigma+\mathrm{i}t}{2}} = \mathrm{e}^{\frac{\sigma\ln x}{2} + \mathrm{i}\frac{t}{2}\ln x} =$$

$$\mathrm{e}^{\frac{\sigma\ln x}{2}}\left[\cos\left(\frac{t}{2}\ln x\right) + \mathrm{i}\sin\left(\frac{t}{2}\ln x\right)\right] \tag{9}$$

$$x^{\frac{1-s}{2}} = \mathrm{e}^{\frac{(1-\sigma)\ln x}{2}} \left[\cos\left(\frac{t}{2}\ln x\right) - \mathrm{i}\sin\left(\frac{t}{2}\ln x\right) \right]$$

引理 2　所有 Riemann zeta 函数的非平凡零点都在 $0 \leqslant \mathrm{Re}(s) \leqslant 1$ 的带形区域内，且关于 $\mathrm{Im}(s) = 0$ 和 $\mathrm{Re}(s) = \dfrac{1}{2}$ 对称. 换言之，每当 s_n 是 $\xi(s)$ 的一个零点，那么 $1 - s_n, \bar{s}_n$ 和 $1 - \bar{s}_n$ 也都是 $\xi(s)$ 的零点，即 $\xi(s) = 0 \Leftrightarrow \xi(1-s) = 0 \Leftrightarrow \xi(\bar{s}) = 0 \Leftrightarrow \xi(1-\bar{s}) = 0$.

详细的证明请参考[5]第 22 页定理 1. 前面的等价性证明可以由式（8）给出；后半部分的等价性由反射原理给出，因为这里在实数轴上函数取值为实数，故由 Schwarz 反射定理，得引理 2.

引理 3　设 $t > 0$，则

$$\alpha(t) = \int_0^\infty \frac{1}{t}(\mathrm{e}^{-\frac{1-\sigma}{t}y} - \mathrm{e}^{\frac{-\sigma}{t}y})\sin y\mathrm{d}y =$$

$$\frac{(2\sigma - 1)t}{(t^2 + \sigma^2)\left[(1-\sigma)^2 + t^2\right]} \qquad (10)$$

证明

$$\int \mathrm{e}^{-\alpha y}\cos y\mathrm{d}y = \frac{1}{1+\alpha^2}\mathrm{e}^{-\alpha y}(\sin y - \alpha\cos y)$$

$$\int \mathrm{e}^{-\alpha y}\sin y\mathrm{d}y = \frac{-1}{1+\alpha^2}\mathrm{e}^{-\alpha x}(\cos y + \alpha\sin y)$$

$$\alpha(t) = \int_0^\infty \frac{1}{t}(\mathrm{e}^{-\frac{1-\sigma}{t}y} - \mathrm{e}^{\frac{-\sigma}{t}y})\sin y\mathrm{d}y$$

$$\alpha(t) = \frac{1}{t}\left[\frac{t^2}{t^2 + (1-\sigma)^2} - \frac{t^2}{t^2 + \sigma^2}\right] =$$

$$\frac{(2\sigma - 1)t}{(t^2 + \sigma^2)\left[(1-\sigma)^2 + t^2\right]}$$

引理 4　如果 $f(x)$ 为单调连续函数，且 $\int_0^\infty f(x) \cdot \sin x\mathrm{d}x = A$，那么 $f(x) \to 0(x \to \infty)$.

现在我们可以探讨 Riemann $\xi(s)$ 函数的零点了.

§4　Riemann $\xi(s)$ 函数的零点

由式(8),设 $s=\sigma+it$ 为 Riemann $\xi(s)$ 的零点

$$\operatorname{Im}\frac{1}{s(1-s)}=\operatorname{Im}\int_1^\infty \omega(x)(x^{\frac{s}{2}}+x^{\frac{1-s}{2}})\frac{\mathrm{d}x}{x} \quad (11)$$

$$\operatorname{Re}\frac{1}{s(1-s)}=\operatorname{Re}\int_1^\infty \omega(x)(x^{\frac{s}{2}}+x^{\frac{1-s}{2}})\frac{\mathrm{d}x}{x} \quad (12)$$

设 $t>0$,令 $\dfrac{t}{2}\ln x=y$,由定理 1(式(4))和引理 1(式(9))得

$$\omega(\mathrm{e}^{\frac{2}{t}y})=\frac{\mathrm{e}^{-\frac{y}{t}}(2\omega(\mathrm{e}^{-\frac{2}{t}y})+1)-1}{2} \quad (13)$$

$$\frac{(2\sigma-1)t}{(\sigma^2+t^2)[(1-\sigma)^2+t^2]}=$$
$$\int_0^\infty \frac{2}{t}\omega(\mathrm{e}^{\frac{2}{t}y})(\mathrm{e}^{\frac{\sigma}{t}y}-\mathrm{e}^{\frac{1-\sigma}{t}y})\sin y\mathrm{d}y \quad (14)$$

由式(13)可得

$$\frac{(2\sigma-1)t}{(\sigma^2+t^2)[(1-\sigma)^2+t^2]}=$$
$$\int_0^\infty \frac{2}{2t}[\mathrm{e}^{-\frac{y}{t}}(2\omega(\mathrm{e}^{-\frac{2}{t}y})+1)-1](\mathrm{e}^{\frac{\sigma}{t}y}-\mathrm{e}^{\frac{1-\sigma}{t}y})\sin y\mathrm{d}y=$$
$$\int_0^\infty \frac{2}{-(-t)}\omega(\mathrm{e}^{-\frac{2}{t}y})(\mathrm{e}^{\frac{1-\sigma}{t}y}-\mathrm{e}^{-\frac{\sigma}{t}y})\sin y\mathrm{d}y+$$
$$\int_0^\infty \frac{1}{t}[(\mathrm{e}^{-\frac{1-\sigma}{t}y}-\mathrm{e}^{-\frac{\sigma}{t}y})-(\mathrm{e}^{\frac{\sigma}{t}y}-\mathrm{e}^{\frac{1-\sigma}{t}y})]\sin y\mathrm{d}y$$

又由引理 2,$-t$ 亦满足式(14),故

$$\frac{(2\sigma-1)t^2}{(\sigma^2+t^2)[(1-\sigma)^2+t^2]}=$$

$$\int_0^\infty 2\omega(\mathrm{e}^{-\frac{2}{t}y})(\mathrm{e}^{-\frac{1-\sigma}{t}y} - \mathrm{e}^{-\frac{\sigma}{t}y})\sin y\mathrm{d}y \quad (15)$$

所以有

$$\frac{2(2\sigma-1)t^2}{(\sigma^2+t^2)[(1-\sigma)^2+t^2]} =$$

$$\int_0^\infty [(\mathrm{e}^{-\frac{1-\sigma}{t}y} - \mathrm{e}^{-\frac{\sigma}{t}y}) - (\mathrm{e}^{\frac{\sigma}{t}y} - \mathrm{e}^{\frac{1-\sigma}{t}y})]\sin y\mathrm{d}y$$

即

$$2\frac{(2\sigma-1)t^2}{(\sigma^2+t^2)[(1-\sigma)^2+t^2]} =$$

$$\lim_{N\to\infty}\int_0^N [(\mathrm{e}^{-\frac{1-\sigma}{t}y} - \mathrm{e}^{-\frac{\sigma}{t}y}) - (\mathrm{e}^{\frac{\sigma}{t}y} - \mathrm{e}^{\frac{1-\sigma}{t}y})]\sin y\mathrm{d}y$$

由引理 3 和引理 4 得

$$\frac{(2\sigma-1)t^2}{(\sigma^2+t^2)[(1-\sigma)^2+t^2]} =$$

$$\lim_{N\to\infty}\int_0^N - (\mathrm{e}^{\frac{\sigma}{t}y} - \mathrm{e}^{\frac{1-\sigma}{t}y})\sin y\mathrm{d}y$$

$$(\mathrm{e}^{\frac{\sigma}{t}y} - \mathrm{e}^{\frac{1-\sigma}{t}y} = 0, y \to \infty)$$

故有 $\sigma = \dfrac{1}{2}$.

§5 Riemann $\xi(s)$ 函数零点计算

由式(12)，下面函数的零点即为 Riemann $\xi(s)$ 函数零点的虚部值

$$f(t) = -1 + \frac{1+4t^2}{2}\int_1^\infty \omega(x)\mathrm{e}^{\frac{1}{4}\ln x}\cos\left(\frac{t}{2}\ln x\right)\frac{\mathrm{d}x}{x}$$

$$(16)$$

其中，$\omega(x) = \displaystyle\sum_{n=1}^\infty \mathrm{e}^{-n^2\pi x}$.

429

Zero point 问题

利用 Matlab 进行数值计算,通过计算函数值的变化,容易给出函数零点范围,Riemann $\xi(s)$ 函数在 $t>0$ 的前 10 个零点范围是: $\frac{1}{2}+(14,14.5)$i; $\frac{1}{2}+(21,21.5)$i; $\frac{1}{2}+(25,25.5)$i; $\frac{1}{2}+(30,30.5)$i; $\frac{1}{2}+(32.5,33)$i; $\frac{1}{2}+(37.5,38)$i; $\frac{1}{2}+(40.5,41)$i; $\frac{1}{2}+(43,43.5)$i; $\frac{1}{2}+(48,48.5)$i; $\frac{1}{2}+(49.5,50)$i. 与既有实际结果相吻合[1].

函数(16)包含了全部素数分布信息,素数分布性质可以通过研究该函数的零点分布得到.

参考资料

[1] 卢昌海. 黎曼猜想漫谈[M]. 北京:清华大学出版社,2012.

[2] BORWEIN P, CHOI S, ROONEY B, et al. The Riemann hypothesis: A resource for the afficionado and virtuoso alike[M]. New York:Springer,2008.

[3] RIEMANN B. Über die Anzahl der Primzahlen unter einer gegebenen Grösse[M]// Gesammelte Mathematische Werke Und Wissenschaftlicher Nachlass. Berlin:Monats. Press,1859:671-680.

[4] 李修贤. 黎曼猜想与素数分布[D]. 济南:山东大学,2012.

[5] KARATSUBA A A, VORONIN S M. The Riemann zeta-function [M]. Berlin:Walter de Gruyter,1992.

[6] EDWARDS H M. Riemann's zeta function[M]. New York:Dover Publications,Inc.,1974.

[7] TITCHMARSH E C. The theory of the Riemann zeta-function [M]. Oxford:Clarendon Press,1951.

[8] EVEREST G, WARD T. An introduction to number theory[M]. New York:Springer,2005.

第 六 编

多项式零点求法的经典文献

ELEMENTARY THEOREMS ON THE ROOTS OF AN EQUATION

第

34

章

1. Quadratic Equation. If a, b, c are given numbers, $a \neq 0$

$$ax^2 + bx + c = 0 \quad (a \neq 0) \quad (1)$$

is called a *quadratic equation* or equation of the second degree. The reader is familiar with the following method of solution by "completing the square". Multiply the terms of the equation by $4a$, and transpose the constant term, then

$$4a^2 x^2 + 4abx = -4ac$$

Adding b^2 to complete the square, we get

$$(2ax + b)^2 = \Delta, \ \Delta = b^2 - 4ac$$

433

$$x_1 = \frac{-b+\sqrt{\Delta}}{2a}, x_2 = \frac{-b-\sqrt{\Delta}}{2a} \tag{2}$$

By addition and multiplication, we find that

$$x_1 + x_2 = \frac{-b}{a}, \ x_1 x_2 = \frac{c}{a} \tag{3}$$

Hence for all values of the variable x

$$a(x-x_1)(x-x_2) \equiv$$
$$ax^2 - a(x_1+x_2)x + ax_1 x_2 \equiv ax^2 + bx + c \tag{4}$$

the sign "$\equiv$" being used instead of "$=$" since these functions of x are *identically equal*, i. e., the coefficients of like powers of x are the same. We speak of $a(x-x_1)(x-x_2)$ as the *factored form* of the quadratic function $ax^2 + bx + c$, and of $x-x_1$ and $x-x_2$ as its *linear factors*.

In (4) we assign to x the values x_1 and x_2 in turn, and see that

$$0 = ax_1^2 + bx_1 + c, \ 0 = ax_2^2 + bx_2 + c$$

Hence the values (2) are actually the roots of equation (1).

We call $\Delta = b^2 - 4ac$ the *discriminant* of the function $ax^2 + bx + c$ or of the corresponding equation (1). If $\Delta = 0$, the roots (2) are evidently equal so that, by (4), $ax^2 + bx + c$ is the square of $\sqrt{a}(x - x_1)$, and conversely. We thus obtain the useful result that $ax^2 + bx + c$ *is a perfect square (of a linear function of x) if and only if $b^2 = 4ac$ (i. e., if its discriminant is zero).*

Consider a *real* quadratic equation, i. e., one

434

whose coefficients a, b, c are all real numbers. Then if Δ is positive, the two roots (2) are real. But if Δ is negative, the roots are conjugate imaginaries.

When the coefficients of a quadratic equation (1) are any complex numbers, Δ has two complex square roots, so that the roots (2) of (1) are complex numbers, which need not be conjugate.

For example, the discriminant of $x^2 - 2x + c$ is $\Delta = 4(1 - c)$. If $c = 1$, then $\Delta = 0$ and $x^2 - 2x + 1 \equiv (x - 1)^2$ is a perfect square, and the roots 1, 1 of $x^2 - 2x + 1 = 0$ are equal. If $c = 0$, $\Delta = 4$ is positive and the roots 0 and 2 of $x^2 - 2x \equiv x(x - 2) = 0$ are real. If $c = 2$, $\Delta = -4$ is negative and the roots $1 \pm \sqrt{-1}$ of $x^2 - 2x + 2 = 0$ are conjugate complex numbers. The roots of $x^2 - x + 1 + i = 0$ are i and $1 - i$, and are not conjugate.

2. Integral Rational Function, Polynomial. If n is a positive integer and c_0, c_1,..., c_n are constants (real or imaginary)

$$f(x) \equiv c_0 x^n + c_1 x^{n-1} + \ldots + c_{n-1} x + c_n$$

is called a *polynomial* in x of *degree n*, or also an *integral rational function* of x of degree n. It is given the abbreviated notation $f(x)$, just as the logarithm of $x + 2$ is written $\log(x + 2)$.

If $c_0 \neq 0$, $f(x) = 0$ is an equation of degree n. If $n = 3$, it is often called a *cubic equation*; and, if $n = 4$, a *quartic equation*. For brevity, we often speak of an equation all of whose coefficients are real as a *real equation.*

3. The Remainder Theorem. *If a polynomial $f(x)$ is divided by $x-c$ until a remainder independent of x is obtained, this remainder is equal to $f(c)$, which is the value of $f(x)$ when $x=c$.*

Denote the remainder by r and the quotient by $q(x)$. Since the dividend is $f(x)$ and the divisor is $x-c$, we have

$$f(x) \equiv (x-c)q(x) + r$$

identically in x. Taking $x=c$, we obtain $f(c)=r$.

If $r=0$, the division is exact. Hence we have proved also the following useful theorem.

THE FACTOR THEOREM. *If $f(c)$ is zero, the polynomial $f(x)$ has the factor $x-c$. In other words, if c is a root of $f(x)=0$, $x-c$ is a factor of $f(x)$.*

For example, 2 is a root of $x^3-8=0$, so that $x-2$ is a factor of x^3-8. Another illustration is furnished by formula (4).

EXERCISES

Without actual division find the remainder when:

1. x^4-3x^2-x-6 is divided by $x+3$.

2. x^3-3x^2+6x-5 is divided by $x-3$.

Without actual division show that:

3. $18x^{10}+19x^5+1$ is divisible by $x+1$.

4. $2x^4 - x^3 - 6x^2 + 4x - 8$ is divisible by $x-2$ and $x+2$.

5. $x^4 - 3x^3 + 3x^2 - 3x + 2$ is divisible by $x-1$ and $x-2$.

6. $r^3 - 1$, $r^4 - 1$, $r^5 - 1$ are divisible by $r-1$.

7. By performing the indicated multiplication, verify that

$$r^n - 1 \equiv (r-1)(r^{n-1} + r^{n-2} + \dots + r + 1)$$

8. In the last identity replace r by x/y, multiply by y^n, and derive

$$x^n - y^n \equiv (x-y)(x^{n-1} + x^{n-2}y + \dots + xy^{n-2} + y^{n-1})$$

9. In the identity of Ex. 8 replace y by $-y$, and derive

$$x^n + y^n \equiv (x+y)(x^{n-1} - x^{n-2}y + \dots - xy^{n-2} + y^{n-1}), \ n \text{ odd}$$

$$x^n - y^n \equiv (x+y)(x^{n-1} - x^{n-2}y + \dots + xy^{n-2} - y^{n-1}), \ n \text{ even}$$

Verify by the Factor Theorem that $x + y$ is a factor.

10. If a, ar, $ar^2, \dots, ar^{n-1}$ are n numbers in *geometrical progression* (the ratio of any term to the preceding being a constant $r \neq 1$), prove by Ex. 7 that their sum is equal to

$$\frac{a(r^n - 1)}{r - 1}$$

11. At the end of each of n years a man deposits in a savings bank a dollars. With annual compound interest at 4%, show that his account at the end of n

437

years will be

$$\frac{a}{0.04}\{(1.04)^n-1\}$$

dollars. Hint: The final deposit draws no interest; the prior deposit will amount to $a(1.04)$ dollars; the deposit preceding that will amount to $a(1.04)^2$ dollars, etc. Hence apply Exercise 10 for $r=1.04$.

4. Synthetic Division. The labor of computing the value of a polynomial in x for an assigned value of x may be shortened by a simple device. To find the value of

$$x^4+3x^3-2x-5$$

for $x=2$, note that $x^4=x \cdot x^3=2x^3$, so that the sum of the first two terms of the polynomial is $5x^3$. To $5x^3=5 \cdot 2^2 x$ we add the next term $-2x$ and obtain $18x$ or 36. Combining 36 with the final term -5, we obtain the desired value 31.

This computation may be arranged systematically as follows. After supplying zero coefficients of missing powers of x, we write the coefficients in a line, ignoring the powers of x.

1	3	0	−2	−5	⌞2
	2	10	20	36	
1	5	10	18	31	

First we bring down the first coefficient 1. Then we multiply it by the given value 2 and enter the product 2 directly under the second coefficient 3, add and

438

write the sum 5 below. Similarly, we enter the product of 5 by 2 under the third coefficient 0, add and write the sum 10 below; etc. The final number 31 in the third line is the value of the polynomial when $x=2$. The remaining numbers in this third line are the coefficients, in their proper order, of the quotient

$$x^3 + 5x^2 + 10x + 18$$

which would be obtained by the ordinary long division of the given polynomial by $x-2$.

We shall now prove that this process, called *synthetic division*, enables us to find the quotient and remainder when any polynomial $f(x)$ is divided by $x-c$. Write

$$f(x) \equiv a_0 x^n + a_1 x^{n-1} + \ldots + a_n$$

and let the constant remainder be r and the quotient be

$$q(x) \equiv b_0 x^{n-1} + b_1 x^{n-2} + \ldots + b_{n-1}$$

By comparing the coefficients of $f(x)$ with those in

$$(x-c)q(x) + r \equiv b_0 x^n + (b_1 - cb_0)x^{n-1} +$$
$$(b_2 - cb_1)x^{n-2} + \ldots +$$
$$(b_{n-1} - cb_{n-2})x + r - cb_{n-1}$$

we obtain relations which become, after transposition of terms

$$b_0 = a_0, \ b_1 = a_1 + cb_0, \ b_2 = a_2 + cb_1, \ldots,$$
$$b_{n-1} = a_{n-1} + cb_{n-2}, \ r = a_n + cb_{n-1}$$

The steps in the work of computing the b's may be

tabulated as follows

a_0	a_1	a_2	...	a_{n-1}	a_n	c
	cb_0	cb_1	...	cb_{n-2}	cb_{n-1}	
b_0	b_1	b_2	...	b_{n-1}	r	

In the second space below a_0 we write b_0 (which is equal to a_0). We multiply b_0 by c and enter the product directly under a_1, add and write the sum b_1 below it. Next we multiply b_1 by c and enter the product directly under a_2, add and write the sum b_2 below it; etc.

EXERCISES

Work each of the following exercises by synthetic division.

1. Divide $x^3 + 3x^2 - 2x - 5$ by $x - 2$.

2. Divide $2x^5 - x^3 + 2x - 1$ by $x + 2$.

3. Divide $x^3 + 6x^2 + 10x - 1$ by $x - 0.09$.

4. Find the quotient of $x^3 - 5x^2 - 2x + 24$ by $x - 4$, and then divide the quotient by $x - 3$. What are the roots of $x^3 - 5x^2 - 2x + 24 = 0$?

5. Given that $x^4 - 2x^3 - 7x^2 + 8x + 12 = 0$ has the roots -1 and 2, find the quadratic equation whose roots are the remaining two roots of the given equation, and find these roots.

6. If $x^4 - 2x^3 - 12x^2 + 10x + 3 = 0$ has the roots 1 and -3, find the remaining two roots.

7. Find the quotient of $2x^4 - x^3 - 6x^2 + 4x - 8$ by $x^2 - 4$.

8. Find the quotient of $x^4 - 3x^3 + 3x^2 - 3x + 2$ by $x^2 - 3x + 2$.

9. Solve Exs. 1, 2, 3, 6, 7 of §3 by synthetic division.

5. Factored Form of a Polynomial. Consider a polynomial

$$f(x) \equiv c_0 x^n + c_1 x^{n-1} + \ldots + c_n \quad (c_0 \neq 0)$$

whose leading coefficient c_0 is not zero. If $f(x) = 0$ has the root α_1, which may be any complex number, the Factor Theorem shows that $f(x)$ has the factor $x - \alpha_1$, so that

$$f(x) \equiv (x - \alpha_1) Q(x)$$
$$Q(x) \equiv c_0 x^{n-1} + c'_1 x^{n-2} + \ldots + c'_{n-1}$$

If $Q(x) = 0$ has the root α_2, then

$$Q(x) \equiv (x - \alpha_2) Q_1(x)$$
$$f(x) \equiv (x - \alpha_1)(x - \alpha_2) Q_1(x)$$

If $Q_1(x) = 0$ has the root α_3, etc., we finally get

$$f(x) \equiv c_0 (x - \alpha_1)(x - \alpha_2) \ldots (x - \alpha_n) \quad (5)$$

We shall deduce several important conclusions from the preceding discussion. First, suppose that the equation $f(x) = 0$ of degree n is known to have n distinct roots $\alpha_1, \ldots, \alpha_n$. In $f(x) \equiv (x - \alpha_1) Q(x)$ take $x = \alpha_2$; then $0 = (\alpha_2 - \alpha_1) Q(\alpha_2)$, whence $Q(\alpha_2) = 0$ and $Q(x) = 0$ has the root α_2. Similarly, $Q_1(x) = 0$ has the root α_3, etc. Thus all of the

441

assumptions (each introduced by an "if") made in the above discussion have been justified and we have the conclusion (5). Hence *if an equation $f(x) = 0$ of degree n has n distinct roots $\alpha_1, \ldots, \alpha_n$, $f(x)$ can be expressed in the factored form* (5).

It follows readily that the equation can not have a root α different from $\alpha_1, \ldots, \alpha_n$. For, if it did, the left member of (5) is zero when $x = \alpha$ and hence one of the factors of the right member must then be zero, say $\alpha - \alpha_j = 0$, whence the root α is equal to α_j. We have now proved the following important result.

THEOREM. *An equation of degree n cannot have more than n distinct roots.*

6. Multiple Roots[①]. Equalities may occur among the α's in (5). Suppose that exactly m_1 of the α's (including α_1) are equal to α_1; that $\alpha_2 \neq \alpha_1$, while exactly m_2 of the α's are equal to α_2; etc. Then (5) becomes

$$f(x) \equiv c_0 (x - \alpha_1)^{m_1} (x - \alpha_2)^{m_2} \ldots (x - \alpha_k)^{m_k}$$
$$m_1 + m_2 + \ldots + m_k = n \tag{6}$$

where $\alpha_1, \ldots, \alpha_k$ are distinct. We then call α_1 *a root of multiplicity m_1* of $f(x) = 0$, α_2 a root of multiplicity m_2, etc. In other words, α_1 is a root of multiplicity m_1 of $f(x) = 0$ if $f(x)$ is exactly divisible by $(x - \alpha_1)^{m_1}$, but is not divisible by $(x - \alpha_1)^{m_1 + 1}$. We call α_1 also an m_1 -*fold root*. In the particular

---

① Multiple roots are treated by calculus in § 47.

cases $m_1 = 1$, 2, and 3, we also speak of α_1 as a *simple root*, *double root*, and *triple root*, respectively. For example, 4 is a simple root, 3 a double root, -2 a triple root, and 6 a root of multiplicity 4 (or a 4-fold root) of the equation

$$7(x-4)(x-3)^2(x+2)^3(x-6)^4 = 0$$

of degree 10 which has no further root. This example illustrates the next theorem, which follows from (6) exactly as the theorem in § 5 followed from (5).

THEOREM. *An equation of degree n cannot have more than n roots, a root of multiplicity m being counted as m roots.*

7. Identical Polynomials. *If two polynomials in* x

$$a_0 x^n + a_1 x^{n-1} + \ldots + a_n, \quad b_0 x^n + b_1 x^{n-1} + \ldots + b_n$$

each of degree n, are equal in value for more than n distinct values of x, they are term by term identical, i. e., $a_0 = b_0$, $a_1 = b_1$, $\ldots$, $a_n = b_n$.

For, taking their difference and writing $c_0 = a_0 - b_0$, $\ldots$, $c_n = a_n - b_n$, we have

$$c_0 x^n + c_1 x^{n-1} + \ldots + c_n = 0$$

for more than n distinct values of x. If $c_0 \neq 0$, we would have a contradiction with the theorem in § 5. Hence $c_0 = 0$. If $c_1 \neq 0$, we would have a contradiction with the same theorem with n replaced by $n-1$. Hence $c_1 = 0$, etc. Thus $a_0 = b_0$, $a_1 = b_1$, etc.

EXERCISES

1. Find a cubic equation having the roots 0, 1, 2.

2. Find a quartic equation having the roots ±1, ±2.

3. Find a quartic equation having the two double roots 3 and -3.

4. Find a quartic equation having the root 2 and the triple root 1.

5. What is the condition that $ax^2 + bx + c = 0$ shall, have a double root?

6. If $a_0 x^n + \ldots + a_n = 0$ has more than n distinct roots, each coefficient is zero.

7. Why is there a single answer to each of Exs. $1 \sim 4$, if the coefficient of the highest power of the unknown be taken equal to unity? State and answer the corresponding general question.

8. The Fundamental Theorem of Algebra. *Every algebraic equation with complex coefficients has a complex (real or imaginary) root.*

This theorem implies that *every equation of degree n has exactly n roots if a root of multiplicity m be counted as m roots.* In other words, *every integral rational function of degree n is a product of n linear factors.* For, in § 5, equations $f(x)=0$, $Q(x)=0$, $Q_1(x)=0,\ldots$ each has a root, so that (5)

and (6) hold.

9. Relations between the Roots and the Coefficients. In §1 we found the sum and the product of the two roots of any quadratic equation and then deduced the factored form of the equation. We now apply the reverse process to any equation

$$f(x) \equiv c_0 x^n + c_1 x^{n-1} + \ldots + c_n = 0 \quad (c_0 \neq 0) \quad (7)$$

whose factored form is

$$f(x) \equiv c_0 (x - \alpha_1)(x - \alpha_2) \ldots (x - \alpha_n) \quad (8)$$

Our next step is to find the expanded form of this product. The following special products may be found by actual multiplication

$$(x - \alpha_1)(x - \alpha_2) \equiv x^2 - (\alpha_1 + \alpha_2) x + \alpha_1 \alpha_2$$

$$(x - \alpha_1)(x - \alpha_2)(x - \alpha_3) \equiv$$

$$x^3 - (\alpha_1 + \alpha_2 + \alpha_3) x^2 +$$

$$(\alpha_1 \alpha_2 + \alpha_1 \alpha_3 + \alpha_2 \alpha_3) x - \alpha_1 \alpha_2 \alpha_3$$

These identities are the cases $n = 2$ and $n = 3$ of the following general formula

$$(x - \alpha_1)(x - \alpha_2) \ldots (x - \alpha_n) \equiv$$

$$x^n - (\alpha_1 + \ldots + \alpha_n) x^{n-1} +$$

$$(\alpha_1 \alpha_2 + \alpha_1 \alpha_3 + \alpha_2 \alpha_3 + \ldots + \alpha_{n-1} \alpha_n) x^{n-2} -$$

$$(\alpha_1 \alpha_2 \alpha_3 + \alpha_1 \alpha_2 \alpha_4 + \ldots + \alpha_{n-2} \alpha_{n-1} \alpha_n) x^{n-3} + \ldots +$$

$$(-1)^n \alpha_1 \alpha_2 \ldots \alpha_n \quad (9)$$

the quantities in parentheses being described in the theorem below. If we multiply each member of (9) by $x - \alpha_{n+1}$, it is not much trouble to verify that the resulting identity can be derived from (9) by changing n into $n+1$, so that (9) is proved true by mathematical induction. Hence the quotient of (7) by c_0 is term by term identical with (9), so that

$$\alpha_1 + \alpha_2 + \ldots + \alpha_n = -c_1/c_0$$
$$\alpha_1\alpha_2 + \alpha_1\alpha_3 + \alpha_2\alpha_3 + \ldots + \alpha_{n-1}\alpha_n = c_2/c_0$$
$$\alpha_1\alpha_2\alpha_3 + \alpha_1\alpha_2\alpha_4 + \ldots + \alpha_{n-2}\alpha_{n-1}\alpha_n = -c_3/c_0$$
$$\vdots$$
$$\alpha_1\alpha_2\ldots\alpha_{n-1}\alpha_n = (-1)^n c_n/c_0 \qquad (10)$$

These results may be expressed in the following words:

THEOREM. *If $\alpha_1, \ldots, \alpha_n$ are the roots of equation (7), the sum of the roots is equal to $-c_1/c_0$, the sum of the products of the roots taken two at a time is equal to c_2/c_0, the sum of the products of the roots taken three at a time is equal to $-c_3/c_0$, etc.; finally, the product of all the roots is equal to $(-1)^n c_n/c_0$.*

Since we may divide the terms of our equation (7) by c_0, the essential part of our theorem is contained in the following simpler statement:

COROLLARY. *In an equation in x of degree n, in which the coefficient of x^n is unity, the sum of the n roots is equal to the negative of the coefficient of x^{n-1}, the sum of the products of the roots two at a time is equal to the coefficient of x^{n-2}, etc.; finally the product of all the roots is equal to the constant term or its negative, according as n is even or odd.*

For example, in a cubic equation having the roots 2, 2, 5, and having unity as the coefficient of x^3, the coefficient of x is $2 \times 2 + 2 \times 5 + 2 \times 5 = 24$.

446

EXERCISES

1. Find a cubic equation having the roots 1, 2, 3.

2. Find a quartic equation having the double roots 2 and -2.

3. Solve $x^4 - 6x^3 + 13x^2 - 12x + 4 = 0$, which has two double roots.

4. Prove that one root of $x^3 + px^2 + qx + r = 0$ is the negative of another root if and only if $r = pq$.

5. Solve $4x^3 - 16x^2 - 9x + 36 = 0$, given that one root is the negative of another.

6. Solve $x^3 - 9x^2 + 23x - 15 = 0$, given that one root is the triple of another.

7. Solve $x^4 - 6x^3 + 12x^2 - 10x + 3 = 0$, which has a triple root.

8. Solve $x^3 - 14x^2 - 84x + 216 = 0$, whose roots are in geometrical progression, i. e. , with a common ratio r (say m/r, m, mr).

9. Solve $x^3 - 3x^2 - 13x + 15 = 0$, whose roots are in arithmetical progression, i. e. , with a common difference d (say $m-d$, m, $m+d$).

10. Solve $x^4 - 2x^3 - 21x^2 + 22x + 40 = 0$, whose roots are in arithmetical progression. (Denote them by $c-3b$, $c-b$, $c+b$, $c+3b$, with the common difference $2b$.)

11. Find a quadratic equation whose roots are

the squares of the roots of $x^2 - px + q = 0$.

12. Find a quadratic equation whose roots are the cubes of the roots of $x^2 - px + q = 0$. Hint: $\alpha^3 + \beta^3 = (\alpha + \beta)^3 - 3\alpha\beta(\alpha + \beta)$.

13. If α and β are the roots of $x^2 - px + q = 0$, find an equation whose roots are (ⅰ) α^2/β and β^2/α; (ⅱ) $\alpha^3\beta$ and $\alpha\beta^3$; (ⅲ) $\alpha + 1/\beta$ and $\beta + 1/\alpha$.

14. Find a necessary and sufficient condition that the roots, taken in some order, of $x^3 + px^2 + qx + r = 0$ shall be in geometrical progression.

15. Solve $x^3 - 28x + 48 = 0$, given that two roots differ by 2.

10. Imaginary Roots Occur in Pairs. The two roots of a real quadratic equation whose discriminant is negative are conjugate imaginaries (§1). This fact illustrates the following useful result.

THEOREM. *If an algebraic equation with real coefficients has the root $a + bi$, where a and b are real and $b \neq 0$, it has also the root $a - bi$.*

Let the equation be $f(x) = 0$ and divide $f(x)$ by

$$(x - a)^2 + b^2 \equiv (x - a - bi)(x - a + bi) \qquad (11)$$

until we reach a remainder $rx + s$ whose degree in x is less than the degree of the divisor. Since the coefficients of the dividend and divisor are all real, those of the quotient $Q(x)$ and remainder are real. We have

$$f(x) \equiv Q(x)\{(x - a)^2 + b^2\} + rx + s$$

identically in x. This identity is true in particular when $x=a+b\mathrm{i}$, so that

$$0=r(a+b\mathrm{i})+s=ra+s+rb\mathrm{i}$$

Since all of the letters, other than i, denote real numbers, we have $ra+s=0$, $rb=0$. But $b\neq0$, hence $r=0$, and then $s=0$. Hence $f(x)$ is exactly divisible by the function (11), so that $f(x)=0$ has the root $a-b\mathrm{i}$.

The theorem may be applied to the real quotient $Q(x)$. We obtain:

COROLLARY. *If a real algebraic equation has an imaginary root of multiplicity m, the conjugate imaginary of this root is a root of multiplicity m.*

Counting a root of multiplicity m as m roots, we see that a real equation cannot have an odd number of imaginary roots. Hence by §8, *a real equation of odd degree has at least one real root*.

Of the n linear factors of a real integral rational function of degree n (§8), those having imaginary coefficients may be paired as in (11). Hence *every integral rational function with real coefficients can be expressed as a product of real linear and real quadratic factors*.

EXERCISES

1. Solve $x^3-3x^2-6x-20=0$, one root being $-1+\sqrt{-3}$.

449

2. Solve $x^4 - 4x^3 + 5x^2 - 2x - 2 = 0$, one root being $1 - i$.

3. Find a cubic equation with real coefficients, two of whose roots are 1 and $3 + 2i$.

4. If a real cubic equation $x^3 - 6x^2 + \ldots = 0$ has the root $1 + \sqrt{-5}$, what are the remaining roots? Find the complete equation.

5. If an equation with *rational coefficients* has a root $a + \sqrt{b}$, where a and b are rational, but $\sqrt{b}$ is irrational, prove that it has the root $a - \sqrt{b}$. (Use the method of § 10.)

6. Solve $x^4 - 4x^3 + 4x - 1 = 0$, one root being $2 + \sqrt{3}$.

7. Solve $x^3 - (4 + \sqrt{3})x^2 + (5 + 4\sqrt{3})x - 5\sqrt{3} = 0$, having the root $\sqrt{3}$.

8. Solve the equation in Ex. 7, given that it has the root $2 + i$.

9. Find a cubic equation with rational coefficients having the roots $\dfrac{1}{2}$, $\dfrac{1}{2} + \sqrt{2}$.

10. Given that $x^4 - 2x^3 - 5x^2 - 6x + 2 = 0$ has the root $2 - \sqrt{3}$, find another root and by means of the sum and the product of the four roots deduce, without division, the quadratic equation satisfied by the remaining two roots.

11. Granted that a certain cubic equation has the root 2 and no real root different from 2, does it have

450

two imaginary roots?

12. Granted that a certain quartic equation has the roots $2 \pm 3i$, and no imaginary roots different from them, does it have two real roots?

13. By means of the proof of Ex. 5, may we conclude as at the end of §10 that every integral rational function with rational coefficients can be expressed as a product of linear and quadratic factors with rational coefficients?

11. Upper Limit to the Real Roots. Any number which exceeds all real roots of a real equation is called an *upper limit to the real roots*. We shall prove two theorems which enable us to find readily upper limits to the real roots. For some equations, Theorem I gives a better (smaller) upper limit than Theorem II; for other equations, the reverse is true. Evidently any positive number is an upper limit to the real roots of an equation having no negative coefficients.

THEOREM I. *If, in a real equation*
$$f(x) \equiv a_0 x^n + a_1 x^{n-1} + \ldots + a_n = 0 \quad (a_0 > 0)$$
the first negative coefficient is preceded by k coefficients which are positive or zero, and if G denotes the greatest of the numerical values of the negative coefficients, then each real root is less than $1 + \sqrt[k]{G/a_0}$.

For example, in $x^5 + 4x^4 - 7x^2 - 40x + 1 = 0$,

$G=40$ and $k=3$ since we must supply the coefficient zero to the missing power x^3. Thus the theorem asserts that each root is less than $1+\sqrt[3]{40}$ and therefore less than 4. 42. Hence 4. 42 is an upper limit to the roots.

Proof. For positive values of x, $f(x)$ will be reduced in value or remain unchanged if we omit the terms $a_1 x^{n-1},\ldots, a_{k-1} x^{n-k+1}$ (which are positive or zero), and if we change each later coefficient $a_k,\ldots, a_n$ to $-G$. Hence

$$f(x) \geqslant a_0 x^n - G(x^{n-k} + x^{n-k-1} + \ldots + x + 1)$$

But, by Ex. 7 of §3

$$x^{n-k} + \ldots + x + 1 \equiv \frac{x^{n-k+1} - 1}{x-1}$$

if $x \neq 1$. Furthermore

$$a_0 x^n - G\left(\frac{x^{n-k+1}-1}{x-1}\right) \equiv$$

$$\frac{x^{n-k+1}\{a_0 x^{k-1}(x-1) - G\} + G}{x-1}$$

Hence, if $x > 1$

$$f(x) > \frac{x^{n-k+1}\{a_0 x^{k-1}(x-1) - G\}}{x-1}$$

$$f(x) > \frac{x^{n-k+1}\{a_0 (x-1)^k - G\}}{x-1}$$

Thus, for $x > 1$, $f(x) > 0$ and x is not a root if $a_0(x-1)^k - G \geqslant 0$, which is true if $x \geqslant 1 + \sqrt[k]{G/a_0}$.

12. Another Upper Limit to the Roots.

THEOREM II. *If, in a real algebraic equation in which the coefficient of the highest power of the*

unknown is positive, the numerical value of each negative coefficient is divided by the sum of all the positive coefficients which precede it, the greatest quotient so obtained increased by unity is an upper limit to the roots.

For the example in § 11, the quotients are $7/(1+4)$ and $40/5$, so that Theorem II asserts that $1+8$ or 9 is an upper limit to the roots. Theorem I gave the better upper limit 4.42. But for $x^3+8x^2-9x+c^2=0$, Theorem I gives the upper limit 4, while Theorem II gives the better upper limit 2.

We first give the proof for the case of the equation

$$f(x)\equiv p_4 x^4 - p_3 x^3 + p_2 x^2 - p_1 x + p_0 = 0$$

in which each p_i is positive. In view of the identities

$$x^4 \equiv (x-1)(x^3+x^2+x+1)+1$$
$$x^2 \equiv (x-1)(x+1)+1$$

$f(x)$ is equal to the sum of the terms

$$p_4(x-1)x^3 + p_4(x-1)x^2 +$$
$$p_4(x-1)x + p_4(x-1) + p_4 - p_3 x^3 +$$
$$p_2(x-1)x + p_2(x-1) + p_2 - p_1 x + p_0$$

If $x>1$, negative terms occur only in the first and third columns, while the sum of the terms in each of these two columns will be $\geqslant 0$ if

$$p_4(x-1) - p_3 \geqslant 0, \ (p_4+p_2)(x-1) - p_1 \geqslant 0$$

Hence $f(x)>0$ and x is not a root if

$$x \geqslant 1 + \frac{p_3}{p_4}, \ x \geqslant 1 + \frac{p_1}{p_4+p_2}$$

453

This proves the theorem for the present equation.

Next, let $f(x)$ be modified by changing its constant term to $-p_0$. We modify the above proof by employing the sum $(p_4 + p_2)x - p_0$ of all the terms in the corresponding last two columns. This sum will be >0 if $x > p_0/(p_4 + p_2)$, which is true if

$$x \geqslant 1 + \frac{p_0}{p_4 + p_2}$$

To extend this method of proof to the general case

$$f(x) \equiv a_n x^n + \ldots + a_0 \quad (a_n > 0)$$

we have only to employ suitable general notations. Let the negative coefficients be $a_{k_1}, \ldots, a_{k_t}$, where $k_1 > k_2 > \ldots > k_t$. For each positive integer m which is $\leqslant n$ and distinct from $k_1, \ldots, k_t$, we replace x^m by the equal value

$$d(x^{m-1} + x^{m-2} + \ldots + x + 1) + 1$$

where $d \equiv x - 1$. Let $F(x)$ denote the polynomial in x, with coefficients involving d, which is obtained from $f(x)$ by these replacements. Let $x > 1$, so that d is positive. Thus the terms $a_{k_i} x^{k_i}$ are the only negative quantities occurring in $F(x)$. If $k_i > 0$, the terms of $F(x)$ which involve explicitly the power x^{k_i} are $a_{k_i} x^{k_i}$ and the $a_m d x^{k_i}$ for the various positive coefficients a_m which precede a_{k_i}. The sum of these terms will be $\geqslant 0$ if $a_{k_i} + d \sum a_m \geqslant 0$, i. e. , if

$$x \geqslant 1 + \frac{-a_{k_i}}{\sum a_m}$$

There is an additional case if $k_t = 0$, i. e. , if a_0 is negative. Then the terms of $F(x)$ not involving x explicitly are a_0 and the $a_m(d+1)$ for the various positive coefficients a_m. Their sum, $a_0 + x \sum a_m$, will be > 0 if

$$x > \frac{-a_0}{\sum a_m}$$

which is true if

$$x \geqslant 1 + \frac{-a_0}{\sum a_m}$$

EXERCISES

Apply the methods of both $\S\,11$ and $\S\,12$ to find an upper limit to the roots of:

1. $4x^5 - 8x^4 + 22x^3 + 98x^2 - 73x + 5 = 0$.

2. $x^4 - 5x^3 + 7x^2 - 8x + 1 = 0$.

3. $x^7 + 3x^6 - 4x^5 + 5x^4 - 6x^3 - 7x^2 - 8 = 0$.

4. $x^7 + 2x^5 + 4x^4 - 8x^2 - 32 = 0$.

5. A lower limit to the negative roots of $f(x) = 0$ may be found by applying our theorems to $f(-x) = 0$, i. e. , to the equation derived from $f(x) = 0$ by replacing x by $-x$. Find a lower limit to the negative roots in Exs. 2, 3, 4.

6. Prove that every real root of a real equation $f(x) = 0$ is less than $1 + g/a_0$ if $a_0 > 0$, where g denotes the greatest of the numerical values of $a_1, \ldots, a_n$. Hint: if $x > 0$

$$a_0 x^n + a_1 x^{n-1} + \ldots \geqslant a_0 x^n - g(x^{n-1} + \ldots + x + 1)$$

Proceed as in § 11 with $k=1$.

7. Prove that $1 + g \div |a_0|$ is an upper limit for the moduli of all complex roots of any equation $f(x) = 0$ with complex coefficients, where g is the greatest of the values $|a_1|, \ldots, |a_n|$, and $|a|$ denotes the modulus of a.

13. Integral Roots. *For an equation, all of whose coefficients are integers, any integral root is an exact divisor of the constant term.*

For, if x is an integer such that

$$a_0 x^n + \ldots + a_{n-1} x + a_n = 0 \qquad (12)$$

where the a's are all integers, then, by transposing terms, we obtain

$$x(-a_0 x^{n-1} - \ldots - a_{n-1}) = a_n$$

Thus x is an exact divisor of a_n since the quotient is the integer given by the quantity in parenthesis.

EXAMPLE 1. Find all the integral roots of

$$x^3 + x^2 - 3x + 9 = 0$$

Solution. The exact divisors of the constant term 9 are ± 1, ± 3, ± 9. By trial, no one of ± 1, 3 is a root. Next, we find that -3 is a root by synthetic division (§ 4)

$$
\begin{array}{rrrr|r}
1 & 1 & -3 & 9 & \underline{-3} \\
  & -3 & 6 & -9 & \\
\hline
1 & -2 & 3 & 0 &
\end{array}
$$

Hence the quotient is $x^2 - 2x + 3$, which is zero

for $x = 1 \pm \sqrt{-2}$. Thus -3 is the only integral root.

When the constant term has numerous exact divisors, some device may simplify the application of the theorem.

EXAMPLE 2[①]. Find all the integral roots of

$$y^3 + 12y^2 - 32y - 256 = 0$$

Solution. Since all the terms except y^3 are divisible by 2, an integral root y must be divisible by 2. Since all the terms except y^3 are now divisible by 2^4, we have $y = 4z$, where z is an integer. Removing the factor 2^6 from the equation in z, we obtain

$$z^3 + 3z^2 - 2z - 4 = 0$$

An integral root must divide the constant term 4. Hence, if there are any integral roots, they occur among the numbers $\pm 1, \pm 2, \pm 4$. By trial, -1 is found to be a root

$$
\begin{array}{rrrr|r}
1 & 3 & -2 & -4 & \underline{-1} \\
  & -1 & -2 & 4 & \\
\hline
1 & 2 & -4 & 0 &
\end{array}
$$

Hence the quotient is $z^2 + 2z - 4$, which is zero for $z = -1 \pm \sqrt{5}$. Thus $y = 4z = -4$ is the only integral root of the proposed equation.

---

① This problem is needed for the solution (§37) of a certain quartic equation.

EXERCISES

Find all the integral roots of:

1. $x^3 + 8x^2 + 13x + 6 = 0$.

2. $x^3 - 5x^2 - 2x + 24 = 0$.

3. $x^3 - 10x^2 + 27x - 18 = 0$.

4. $x^4 + 4x^3 + 8x + 32 = 0$.

5. The equation in Ex. 4 of § 12.

14. Newton's Method for Integral Roots. In § 13 we proved that an integral root x of equation (12) having integral coefficients must be an exact divisor of a_n. Similarly, if we transpose all but the last two terms of (12), we see that $a_{n-1} x + a_n$ must be divisible by x^2, and hence $a_{n-1} + a_n/x$ divisible by x. By transposing all but the last three terms of (12), we see that their sum must be divisible by x^3, and hence $a_{n-2} + (a_{n-1} + a_n/x)/x$ divisible by x. We thus obtain a series of conditions of divisibility which an integral root must satisfy. The final sum $a_0 + a_1/x + \ldots$ must not merely be divisible by x, but be actually zero, since it is the quotient of the function (12) by x^n.

In practice, we must test in turn the various divisors x of a_n. If a chosen x is not a root, that fact will be disclosed by one of the conditions mentioned. Newton's method is quicker than synthetic division since it usually detects early and throws out wrong

guesses as to a root, whereas in synthetic division the decision comes only at the final step.

For example, the divisor -3 of the constant term of

$$f(x) \equiv x^4 - 9x^3 + 24x^2 - 23x + 15 = 0 \qquad (13)$$

is not a root since $-23 + 15/(-3) = -28$ is not divisible by -3. To show that none of the tests fails for 3, so that 3 is a root, we may arrange the work systematically as follows

$$
\begin{array}{rrrrr|l}
1 & -9 & 24 & -23 & 15 & 3 \\
-1 & 6 & -6 & 5 & & \text{(divisor)} \\
\hline
0 & -3 & 18 & -18 &
\end{array}
\qquad (14)
$$

First we divide the final coefficient 15 by 3, place the quotient 5 directly under the coefficient -23, and add. Next, we divide this sum -18 by 3, place the quotient -6 directly under the coefficient 24, and add. After two more such steps we obtain the sum zero, so that 3 is a root.

It is instructive to obtain the preceding process by suitably modifying synthetic division. First, we replace x by $1/y$ in (13), multiply each term by y^4, and obtain

$$15y^4 - 23y^3 + 24y^2 - 9y + 1 = 0$$

We may test this for the root $y = 1/3$, which corresponds to the root $x = 3$ of (13), by ordinary synthetic division

$$
\begin{array}{rrrrr|l}
15 & -23 & 24 & -9 & 1 & \dfrac{1}{3} \\
 & 5 & -6 & 6 & -1 & \text{(multiplier)} \\
\hline
15 & -18 & 18 & -3 & 0 &
\end{array}
$$

459

The coefficients in the last two lines (after omitting 15) are the same as those of the last two lines in (14) read in reverse order. This should be the case since we have here multiplied the same numbers by 1/3 that we divided by 3 in (14). The numbers in the present third line are the coefficients of the quotient (§ 4). Since we equate the quotient to zero for the applications, we may replace these coefficients by the numbers in the second line which are the products of the former numbers by 1/3. The numbers in the second line of (14) are the negatives of the coefficients of the quotient of $f(x)$ by $x-3$.

EXAMPLE. Find all the integral roots of equation (13).

Solution. For a negative value of x, each term is positive. Hence all the real roots are positive. By § 12, 10 is an upper limit to the roots. By § 13, any integral root is an exact divisor of the constant term 15. Hence the integral roots, if any, occur among the numbers 1, 3, 5. Since $f(1)=8$, 1 is not a root. By (14), 3 is a root. Proceeding similarly with the quotient by $x - 3$, whose coefficients are the negatives of the numbers in the second line of (14), we find that 5 is a root.

EXERCISES

1. Solve Exs. $1 \sim 4$ of § 13 by Newton's

method.

2. Prove that, in extending the process (14) to the general equation (12), we may employ the final equations in §4 with $r=0$ and write

$$
\begin{array}{cccccccc|c}
a_0 & a_1 & a_2 & \cdots & a_{n-2} & a_{n-1} & a_n & & c \\
-b_0 & -b_1 & -b_2 & \cdots & -b_{n-2} & -b_{n-1} & & & \text{(divisor)} \\
\hline
0 & -cb_0 & -cb_1 & \cdots & -cb_{n-3} & -cb_{n-2} & & &
\end{array}
$$

Here the quotient, $-b_{n-1}$, of a_n by c is placed directly under a_{n-1}, and added to it to yield the sum $-cb_{n-2}$, etc.

15. Another Method for Integral Roots.

An integral divisor d of the constant term is not a root if $d-m$ is not a divisor of $f(m)$, where m is any chosen integer. For, if d is a root of $f(x)=0$, then

$$f(x)\equiv(x-d)Q(x)$$

where $Q(x)$ is a polynomial having integral coefficients (§4). Hence $f(m)=(m-d)q$, where q is the integer $Q(m)$.

In the example of §14, take $d=15$, $m=1$. Since $f(1)=8$ is not divisible by $15-1=14$, 15 is not an integral root.

Consider the more difficult example

$$f(x)\equiv x^3-20x^2+164x-400=0$$

whose constant term has many divisors. There is evidently no negative root, while 21 is an upper limit to the roots. The positive divisors less than 21 of $400=2^4 5^2$ are $d=1$, 2, 4, 8, 16, 5, 10, 20. First, take $m=1$ and note that $f(1)=-255=-3\times5\times17$. The corresponding values of $d-1$ are 0, 1, 3, 7, 15, 4, 9, 19; of these, 7, 4, 9, 19 are not divisors of $f(1)$, so that $d=8$, 5, 10 and 20 are not roots. Next, take $m=2$ and note that $f(2)=-144$ is not divisible by $16-2=14$. Hence 16 is not a root. Incidentally, $d=1$ and $d=2$ were excluded since $f(d)\neq0$. There remains only $d=4$, which is a root.

In case there are numerous divisors within the limits to the roots, it is usually a waste of time to list all these divisors. For, if a divisor is found to be a root, it is preferable to employ henceforth the quotient, as was done in the example in § 14.

EXERCISES

Find all the integral roots of:

1. $x^4-2x^3-21x^2+22x+40=0$.
2. $y^3-9y^2-24y+216=0$.
3. $x^4-23x^3+187x^2-653x+936=0$.
4. $x^5+47x^4+423x^3+140x^2+1213x-420=0$.
5. $x^5-34x^3+29x^2+212x-300=0$.

16. Rational Roots. *If an equation with integral coefficients*

$$c_0x^n+c_1x^{n-1}+\ldots+c_{n-1}x+c_n=0 \qquad (15)$$

has the rational root a/b, where a and b are integers without a common divisor >1, then a is an exact

divisor of c_n, and b is an exact divisor of c_0.

Insert the value a/b of x and multiply all terms of the equation by b^n. We obtain

$$c_0 a^n + c_1 a^{n-1} b + \ldots + c_{n-1} ab^{n-1} + c_n b^n = 0$$

Since a divides all the terms preceding the last term, it divides that term. But a has no divisor in common with b^n; hence a divides c_n. Similarly, b divides all the terms after the first term and hence divides c_0.

EXAMPLE. Find all the rational roots of

$$2x^3 - 7x^2 + 10x - 6 = 0$$

Solution. By the theorem, the denominator of any rational root x is a divisor of 2. Hence $y = 2x$ is an integer. Multiplying the terms of our equation by 4, we obtain

$$y^3 - 7y^2 + 20y - 24 = 0$$

There is evidently no negative root. By either of the tests in §11, §12, an upper limit to the positive roots of our equation in x is $1 + 7/2$, so that $y < 9$. Hence the only possible values of an integral root y are 1, 2, 3, 4, 6, 8. Since 1 and 2 are not roots, we try 3

$$
\begin{array}{rrr|l}
1 & -7 & 20 & -24 \quad \underline{\;3\;} \\
-1 & 4 & -8 & \\
\hline
0 & -3 & 12 &
\end{array}
$$

Hence 3 is a root and the remaining roots satisfy the equation $y^2 - 4y + 8 = 0$ and are $2 \pm 2i$. Thus the only rational root of the proposed equation is $x = 3/2$.

If $c_0 = 1$, then $b = \pm 1$ and a/b is an integer. Hence we have:

COROLLARY. *Any rational root of an equation with integral coefficients, that of the highest power of the unknown being unity, is an integer.*

Given any equation with integral coefficients

$$a_0 y^n + a_1 y^{n-1} + \ldots + a_n = 0$$

we multiply each term by a_0^{n-1}, write $a_0 y = x$, and obtain an equation (15) with integral coefficients, in which the coefficient c_0 of x^n is now unity. By the Corollary, each rational root x is an integer. Hence we need only find all the integral roots x and divide them by a_0 to obtain all the rational roots y of the proposed equation.

Frequently it is sufficient (and of course simpler) to set $ky = x$, where k is a suitably chosen integer less than a_0.

EXERCISES

Find all of the rational roots of:

1. $y^4 - \dfrac{40}{3} y^3 + \dfrac{130}{3} y^2 - 40 y + 9 = 0$.

2. $6 y^3 - 11 y^2 + 6 y - 1 = 0$.

3. $108 y^3 - 270 y^2 - 42 y + 1 = 0$. (Use $k = 6$.)

4. $32 y^3 - 6 y - 1 = 0$. (Use the least k.)

5. $96 y^3 - 16 y^2 - 6 y + 1 = 0$.

6. $24 y^3 - 2 y^2 - 5 y + 1 = 0$.

7. $y^3 - \dfrac{1}{2} y^2 - 2 y + 1 = 0$.

464

8. $y^3 - \dfrac{2}{3}y^2 + 3y - 2 = 0.$

9. Solve Exs. $2\sim6$ by replacing y by $1/x$.

Find the equations whose roots are the products of 6 by the roots of:

10. $y^2 - 2y - \dfrac{1}{3} = 0.$

11. $y^3 - \dfrac{1}{2}y^2 - \dfrac{1}{3}y + \dfrac{1}{4} = 0.$

CONSTRUCTIONS WITH RULER AND COMPASSES

第

35

章

17. Impossible Constructions. We shall prove that it is not possible, by the methods of Euclidean geometry, to trisect all angles, or to construct a regular polygon of 7 or 9 sides. The proof, which is beyond the scope of elementary geometry, is based on principles of the theory of equations. Moreover, the discussion will show that a regular polygon of 17 sides can be constructed with ruler and compasses, a fact not suspected during the twenty centuries from Euclid to Gauss.

466

18. Graphical Solution of a Quadratic Equation.

If a and b are constructible, and

$$x^2 - ax + b = 0 \qquad\qquad (1)$$

has real coefficients and real roots, the roots can be constructed with ruler and compasses as follows. Draw a circle having as a diameter the line BQ joining the points $B = (0, 1)$ and $Q = (a, b)$ in Fig. 1. Then *the abscissas ON and OM of the points of intersection of this circle with the x-axis are the roots of* (1).

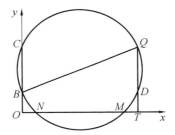

Fig. 1

For, the center of the circle is $(a/2, (b+1)/2)$; the square of BQ is $a^2 + (b-1)^2$; hence the equation of the circle is

$$\left(x - \frac{a}{2}\right)^2 + \left(y - \frac{b+1}{2}\right)^2 = \frac{a^2 + (b-1)^2}{4}$$

This is found to reduce to (1) when $y = 0$, which proves the theorem.

When the circle is tangent to the x-axis, so that M and N coincide, the two roots are equal. When the circle does not cut the x-axis, or when Q coincides

467

with B, the roots are imaginary.

Another construction follows from § 19.

EXERCISES

Solve graphically:

1. $x^2 - 5x + 4 = 0$.

2. $x^2 + 5x + 4 = 0$.

3. $x^2 + 5x - 4 = 0$.

4. $x^2 - 5x - 4 = 0$.

5. $x^2 - 4x + 4 = 0$.

6. $x^2 - 3x + 4 = 0$.

19. Analytic Criterion for Constructibility. The first step in our consideration of a problem proposed for construction consists in formulating the problem analytically. In some instances elementary algebra suffices for this formulation. For example, in the ancient problem of the duplication of a cube, we take as a unit of length a side of the given cube, and seek the length x of a side of another cube whose volume is double that of the given cube; hence

$$x^3 = 2 \qquad (2)$$

But usually it is convenient to employ analytic geometry as in § 18; a point is determined by its coordinates x and y with reference to fixed rectangular axes; a straight line is determined by an equation of the first degree, a circle by one of the

second degree, in the coordinates of the general point on it. Hence we are concerned with certain numbers, some being the coordinates of points, others being the coefficients of equations, and still others expressing lengths, areas or volumes. These numbers may be said to define analytically the various geometric elements involved.

CRITERION. *A proposed construction is possible by ruler and compasses if and only if the numbers which define analytically the desired geometric elements can be derived from those defining the given elements by a finite number of rational operations and extractions of real square roots.*

In § 18 we were given the numbers a and b, and constructed lines of lengths

$$\frac{1}{2}(a \pm \sqrt{a^2 - 4b})$$

Proof. First, we grant the condition stated in the criterion and prove that the construction is possible with ruler and compasses. For, a rational function of given quantities is obtained from them by additions, subtractions, multiplications, and divisions. The construction of the sum or difference of two segments is obvious. The construction, by means of parallel lines, of a segment whose length p is equal to the product $a \cdot b$ of the lengths of two given segments is shown in Fig. 2; that for the quotient $q =$

a/b in Fig. 3. Finally, a segment of length $s = \sqrt{n}$ maybe constructed, as in Fig. 4, by drawing a semicircle on a diameter composed of two segments of lengths 1 and n, and then drawing a perpendicular to the diameter at the point which separates the two segments. Or we may construct a root of $x^2 - n = 0$ by § 18.

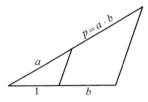

Fig. 2

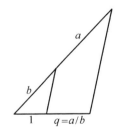

Fig. 3

Second, suppose that the proposed construction is possible with ruler and compasses. The straight lines and circles drawn in making the construction are located by means of points either initially given or obtained as the intersections of two straight lines, a straight line and a circle, or two circles. Since the

470

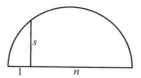

Fig. 4

axes of coordinates are at our choice, we may assume that the y-axis is not parallel to any of the straight lines employed in the construction. Then the equation of any one of our lines is

$$y = mx + b \tag{3}$$

Let $y = m'x + b'$ be the equation of another of our lines which intersects (3). The coordinates of their point of intersection are

$$x = \frac{b' - b}{m - m'}, \quad y = \frac{mb' - m'b}{m - m'}$$

which are rational functions of the coefficients of the equations of the two lines.

Suppose that a line (3) intersects the circle

$$(x - c)^2 + (y - d)^2 = r^2$$

with the center (c, d) and radius r. To find the coordinates of the points of intersection, we eliminate y between the equations and obtain a quadratic equation for x. Thus x (and hence also $mx + b$ or y) involves no irrationality other than a real square root, besides real irrationalities present in m, b, c, d, r.

Finally, the intersections of two circles are given

471

by the intersections of one of them with their common chord, so that this case reduces to the preceding.

For example, a side of a regular pentagon inscribed in a circle of radius unity is (Ex. 2 of § 26)

$$s = \frac{1}{2}\sqrt{10 - 2\sqrt{5}} \tag{4}$$

which is a number of the type mentioned in the criterion. Hence a regular pentagon can be constructed by ruler and compasses (see the example above quoted).

20. Cubic Equations with a Constructible Root. We saw that the problem of the duplication of a cube led to a cubic equation (2). We shall later show that each of the problems, to trisect an angle, and to construct regular polygons of 7 and 9 sides with ruler and compasses, leads to a cubic equation. We shall be in a position to treat all of these problems as soon as we have proved the following general result.

THEOREM. *It is not possible to construct with ruler and compasses a line whose length is a root or the negative of a root of a cubic equation with rational coefficients having no rational root.*

Suppose that x_1 is a root of

$$x^3 + \alpha x^2 + \beta x + \gamma = 0 \quad (\alpha, \beta, \gamma \text{ rational}) \tag{5}$$

such that a line of length x_1 or $-x_1$ can be constructed with ruler and compasses; we shall prove that one of the roots of (5) is rational. We have only

472

to discuss the case in which x_1 is irrational.

By the criterion in § 19, since the given numbers in this problem are α, β, γ, all rational, x_1 can be obtained by a finite number of rational operations and extractions of real square roots, performed upon rational numbers or numbers derived from them by such operations. Thus x_1 involves one or more real square roots, but no further irrationalities.

As in the case of （4）, there may be superimposed radicals. Such a two-story radical which is not expressible as a rational function, with rational coefficients, of a finite number of square roots of positive rational numbers is said to be a radical of *order* 2. In general, an n-story radical is said to be of order n if it is not expressible as a rational function, with rational coefficients, of radicals each with fewer than n superimposed radicals, the innermost ones affecting positive rational numbers.

We agree to simplify x_1 by making all possible replacements of certain types that are sufficiently illustrated by the following numerical examples.

If x_1 involves $\sqrt{3}$, $\sqrt{5}$, and $\sqrt{15}$, we agree to replace $\sqrt{15}$ by $\sqrt{3} \cdot \sqrt{5}$. If $x_1 = s - 7t$, where s is given by （4）and

$$t = \frac{1}{2}\sqrt{10 + 2\sqrt{5}}$$

so that $st=\sqrt{5}$, we agree to write x_1 in the form $s-7\sqrt{5}/s$, which involves a single radical of order 2 and no new radical of lower order. Finally, we agree to replace $\sqrt{4-2\sqrt{3}}$ by its simpler form $\sqrt{3}-1$.

After all possible simplifications of these types have been made, the resulting expressions have the following properties (to be cited as our agreements): no one of the radicals of highest order n in x_1 , is equal to a rational function, with rational coefficients, of the remaining radicals of order n and the radicals of lower orders, while no one of the radicals of order $n-1$ is equal to a rational function of the remaining radicals of order $n-1$ and the radicals of lower orders, etc.

Let $\sqrt{k}$ be a radical of highest order n in x_1. Then

$$x_1=\frac{a+b\sqrt{k}}{c+d\sqrt{k}}$$

where a , b , c , d do not involve $\sqrt{k}$, but may involve other radicals. If $d=0$, then $c\neq 0$ and we write e for a/c , f for b/c , and get

$$x_1=e+f\sqrt{k} \quad (f\neq 0) \tag{6}$$

where neither e nor f involves $\sqrt{k}$. If $d\neq 0$, we derive (6) by multiplying the numerator and denominator of the fraction for x_1 by $c-d\sqrt{k}$, which is not zero since $\sqrt{k}=c/d$ would contradict our above

agreements.

By hypothesis，（6）is a root of equation（5）. After expanding the powers and replacing the square of $\sqrt{k}$ by k，we see that

$$(e+f\sqrt{k})^3+\alpha(e+f\sqrt{k})^2+\beta(e+f\sqrt{k})+\gamma=$$
$$A+B\sqrt{k} \tag{7}$$

where A and B are certain polynomials in e，f，k and the rational numbers α,β,γ. Thus $A+B\sqrt{k}=0$. If $B\neq0$，$\sqrt{k}=-A/B$ is a rational function，with rational coefficients，of the radicals，other than $\sqrt{k}$，in x_1，contrary to our agreements. Hence $B=0$ and therefore $A=0$.

When $e-f\sqrt{k}$ is substituted for x in the cubic function（5），the result is the left member of（7）with $\sqrt{k}$ replaced by $-\sqrt{k}$，and hence the result is $A-B\sqrt{k}$. But $A=B=0$. This shows that

$$x_2=e-f\sqrt{k} \tag{8}$$

is a new root of our cubic equation. Since the sum of the three roots is equal to $-\alpha$，the third root is

$$x_3=-\alpha-x_1-x_2=-\alpha-2e \tag{9}$$

Now α is rational. If also e is rational，x_3 is a rational root and we have reached our goal. We next make the assumption that e is irrational and show that it leads to a contradiction. Since e is a component part of the constructible root（6），its only irrationalities are square roots. Let $\sqrt{s}$ be one of the radicals of highest order in e. By the argument which led to (6), we may write $e = e' + f'\sqrt{s}$, whence, by (9)

$$x_3 = g + h\sqrt{s} \quad (h \neq 0) \tag{9'}$$

where neither g nor h involves $\sqrt{s}$. Then by the argument which led to (8), $g - h\sqrt{s}$ is a root, different from x_3, of our cubic equation, and hence is equal to x_1 or x_2 since there are only three roots. Thus

$$g - h\sqrt{s} = e \pm f\sqrt{k}$$

By definition, $\sqrt{s}$ is one of the radicals occurring in e. Also, by (9'), every radical occurring in g or h occurs in x_3 and hence in $e = (-a - x_3)/2$, by (9), a being rational. Hence $\sqrt{k}$ is expressible rationally in terms of the remaining radicals occurring in e and f, and hence in x_1, whose value is given by (6). But this contradicts one of our agreements.

21. Trisection of an Angle. For a given angle A, we can construct with ruler and compasses a line of length $\cos A$ or $-\cos A$, namely the adjacent leg of a right triangle, with hypotenuse unity, formed by dropping a perpendicular from a point in one side of A to the other, produced if necessary. If it were possible to trisect, angle A, i. e. , construct the angle $A/3$ with ruler and compasses, we could as before construct a line whose length is $\pm\cos(A/3)$. Hence if we show that this last cannot be done when the

476

only given geometric elements are the angle A and a line of unit length，we shall have proved that the angle A cannot be trisected. We shall give the proof for $A = 120°$.

We employ the trigonometric identity

$$\cos A = 4\cos^3 \frac{A}{3} - 3\cos \frac{A}{3}$$

Multiply each term by 2 and write x for $2\cos(A/3)$. Thus

$$x^3 - 3x = 2\cos A \tag{10}$$

For $A = 120°$，$\cos A = -\dfrac{1}{2}$ and (10) becomes

$$x^3 - 3x + 1 = 0 \tag{11}$$

Any rational root is an integer which is an exact divisor of the constant term. By trial，neither $+1$ nor -1 is a root. Hence (11) has no rational root. Hence ($\S 20$) *it is not possible to trisect all angles with ruler and compasses*.

Certain angles，like $90°$，$180°$，can be trisected. When $A = 180°$，the equation (10) becomes $x^3 - 3x = -2$ and has the rational root $x = 1$. It is the rationality of a root which accounts for the possibility of trisecting this special angle $180°$.

22. Regular Polygon of 9 Sides，Duplication of a Cube. Since angle $120°$ cannot be trisected with ruler and compasses（$\S 21$），angle $40°$ cannot be so constructed in terms of angle $120°$ and the line of unit length as the given geometric elements. Since the former of these elements and its cosine are constructible when the latter is given, we may take the line of unit length as the only given element. In a regular polygon of 9 sides, the angle subtended at the center by one side is $\frac{1}{9} \cdot 360° = 40°$. Hence *a regular polygon of 9 sides cannot be constructed with ruler and compasses*. Here, as in similar subsequent statements where the given elements are not specified, the only such element is the line of unit length.

A rational root of $x^3 = 2$ is an integer which is an exact divisor of 2. The cubes of ± 1 and ± 2 are distinct from 2. Hence there is no rational root. Hence ($\S$ 19, $\S$ 20) *it is not possible to duplicate a cube with ruler and compasses*.

23. Regular Polygon of 7 Sides. If we could construct with ruler and compasses an angle B containing 360/7 degrees, we could so construct a line of length $x = 2 \cos B$. Since $7B = 360°$, $\cos 3B = \cos 4B$. But

$$2\cos 3B = 2(4\cos^3 B - 3\cos B) = x^3 - 3x$$
$$2\cos 4B = 2(2\cos^2 2B - 1) =$$
$$4(2\cos^2 B - 1)^2 - 2 = (x^2 - 2)^2 - 2$$

Hence

$$0 = x^4 - 4x^2 + 2 - (x^3 - 3x) =$$
$$(x - 2)(x^3 + x^2 - 2x - 1)$$

But $x = 2$ would give $\cos B = 1$, whereas B is acute. Hence

478

$$x^3 + x^2 - 2x - 1 = 0 \qquad (12)$$

Since this has no rational root, *it is impossible to construct a regular polygon of 7 sides with ruler and compasses.*

24. Regular Polygon of 7 Sides and Roots of Unity. If

$$R = \cos\frac{2\pi}{7} + i\sin\frac{2\pi}{7}$$

we saw that R, R^2, R^3, R^4, R^5, R^6, $R^7 = 1$ give all the roots of $y^7 = 1$ and are complex numbers represented by the vertices of a regular polygon of 7 sides inscribed in a circle of radius unity and center at the origin of coordinates

$$\frac{1}{R} = \cos\frac{2\pi}{7} - i\sin\frac{2\pi}{7}, \ R + \frac{1}{R} = 2\cos\frac{2\pi}{7}$$

We saw in § 23 that $2\cos(2\pi/7)$ is one of the roots of the cubic equation (12). This equation can be derived in a new manner by utilizing the preceding remarks on 7th roots of unity. Our purpose is not primarily to derive (12) again, but to illustrate some principles necessary in the general theory of the construction of regular polygons.

Removing from $y^7 - 1$ the factor $y - 1$, we get

$$y^6 + y^5 + y^4 + y^3 + y^2 + y + 1 = 0 \qquad (13)$$

whose roots are R, R^2, ..., R^6. Since we know that $R + 1/R$ is one of the roots of the cubic equation (12), it is a natural step to make the substitution

$$y + \frac{1}{y} = x \qquad (14)$$

in (13). After dividing its terms by y^3, we have

$$\left(y^3+\frac{1}{y^3}\right)+\left(y^2+\frac{1}{y^2}\right)+$$
$$\left(y+\frac{1}{y}\right)+1=0 \tag{13'}$$

By squaring and cubing the members of (14), we see that

$$y^2+\frac{1}{y^2}=x^2-2, \quad y^3+\frac{1}{y^3}=x^3-3x \tag{15}$$

Substituting these values in (13'), we obtain

$$x^3+x^2-2x-1=0$$

That is, the substitution (14) converts equation (13) into (12).

If in (14) we assign to y the six values $R, \dots, R^6$, we obtain only three distinct values of x

$$\begin{cases} x_1=R+\dfrac{1}{R}=R+R^6 \\[2mm] x_2=R^2+\dfrac{1}{R^2}=R^2+R^5 \\[2mm] x_3=R^3+\dfrac{1}{R^3}=R^3+R^4 \end{cases} \tag{16}$$

In order to illustrate a general method of the theory of regular polygons, we start with the preceding sums of the six roots in pairs and find the cubic equation having these sums as its roots. For this purpose we need to calculate

$$x_1+x_2+x_3, \quad x_1x_2+x_1x_3+x_2x_3, \quad x_1x_2x_3$$

First, by (16)

$$x_1+x_2+x_3=R+R^2+\dots+R^6=-1$$

since $R, \dots, R^6$ are the roots of (13). Similarly

$$x_1 x_2 + x_1 x_3 + x_2 x_3 = 2(R + R^2 + \ldots + R^6) = -2$$
$$x_1 x_2 x_3 = 2 + R + R^2 + \ldots + R^6 = 1$$

Consequently, the cubic having x_1, x_2, x_3 as roots is (12).

25. Reciprocal Equations. Any algebraic equation such that the reciprocal of each root is itself a root or the same multiplicity is called a *reciprocal equation*.

The equation $y^7 - 1 = 0$ is a reciprocal equation, since if r is any root, $1/r$ is evidently also a root. Since (13) has the same roots as this equation, with the exception of unity which is its own reciprocal, (13) is also a reciprocal equation.

If r is any root $\neq 0$ of any equation

$$f(y) \equiv y^n + \ldots + c = 0$$

$1/r$ is a root of $f(1/y) = 0$ and hence of

$$y^n f\left(\frac{1}{y}\right) \equiv 1 + \ldots + c y^n = 0$$

If the former is a reciprocal equation, it has also the root $1/r$, so that every root of the former is a root of the latter equation. Hence, the left member of the latter is identical with $c f(y)$. Equating the constant terms, we have $c^2 = 1$, $c = \pm 1$. Hence

$$y^n f\left(\frac{1}{y}\right) \equiv \pm f(y) \tag{17}$$

Thus if $p_i y^{n-i}$ is a term of $f(y)$, also $\pm p_i y^i$ is a term. Hence

$$f(y) \equiv y^n \pm 1 + p_1(y^{n-1} \pm y) +$$
$$p_2(y^{n-2} \pm y^2) + \ldots \tag{18'}$$

481

If n is *odd*, $n = 2t + 1$, the final term is $p_t(y^{t+1}+y^t)$, and $y \pm 1$ is a factor of $f(y)$. In view of (17), the quotient

$$Q(y) \equiv \frac{f(y)}{y \pm 1}$$

has the property that

$$y^{n-1}Q\left(\frac{1}{y}\right) \equiv Q(y)$$

Comparing this with (17), which implied (18′), we see that $Q(y)=0$ is a reciprocal equation of the type

$$y^{2t}+1+c_1(y^{2t-1}+y)+c_2(y^{2t-2}+y^2)+\ldots+$$
$$c_{t-1}(y^{t+1}+y^{t-1})+c_t y^t=0 \tag{18}$$

If n is *even*, $n=2t$, and if the upper sign holds in (17), then (18′) is of the form (18). Next, let the lower sign hold in (17). Since a term $p_t y^t$ would imply a term $-p_t y^t$, we have $p_t=0$. The final term in (18′) is therefore $p_{t-1}(y^{t+1}-y^{t-1})$. Hence $f(y)$ has the factor y^2-1. The quotient $q(y) \equiv f(y)/(y^2-1)$ has the property that

$$y^{n-2}q\left(\frac{1}{y}\right) \equiv q(y)$$

Comparing this with (17) as before, we see that $q(y)=0$ is of the form (18) where now $2t=n-2$. Hence, at least after removing one or both of the factors $y \pm 1$, *any reciprocal equation may be given the form* (18).

The method by which (13) was reduced to a cubic equation may be used to reduce any equation (18) to an equation in x of half the degree. First, we

482

divide the terms of (18) by y^t and obtain

$$\left(y^t+\frac{1}{y^t}\right)+c_1\left(y^{t-1}+\frac{1}{y^{t-1}}\right)+\ldots+$$

$$c_{t-1}\left(y+\frac{1}{y}\right)+c_t=0$$

Next, we perform the substitution (14) by either of the following methods. We may make use of the relation

$$y^k+\frac{1}{y^k}=x\left(y^{k-1}+\frac{1}{y^{k-1}}\right)-\left(y^{k-2}+\frac{1}{y^{k-2}}\right)$$

to compute the values of y^k+1/y^k in terms of x, starting with the special cases (14) and (15). For example

$$y^4+\frac{1}{y^4}=x\left(y^3+\frac{1}{y^3}\right)-\left(y^2+\frac{1}{y^2}\right)=$$

$$x(x^3-3x)-(x^2-2)=x^4-4x^2+2$$

Or we may employ the explicit formula for the sum y^k+1/y^k of the kth powers of the roots y and $1/y$ of $y^2-xy+1=0$.

26. Regular Polygon of 9 Sides and Roots of Unity. If

$$R=\cos\frac{2\pi}{9}+\mathrm{isin}\frac{2\pi}{9}$$

the powers R, R^2, R^4, R^5, R^7, R^8, are the primitive ninth roots of unity. They are therefore the roots of

$$\frac{y^9-1}{y^3-1}=y^6+y^3+1=0 \tag{19}$$

Dividing the terms of this reciprocal equation by y^3 and applying the second relation (15), we obtain our former cubic equation (11).

EXERCISES

1. Show by (16) that the roots of (12) are $2\cos 2\pi/7$, $2\cos 4\pi/7$, $2\cos 6\pi/7$.

2. The imaginary fifth roots of unity satisfy $y^4 + y^3 + y^2 + y + 1 = 0$, which by the substitution (14) becomes $x^2 + x - 1 = 0$. It has the root

$$R + \frac{1}{R} = 2\cos \frac{2\pi}{5} = \frac{1}{2}(\sqrt{5} - 1)$$

In a circle of radius unity and center O draw two perpendicular diameters AOA', BOB'. With the middle point M of OA' as center and radius MB draw a circle cutting OA at C (Fig. 5). Show that OC and BC are the sides s_{10} and s_5 of the inscribed regular decagon and pentagon respectively. Hints

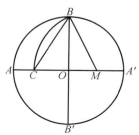

Fig. 5

$$MB = \frac{1}{2}\sqrt{5}$$

$$OC = \frac{1}{2}(\sqrt{5} - 1)$$

484

$$BC = \sqrt{1 + OC^2} = \frac{1}{2}\sqrt{10 - 2\sqrt{5}}$$

$$s_{10} = 2\sin 18° = 2\cos \frac{2\pi}{5} = OC$$

$$s_5^2 = (2\sin 36°)^2 = 2\left(1 - \cos \frac{2\pi}{5}\right) = \frac{1}{4}(10 - 2\sqrt{5})$$

$$s_5 = BC$$

3. If R is a root of (19) verify as at the end of § 24 that $R + R^8$, $R^2 + R^7$, and $R^4 + R^5$ are the roots of (11).

4. Hence show that the roots of (11) are $2\cos 2\pi/9$, $2\cos 4\pi/9$, $2\cos 8\pi/9$.

5. Reduce $y^{11} = 1$ to an equation of degree 5 in x.

6. Solve $y^5 - 7y^4 + y^3 - y^2 + 7y - 1 = 0$ by radicals. (One root is 1.)

7. After finding so easily the trigonometric forms of the complex roots of unity, why do we now go to so much additional trouble to find them algebraically?

8. Prove that every real root of $x^4 + ax^2 + b = 0$ can be constructed with ruler and compasses, given lines of lengths a and b.

9. Show that the real roots of $x^3 - px - q = 0$ are the abscissas of the intersections of the parabola $y = x^2$ and the circle through the origin with the center $(q/2, 1/2 + p/2)$.

Prove that it is impossible, with ruler and compasses:

10. To construct a straight line representing the distance from the circular base of a hemisphere to the parallel plane which bisects the hemisphere.

11. To construct lines representing the lengths of the edges of an existing rectangular parallelepiped having a diagonal of length 5, surface area 24, and volume 1, 2, 3, or 5.

12. To trisect an angle whose cosine is $1/2, 1/3$, $1/4, 1/8$ or p/q, where p and q ($q > 1$) are integers without a common factor, and q is not divisible by a cube.

Prove algebraically that it is possible, with ruler and compasses:

13. To trisect an angle whose cosine is $(4a^3 - 3ab^2)/b^3$, where the integer a is numerically less than the integer b; for example, $\cos^{-1} 11/16$ if $a = -1, b = 4$.

14. To construct the legs of a right triangle, given its area and hypotenuse.

15. To construct the third side of a triangle, given two sides and its area.

16. To locate the point P on the side $BC = 1$ of a given square $ABCD$ such that the straight line AP cuts DC produced at a point Q for which the length of PQ is a given number g. Show that $y = BP$ is a root of a reciprocal quartic equation, and solve it when $g = 10$.

27. The Periods of Roots of Unity. Before taking

up the regular polygon of 17 sides, we first explain another method of finding the pairs of imaginary seventh roots of unity R and R^6, R^2 and R^5, R^3 and R^4, employed in (16). To this end we seek a positive integer g such that the six roots can be arranged in the order

$$R, R^g, R^{g^2}, R^{g^3}, R^{g^4}, R^{g^5} \qquad (20)$$

where each term is the gth power, of its predecessor. Trying $g = 2$, we find that the fourth term would then be $R^8 = R$. Hence $g \neq 2$. Trying $g = 3$, we obtain

$$R, R^3, R^2, R^6, R^4, R^5 \qquad (21)$$

where each term is the cube of its predecessor.

To define three *periods*, each of two terms

$$R + R^6, R^2 + R^5, R^3 + R^4 \qquad (16')$$

we select the first term R of (21) and the third term R^6 after it and add them, then the second term R^3 and the third term R^4 after it, and finally R^2 and the third term R^5 after it.

We may also define two periods, each of three terms

$$z_1 = R + R^2 + R^4, \quad z_2 = R^3 + R^6 + R^5$$

by taking alternate terms in (21).

Since $z_1 + z_2 = -1$, $z_1 z_2 = 3 + R + \ldots + R^6 = 2$, z_1 and z_2 are the roots of $z^2 + z + 2 = 0$. Then R, R^2, R^4 are the roots of $w^3 - z_1 w^2 + z_2 w - 1 = 0$.

28. Regular Polygon of 17 Sides. Let R be a root $\neq 1$ of $x^{17} = 1$. Then

$$\frac{R^{17}-1}{R-1}=R^{16}+R^{15}+\ldots+R+1=0$$

As in § 27, we may take $g=3$ and arrange the roots $R,\ldots,R^{16}$ so that each is the cube of its predecessor

$$R,\ R^3,\ R^9,\ R^{10},\ R^{13},\ R^5,\ R^{15},\ R^{11},$$
$$R^{16},\ R^{14},\ R^8,\ R^7,\ R^4,\ R^{12},\ R^2,\ R^6$$

Taking alternate terms, we get the two periods, each of eight terms

$$y_1=R+R^9+R^{13}+R^{15}+R^{16}+R^8+R^4+R^2$$
$$y_2=R^3+R^{10}+R^5+R^{11}+R^{14}+R^7+R^{12}+R^6$$

Hence $y_1+y_2=-1$. We find that $y_1y_2=4(R+\ldots+R^{16})=-4$. Thus

$$y_1,\ y_2 \quad \text{satisfy} \quad y^2+y-4=0 \qquad (22)$$

Taking alternate terms in y_1, we obtain the two periods

$$z_1=R+R^{13}+R^{16}+R^4$$
$$z_2=R^9+R^{15}+R^8+R^2$$

Taking alternate terms in y_2, we get the two periods

$$w_1=R^3+R^5+R^{14}+R^{12}$$
$$w_2=R^{10}+R^{11}+R^7+R^6$$

Thus $z_1+z_2=y_1$, $w_1+w_2=y_2$. We find that $z_1z_2=w_1w_2=-1$. Hence

$$z_1,\ z_2 \quad \text{satisfy} \quad z^2-y_1z-1=0 \qquad (23)$$
$$w_1,\ w_2 \quad \text{satisfy} \quad w^2-y_2w-1=0 \qquad (24)$$

Taking alternate terms in z_1, we obtain the periods

$$v_1=R+R^{16},\ v_2=R^{13}+R^4$$

Now, $v_1+v_2=z_1$, $v_1v_2=w_1$. Hence

$$v_1,\ v_2 \quad \text{satisfy} \quad v^2 - z_1 v + w_1 = 0 \qquad (25)$$

$$R,\ R^{16} \quad \text{satisfy} \quad \rho^2 - v_1 \rho + 1 = 0 \qquad (26)$$

Hence we can find R by solving a series of quadratic equations. Which of the sixteen values of R we shall thus obtain depends upon which root of (22) is called y_1 and which y_2, and similarly in (23)~(26). We shall now show what choice is to be made in each such case in order that we shall finally get the value of the particular root

$$R = \cos \frac{2\pi}{17} + \mathrm{isin} \frac{2\pi}{17}$$

Then

$$\frac{1}{R} = \cos \frac{2\pi}{17} - \mathrm{isin} \frac{2\pi}{17}$$

$$v_1 = R + \frac{1}{R} = 2\cos \frac{2\pi}{17}$$

$$R^4 = \cos \frac{8\pi}{17} + \mathrm{isin} \frac{8\pi}{17}$$

$$v_2 = R^4 + \frac{1}{R^4} = 2\cos \frac{8\pi}{17}$$

Hence $v_1 > v_2 > 0$, and therefore $z_1 = v_1 + v_2 > 0$. Similarly

$$w_1 = R^3 + \frac{1}{R^3} + R^5 + \frac{1}{R^5} =$$

$$2\cos \frac{6\pi}{17} + 2\cos \frac{10\pi}{17} =$$

$$2\cos \frac{6\pi}{17} - 2\cos \frac{7\pi}{17} > 0$$

$$y_2 = 2\cos \frac{6\pi}{17} + 2\cos \frac{10\pi}{17} +$$

$$2\cos\frac{12\pi}{17}+2\cos\frac{14\pi}{17}<0$$

since only the first cosine in y_2 is positive and it is numerically less than the third. But $y_1 y_2 = -4$. Hence $y_1 > 0$. Thus $(22) \sim (24)$ give

$$y_1 = \frac{1}{2}(\sqrt{17}-1), \ \ y_2 = \frac{1}{2}(-\sqrt{17}-1)$$

$$z_1 = \frac{1}{2}y_1 + \sqrt{1+\frac{1}{4}y_1^2}, \ \ w_1 = \frac{1}{2}y_2 + \sqrt{1+\frac{1}{4}y_2^2}$$

We may readily construct segments of these lengths. Evidently $\sqrt{17}$ is the length of the hypotenuse of a right triangle whose legs are of lengths 1 and 4, while for the radical in z_1 we employ legs of lengths 1 and $y_1/2$. We thus obtain segments representing the coefficients of the quadratic equation (25). Its roots may be constructed as in § 18. The larger root is

$$v_1 = 2\cos\frac{2\pi}{17}$$

Hence we can construct angle $2\pi/17$ with ruler and compasses, and therefore a regular polygon of 17 sides.

29. Construction of a Regular Polygon of 17 Sides. In a circle of radius unity, construct two perpendicular diameters AB, CD, and draw tangents at A, D, which intersect at S (Fig. 6). Find the point E in AS for which $AE = AS/4$, by means of two bisections. Then

$$AE = \frac{1}{4}, \quad OE = \frac{1}{4}\sqrt{17}$$

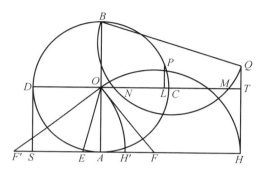

Fig. 6

Let the circle with center E and radius OE cut AS at F and F'. Then

$$AF = EF - EA = OE - \frac{1}{4} = \frac{1}{2}y_1$$

$$AF' = EF' + EA = OE + \frac{1}{4} = -\frac{1}{2}y_2$$

$$OF = \sqrt{OA^2 + AF^2} = \sqrt{1 + \frac{1}{4}y_1^2}$$

$$OF' = \sqrt{1 + \frac{1}{4}y_2^2}$$

Let the circle with center F and radius FO cut AS at H, outside of $F'F$; that with center F' and radius $F'O$ cut AS at H' between F' and F. Then

$$AH = AF + FH = AF + OF =$$

$$\frac{1}{2}y_1 + \sqrt{1 + \frac{1}{4}y_1^2} = z_1$$

$$AH' = F'H' - F'A = OF' - AF' = w_1$$

It remains to construct the roots of equation (25). This will be done as in § 18. Draw HTQ parallel to AO and intersecting OC produced at T. Make $TQ = AH'$. Draw a circle having as diameter the line BQ joining $B = (0, 1)$ with $Q = (z_1, w_1)$. The abscissas ON and OM of the intersections of this circle with the x-axis OT are the roots of (25). Hence the larger root v_1 is $OM = 2\cos(2\pi/17)$.

Let the perpendicular bisector LP of OM cut the initial circle of unit radius at P. Then

$$\cos \angle LOP = OL = \cos \frac{2\pi}{17}, \quad \angle LOP = \frac{2\pi}{17}$$

Hence the chord CP is a side of the inscribed regular polygon of 17 sides, constructed with ruler and compasses.

30. Regular Polygon of n Sides. If n is a prime such that $n-1$ is a power 2^n of 2 (as is the case when $n = 3, 5, 17$), the $n-1$ imaginary nth roots of unity can be separated into 2 sets each of 2^{n-1} roots, each of these sets subdivided into 2 sets each of 2^{n-2} roots, etc., until we reach the pairs R, $1/R$ and R^2, $1/R^2$, etc., and in fact[1] in such a manner that we have a series of quadratic equations, the coefficients of any one of which depend only upon the roots of quadratic

---

[1] See the article "Constructions with ruler and compasses; regular polygons," in Monographs on Topics of Modern Mathematics, Longmans, Green and Co. , 1911, p. 374.

equations preceding it in the series. Note that this was the case for $n = 17$ and for $n = 5$. It is in this manner that it can be proved that the roots of $x^n = 1$ can be found in terms of square roots, so that a regular polygon of n sides can be inscribed by ruler and compasses, provided n be a prime of the form $2^n + 1$.

If n is a product of distinct primes of this form, or 2^k times such a product (for example, $n = 15$, 30 or 6), or if $n = 2^m (m > 1)$, it follows readily (see Ex. 1 below) that we can inscribe with ruler and compasses a regular polygon of n sides. But this is impossible for all other values of n.

EXERCISES

1. If a and b are relatively prime numbers, so that their greatest common divisor is unity, we can find integers c and d such that $ac + bd = 1$. Show that, if regular polygons of a and b sides can be constructed and hence angles $2\pi/a$ and $2\pi/b$, a regular polygon of $a \cdot b$ sides can be derived.

2. If $p = 2^h + 1$ is a prime, h is a power of 2. For $h = 2^0$, 2^1, 2^2, 2^3, the values of p are 3, 5, 17, 257 and are primes. (Show that h cannot have an odd factor other than unity.)

3. For 13th roots of unity find the least g ($\S 27$), write out the three periods each of four

493

terms, and find the cubic equation having them as roots.

4. For the primitive ninth roots of unity find the least g and write out the three periods each of two terms.

Solve the following reciprocal equations:

5. $y^4 + 4y^3 - 3y^2 + 4y + 1 = 0$.

6. $y^5 - 4y^4 + y^3 + y^2 - 4y + 1 = 0$.

7. $2y^6 - 5y^5 + 4y^4 - 4y^2 + 5y - 2 = 0$.

8. $y^5 + 1 = 31(y+1)^5$.

SOLUTION OF CUBIC AND QUARTIC EQUATIONS, THEIR DISCRIMINANTS

第 36 章

31. Reduced Cubic Equation. If, in the general cubic equation

$$x^3 + bx^2 + cx + d = 0 \qquad (1)$$

we set $x = y - b/3$, we obtain the *reduced cubic equation*

$$y^3 + py + q = 0 \qquad (2)$$

lacking the square of the unknown y, where

$$p = c - \frac{b^2}{3}, \ q = d - \frac{bc}{3} + \frac{2b^3}{27} \qquad (3)$$

After finding the roots y_1, y_2, y_3 of (2), we shall know the roots of (1)

$$x_1 = y_1 - \frac{b}{3}, \ x_2 = y_2 - \frac{b}{3}, \ x_3 = y_3 - \frac{b}{3} \qquad (4)$$

495

32. Algebraic Solution of the Reduced Cubic Equation. We shall employ the method which is essentially the same as that given by Vieta in 1591. We make the substitution

$$y = z - \frac{p}{3z} \qquad (5)$$

in (2) and obtain

$$z^3 - \frac{p^3}{27z^3} + q = 0$$

since the terms in z cancel, and likewise the terms in $1/z$. Thus

$$z^6 + qz^3 - \frac{p^3}{27} = 0 \qquad (6)$$

Solving this as a quadratic equation for z^3, we obtain

$$z^3 = -\frac{q}{2} \pm \sqrt{R}, \ R = \left(\frac{p}{3}\right)^3 + \left(\frac{q}{2}\right)^2 \qquad (7)$$

Any number has three cube roots, two of which are the products of the remaining one by the imaginary cube roots of unity

$$\omega = -\frac{1}{2} + \frac{1}{2}\sqrt{3}\,i, \ \omega^2 = -\frac{1}{2} - \frac{1}{2}\sqrt{3}\,i \qquad (8)$$

We can choose particular cube roots

$$A = \sqrt[3]{-\frac{q}{2} + \sqrt{R}}, \ B = \sqrt[3]{-\frac{q}{2} - \sqrt{R}} \qquad (9)$$

such that $AB = -p/3$, since the product of the numbers under the cube root radicals is equal to $(-p/3)^3$. Hence the six values of z are

$$A, \ \omega A, \ \omega^2 A, \ B, \ \omega B, \ \omega^2 B$$

These can be paired so that the product of the two in

496

each pair is $-p/3$

$$AB = -\frac{p}{3}, \quad \omega A \cdot \omega^2 B = -\frac{p}{3}, \quad \omega^2 A \cdot \omega B = -\frac{p}{3}$$

Hence with any root z is paired a root equal to $-p/(3z)$. By (5), the sum of the two is a value of y. Hence the *three* values of y are

$$y_1 = A + B, \quad y_2 = \omega A + \omega^2 B, \quad y_3 = \omega^2 A + \omega B \quad (10)$$

It is easy to verify that these numbers are actually roots of (2). For example, since $\omega^3 = 1$, the cube of y_2 is

$$A^3 + B^3 + 3\omega A^2 B + 3\omega^2 A B^2 =$$
$$-q - p(\omega A + \omega^2 B) = -q - p y_2$$

by (9) and $AB = -p/3$.

The numbers (10) are known as *Cardan's formulas* for the roots of a reduced cubic equation (2). The expression $A + B$ for a root was first published by Cardan in his *Ars Magna* of 1545, although he had obtained it from Tartaglia under promise of secrecy.

EXAMPLE. Solve $y^3 - 15y - 126 = 0$.

Solution. The substitution (5) is here $y = z + 5/z$. We get

$$z^6 - 126z^3 + 125 = 0, \quad z^3 = 1 \text{ or } 125$$

The pairs of values of z whose product is 5 are 1 and 5, ω and $5\omega^2$, ω^2 and 5ω. Their sums 6, $\omega + 5\omega^2$ and $\omega^2 + 5\omega$ give the three roots.

EXERCISES

Solve the equations:

1. $y^3 - 18y + 35 = 0$.

2. $x^3 + 6x^2 + 3x + 18 = 0$.

3. $y^3 - 2y + 4 = 0$.

4. $28x^3 + 9x^2 - 1 = 0$.

33. Discriminant. The product of the squares of the differences of the roots of any equation in which the coefficient of the highest power of the unknown is unity shall be called the *discriminant* of the equation. For the reduced cubic (2), the discriminant is

$$(y_1 - y_2)^2 (y_1 - y_3)^2 (y_2 - y_3)^2 = -4p^3 - 27q^2$$

$$(11)$$

a result which should be memorized in view of its important applications. It is proved by means of (10) and $\omega^3 = 1$, $\omega^2 + \omega + 1 = 0$, as follows

$$y_1 - y_2 = (1 - \omega)(A - \omega^2 B)$$
$$y_1 - y_3 = (1 - \omega^2)(A - \omega B)$$
$$y_2 - y_3 = (\omega - \omega^2)(A - B)$$
$$(1 - \omega)(1 - \omega^2) = 3, \quad \omega - \omega^2 = \sqrt{3}\, i$$

Since 1, ω, ω^2 are the cube roots of unity

$$(x - 1)(x - \omega)(x - \omega^2) \equiv x^3 - 1$$

identically in x. Taking $x = A/B$, we see that

$$(A - B)(A - \omega B)(A - \omega^2 B) = A^3 - B^3 = 2\sqrt{R}$$

by (9). Hence

$$(y_1-y_2)(y_1-y_3)(y_2-y_3)=6\sqrt{3}\sqrt{R}\,\mathrm{i}$$

Squaring, we get (11), since $-108R=-4p^3-27q^2$ by (7). For later use, we note that the discriminant of the reduced cubic is equal to $-108R$.

The discriminant Δ of the general cubic (1) is equal to the discriminant of the corresponding reduced cubic (2). For, by (4)

$$x_1-x_2=y_1-y_2\,,\ x_1-x_3=y_1-y_3$$
$$x_2-x_3=y_2-y_3$$

Inserting in (11) the values of p and q given by (3), we get

$$\Delta=18bcd-4b^3d+b^2c^2-4c^3-27d^2 \qquad (12)$$

It is sometimes convenient to employ a cubic equation

$$ax^3+bx^2+cx+d=0 \quad (a\neq0) \qquad (13)$$

in which the coefficient of x^3 has not been made unity by division. The product P of the squares of the differences of its roots is evidently derived from (12) by replacing b, c, d by b/a, c/a, d/a. Hence

$$a^4P=18abcd-4b^3d+b^2c^2-4ac^3-27a^2d^2 \qquad (14)$$

This expression (and not P itself) is called the discriminant of (13).

34. Number of Real Roots of a Cubic Equation. *A cubic equation with real coefficients has three distinct real roots if its discriminant Δ is positive, a single real root and two conjugate imaginary roots if Δ is negative, and at least two equal real roots if Δ is zero.*

499

If the roots x_1, x_2, x_3 are all real and distinct, the square of the difference of any two is positive and hence Δ is positive.

If x_1 and x_2 are conjugate imaginaries and hence x_3 is real, $(x_1 - x_2)^2$ is negative. Since $x_1 - x_3$ and $x_2 - x_3$ are conjugate imaginaries, their product is positive. Hence Δ is negative.

If $x_1 = x_2$, Δ is zero. If x_2 were imaginary, its conjugate would be equal to x_3, and x_2, x_3 would be the roots of a real quadratic equation. The remaining factor $x - x_1$ of the cubic would have real coefficients, whereas $x_1 = x_2$ is imaginary. Hence the equal roots must be real.

Our theorem now follows from these three results by formal logic. For example, if Δ is positive, the roots are all real and distinct, since otherwise either two would be imaginary and Δ would be negative, or two would be equal and Δ would be zero.

EXERCISES

Compute the discriminant and find the number of real roots of:

    1. $y^3 - 2y - 4 = 0$.

    2. $y^3 - 15y + 4 = 0$.

    3. $y^3 - 27y + 54 = 0$.

    4. $x^3 + 4x^2 - 11x + 6 = 0$.

5. Show that a double root of a real cubic is real.

35. Irreducible Case. When the roots of a real cubic equation are all real and distinct, the discriminant Δ is positive and $R = -\Delta/108$ is negative, so that Cardan's formulas present the values of the roots in a form involving cube roots of imaginaries. This is called the irreducible case since it may be shown that a cube root of a general complex number cannot be expressed in the form $a+bi$, where a and b involve only real radicals[①]. While we cannot always find these cube roots algebraically, we have learned how to find them trigonometrically.

EXAMPLE. Solve the cubic equation (2) when $p=-12$, $q=-8\sqrt{2}$.

Solution. By (7), $R=-32$. Hence formulas (9) become

$$A=\sqrt[3]{4\sqrt{2}+4\sqrt{2}\,i}\,, \quad B=\sqrt[3]{4\sqrt{2}-4\sqrt{2}\,i}$$

The values of A were found easily. The values of B are evidently the conjugate imaginaries of the values of A. Hence the roots are

$$4\cos 15°, \ 4\cos 135°, \ 4\cos 255°$$

---

① see *Elementary Theory of Equations*, p. 35, 36.

EXERCISES

1. Solve $y^3 - 15y + 4 = 0$.
2. Solve $y^3 - 2y - 1 = 0$.
3. Solve $y^3 - 7y + 7 = 0$.
4. Solve $x^3 + 3x^2 - 2x - 5 = 0$.
5. Solve $x^3 + x^2 - 2x - 1 = 0$.
6. Solve $x^3 + 4x^2 - 7 = 0$.

36. Trigonometric Solution of a Cubic Equation with $\Delta > 0$. When the roots of a real cubic equation are all real, i. e., if R is negative, they can be computed simultaneously by means of a table of cosines with much less labor than required by Cardan's formulas. To this end we write the trigonometric identity

$$\cos 3A = 4\cos^3 A - 3\cos A$$

in the form

$$z^3 - \frac{3}{4}z - \frac{1}{4}\cos 3A = 0 \quad (z = \cos A)$$

In the given cubic $y^3 + py + q = 0$ take $y = nz$; then

$$z^3 + \frac{p}{n^2}z + \frac{q}{n^3} = 0$$

which will be identical with the former equation in z if

$$n = \sqrt{-\frac{4}{3}p}, \quad \cos 3A = -\frac{1}{2}q \div \sqrt{-\frac{p^3}{27}}$$

Since $R = p^3/27 + q^2/4$ is negative, p must be negative, so that n is real and the value of $\cos 3A$ is

502

real and numerically less than unity. Hence we can find $3A$ from a table of cosines. The three values of z are then

$$\cos A, \ \cos(A+120°), \ \cos(A+240°)$$

Multiplying these by n, we obtain the three roots y correct to a number of decimal places which depend on the tables used.

EXERCISES

1. For $y^3 - 2y - 1 = 0$, show that $n^2 = 8/3$, $\cos 3A = \sqrt{27/32}$, $3A = 23°17'0''$, $\cos A = 0.990\ 84$, $\cos(A + 120°) = -0.612\ 37$, $\cos(A + 240°) = -0.378\ 47$, and that the roots y are $1.618\ 04$, -1, $-0.618\ 04$.

2. Solve Exs. 1, 3, 4, 5, 6 of §35 by trigonometry.

37. Ferrari's Solution of the Quartic Equation.

The general quartic equation

$$x^4 + bx^3 + cx^2 + dx + e = 0 \qquad (15)$$

or equation of degree four, becomes after transposition of terms

$$x^4 + bx^3 = -cx^2 - dx - e$$

The left member contains two of the terms of the square of $x^2 + \dfrac{1}{2} bx$. Hence by completing the square, we get

503

$$\left(x^2+\frac{1}{2}bx\right)^2=\left(\frac{1}{4}b^2-c\right)x^2-dx-e$$

Adding $\left(x^2+\frac{1}{2}bx\right)y+\frac{1}{4}y^2$ to each member,

we obtain

$$\left(x^2+\frac{1}{2}bx+\frac{1}{2}y\right)^2=$$

$$\left(\frac{1}{4}b^2-c+y\right)x^2+\left(\frac{1}{2}by-d\right)x+\frac{1}{4}y^2-e \quad (16)$$

The second member is a perfect square of a linear function of x if and only if its discriminant is zero

$$\left(\frac{1}{2}by-d\right)^2-4\left(\frac{1}{4}b^2-c+y\right)\left(\frac{1}{4}y^2-e\right)=0$$

which may be written in the form

$$y^3-cy^2+(bd-4e)y-b^2e+4ce-d^2=0 \quad (17)$$

Choose any root y of this *resolvent cubic equation* (17). Then the right member of (16) is the square of a linear function, say $mx+n$. Thus

$$x^2+\frac{1}{2}bx+\frac{1}{2}y=mx+n \quad \text{or}$$

$$x^2+\frac{1}{2}bx+\frac{1}{2}y=-mx-n \quad (18)$$

The roots of these quadratic equations are the four roots of (16) and hence of the equivalent equation (15). This method of solution is due to Ferrari (1522—1565).

EXAMPLE. Solve $x^4+2x^3-12x^2-10x+3=0$.

Solution. Here $b=2$, $c=-12$, $d=-10$, $e=3$. Hence (17) becomes

$$y^3+12y^2-32y-256=0$$

504

which has the root $y=-4$. Our quartic may be written in the form

$$(x^2+x)^2=13x^2+10x-3$$

Adding $(x^2+x)(-4)+4$ to each member, we get

$$(x^2+x-2)^2=9x^2+6x+1=(3x+1)^2$$

$$x^2+x-2=\pm(3x+1)$$

$$x^2-2x-3=0 \quad \text{or} \quad x^2+4x-1=0$$

whose roots are 3, -1, $-2\pm\sqrt{5}$. As a check, note that the sum of the roots is -2.

EXERCISES

1. Solve $x^4-8x^3+9x^2+8x-10=0$. Note that (17) is $(y-9)(y^2-24)=0$.

2. Solve $x^4-2x^3-7x^2+8x+12=0$. Since the right member of (16) is $(8+y)(x^2-x)+\frac{1}{4}y^2-12$, use $y=-8$.

3. Solve $x^4-3x^2+6x-2=0$.

4. Solve $x^4-2x^2-8x-3=0$.

5. Solve $x^4-10x^2-20x-16=0$.

38. Roots of the Resolvent Cubic Equation. Let y_1 be the root y which was employed in § 37. Let x_1 and x_2 be the roots of the first quadratic equation (18), and x_3 and x_4 the roots of the second. Then

$$x_1x_2=\frac{1}{2}y_1-n, \quad x_3x_4=\frac{1}{2}y_1+n$$

$$x_1 x_2 + x_3 x_4 = y_1$$

If, instead of y_1, another root y_2 or y_3 of the resolvent cubic (17) had been employed in § 37, quadratic equations different from (18) would have been obtained, such, however, that their four roots are x_1, x_2, x_3, x_4, paired in a new manner. The root which is paired with x_1 is x_2 or x_3 or x_4. It is now plausible that the values of the three y's are

$$y_1 = x_1 x_2 + x_3 x_4, \quad y_2 = x_1 x_3 + x_2 x_4$$
$$y_3 = x_1 x_4 + x_2 x_3 \qquad (19)$$

To give a more formal proof that the y's given by (19) are the roots of (17), we employ

$$x_1 + x_2 + x_3 + x_4 = -b$$
$$x_1 x_2 x_3 + x_1 x_2 x_4 + x_1 x_3 x_4 + x_2 x_3 x_4 = -d$$
$$x_1 x_2 + x_1 x_3 + x_1 x_4 + x_2 x_3 + x_2 x_4 + x_3 x_4 = c$$
$$x_1 x_2 x_3 x_4 = e$$

From these four relations we conclude that

$$y_1 + y_2 + y_3 = c$$
$$y_1 y_2 + y_1 y_3 + y_2 y_3 =$$
$$(x_1 + x_2 + x_3 + x_4)(x_1 x_2 x_3 + \ldots +$$
$$x_2 x_3 x_4) - 4 x_1 x_2 x_3 x_4 = bd - 4e$$
$$y_1 y_2 y_3 = (x_1 x_2 x_3 + \ldots)^2 +$$
$$x_1 x_2 x_3 x_4 \{(x_1 + \ldots)^2 - 4(x_1 x_2 + \ldots)\} =$$
$$d^2 + e(b^2 - 4c)$$

Hence y_1, y_2, y_3 are the roots of the cubic equation (17).

39. Discriminant. The discriminant Δ of the quartic equation (15) is defined to be the product of

the squares of the differences of its roots:

$$\Delta = (x_1 - x_2)^2 (x_1 - x_3)^2 (x_1 - x_4)^2 \cdot$$
$$(x_2 - x_3)^2 (x_2 - x_4)^2 (x_3 - x_4)^2$$

The fact that Δ is equal to the discriminant of the resolvent cubic equation (17) follows at once from (19), by which

$$y_1 - y_2 = (x_1 - x_4)(x_2 - x_3)$$
$$y_1 - y_3 = (x_1 - x_3)(x_2 - x_4)$$
$$y_2 - y_3 = (x_1 - x_2)(x_3 - x_4)$$
$$(y_1 - y_2)^2 (y_1 - y_3)^2 (y_2 - y_3)^2 = \Delta$$

Hence (§ 33) Δ is equal to the discriminant $-4p^3 - 27q^2$ of the reduced cubic $Y^3 + pY + q = 0$, obtained from (17) by setting $y = Y + c/3$. Thus

$$p = bd - 4e - \frac{1}{3}c^2$$

$$q = -b^2 e + \frac{1}{3}bcd + \frac{8}{3}ce - d^2 - \frac{2}{27}c^3 \qquad (20)$$

THEOREM. *The discriminant of any quartic equation* (15) *is equal to the discriminant of its resolvent cubic equation and therefore is equal to the discriminant* $- 4p^3 - 27q^2$ *of the corresponding reduced cubic* $Y^3 + pY + q = 0$, *whose coefficients have the values* (20).

EXERCISES

1. Find the discriminant of $x^4 - 3x^3 + x^2 + 3x - 2 = 0$ and show that the equation has a multiple root.

2. Show by its discriminant that $x^4 - 8x^3 +$

$22x^2 - 24x + 9 = 0$ has a multiple root.

3. If a real quartic equation has two pairs of conjugate imaginary roots, show that its discriminant Δ is positive. Hence prove that, if $\Delta < 0$, there are exactly two real roots.

4. Hence show that $x^4 - 3x^3 + 3x^2 - 3x + 2 = 0$ has two real and two imaginary roots.

40. Descartes' Solution of the Quartic Equation. Replacing x by $z - b/4$ in the general quartic equation (15), we obtain the *reduced* quartic equation
$$z^4 + qz^2 + rz + s = 0 \qquad (21)$$
lacking the term with z^3. We shall prove that we can express the left member of (21) as the product of two quadratic factors
$$(z^2 + 2kz + l)(z^2 - 2kz + m) =$$
$$z^4 + (l + m - 4k^2)z^2 + 2k(m - l)z + lm$$
The conditions are
$$l + m - 4k^2 = q, \; 2k(m - l) = r, \; lm = s$$
If $k = 0$, the first two give
$$2l = q + 4k^2 - \frac{r}{2k}, \; 2m = q + 4k^2 + \frac{r}{2k}$$
Inserting these values in $2l \cdot 2m = 4s$, we obtain
$$64k^6 + 32qk^4 + 4(q^2 - 4s)k^2 - r^2 = 0 \qquad (22)$$
The latter may be solved as a cubic equation for k^2. Any root $k^2 \neq 0$ gives a pair of quadratic factors of (21)
$$z^2 \pm 2kz + \frac{1}{2}q + 2k^2 \mp \frac{r}{4k} \qquad (23)$$
The four roots of these two quadratic functions are

the four roots of (21). This method of Descartes (1596—1650) therefore succeeds unless every root of (22) is zero, whence $q=s=r=0$, so that (12) is the trivial equation $z^4=0$.

For example, consider $z^4 - 3z^2 + 6z - 2 = 0$. Then (22) becomes

$$64k^6 - 3 \cdot 32k^4 + 4 \cdot 17k^2 - 36 = 0$$

The value $k^2=1$ gives the factors $z^2 + 2z - 1$, $z^2 - 2z + 2$. Equating these to zero, we find the four roots $-1 \pm \sqrt{2}$, $1 \pm \sqrt{-1}$.

41. Symmetrical Form of Descartes' Solution. To obtain this symmetrical form, we use all three roots k_1^2, k_2^2, k_3^2 of (22). Then

$$k_1^2 + k_2^2 + k_3^2 = -\frac{1}{2}q, \quad k_1^2 k_2^2 k_3^2 = \frac{r^2}{64}$$

It is at our choice as to which square root of k_1^2 is denoted by $+k_1$ and which by $-k_1$, and likewise as to $\pm k_2$, $\pm k_3$. For our purposes, any choice of these signs is suitable provided the choice give

$$k_1 k_2 k_3 = -\frac{r}{8} \tag{24}$$

Let $k_1 \neq 0$. The quadratic function (23) is zero for $k=k_1$ if

$$(z \pm k_1)^2 = -\frac{q}{2} - k_1^2 \pm \frac{r}{4k_1} =$$

$$k_2^2 + k_3^2 \mp \frac{8k_1 k_2 k_3}{4k_1} = (k_2 \mp k_3)^2$$

Hence the four roots of the quartic equation (21) are

$$k_1 + k_2 + k_3, \quad k_1 - k_2 - k_3$$

$$-k_1+k_2-k_3 , \quad -k_1-k_2+k_3 \qquad (25)$$

EXERCISES

1. Solve Exs. 4, 5 of §37 by the method of Descartes.

2. By writing y_1, y_2, y_3 for the roots k_1^2, k_2^2, k_3^2 of

$$64y^3+32qy^2+4(q^2-4s)y-r^2=0 \qquad (26)$$

show that the four roots of (21) are the values of

$$z=\sqrt{y_1}+\sqrt{y_2}+\sqrt{y_3} \qquad (27)$$

for all combinations of the square roots for which

$$\sqrt{y_1} \cdot \sqrt{y_2} \cdot \sqrt{y_3} = -\frac{r}{8} \qquad (28)$$

3. Euler (1707—1783) solved (21) by assuming that it has a root of the form (27). Square (27), transpose the terms free of radicals, square again, replace the last factor of $8\sqrt{y_1 y_2 y_3}$ ($\sqrt{y_1} + \sqrt{y_2} + \sqrt{y_3}$) by z, and identify the resulting quartic in z with (21). Show that y_1, y_2, y_3 are the roots of (26) and that relation (28) holds.

4. Find the six differences of the roots (25) and verify that the discriminant Δ of (21) is equal to the quotient of the discriminant of (26) by 4^6.

5. In the theory of the inflexion points of a plane cubic curve there occurs the equation

$$z^4-Sz^2-\frac{4}{3}Tz-\frac{1}{12}S^2=0$$

510

Show that (26) now becomes

$$\left(y-\frac{S}{6}\right)^3=C,\ C\equiv\left(\frac{T}{6}\right)^2-\left(\frac{S}{6}\right)^3$$

and that the roots of the quartic equation are

$$\pm\sqrt{\frac{1}{6}S+\sqrt[3]{C}}\pm\sqrt{\frac{1}{6}S+\omega\sqrt[3]{C}}\pm\sqrt{\frac{1}{6}S+\omega^2\sqrt[3]{C}}$$

where ω is an imaginary cube root of unity and the signs are to be chosen so that the product of the three summands is equal to $+T/6$.

MISCELLANEOUS EXERCISES

1. Find the coordinates of the single real point of intersection of the parabola $y=x^2$ and the hyperbola $xy-4x+y+6=0$.

2. Show that the abscissas of the points of intersection of $y=x^2$ and $ax^2-xy+y^2-x-(a+5)\cdot y-6=0$ are the roots of $x^4-x^3-5x^2-x-6=0$. Compute the discriminant of the latter and show that only two of the four points of intersection are real.

3. Find the coordinates of the two real points in Ex. 2.

4. A right prism of height h has a square base whose side is b and whose diagonal is therefore $b\sqrt{2}$. If v denotes the volume and d a diagonal of the prism, $v=hb^2$ and $d^2=h^2+(b\sqrt{2})^2$. Multiply the last equation by h and replace hb^2 by v. Hence $h^3-d^2h+2v=0$. Its discriminant is zero if $d=3\sqrt{3}$, $v=$

511

27; find h.

5. Find the admissible values of h in Ex. 4 when $d=12$, $v=332.5$.

6. Find a necessary and sufficient condition that quartic equation (15) shall have one root the negative of another root.

Hint: $(x_1 + x_2)(x_3 + x_4) = q - y_1$. Hence substitute q for y in (17).

7. In the study of parabolic orbits occurs the equation $\tan \frac{1}{2}v + \frac{1}{3}\tan^3 \frac{1}{2}v = t$. Prove that there is a single real root and that it has the same sign as t.

8. In the problem of three astronomical bodies occurs the equation $x^3 + ax + 2 = 0$. Prove that it has three real roots if and only if $a \leqslant -3$.

THE GRAPH OF
AN EQUATION

第

37

章

42. Use of Graphs in the Theory of Equations. To find geometrically the real roots of a real equation $f(x)=0$, we construct a graph of $y=f(x)$ and measure the distances from the origin O to the intersections of the graph and the x-axis, whose equation is $y=0$.

For example, to find geometrically the real roots of

$$x^2-6x-3=0 \qquad (1)$$

we equate the left member to y and make a graph of

$$y=x^2-6x-3 \qquad (1')$$

We obtain the parabola in Fig. 1. Of the points shown, P has the *abscissa* $x = OQ = 4$ and the *ordinate* $y = -QP = -11$. From the points of intersection of $y = 0$ (the x-axis Ox) with the parabola, we obtain the approximate values 6. 46 and -0.46 of the roots of (1).

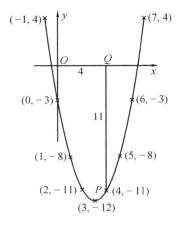

Fig. 1

EXERCISES

1. Find graphically the real roots of $x^2 - 6x + 7 = 0$.

Hint: For each x, $y = x^2 - 6x + 7$ exceeds the y in (1′) by 10, so that the new graph is obtained by shifting the parabola in Fig. 1 upward 10 units, leaving the axes Ox and Oy unchanged. What amounts to the same thing, but is simpler to do, we

leave the parabola and Oy unchanged, and move the axis Ox downward 10 units.

2. Discuss graphically the reality of the roots of $x^2 - 6x + 12 = 0$.

3. Find graphically the roots of $x^2 - 6x + 9 = 0$.

43. Caution in Plotting. If the example set were
$$y = 8x^4 - 14x^3 - 9x^2 + 11x - 2 \qquad (2)$$
one might use successive integral values of x, obtain the points $(-2, 180)$, $(-1, 0)$, $(0, -2)$, $(1, -6)$, $(2, 0)$, $(3, 220)$, all but the first and last of which are shown (by crosses) in Fig. 2, and be tempted to conclude that the graph is a U-shaped curve approximately like that in Fig. 1 and that there are just two real roots, -1 and 2, of
$$8x^4 - 14x^3 - 9x^2 + 11x - 2 = 0 \qquad (2')$$
But both of these conclusions would be false. In fact, the graph is a W-shaped curve (Fig. 2) and the additional real roots are $1/4$ and $1/2$.

This example shows that it is often necessary to employ also values of x which are not integers. The purpose of the example was, however, not to point out this obvious fact, but rather to emphasize the chance of serious error in sketching a curve through a number of points, however numerous. The true curve between two points below the x-axis may not cross the x-axis, or may have a peak and actually cross the x-axis twice, or may be an M-shaped curve

515

Fig. 2

crossing it four times, etc.

For example, the graph (Fig. 3) of

$$y = x^3 + 4x^2 - 11 \tag{3}$$

crosses the x-axis only once; but this fact cannot be established by a graph located by a number of points, however numerous, whose abscissas are chosen at random.

We shall find that correct conclusions regarding the number of real roots may be deduced from a graph whose bend points (§ 44) have been located.

44. Bend Points. A point (like M or M' in Fig. 3) is called a *bend point* of the graph of $y = f(x)$ if the tangent to the graph at that point is horizontal

516

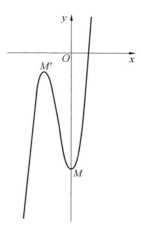

Fig. 3

and if all of the adjacent points of the graph lie below the tangent or all above the tangent. The first, but not the second, condition is satisfied by the point O of the graph of $y=x^3$ given in Fig. 4 (see § 46). In the language of the calculus, $f(x)$ has a (relative) maximum or minimum value at the abscissa of a bend point on the graph of $y=f(x)$.

Let $P=(x, y)$ and $Q=(x+h, Y)$ be two points on the graph, sketched in Fig. 5, of $y=f(x)$. By the *slope* of a straight line is meant the tangent of the angle between the line and the x-axis, measured counter-clockwise from the latter. In Fig. 5, the slope of the straight line PQ is

$$\frac{Y-y}{h}=\frac{f(x+h)-f(x)}{h} \qquad (4)$$

For equation (3), $f(x)=x^3+4x^2-11$. Hence

517

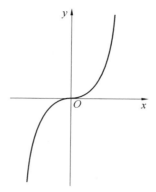

Fig. 4

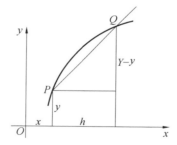

Fig. 5

$$f(x+h) = (x+h)^3 + 4(x+h)^2 - 11 =$$
$$x^3 + 4x^2 - 11 + (3x^2 + 8x)h +$$
$$(3x+4)h^2 + h^3$$

The slope (4) of the secant PQ is therefore here
$$3x^2 + 8x + (3x+4)h + h^2$$

Now let the point Q move along the graph toward P. Then h approaches the value zero and the secant PQ approaches the tangent at P. The slope of the tangent at P is therefore the corresponding limit

518

$3x^2 + 8x$ of the preceding expression. We call $3x^2 + 8x$ the *derivative* of $x^3 + 4x^2 - 11$.

In particular, if P is a bend point, the slope of the (horizontal) tangent at P is zero, whence $3x^2 + 8x = 0$, $x = 0$ or $x = -8/3$. Equation (3) gives the corresponding values of y. The resulting points

$$M = (0, -11), \quad M' = \left(-\frac{8}{3}, -\frac{41}{27}\right)$$

are easily shown to be bend points. Indeed, for $x > 0$ and for x between -4 and 0, $x^2(x+4)$ is positive, and hence $f(x) > -11$ for such values of x, so that the function (3) has a relative minimum at $x = 0$. Similarly, there is a relative maximum at $x = -8/3$. We may also employ the general method of §48 to show that M and M' are bend points. Since these bend points are both below the x-axis we are now certain that the graph crosses the x-axis only once.

The use of the bend points insures greater accuracy to the graph than the use of dozens of points whose abscissas are taken at random.

45. Derivatives. We shall now find the slope of the tangent to the graph of $y = f(x)$, where $f(x)$ is any polynomial

$$f(x) = a_0 x^n + a_1 x^{n-1} + \ldots + a_{n-1} x + a_n \quad (5)$$

We need the expansion of $f(x+h)$ in powers of x. By the binomial theorem

$$a_0 (x+h)^n = a_0 x^n + n a_0 x^{n-1} h + $$
$$\frac{n(n-1)}{2} a_0 x^{n-2} h^2 + \ldots$$

$$a_1(x+h)^{n-1}=a_1 x^{n-1}+(n-1)a_1 x^{n-2}h+$$
$$\frac{(n-1)(n-2)}{2}a_1 x^{n-3}h^2+\ldots$$
$$\vdots$$
$$a_{n-2}(x+h)^2=a_{n-2}x^2+2a_{n-2}xh+a_{n-2}h^2$$
$$a_{n-1}(x+h)=a_{n-1}x+a_{n-1}h$$
$$a_n=a_n$$

The sum of the left members is evidently $f(x+h)$. On the right, the sum of the first terms (i. e. , those free of h) is $f(x)$. The sum of the coefficients of h is denoted by $f'(x)$, the sum of the coefficients of $h^2/2$ is denoted by $f''(x),\ldots$, the sum of the coefficients of

$$\frac{h^k}{1\cdot 2\cdot\ldots\cdot k}$$

is denoted by $f^{(k)}(x)$. Thus

$$f'(x)=na_0 x^{n-1}+(n-1)a_1 x^{n-2}+\ldots+$$
$$2a_{n-2}x+a_{n-1} \tag{6}$$
$$f''(x)=n(n-1)a_0 x^{n-2}+(n-1)\cdot$$
$$(n-2)a_1 x^{n-3}+\ldots+2a_{n-2} \tag{7}$$

etc. Hence we have

$$f(x+h)=f(x)+f'(x)h+f''(x)\frac{h^2}{1\cdot 2}+$$
$$f'''(x)\frac{h^3}{1\cdot 2\cdot 3}+\ldots+$$
$$f^{(r)}(x)\frac{h^r}{r!}+\ldots+f^{(n)}(x)\frac{h^n}{n!} \tag{8}$$

where $r!$ is the symbol, read r *factorial*, for the product $1\cdot 2\cdot 3\cdot\ldots\cdot(r-1)r$. Here r is a

positive integer, but we include the case $r=0$ by the definition, $0! = 1$.

This formula (8) is known as *Taylor's theorem* for the present case of a polynomial $f(x)$ of degree n. We call $f'(x)$ the *(first) derivative* of $f(x)$, and $f''(x)$ the *second derivative* of $f(x)$, etc. Concerning the fact that $f''(x)$ is equal to the first derivative of $f'(x)$ and that, in general, the kth derivative $f^{(k)}(x)$ of $f(x)$ is equal to the first derivative of $f^{(k-1)}(x)$, see Exs. $6\sim9$ of the next set.

In view of (8), the limit of (4) as h approaches zero is $f'(x)$. Hence $f'(x)$ *is the slope of the tangent to the graph of* $y = f(x)$ *at the point* (x, y).

In (5) and (6), let every a be zero except a_0. Thus the derivative of $a_0 x^n$ is $n a_0 x^{n-1}$, and hence is obtained by multiplying the given term by its exponent n and then diminishing its exponent by unity. For example, the derivative of $2x^3$ is $6x^2$.

Moreover, the derivative of $f(x)$ is equal to the sum of the derivatives of its separate terms. Thus the derivative of $x^3 + 4x^2 - 11$ is $3x^2 + 8x$, as found also in §44.

EXERCISES

1. Show that the slope of the tangent to $y =$

$8x^3 - 22x^2 + 13x - 2$ at (x, y) is $24x^2 - 44x + 13$, and that the bend points are $(0.37, 0.203)$, $(1.46, -5.03)$, approximately. Draw the graph.

2. Prove that the bend points of $y = x^3 - 2x - 5$ are $(0.82, -6.09)$, $(-0.82, -3.91)$, approximately. Draw the graph and locate the real roots.

3. Find the bend points of $y = x^3 + 6x^2 + 8x + 8$. Locate the real roots.

4. Locate the real roots of $f(x) = x^4 + x^3 - x - 2 = 0$.

Hints: The abscissas of the bend points are the roots of $f'(x) = 4x^3 + 3x^2 - 1 = 0$. The bend points of $y = f'(x)$ are $(0, -1)$ and $(-1/2, -3/4)$, so that $f'(x) = 0$ has a single real root (it is just less than $1/2$). The single bend point of $y = f(x)$ is $(1/2, -37/16)$, approximately.

5. Locate the real roots of $x^6 - 7x^4 - 3x^2 + 7 = 0$.

6. Prove that $f''(x)$, given by (7), is equal to the fast derivative of $f'(x)$.

7. If $f(x) = f_1(x) + f_2(x)$, prove that the kth derivative of f is equal to the sum of the kth derivatives of f_1 and f_2. Use (8).

8. Prove that $f^{(k)}(x)$ is equal to the first derivative of $f^{(k-1)}(x)$.

Hint: Prove this for $f = ax^m$; then prove that it is true for $f = f_1 + f_2$ if true for f_1 and f_2.

9. Find the third derivative of $x^6 + 5x^4$ by

forming successive first derivatives; also that of $2x^5 - 7x^3 + x$.

10. Prove that if g and k are polynomials in x, the derivative of gk is $g'k + gk'$.

Hint: Multiply the members of $g(x+h) = g(x) + g'(x)h + \ldots$ and $k(x+h) = k(x) + k'(x)h + \ldots$ and use (8) for $f = gk$.

46. Horizontal Tangents. If (x, y) is a bend point of the graph of $y = f(x)$, then, by definition, the slope of the tangent at (x, y) is zero. Hence ($\S 45$), the abscissa x is a root of $f'(x) = 0$. In Exs. $1 \sim 5$ of the preceding set, it was true that, conversely, any real root of $f'(x) = 0$ is the abscissa of a bend point. However, this is not always the case. We shall now consider in detail an example illustrating this fact. The example is the one merely mentioned in $\S 44$ to indicate the need of the second requirement made in our definition of a bend point.

The graph (Fig. 4) of $y = x^3$ has no bend point since x^3 increases when x increases. Nevertheless, the derivative $3x^2$ of x^3 is zero for the real value $x = 0$. The tangent to the curve at $(0, 0)$ is the horizontal line $y = 0$. It may be thought of as the limiting position of a secant through O which meets the curve in two further points, seen to be equidistant from O. When one, and hence also the other, of the latter points approaches O, the secant approaches the position of tangency. In this sense the tangent at O is said to meet the curve in three coincident points, their abscissas being the three coinciding roots of $x^3=0$. $x^3=0$ has the triple root $x=0$. The subject of bend points, to which we recur in §48, has thus led us to a digression on the important subject of multiple roots.

47. Multiple Roots. In (8) replace x by α, and h by $x-\alpha$. Then

$$f(x)=f(\alpha)+f'(\alpha)(x-\alpha)+f''(\alpha)\frac{(x-\alpha)^2}{1\cdot 2}+$$

$$f'''(\alpha)\frac{(x-\alpha)^3}{1\cdot 2\cdot 3}+\ldots+f^{(m-1)}(\alpha)\frac{(x-\alpha)^{m-1}}{(m-1)!}+$$

$$f^{(m)}(\alpha)\frac{(x-\alpha)^m}{m!}+\ldots \tag{9}$$

By definition α is a root of $f(x)=0$ of multiplicity m if $f(x)$ is exactly divisible by $(x-\alpha)^m$, but not by $(x-\alpha)^{m+1}$. Hence α *is a root of multiplicity m of* $f(x)=0$ *if and only if*

$$f(\alpha)=0,\ f'(\alpha)=0,\ f''(\alpha)=0,\ldots,$$

$$f^{(m-1)}(\alpha)=0,\ f^{(m)}(\alpha)\neq 0 \tag{10}$$

For example, $x^4+2x^3=0$ has the triple root $x=0$ since 0 is a root, and since the first and second derivatives $4x^3+6x^2$ and $12x^2+12x$ are zero for $x=0$, while the third derivative $24x+12$ is not zero for $x=0$.

If in (9) we replace f by f' and hence $f^{(k)}$ by $f^{(k+1)}$, or if we differentiate every term with respect to x, we see by either method that

$$f'(x) = f'(\alpha) + f''(\alpha)(x-\alpha) + \ldots +$$

$$f^{(m-1)}(\alpha)\frac{(x-\alpha)^{m-2}}{(m-2)!} +$$

$$f^{(m)}(\alpha)\frac{(x-\alpha)^{m-1}}{(m-1)!} + \ldots \qquad (11)$$

Let $f(x)$ and $f'(x)$ have the common factor $(x-\alpha)^{m-1}$, but not the common factor $(x-\alpha)^m$, where $m > 1$. Since (11) has the factor $(x-\alpha)^{m-1}$, we have $f'(\alpha) = 0, \ldots, f^{(m-1)}(\alpha) = 0$. Since also $f(x)$ has the factor $x-\alpha$, evidently $f(\alpha) = 0$. Then, by (9), $f(x)$ has the factor $(x-\alpha)^m$, which, by hypothesis, is not also a factor of $f'(x)$. Hence, in (11), $f^{(m)}(\alpha) \neq 0$. Thus, by (10), α is a root of $f(x) = 0$ of multiplicity m.

Conversely, let α be a root of $f(x) = 0$ of multiplicity m. Then relations (10) hold, and hence, by (11), $f'(x)$ is divisible by $(x-\alpha)^{m-1}$, but not by $(x-\alpha)^m$. Thus $f(x)$ and $f'(x)$ have the common factor $(x-\alpha)^{m-1}$, but not the common factor $(x-\alpha)^m$.

We have now proved the following useful result.

THEOREM. *If $f(x)$ and $f'(x)$ have a greatest common divisor $g(x)$ involving x, a root of $g(x) = 0$ of multiplicity $m-1$ is a root of $f(x) = 0$ of multiplicity m, and conversely any root of $f(x) = 0$ of multiplicity m is a root of $g(x) = 0$ of multiplicity $m-1$.*

In view of this theorem, the problem of finding all the multiple roots of $f(x) = 0$ and the multiplicity of each multiple root is reduced to the problem of finding the roots of $g(x)=0$ and the multiplicity of each.

For example, let $f(x)=x^3-2x^2-4x+8$. Then

$$f'(x)=3x^2-4x-4$$
$$9f(x)=f'(x)(3x-2)-32(x-2)$$

Since $x-2$ is a factor of $f'(x)$, it may be taken to be the greatest common divisor of $f(x)$ and $f'(x)$, the choice of the constant factor c in $c(x-2)$ being here immaterial. Hence 2 is a double root of $f(x)=0$, while the remaining root -2 is a simple root.

EXERCISES

1. Prove that $x^3-7x^2+15x-9=0$ has a double root.

2. Show that $x^4-8x^2+16=0$ has two double roots.

3. Prove that $x^4-6x^2-8x-3=0$ has a triple root.

4. Test $x^4-8x^3+22x^2-24x+9=0$ for multiple roots.

5. Test $x^3-6x^2+11x-6=0$ for multiple roots.

6. Test $x^4-9x^3+9x^2+81x-162=0$ for multiple roots.

48. Ordinary and Inflexion Tangents. The equation of the straight line through the point (α, β)

with the slope s is $y-\beta=s(x-\alpha)$. The slope of the tangent to the graph of $y=f(x)$ at the point (α,β) on it is $s=f'(\alpha)$ by § 45. Also, $\beta=f(\alpha)$. Hence the equation of the tangent is

$$y=f(\alpha)+f'(\alpha)(x-\alpha) \tag{12}$$

By subtracting the members of this equation from the corresponding members of equation (9), we see that the abscissas x of the points of intersection of the graph of $y=f(x)$ with its tangent satisfy the equation

$$f''(\alpha)\frac{(x-\alpha)^2}{2!}+f'''(\alpha)\frac{(x-\alpha)^3}{3!}+\ldots+$$
$$f^{(m-1)}(\alpha)\frac{(x-\alpha)^{m-1}}{(m-1)!}+$$
$$f^{(m)}(\alpha)\frac{(x-\alpha)^m}{m!}+\ldots=0$$

Here the term containing $f^{(m-1)}(\alpha)$ must evidently be suppressed if $m=2$, since the term containing $f^{(m)}(\alpha)$ then coincides with the first term.

If α is a root of multiplicity m of this equation, i. e., if the left member is divisible by $(x-\alpha)^m$, but not by $(x-\alpha)^{m+1}$, the point (α,β) is counted as m coincident points of intersection of the curve with its tangent (just as in the case of $y=x^3$ and its tangent $y=0$ in § 46). This will be the case if and only if

$$f''(\alpha)=0, f'''(\alpha)=0,\ldots, f^{(m-1)}(\alpha)=0, f^{(m)}(\alpha)\neq0 \tag{13}$$

in which $m>1$ and, as explained above, only the final relation $f''(\alpha)\neq0$ is retained if $m=2$. If $m=3$, the conditions are $f''(\alpha)=0$, $f^{(3)}(\alpha)\neq0$.

For example, if $f(x)=x^4$ and $\alpha=0$, then $f''(0)=f'''(0)=0$, $f^{(4)}(0)=24\neq0$, so that $m=4$. The graph of $y=x^4$ is a U-shaped curve, whose intersection with the tangent (the x-axis) at $(0,0)$ is counted as four coincident points of intersection.

Given $f(x)$ and α, we can find, as in the preceding example, the value of m for which relations (13) hold. We then apply:

THEOREM. *If m is even* $(m>0)$, *the points of the curve in the vicinity of the point of tangency* (α, β) *are all on the same side of the tangent, which is then called an* **ordinary tangent**. *But if m is odd* $(m>1)$, *the curve crosses the tangent at the point of tangency* (α, β), *and this point is called an* **inflexion point**, *while the tangent is called an* **inflexion tangent**.

For example, in Fig. 4, Ox is an inflexion tangent, while the tangent at any point except O is an ordinary tangent. In Figs. 7, 8, 9, the tangents at the points marked by crosses are ordinary tangents, but the tangent at the point midway between them and on the y-axis is an inflexion tangent.

To simplify the proof, we first take as new axes lines parallel to the old axes and intersecting at (α, β). In other words, we set $x-\alpha=X$, $y-\beta=Y$, where X, Y are the coordinates of (x, y) referred to the new axes. Since $\beta=f(\alpha)$, the tangent (12)

becomes $Y = f'(\alpha)X$, while, by (9), $y = f(x) = \beta + f'(\alpha)(x-\alpha) + \ldots$ becomes

$$Y = f'(\alpha)X + f''(\alpha)\frac{X^2}{2} + \ldots =$$

$$f'(\alpha)X + f^{(m)}(\alpha)\frac{X^m}{m!} + \ldots \qquad (14)$$

after omitting terms which are zero by (13).

To simplify further the algebraic work, we pass to oblique axes,[①] the new y-axis coinciding with the Y-axis, while the new x-axis is the tangent, the angle between which and the X-axis is designated by θ. Then

$$\tan \theta = f'(\alpha)$$

By Fig. 6

$$X = x\cos\theta, \ Y - y = f'(\alpha)X$$

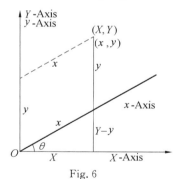

Fig. 6

Hence when expressed in terms of the new

---

①　Since the earlier x, y do not occur in (14) and the new equation of the tangent, we shall designate the final coordinates by x, y without confusion.

coordinates x, y, the tangent is $y = 0$, while the equation (14) of the curve becomes

$$y = cx^m + dx^{m+1} + \ldots, \quad c = \frac{f^{(m)}(\alpha)\cos^m\theta}{m!} \neq 0$$

For x sufficiently small numerically, whether positive or negative, the sum of the terms after cx^m is insignificant in comparison with cx^m, so that y has the same sign as cx^m (§53). Hence, if m is even, the points of the curve in the vicinity of the origin and on both sides of it are all on the same side of the x-axis, i.e., the tangent. But, if m is odd, the points with small positive abscissas x lie on one side of the x-axis and those with numerically small negative abscissas lie on the opposite side.

Our transformations of coordinates changed the equations of the curve and of its tangent, but did not change the curve itself and its tangent. Hence our theorem is proved.

By our theorem, α is the abscissa of an inflexion point of the graph of $y = f(x)$ if and only if conditions (13) hold with m odd ($m > 1$). These conditions include neither $f(\alpha) = 0$ nor $f'(\alpha) = 0$, in contrast with (10). In the theory of equations we are primarily interested in the abscissas α of only those points of inflexion whose inflexion tangents are horizontal, and are interested in them, because we must exclude such roots α of $f'(x) = 0$ when seeking the abscissas of bend points, which are the important

points for our purposes. A point on the graph at which the tangent is both horizontal and an ordinary tangent is a bend point by the definition in § 44. Hence if we apply our theorem to the special case $f'(a)=0$, we obtain the following:

CRITERION. *Any root α of $f'(x)=0$ is the abscissa of a bend point of the graph of $y=f(x)$ or of a point with a horizontal inflexion tangent according as the value of m for which relations* (13) *hold is even or odd.*

For example, if $f(x)=x^4$, then $\alpha=0$ and $m=4$, so that $(0, 0)$ is a bend point of the U-shaped graph of $y=x^4$. If $f(x)=x^3$, then $\alpha=0$ and $m=3$, so that $(0, 0)$ is a point with a horizontal inflexion tangent (Ox in Fig. 4) of the graph of $y=x^3$.

EXERCISES

1. If $f(x)=3x^5+5x^3+4$, the only real root of $f'(x)=0$ is $x=0$. Show that $(0, 4)$ is an inflexion point, and thus that there is no bend point and hence that $f(x)=0$ has a single real root.

2. Prove that $x^3 - 3x^2 + 3x + c = 0$ has an inflexion point, but no bend point.

3. Show that $x^5 - 10x^3 - 20x^2 - 15x + c = 0$ has two bend points and no horizontal inflexion tangents.

4. Prove that $3x^5 - 40x^3 + 240x + c = 0$ has no bend point, but has two horizontal inflexion

tangents.

5. Prove that any function $x^3 - 3ax^2 + \ldots$ of the third degree can be written in the form $f(x) = (x - a)^3 + ax + b$. The straight line having the equation $y = ax + b$ meets the graph of $y = f(x)$ in three coincident points with the abscissa a and hence is an inflexion tangent. If we take new axes of coordinates parallel to the old and intersecting at the new origin $(a, 0)$, i. e., if we make the transformation $x = X + a$, $y = Y$, of coordinates, we see that the equation $f(x) = 0$ becomes a reduced cubic equation $X^3 + pX + q = 0$.

6. Find the inflexion tangent to $y = x^3 + 6x^2 - 3x + 1$ and transform $x^3 + 6x^2 - 3x + 1 = 0$ into a reduced cubic equation.

49. Real Roots of a Real Cubic Equation. It suffices to consider

$$f(x) = x^3 - 3lx + q \quad (l \neq 0)$$

in view of Ex. 5 above. Then $f' = 3(x^2 - l)$, $f'' = 6x$. If $l < 0$, there is no bend point and the cubic equation $f(x) = 0$ has a single real root.

If $l > 0$, there are two bend points

$$(\sqrt{l}, \ q - 2l\sqrt{l}), \ (-\sqrt{l}, \ q + 2l\sqrt{l})$$

which are shown by crosses in Figs. 7 ~ 9 for the graph of $y = f(x)$ in the three possible cases specified by the inequalities shown below the figures. For a large positive x, the term x^3 in $f(x)$ predominates,

532

so that the graph contains a point high up in the first quadrant, thence extends downward to the right-hand bend point, then ascends to the left-hand bend point, and finally descends. As a check, the graph contains a point far down in the third quadrant, since for x negative, but sufficiently large numerically, the term x^3 predominates and the sign of y is negative.

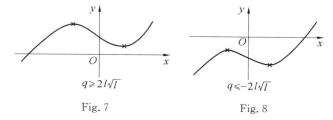

$$q \geqslant 2l\sqrt{l} \qquad\qquad q \leqslant -2l\sqrt{l}$$

Fig. 7 　　　　　　　　Fig. 8

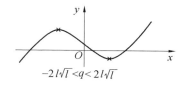

$$-2l\sqrt{l} < q < 2l\sqrt{l}$$

Fig. 9

If the equality sign holds in Fig. 7 or Fig. 8, a necessary and sufficient condition for which is $q^2 = 4l^3$, one of the bend points is on the x-axis, and the cubic equation has a double root. The inequalities in Fig. 9 hold if and only if $q^2 < 4l^3$, which implies that $l > 0$. Hence $x^3 - 3lx + q = 0$ *has three distinct real roots if and only if* $q^2 < 4l^3$, *a single real root if and only if* $q^2 > 4l^3$, *a double root* (*necessarily real*) *if and only if* $q^2 = 4l^3$ *and* $l \neq 0$, *and a triple root if*

$q^2 = 4l^3 = 0$.

EXERCISES

Find the bend points, sketch the graph, and find the number of real roots of:

1. $x^3 + 2x - 4 = 0$.

2. $x^3 - 7x + 7 = 0$.

3. $x^3 - 2x - 1 = 0$.

4. $x^3 + 6x^2 - 3x + 1 = 0$.

5. Prove that the inflexion point of $y = x^3 - 3lx + q$ is $(0, q)$.

6. Show that the theorem in the text is equivalent to that in §34(Chapter 36).

7. Prove that, if m and n are positive odd integers and $m > n$, $x^m + px^n + q = 0$ has no bend point and hence has a single real root if $p > 0$; but, if $p < 0$, it has just two bend points which are on the same side or opposite sides of the x-axis according as

$$\left(\frac{np}{m}\right)^m + \left(\frac{nq}{m-n}\right)^{m-n}$$

is positive or negative, so that the number of real roots is 1 or 3 in the respective cases.

8. Draw the graph of $y = x^4 - x^2$. By finding its intersections with the line $y = mx + b$, solve $x^4 - x^2 - mx - b = 0$.

9. Prove that, if p and q are positive, $x^{2m} - px^{2n} + q = 0$ has four distinct real roots, two pairs of

equal roots, or no real root, according as

$$\left(\frac{np}{m}\right)^{m}-\left(\frac{nq}{m-n}\right)^{m-n}>0, \ =0, \ \text{or} \ <0$$

10. Prove that no straight line crosses the graph of $y=f(x)$ in more than n points if the degree n of the real polynomial $f(x)$ exceeds unity. This fact serves as a check on the accuracy of a graph.

50. Definition of Continuity of a Polynomial. Hitherto we have located certain points of the graph of $y=f(x)$, where $f(x)$ is a polynomial in x with real coefficients, and taken the liberty to join them by a continuous curve.

A polynomial $f(x)$ with real coefficients shall be called *continuous at* $x=a$ where a is a real constant, if the difference

$$D=f(a+h)-f(a)$$

is numerically less than any assigned positive number p for all real values of h sufficiently small numerically.

51. Any Polynomial $f(x)$ with Real Coefficients is Continuous at $x=a$, Where a is any Real Constant. Taylor's formula (8) gives

$$D=f'(a)h+\frac{f''(a)}{1\cdot 2}h^{2}+\ldots+\frac{f^{(n)}(a)}{1\cdot 2\ldots n}h^{n}$$

This polynomial is a special case of

$$F=a_{1}h+a_{2}h^{2}+\ldots+a_{n}h^{n}$$

We shall prove that, *if $a_{1},\ldots, a_{n}$ are all real, F is numerically less than any assigned positive number* *p for all real values of h sufficiently small numerically.* Denote by g the greatest numerical value of $a_1, \ldots, a_n$. If h is numerically less than k, where $k < 1$, we see that F is numerically less than

$$g(k + k^2 + \ldots + k^n) < g \frac{k}{1-k} < p, \text{ if } k < \frac{p}{p+g}$$

Hence a real polynomial $f(x)$ is continuous at every real value of x. But the function $\tan x$ is not continuous at $x = 90°$ ($\S 52$).

52. Root between a and b if $f(a)$ and $f(b)$ have Opposite Signs. *If the coefficients of a polynomial $f(x)$ are real and if a and b are real numbers such that $f(a)$ and $f(b)$ have opposite signs, the equation $f(x) = 0$ has at least one real root between a and b; in fact, an odd number of such roots, if an m-fold root is counted as m roots.*

The only argument[①] given here (other than that in Ex. 5 below) is one based upon geometrical intuition. We are stating that, if the points

$$(a, f(a)), (b, f(b))$$

lie on opposite sides of the x-axis, the graph of $y = f(x)$ crosses the x-axis once, or an odd number of times, between the vertical lines through these two points. Indeed, the part of the graph between these

---

① An arithmetical proof based upon a refined theory of irrational numbers is given in Weber's Lehrbuch der Algebra, ed. 2, vol. 1, p. 123.

verticals is a continuous curve having one and only one point on each intermediate vertical line, since the function has a single value for each value of x.

This would not follow for the graph of $y^2 = x$, which is a parabola with the x-axis as its axis. It may not cross the x-axis between the two initial vertical lines, but cross at a point to the left of each.

A like theorem does not hold for $f(x) = \tan x$, when x is measured in radians and $0 < a < \pi/2 < b < \pi$, since $\tan x$ is not continuous at $x = \pi/2$. When t increases from a to $\pi/2$, $\tan x$ increases without limit. When x decreases from b to $\pi/2$, $\tan x$ decreases without limit. There is no root between a and b of $\tan x = 0$ (Fig. 10).

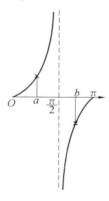

Fig. 10

EXERCISES

1. Prove that $8x^3 - 4x^2 - 18x + 9 = 0$ has a root between 0 and 1, one between 1 and 2, and one between -2 and -1.

2. Prove that $16x^4 - 24x^2 + 16x - 3 = 0$ has a triple root between 0 and 1, and a simple root between -2 and -1.

3. Prove that if $a < b < c < \ldots < l$, and α, β, $\gamma, \ldots, \lambda$ are positive, these quantities being all real

$$\frac{\alpha}{x-a} + \frac{\beta}{x-b} + \frac{\gamma}{x-c} + \ldots + \frac{\lambda}{x-l} + t = 0$$

has a real root between a and b, one between b and $c, \ldots$, one between k and l, and if t is negative one greater than l, but if t is positive one less than a.

4. Verify that the equation in Ex. 3 has no imaginary root by substituting $r + si$ and $r - si$ in turn for x, and subtracting the results.

5. Admitting that an equation $f(x) \equiv x^n + \ldots = 0$ with real coefficients has n roots, show algebraically that there is a real root between a and b if $f(a)$ and $f(b)$ have opposite signs. Note that a pair of conjugate imaginary roots $c \pm di$ are the roots of

$$(x-c)^2 + d^2 = 0$$

and that this quadratic function is positive if x is real. Hence if $x_1, \ldots, x_r$ are the real roots and

$$\phi(x) \equiv (x-x_1) \ldots (x-x_r)$$

538

then $\phi(a)$ and $\phi(b)$ have opposite signs. Thus $a - x_i$ and $b - x_i$ have opposite signs for at least one real root x_i. (Lagrange)

53. Sign of a Polynomial. Given a polynomial

$$f(x) = a_0 x^n + a_1 x^{n-1} + \ldots + a_n \quad (a_0 \neq 0)$$

with real coefficients, we can find a positive number P such that $f(x)$ has the same sign as $a_0 x^n$ when $x > P$. In fact

$$f(x) = x^n (a_0 + \phi), \quad \phi = \frac{a_1}{x} + \frac{a_2}{x^2} + \ldots + \frac{a_n}{x^n}$$

By the result in §51, the numerical value of ϕ is less than that of a_0 when $1/x$ is positive and less than a sufficiently small positive number, say $1/P$, and hence when $x > P$. Then $a_0 + \phi$ has the same sign as a_0, and hence $f(x)$ the same sign as $a_0 x^n$.

The last result holds also when x is a negative number sufficiently large numerically. For, if we set $x = -X$, the former case shows that $f(-X)$ has the same sign as $(-1)^n a_0 X^n$ when X is a sufficiently large positive number.

We shall therefore say briefly that, for $x = +\infty$, $f(x)$ has the same sign as a_0; while, for $x = -\infty$, $f(x)$ has the same sign as a_0 if n is even, but the sign opposite to a_0 if n is odd.

EXERCISES

1. Prove that $x^3 + ax^2 + bx - 4 = 0$ has a positive

real root (use $x=0$ and $x=+\infty$).

2. Prove that $x^3+ax^2+bx+4=0$ has a negative real root (use $x=0$ and $x=-\infty$).

3. Prove that if $a_0>0$ and n is odd, $a_0x^n+\ldots+a_n=0$ has a real root of sign opposite to the sign of a_n (use $x=-\infty$, 0, $+\infty$).

4. Prove that $x^4+ax^3+bx^2+cx-4=0$ has a positive root and a negative root.

5. Show that any equation of even degree n in which the coefficient of x^n and the constant term are of opposite signs has a positive root and a negative root.

54. Rolle's Theorem. *Between two consecutive real roots a and b of $f(x)=0$, there is an odd number of real roots of $f'(x)=0$, a root of multiplicity m being counted as m roots.*

Let
$$f(x)\equiv(x-a)^r(x-b)^sQ(x)\quad(a<b)$$
where $Q(x)$ is a polynomial divisible by neither $x-a$ nor $x-b$. Then by the rule for the derivative of a product ($\S45$, Ex. 10)
$$\frac{(x-a)(x-b)f'(x)}{f(x)}\equiv$$
$$r(x-b)+s(x-a)+(x-a)(x-b)\frac{Q'(x)}{Q(x)}$$
The second member has the value $r(a-b)<0$ for $x=a$ and the value $s(b-a)>0$ for $x=b$, and hence vanishes an odd number of times between a and b

(§ 52). But, in the left member, $(x-a)(x-b)$ and $f(x)$ remain of constant sign between a and b, since $f(x)=0$ has no root between a and b. Hence $f'(x)$ vanishes an odd number of times.

COROLLARY. *Between two consecutive real roots α and β of $f'(x)=0$ there occurs at most one real root of $f(x)=0$.*

For, if there were two such real roots a and b of $f(x)=0$, the theorem shows that $f'(x)=0$ would have a real root between a and b and hence between α and β, contrary to hypothesis.

Applying also § 52 we obtain:

CRITERION. *If α and β are consecutive real roots of $f'(x)=0$, then $f(x)=0$ has a single real root between α and β if $f(\alpha)$ and $f(\beta)$ have opposite signs, but no root if they have like signs. At most one real root of $f(x)=0$ is greater than the greatest real root of $f'(x)=0$, and at most one real root of $f(x)=0$ is less than the least real root of $f'(x)=0$.*

If $f(\alpha)=0$ for our root α of $f'(x)=0$, α is a multiple root of $f(x)=0$ and it would be removed before the criterion is applied.

EXAMPLE. For
$$f(x)=3x^5-25x^3+60x-20$$
$$\frac{1}{15}f'(x)=x^4-5x^2+4=(x^2-1)(x^2-4)$$

Hence the roots of $f'(x)=0$ are ± 1, ± 2. Now
$$f(-\infty)=-\infty, f(-2)=-36$$

$$f(-1)=-58, f(1)=18$$
$$f(2)=-4, f(+\infty)=+\infty$$

Hence there is a single real root in each of the intervals

$$(-1, 1), (1, 2), (2, +\infty)$$

and two imaginary roots. The three real roots are positive.

EXERCISES

1. Prove that $x^5 - 5x + 2 = 0$ has 1 negative, 2 positive and 2 imaginary roots.

2. Prove that $x^6 + x - 1 = 0$ has 1 negative, 1 positive and 4 imaginary roots.

3. Show that $x^5 - 3x^3 + 2x^2 - 5 = 0$ has two imaginary roots, and a real root in each of the intervals $(-2, -1.5)$, $(-1.5, -1)$, $(1, 2)$.

4. Prove that $4x^5 - 3x^4 - 2x^2 + 4x - 10 = 0$ has a single real root.

5. Show that, if $f^{(k)}(x) = 0$ has imaginary roots, $f(x) = 0$ has imaginary roots.

6. Derive Rolle's theorem from the fact that there is an odd number of bend points between a and b, the abscissa of each being a root of $f'(x) = 0$ of odd multiplicity, while the abscissa of an inflexion point with a horizontal tangent is a root of $f'(x) = 0$ of even multiplicity.

ISOLATION OF THE REAL ROOTS OF A REAL EQUATION

第

38

章

55. Purpose and Methods of Isolating the Real Roots. In the next chapter we shall explain processes of computing the real roots of a given real equation to any assigned number of decimal places. Each such method requires some preliminary information concerning the root to be computed. For example, it would be sufficient to know that the root is between 4 and 5, provided there be no other root between the same limits. But in the contrary case, narrower limits are necessary, such as 4 and 4. 3, with the further fact that only one root is between these new limits. Then that root is said to be *isolated*.

543

If an equation has a single positive root and a single negative root, the real roots are isolated, since there is a single root between $-\infty$ and 0, and a single one between 0 and $+\infty$. However, for the practical purpose of their computation, we shall need narrower limits, sufficient to fix the first significant figure of each root, for example -40 and -30, or 20 and 30.

We may isolate the real roots of $f(x)=0$ by means of the graph of $y=f(x)$. But to obtain a reliable graph, we saw in Chapter 37 that we must employ the bend points, whose abscissas occur among the roots $f'(x)=0$. Since the latter equation is of degree $n-1$ when $f(x)=0$ is of degree n, this method is usually impracticable when n exceeds 3. The method based on Rolle's theorem is open to the same objection.

The most effective method is that due to Sturm ($\S 57$). We shall, however, begin with Descartes' rule of signs since it is so easily applied. Unfortunately it rarely tells us the exact number of real roots.

56. Descartes' Rule of Signs. Two consecutive terms of a real polynomial or equation are said to present a *variation of sign* if their coefficients have unlike signs. By the variations of sign of a real polynomial or equation we mean all the variations presented by consecutive terms.

Thus，in $x^5 - 2x^3 - 4x^2 + 3 = 0$，the first two terms present a variation of sign，and likewise the last two terms. The number of variations of sign of the equation is two.

DESCARTES' RULE. *The number of positive real roots of an equation with real coefficients is either equal to the number of its variations of sign or is less than that number by a positive even integer. A root of multiplicity m is here counted as m roots.*

For example，$x^6 - 3x^2 + x + 1 = 0$ has either two or no positive roots，the exact number not being found. But $3x^3 - x - 1 = 0$ has exactly one positive root，which is a simple root.

Descartes' rule will be derived in §62 as a corollary to Budan's theorem. The following elementary proof[①] was communicated to the author by Professor D. R. Curtiss.

Consider any real polynomial
$$f(x) \equiv a_0 x^n + a_1 x^{n-1} + \ldots + a_l x^{n-l}$$
$$(a_0 \neq 0, a_l \neq 0)$$

Let r be a positive real number. By actual multiplication
$$F(x) \equiv (x - r) f(x) \equiv$$
$$A_0 x^{n+1} + A_1 x^n + \ldots + A_{l+1} x^{n-l}$$

---

① The proofs given in college algebras are mere verifications of special cases.

where

$$A_0 = a_0, \ A_1 = a_1 - ra_0, \ A_2 = a_2 - ra_1, \ldots,$$
$$A_l = a_l - ra_{l-1}, A_{l+1} = -ra_l$$

In $f(x)$ let a_{k_1} be the first non-vanishing coefficient of different sign from a_0, let a_{k_2} be the first non-vanishing coefficient following a_{k_1} and of the same sign as a_0, etc., the last such term, a_{k_v}, being either a_l or of the same sign as a_l. Evidently v is the number of variations of sign of $f(x)$.

For example, if $f(x) \equiv 2x^6 + 3x^5 - 4x^4 - 6x^3 + 7x$, we have $v = 2$, $a_{k_1} = a_2 = -4$, $a_{k_2} = a_5 = 7$. Note that $a_4 = 0$ since x^2 is absent.

The numbers A_0, $A_{k_1}, \ldots, A_{k_v}$, A_{l+1} are all different from zero and have the same signs as a_0, $a_{k_1}, \ldots, a_{k_v}, -a_l$, respectively. This is obviously true for $A_0 = a_0$ and $A_{l+1} = -ra_l$. Next, A_{k_i} is the sum of the non-vanishing number A_{k_i} and the number $-ra_{k_i-1}$, which is either zero or else of the same sign as a_{k_i}, since A_{k_i-1} is either zero or of opposite sign to a_{k_i}. Hence the sum A_{k_i} is not zero and has the same sign as a_{k_i}.

By hypothesis, each of the numbers a_0, $a_{k_1}, \ldots, a_{k_v}$, after the first is of opposite sign to its predecessor, while $-a_l$ is of opposite sign to a_{k_v}. Hence each term after the first in the sequence A_0, $A_{k_1}, \ldots, A_{k_v}$, A_{l+1} is of opposite sign to its predecessor. Thus these terms present $v + 1$ variations of sign. We conclude that $F(x)$ has at

least one more variation of sign than $f(x)$. But we may go further and prove the following:

LEMMA. *The number of variations of sign of $F(x)$ is equal to that of $f(x)$ increased by some positive odd integer.*

For, the sequence A_0, A_1,..., A_{k_1} has an odd number of variations of sign since its first and last terms are of opposite sign; and similarly for the v sequences

$$A_{k_1}, \quad A_{k_1+1}, \quad \ldots, \quad A_{k_2}$$
$$\vdots \qquad \vdots \qquad \qquad \vdots$$
$$A_{k_v}, \quad A_{k_v+1}, \quad \ldots, \quad A_{l+1}$$

The total number of variations of sign of the entire sequence A_0, A_1,..., A_{l+1} is evidently the sum of the numbers of variations of sign for the $v+1$ partial sequences indicated above, and is thus the sum of $v+1$ positive odd integers. Since each such odd integer may be expressed as 1 plus 0 or a positive even integer, the sum mentioned is equal to $v+1$ plus 0 or a positive even integer, i. e. , to v plus a positive odd integer.

To prove Descartes' rule of signs, consider first the case in which $f(x)=0$ has no positive real roots, i. e. , no real root between 0 and $+\infty$. Then $f(0)$ and $f(\infty)$ are of the same sign, and hence the first and last coefficients of $f(x)$ are of the same sign[①]. Thus $f(x)$ has either no variations of sign or an even number of them, as Descartes' rule requires.

Next, let $f(x)=0$ have the positive real roots $r_1,\ldots, r_k$ and no others. A root of multiplicity m occurs here m times, so that the r's need not be distinct. Then

$$f(x)\equiv(x-r_1)\ldots(x-r_k)\phi(x)$$

where $\phi(x)$ is a polynomial with real coefficients such that $\phi(x)=0$ has no positive real roots. We saw in the preceding paragraph that $\phi(x)$ has either no variations of sign or an even number of them. By the Lemma, the product $(x-r_k)\phi(x)$ has as the number of its variations of sign the number for $\phi(x)$ increased by a positive odd integer. Similarly when we introduce each new factor $x-r_i$. Hence the number of variations of sign of the final product $f(x)$ is equal to that of $\phi(x)$ increased by k positive odd integers, i. e. , by k plus 0 or a positive even integer. Since $\phi(x)$ has either no variations of sign or an even number of them, the number of variations of sign of $f(x)$ is k plus 0 or a positive even integer, a result equivalent to our statement of Descartes' rule.

If $-p$ is a negative root of $f(x)=0$, then p is a positive root of $f(-x)=0$. Hence we obtain:

---

① In case $f(x)$ has a factor x^{n-l}, we use the polynomial $f(x)/x^{n-l}$ instead of $f(x)$ in this argument.

548

COROLLARY. *The number of negative roots of* $f(x) = 0$ *is either equal to the number of variations of sign of* $f(-x)$ *or is less than that number by a positive even integer*.

For example, $x^4 + 3x^3 + x - 1 = 0$ has a single negative root, which is a simple root, since $x^4 - 3x^3 - x - 1 = 0$ has a single positive root.

As indicated in Exs. 10, 11 below, Descartes' rule may be used to isolate the roots.

EXERCISES

Prove by Descartes' rule the statements in Exs. 1~8, 12, 15.

1. An equation all of whose coefficients are of like sign has no positive root. Why is this self-evident?

2. There is no negative root of an equation, like $x^5 - 2x^4 - 3x^2 + 7x - 5 = 0$, in which the coefficients of the odd powers of x are of like sign, and the coefficients of the even powers (including the constant term) are of the opposite sign. Verify by taking $x = -p$, where p is positive.

3. $x^3 + a^2 x + b^2 = 0$ has two imaginary roots if $b \neq 0$.

4. For n even, $x^n - 1 = 0$ has only two real roots.

5. For n odd, $x^n - 1 = 0$ has only one real root.

549

6. For n even, $x^n + 1 = 0$ has no real root; for n odd, only one.

7. $x^4 + 12x^2 + 5x - 9 = 0$ has just two imaginary roots.

8. $x^4 + a^2 x^2 + b^2 x - c^2 = 0$ ($c \neq 0$) has just two imaginary roots.

9. Descartes' rule enables us to find the exact number of positive roots only when all the coefficients are of like sign or when

$$f(x) = x^n + p_1 x^{n-1} + \dots + p_{n-s} x^s -$$
$$p_{n-s+1} x^{s-1} - \dots - p_n = 0$$

each p_s being $\geqslant 0$. Without using that rule, show that the latter equation has one and only one positive root r.

Hints: There is a positive root r ($a = 0$, $b = \infty$). Denote by $P(x)$ the quotient of the sum of the positive terms by x^s, and by $-N(x)$ that of the negative terms. Then $N(x)$ is a sum of powers of $1/x$ with positive coefficients.

If $x > r, P(x) > P(r), N(x) < N(r), f(x) > 0$;

If $x < r, P(x) < P(r), N(x) > N(r), f(x) < 0$.

10. Prove that we obtain an upper limit to the number of real roots of $f(x) = 0$ between a and b, if we set

$$x = \frac{a + by}{1 + y} \quad \left(\therefore y = \frac{x - a}{b - x} \right)$$

multiply by $(1 + y)^n$, and apply Descartes' rule to the resulting equation in y.

11. Show by the method of Ex. 10 that there is a single root between 2 and 4 of $x^3 + x^2 - 17x + 15 = 0$. Here we have $27y^3 + 3y^2 - 23y - 7 = 0$.

12. In the astronomical problem of three bodies occurs the equation

$$r^5 + (3 - \mu)r^4 + (3 - 2\mu)r^3 - \mu r^2 - 2\mu r - \mu = 0$$

where $0 < \mu < 1$. Why is there a single positive real root?

13. Prove that $x^5 + x^3 - x^2 + 2x - 3 = 0$ has four imaginary roots by applying Descartes' rule to the equation in y whose roots are the squares of the roots of the former. Transpose the odd powers, square each new member, and replace x^2 by y.

14. As in Ex. 13 prove that $x^3 + x^2 + 8x + 6 = 0$ has imaginary roots.

15. If a real equation $f(x) = 0$ of degree n has n real roots, the number of positive roots is exactly equal to the number V of variations of sign.

Hint: Consider also $f(-x)$.

16. Show that $x^3 - x^2 + 2x + 1 = 0$ has no positive root.

Hint: Multiply by $x + 1$.

57. Sturm's Method. Let $f(x) = 0$ be an equation with real coefficients, and $f'(x)$ the first derivative of $f(x)$. The first step of the usual process of finding the greatest common divisor of $f(x)$ and $f'(x)$, if it exists, consists in dividing f by f' until we obtain a remainder $r(x)$, whose degree is less than that of f'. Then, if q_1 is the quotient, we have $f = q_1 f' + r$. Instead of dividing f' by r, as in the greatest common divisor process, and proceeding further in that manner, we write $f_2 = -r$, divide f' by f_2, and denote by f_3 the remainder with its sign changed. Thus

$$f = q_1 f' - f_2, f' = q_2 f_2 - f_3, f_2 = q_3 f_3 - f_4, \dots$$

The latter equations, in which each remainder is exhibited as the negative of a polynomial f_i, yield a modified process, just as effective as the usual process, of finding the greatest common divisor G of $f(x)$ and $f'(x)$ if it exists.

Suppose that $-f_4$ is the first constant remainder. If $f_4 = 0$, then $f_3 = G$, since f_3 divides f_2 and hence also f' and f (as shown by using our above equations in reverse order); while, conversely, any common divisor of f and f' divides f_2 and hence also f_3.

But if f_4 is a constant $\neq 0$, f and f' have no common divisor involving x. This case arises if and only if $f(x) = 0$ has no multiple root and is the only case considered in § 58 ~ § 60.

Before stating Sturm's theorem in general, we shall state it for a numerical case and illustrate its use.

EXAMPLE. $f(x) = x^3 + 4x^2 - 7$. Then $f' = 3x^2 + 8x$, and

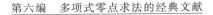

$$f = \left(\frac{1}{3}x + \frac{4}{9}\right)f' - f_2, \quad f_2 \equiv \frac{32}{9}x + 7$$

$$f' = \left(\frac{27}{32}x + \frac{603}{1\ 024}\right)f_2 - f_3, \quad f_3 = \frac{4\ 221}{1\ 024}$$

For[①] $x = 1$, the signs of f, f', f_2, f_3, are $-$, $+$, $+$, $+$, showing a single variation of consecutive signs. For $x = 2$, the signs are $+$, $+$, $+$, $+$, showing no variation of sign. Sturm's theorem states that there is a *single* real root between 1 and 2. For $x = -\infty$, the signs are $-$, $+$, $-$, $+$, showing 3 variations of sign. The theorem states that there are $3 - 1 = 2$ real roots between $-\infty$ and 1. Similarly, we have Table 1.

TABLE 1

x	Signs	Variations
-1	$-$, $-$, $+$, $+$	1
-2	$+$, $-$, $-$, $+$	2
-3	$+$, $+$, $-$, $+$	2
-4	$-$, $+$, $-$, $+$	3

Hence there is a single real root between -2 and -1, and a single one between -4 and -3. Each real root has now been *isolated* since we have found two numbers such that a single real root lies between these two numbers or is equal to one of them.

---

① Before going further, check that the preceding relations hold when $x = 1$ by inserting the computed values of f, f', f_2 for $x = 1$. Experience shows that most students make some error in finding f_2, $f_3, \ldots$, so that checking is essential.

Some of the preceding computation was unnecessary. After isolating a root between -2 and -1, we know that the remaining root is isolated between $-\infty$ and -2. But before we can compute it by Horner's method, we need closer limits for it. For that purpose it is unnecessary to find the signs of all four functions, but merely the sign of f.

58. Sturm's Theorem. *Let $f(x) = 0$ be an equation with real coefficients and without multiple roots. Modify the usual process of seeking the greatest common divisor of $f(x)$ and its first derivative* [①] $f_1(x)$ *by exhibiting each remainder as the negative of a polynomial f_i*

$$\begin{cases} f = q_1 f_1 - f_2 \\ f_1 = q_2 f_2 - f_3 \\ f_2 = q_3 f_3 - f_4 \\ \quad\vdots \\ f_{n-2} = q_{n-1} f_{n-1} - f_n \end{cases} \tag{1}$$

where [②] f_n *is a constant $\neq 0$. If a and b are real numbers, $a < b$, neither a root of $f(x) = 0$, the number of real roots of $f(x) = 0$ between a and b is*

---

① The notation f_1 instead of the usual f', and similarly f_0 instead of f, is used to regularize the notation of all the f's, and enables us to write any one of the equations (1) in the single notation (3).

② If the division process did not yield ultimately a constant remainder $\neq 0$, f and f_1, would have a common factor involving x, and hence $f(x) = 0$ a multiple root.

equal to the excess of the number of variations of sign of

$$f(x),\ f_1(x),\ f_2(x),\ldots,\ f_{n-1}(x),f_n \qquad (2)$$

for $x=a$ over the number of variations of sign for $x=b$. Terms which vanish are to be dropped out before counting the variations of sign.

For brevity, let V_x denote the number of variations of sign of the numbers (2) when x is a particular real number not a root of $f(x)=0$.

First, if x_1 and x_2 are real numbers such that no one of the continuous functions (2) vanishes for a value of x between x_1 and x_2 or for $x=x_1$ or $x=x_2$, the values of any one of these functions for $x=x_1$ and $x=x_2$ are both positive or both negative, and therefore $V_{x_1}=V_{x_2}$.

Second, let ρ be a root of $f_i(x)=0$, where $1\leqslant i<n$. Then

$$f_{i-1}(x)=q_i f_i(x)-f_{i+1}(x) \qquad (3)$$

and the equations (1) following this one show that $f_{i-1}(x)$ and $f_i(x)$ have no common divisor involving x (since it would divide the constant f_n). By hypothesis, $f_i(x)$ has the factor $x-\rho$. Hence $f_{i-1}(x)$ does not have this factor $x-\rho$. Thus, by (3)

$$f_{i-1}(\rho)=-f_{i+1}(\rho)\neq 0$$

Hence, if p is a sufficiently small positive number, the values of

$$f_{i-1}(x),f_i(x),f_{i+1}(x)$$

for $x=\rho-p$ show just one variation of sign, since the

555

first and third values are of opposite sign, and for $x = \rho + p$ show just one variation of sign, and therefore show no change in the number of variations of sign for the two values of x.

It follows from the first and second cases that $V_\alpha = V_\beta$ if α and β are real numbers for neither of which any one of the functions (2) vanishes and such that no root of $f(x) = 0$ lies between α and β.

Third, let r be a root of $f(x) = 0$. By Taylor's theorem (8) of § 45

$$f(r - p) = -pf'(r) + \frac{1}{2}p^2 f''(r) - \ldots$$

$$f(r + p) = pf'(r) + \frac{1}{2}p^2 f''(r) + \ldots$$

If p is a sufficiently small positive number, each of these polynomials in p has the same sign as its first term. For, after removing the factor p, we obtain a quotient of the form $a_0 + s$, where $s = a_1 p + a_2 p^2 + \ldots$ is numerically less than a_0 for all values of p sufficiently small. Hence if $f'(r)$ is positive, $f(r - p)$ is negative and $f(r + p)$ is positive, so that the terms $f(x)$, $f_1(x) \equiv f'(x)$ have the signs $-$, $+$ for $x = r - p$ and the signs $+$, $+$ for $x = r + p$. If $f'(r)$ is negative, these signs are $+$, $-$ and $-$, $-$ respectively. In each case, $f(x)$, $f_1(x)$ show one more variation of sign for $x = r - p$ than for $x = r + p$. Evidently p may be chosen so small that no one of the functions $f_1(x), \ldots, f_n(x)$ vanishes for either $x = r - p$ or $x = r + p$, and such that $f_1(x)$ does not

vanish for a value of x between $r-p$ and $r+p$, so that $f(x)=0$ has the single real root r between these limits. Hence by the first and second cases, $f_1,\ldots,$ f_n show the same number of variations of sign for $x=r-p$ as for $x=r+p$. Thus, for the entire series of functions (2), we have

$$V_{r-p}-V_{r+p}=1 \qquad (4)$$

The real roots of $f(x)=0$ within the main interval from a to b (i. e. , the aggregate of numbers between a and b) separate it into intervals. By the earlier result, V_x has the same value for all numbers in the same interval. By the present result (4), the value of V_x in any interval exceeds the value for the next interval by unity. Hence V_a exceeds V_b by the number of real roots between a and b.

COROLLARY. If $a<b$, then $V_a \geqslant V_b$.

A violation of this Corollary usually indicates an error in the computation of Sturm's functions (2).

EXERCISES

Isolate by Sturm's theorem the real roots of:
1. $x^3+2x+20=0$.
2. $x^3+x-3=0$.

59. Simplifications of Sturm's Functions. In order to avoid fractions, we may first multiply $f(x)$ by a *positive* constant before dividing it by $f_1(x)$, and similarly multiply f_1 by a positive constant before dividing it by f_2, etc. Moreover, we may remove from any f_i any factor k_i which is either a positive constant or a polynomial in x positive for[①] $a \leqslant x \leqslant b$, and use the remaining factor F as the next divisor.

To prove that Sturm's theorem remains true when these modified functions f, $F_1, \ldots, F_m$ are employed in place of functions (2), consider the equations replacing (1)

$$f_1 = k_1 F_1, c_2 f = q_1 F_1 - k_2 F_2, c_3 F_1 = q_2 F_2 - k_3 F_3$$
$$c_4 F_2 = q_3 F_3 - k_4 F_4, \ldots, c_m F_{m-2} = q_{m-1} F_{m-1} - k_m F_m$$

in which c_2, c_3, ... are positive constants and F_m is a constant $\neq 0$. A common divisor (involving x) of F_{i-1} and F_i would divide $F_{i-2}, \ldots, F_2$, F_1, f, f_1, whereas $f(x) = 0$ has no multiple roots. Hence if ρ is a root of $F_i(x) = 0$, then $F_{i-1}(\rho) \neq 0$ and

$$c_{i+1} F_{i-1}(\rho) = -k_{i+1}(\rho) F_{i+1}(\rho)$$
$$c_{i+1} > 0, \ k_{i+1}(\rho) > 0$$

Thus F_{i-1} and F_{i+1} have opposite signs for $x = \rho$. We proceed as in § 58.

EXAMPLE 1. If $f(x) = x^3 + 6x - 10$, $f_1 = 3(x^2 + 2)$ is always positive. Hence we may employ f and $F_1 = 1$. For $x = -\infty$, there is one variation of sign; for $x = +\infty$, no variation. Hence there is a

---

① Usually we would require that k_i is positive for all values of x, since we usually wish to employ the limits $-\infty$ and $+\infty$.

single real root; it lies between 1 and 2.

EXAMPLE 2. If $f(x) = 2x^4 - 13x^2 - 10x - 19$, we may take

$$f_1 = 4x^3 - 13x - 5$$

Then

$$2f = xf_1 - f_2$$

$$f_2 = 13x^2 + 15x + 38 = 13\left(x + \frac{15}{26}\right)^2 + \frac{1\ 751}{52}$$

Since f_2 is always positive, we need go no further (we may take $F_2 = 1$). For $x = -\infty$, the signs are $+$, $-$, $+$; for $x = +\infty$, $+$, $+$, $+$. Hence there are two real roots. The signs for $x = 0$ are $-$, $-$, $+$. Hence one real root is positive and the other negative.

EXERCISES

Isolate by Sturm's theorem the real roots of:

1. $x^3 + 3x^2 - 2x - 5 = 0$.

2. $x^4 + 12x^2 + 5x - 9 = 0$.

3. $x^3 - 7x - 7 = 0$.

4. $3x^4 - 6x^2 + 8x - 3 = 0$.

5. $x^6 + 6x^5 - 30x^2 - 12x - 9 = 0$ (stop with f_2).

6. $x^4 - 8x^3 + 25x^2 - 36x + 8 = 0$.

7. Prove that if one of Sturm's functions has p imaginary roots, the initial equation has at least p imaginary roots.

8. State Sturm's theorem so as to include the

possibility of a, or b, or both a and b being roots of $f(x)=0$.

60. Sturm's Functions for a Quartic Equation.

For the reduced quartic equation $f(z)=0$, we have

$$\begin{cases} f=z^4+qz^2+rz+s \\ f_1=4z^3+2qz+r \\ f_2=-2qz^2-3rz-4s \end{cases} \tag{5}$$

Let $q\neq0$ and divide q^2f_1 by f_2. The negative of the remainder is

$$f_3=Lz-12rs-rq^2, \quad L=8qs-2q^3-9r^2 \tag{6}$$

Let $L\neq0$. Then f_4 is a constant which is zero if and only if $f=0$ has multiple roots, i. e., if its discriminant Δ is zero. We therefore desire f_4 expressed as a multiple of Δ. By §39, we have

$$\Delta=-4P^3-27Q^2, \quad P=-4s-\frac{q^2}{3}$$

$$Q=\frac{8}{3}qs-r^2-\frac{2}{27}q^3 \tag{7}$$

We may employ P and Q to eliminate

$$4s=-P-\frac{q^2}{3}, \quad r^2=-Q-\frac{2}{3}qP-\frac{8}{27}q^3 \tag{8}$$

We divide L^2f_2 by

$$f_3=Lz+3rP, \quad L=9Q+4qP \tag{9}$$

The negative of the remainder[①] is

$$18r^2qP^2-9r^2LP+4sL^2=q^2\Delta \tag{10}$$

---

① Found directly by the Remainder Theorem by inserting the root $z=-3rP/L$ of $f_3=0$ into L^2f_2.

The left member is easily reduced to $q^2\Delta$. Inserting the values (8) and replacing L^2 by $L(9Q+4qP)$, we get

$$-18qQP^2-12q^2P^3-\frac{16}{3}q^4P^2+$$

$$2qP^2L+\frac{4}{3}q^3PL-3q^2QL$$

Replacing L by its value (9), we get $q^2\Delta$. Hence we may take

$$f_4=\Delta \tag{11}$$

Hence if $qL\Delta\neq0$, we may take (5), (9), (11) as Sturm's functions.

Denote the sign of q by $[q]$. The signs of Sturm's functions are

$$+ \quad - \quad -[q] \quad -[L] \quad [\Delta] \text{ for } x=-\infty$$
$$+ \quad + \quad -[q] \quad [L] \quad [\Delta] \text{ for } x=+\infty$$

First, let $\Delta>0$. If q is negative and L is positive, the signs are $+$, $-$, $+$, $-$, $+$ and $+$, $+$, $+$, $+$, $+$, so that there are four real roots. In each of the remaining three cases for q and L, there are two variations of sign in either of the two series and hence there is no real root.

Next, let $\Delta<0$. In each of the three cases in which q and L are not both positive, there are three variations of sign in the first series and one variation in the second, and hence just two real roots. If q and L are both positive, the number of variations is 1 in the first series and 3 in the second, so that this case is excluded by the Corollary to Sturm's theorem. To give a direct proof, note that, by the value of L in (6), $L>0$, $q>0$ imply $4s>q^2$, i. e. , $s>0$, and hence, by (7), P is negative, so that each term of (10) is $\geqslant 0$, whence $\Delta>0$.

Hence, if $qL\Delta\neq 0$, there are four distinct real roots if and only if Δ and L are positive, and q is negative; two distinct real roots and two imaginary roots if and only if Δ is negative.

Combining this result with that in Ex. 4 below, we obtain:

THEOREM. *If the discriminant Δ of $z^4+qz^2+rz+s=0$ is negative, there are two distinct real roots and two imaginary roots; if $\Delta>0$, $q<0$, $L>0$, four distinct real roots; if $\Delta>0$ and either $q\geqslant 0$ or $L\leqslant 0$, no real roots. Here $L=8qs-2q^3-9r^2$.*

Our discussion furnished also the series of Sturm's functions, which may be used in isolating the roots.

EXERCISES

1. If $q\Delta\neq 0$, $L=0$, then $f_3=3rP$ is not zero (there being no multiple root) and its sign is immaterial in determining the number of real roots. Prove that there are just two real roots if $q<0$, and none if $q>0$. By (10), q has the same sign as Δ.

2. If $r\Delta\neq 0$, $q=0$, obtain $-f_3$ by substituting $z=-4s/(3r)$ in f_1. Show that we may take $f_3=r\Delta$

and that there are just two real roots if $\Delta < 0$, and no real roots if $\Delta > 0$.

3. If $\Delta \neq 0$, $q = r = 0$, prove that there are just two real roots if $\Delta < 0$, and no real roots if $\Delta > 0$. Since $\Delta = 256 s^3$, check by solving $z^4 + s = 0$.

4. If $\Delta \neq 0$, $qL = 0$, there are just two real roots if $\Delta < 0$, and no real roots if $\Delta > 0$. (Combine the results in Exs. $1 \sim 3$.)

5. Apply the theorem to Exs. 2, 4, 6 of § 59.

6. Isolate the real roots of Exs. 3, 4, 5 of § 37 (Chapter 36).

61. Sturm's Theorem for the Case of Multiple Roots.

We might remove the multiple roots by dividing $f(x)$ by[①] $f_n(x)$, the greatest common divisor of $f(x)$ and $f_1 = f'(x)$; but this would involve considerable work, besides wasting the valuable information in hand. As before, we suppose $f(a)$ and $f(b)$ different from zero. We have equations (1) in which f_n is now not a constant.

The difference $V_a - V_b$ is the number of real roots between a and b, each multiple root being counted only once.

If ρ is a root of $f_i(x) = 0$, but not a multiple root of $f(x) = 0$, then $f_{i-1}(\rho)$ is not zero. For, if it were zero, $x - \rho$ would by (1) be a common factor of

---

① The degree of $f(x)$ is not n, nor was it necessarily n in § 58.

f and f_1. We may now proceed as in the second case in § 58.

The third case requires a modified proof only when r is a multiple root. Let r be a root of multiplicity m, $m \geqslant 2$. Then $f(r)$, $f^2(r), \ldots,$ $f^{(m-1)}(r)$ are zero and, by Taylor's theorem

$$f(r+p) = \frac{p^m}{1 \cdot 2 \cdot \ldots \cdot m} f^{(m)}(r) + \ldots$$

$$f'(r+p) = \frac{p^{m-1}}{1 \cdot 2 \cdot \ldots \cdot (m-1)} f^{(m)}(r) + \ldots$$

These have like signs if p is a positive number so small that the signs of the polynomials are those of their first terms. Similarly, $f(r-p)$ and $f'(r-p)$ have opposite signs. Hence f and f_1 show one more variation of sign for $x = r-p$ than for $x = r+p$. Now $(x-r)^{m-1}$ is a factor of f and f_1 and hence, by (1), of $f_2, \ldots, f_n$. Let their quotients by this factor be ϕ, $\phi_1, \ldots, \phi_n$. Then equations (1) hold after the f's are replaced by the ϕ's. Taking p so small that $\phi_1(x) = 0$ has no root between $r-p$ and $r+p$, we see by the first and second cases in § 58 that $\phi_1, \ldots, \phi_n$ show the same number of variations of sign for $x = r-p$ as for $x = r+p$. The same is true for $f_1, \ldots, f_n$ since the products of $\phi_1, \ldots, \phi_n$ by $(x-r)^{m-1}$ have for a given x the same signs as $\phi_1, \ldots, \phi_n$ or the same signs as $-\phi_1, \ldots, -\phi_n$. But the latter series evidently shows the same number of variations of sign as $\phi_1, \ldots, \phi_n$. Hence (4) is proved and consequently the present theorem.

564

EXERCISES

1. For $f = x^4 - 8x^2 + 16$, prove that $F_1 = x^3 - 4x$, $F_2 = x^2 - 4$, $F_1 = xF_2$. Hence $n = 2$. Verify that $V_{-\infty} = 2$, $V_\infty = 0$, and that there are just two real roots, each a double root.

Discuss similarly the following equations.

2. $x^4 - 5x^3 + 9x^2 - 7x + 2 = 0$.

3. $x^4 + 2x^3 - 3x^2 - 4x + 4 = 0$.

4. $x^4 - x^2 - 2x + 2 = 0$.

62. Budan's Theorem. *Let a and b be real numbers, $a < b$, neither[①] a root of $f(x) = 0$, an equation of degree n with real coefficients. Let V_a denote the number of variations of sign of*

$$f(x),\ f'(x),\ f''(x),\ \dots,\ f^{(n)}(x) \qquad (12)$$

for $x = a$, after vanishing terms have been deleted. Then $V_a - V_b$ is either the number of real roots of $f(x) = 0$ between a and b or exceeds the number of those roots by a positive even integer. A root of multiplicity m is here counted as m roots.

---

① In case a or b is a root of $f(x) = 0$, the theorem holds if we count the number of roots $> a$ and $\leqslant b$. This inclusive theorem has been proved, by means of Rolle's theorem, by A. Hurwitz, *Mathematische Annalen*, Vol. 71, 1912, p. 584, who extended Budan's theorem from the case of a polynomial to a function $f(x)$ which is real and regular for $a \leqslant x < b$.

For example, if $f(x) = x^3 - 7x - 7$, then $f' = 3x^2 - 7$, $f'' = 6x$, $f''' = 6$. Their values for $x = 3$, 4, -2, -1 are tabulated below (Table 2).

TABLE 2

x	f	f'	f''	f'''	Variations
3	-1	20	18	6	1
4	29	41	24	6	0
-2	-1	5	-12	6	3
-1	-1	-4	-6	6	1

Hence the theorem shows that there is a single real root between 3 and 4, and two or no real roots between -2 and -1. The theorem does not tell us the exact number of roots between the latter limits. To decide this ambiguity, note that $f(-3/2) = +1/8$, so that there is a single real root between -2 and -15, and a single one between -15 and -1.

The proof is quite simple if no term of the series (12) vanishes for $x = a$ or for $x = b$ and if no two consecutive terms vanish for the same value of x between a and b. Indeed, if no one of the terms vanishes for $x_1 \leqslant x \leqslant x_2$, then $V_{x_1} = V_{x_2}$, since any term has the same sign for $x = x_1$ as for $x = x_2$. Next, let r be a root of $f^{(i)}(x) = 0$, $a < r < b$. By hypothesis, the first derivative $f^{(i+1)}(x)$ of $f^{(i)}(x)$ is not zero for $x = r$. As in the third step (now actually the case $i = 0$) in § 58, $f^{(i)}(x)$ and $f^{(i+1)}(x)$ show one more variation of sign for $x = r - p$ than for $x = r + p$, where p is a sufficiently small positive

566

SOLUTION OF NUMERICAL EQUATIONS

第

39

章

63. Horner's Method. [1] After we have isolated a real root of a real equation by one of the methods in Chapter 38, we can compute the root to any desired number of decimal places either by Horner's method, which is available only for polynomial equations, or by Newton's method (§ 64), which is applicable also to logarithmic, trigonometric, and other equations.

To find the root between 2 and 3 of

---

[1] W. G. Horner, *London Philosophical Transactions*, 1819. Earlier (1804) by P. Ruffini. See *Bulletin American Math. Society*, May, 1911.

Zero point 问题

$$x^3 - 2x - 5 = 0 \tag{1}$$

set

$$x = 2 + p$$

Direct substitution gives the *transformed equation* for p

$$p^3 + 6p^2 + 10p - 1 = 0 \tag{2}$$

The method just used is laborious especially for equations of high degree. We next explain a simpler method. Since

$$p = x - 2$$
$$x^3 - 2x - 5 \equiv (x-2)^3 + 6(x-2)^2 + 10(x-2) - 1$$

identically in x. Hence -1 is the remainder obtained when the given polynomial $x^3 - 2x - 5$ is divided by $x - 2$. By inspection, the quotient Q is equal to

$$(x-2)^2 + 6(x-2) + 10$$

Hence 10 is the remainder obtained when Q is divided by $x - 2$. The new quotient is equal to $(x-2) + 6$, and another division gives the remainder 6. Hence to find the coefficients 6, 10, -1 of the terms following p^3 in the transformed equation (2), we have only to divide the given polynomial $x^3 - 2x - 5$ by $x - 2$, the quotient Q by $x - 2$, etc. , and take the remainders in reverse order. However, when this work is performed by synthetic division as tabulated below, no reversal of order is necessary, since the coefficients then appear on the page in their desired order.

```
1     0     -2     -5   |2
      2      4      4
1     2      2         |-1
      2      8
1     4     10
      2
1     6
```

Thus 1, 6, 10, -1 are the coefficients of the desired equation (2).

To obtain an approximation to the decimal p, we ignore for the moment the terms involving p^3 and p^2; then by $10p - 1 = 0$, $p = 0.1$. But this value is too large since the terms ignored are all positive. For $p = 0.09$, the polynomial in (2) is found to be negative, while for $p = 0.1$, it was just seen to be positive. Hence

$$p = 0.09 + h$$

where h is of the denomination thousandths. The coefficients 1, 6.27,... of the transformed equation for h appear in heavy type just under the first zigzag line in the following scheme

```
1     6          10            -1            |0.09
      0.09        0.548 1       0.949 329
1     6.09       10.548 1      -0.050 671
      0.09        0.556 2
1     6.18|      11.104 3
      0.09                                    0.05
1     6.27                                    11.1
      0.004       0.025 096     0.044 517 584  = 0.004
1     6.274      11.129 396|   -0.006 153 416
      0.004       0.025 112|
1     6.278      11.154 508
      0.004
1     6.282
```

Hence $x = 2.094 + t$, where t is a root of

$$t^3 + 6.282t^2 + 11.154\,508t - 0.006\,153\,416 = 0$$

By the last two terms, t is between 0.000 5 and 0.000 6. Then the value of $C \equiv t^3 + 6.282t^2$ is found to lie between 0.000 001 57 and 0.000 002 27. Hence we may ignore C provided the constant term be reduced by an amount between these limits. Whichever of the two limits we use, we obtain the same dividend below correct to 6 decimal places

$$\overset{\times\ \times\times}{11.154\,508} \underline{\smash{)}\,0.006\,151} \quad \underline{|\ 0.000\,551} = t$$
$$5\,577$$
$$574$$
$$558$$
$$16$$
$$11$$
$$5$$

Since the quotient is 0.000 5+, only two decimal places of the divisor are used, except to see by inspection how much is to be carried when making the first multiplication.

If we require a greater number of decimal places, it is not necessary to go back and construct a new transformed equation from the equation in t. We have only to revise our preceding dividend on the basis of our present better value of t. We now know that t is between 0.000 551 and 0.000 552. To compute the new value of the correction C, in which we may evidently ignore t^3, we use logarithms

$$\log 5.51 = 0.741\,15$$
$$\log 5.51^2 = 1.482\,30$$

574

$$\log 6.282 = \underline{0.798\ 10}$$
$$\log 190.72 = 2.280\ 40$$
$$\log 5.52 = 0.741\ 94$$
$$\log 5.52^2 = 1.483\ 88$$
$$\log 6.282 = \underline{0.798\ 10}$$
$$\log 191.42 = 2.281\ 98$$

Hence C is between

0.000 001 907 and 0.000 001 915

Whichever of the two limits we use, we obtain the same new dividend below correct to 8 decimal places

$$\overset{\times\ \times\times\times\ \times}{11.154\ 508} \ |0.006\ 151\ 50\ |\ 0.000\ 551\ 48$$

$$557\ 725$$
$$57\ 425$$
$$55\ 773$$
$$1\ 652$$
$$1\ 115$$
$$537$$
$$446$$
$$91$$
$$89$$
$$2$$

Hence, finally, $x = 2.094\ 551\ 482$, with doubt only as to the last figure.

EXERCISES

(The number of transformations made by synthetic division should be about half the number of significant figures desired for a root.)

By one of the methods in Chapter 38, isolate each real root of the following equations, and compute each real root to 5 decimal places.

1. $x^3 + 2x + 20 = 0$.

2. $x^3 + 3x^2 - 2x - 5 = 0$.

3. $x^3 + x^2 - 2x - 1 = 0$.

4. $x^4 + 4x^3 - 17.5x^2 - 18x + 58.5 = 0$.

5. $x^4 - 11\ 727x + 40\ 385 = 0$.

6. $x^3 = 10$.

Find to 7 decimal places all the real roots of:

7. $x^3 + 4x^2 - 7 = 0$.

8. $x^3 - 7x - 7 = 0$.

Find to 8 decimal places:

9. The root between 2 and 3 of $x^3 - x - 9 = 0$ (make only 3 transformations).

10. The real cube root of 7.976.

11. The abscissa of the real point of intersection of the conics $y = x^2$, $xy + x + 3y - 6 = 0$.

12. Find to 3 decimal places the abscissas of the points of intersection of $x^2 + y^2 = 9$, $y = x^2 - x$.

13. A sphere two feet in diameter is formed of a kind of wood a cubic foot of which weighs two-thirds as much as a cubic foot of water (i. e. , the *specific gravity* of the wood is 2/3). Find to four significant figures the depth h to which the floating sphere will sink in water.

Hints: The volume of a sphere of radius r is $4\pi r^3 / 3$. Hence our sphere whose radius is 1 foot weighs as much as $4\pi/3 \cdot 2/3$ cubic feet of water. The volume of the submerged portion of the sphere is

$\pi h^2(r-h/3)$ cubic feet. Since this is also the volume of the displaced water, its value for $r=1$ must equal $4\pi/3 \cdot 2/3$. Hence $h^3-3h^2+8/3=0$.

14. If the specific gravity of cork is $1/4$, find to four significant figures how far a cork sphere two feet in diameter will sink in water.

15. Compute cos 20° to four decimal places by use of

$$\cos 3A=4\cos^3 A-3\cos A, \cos 60°=\frac{1}{2}$$

16. Three intersecting edges of a rectangular parallelepiped are of lengths 6, 8, and 10 feet. If the volume is increased by 300 cubic feet by equal elongations of the edges, find the elongation to three decimal places.

17. Given that the volume of a right circular cylinder is $\alpha\pi$ and the total area of its surface is $2\beta\pi$, prove that the radius r of its base is a root of $r^3-\beta r+\alpha=0$. If $\alpha=56$, $\beta=28$, find to four decimal places the two positive roots r. The corresponding altitude is α/r^2.

18. What rate of interest is implied in an offer to sell a house for \$2 700 cash, or in annual installments each of \$1 000 payable 1, 2, and 3 years from date?

Hint: The amount of \$2 700 with interest for 3 years should be equal to the sum of the first payment with interest for 2 years, the amount of the second payment with interest for 1 year, and the third payment. Hence if r is the rate of interest and we write x for $1+r$, we have

$$2\ 700x^3 = 1\ 000x^2 + 1\ 000x + 1\ 000$$

19. Find the rate of interest implied in an offer to sell a house for \$ 3 500 cash, or in annual installments each of \$ 1 000 payable 1, 2, 3, and 4 years from date.

20. Find the rate of interest implied in an offer to sell a house for \$ 3 500 cash, or \$ 4 000 payable in annual installments each of \$ 1 000, the first payable now.

64. Newton's Method. Prior to 1676, Newton[1] had already found the root between 2 and 3 of equation (1). He replaced x by $2+p$ and obtained (2). Since p is a decimal, he neglected the terms in p^3 and p^2, and hence obtained $p = 0.1$, approximately. Replacing p by $0.1+q$ in (2), he obtained

$$q^3 + 6.3q^2 + 11.23q + 0.061 = 0$$

Dividing -0.061 by 11.23, he obtained $-0.005\ 4$ as the approximate value of q. Neglecting q^3 and replacing q by $-0.005\ 4+r$, he obtained

$$6.3r^2 + 11.161\ 96r + 0.000\ 541\ 708 = 0$$

Dropping $6.3r^2$, he found r and hence

$$x = 2 + 0.1 - 0.005\ 4 - 0.000\ 048\ 53 = 2.094\ 551\ 47$$

---

① Isaac Newton, Opuscula, I, 1794, p. 10, p. 37.

of which all figures but the last are correct (§ 63). But the method will not often lead so quickly to so accurate a value of the root.

Newton used the close approximation 0. 1 to p, in spite of the fact that this value exceeds the root p and hence led to a negative correction at the next step. This is in contrast with Horner's method in which each correction is positive, so that each approximation must be chosen less than the root, as 0. 09 for p.

Newton's method may be presented in the following general form, which is applicable to any equation $f(x)=0$, whether $f(x)$ is a polynomial or not. Given an approximate value a of a real root, we can usually find a closer approximation $a+h$ to the root by neglecting the powers h^2, h^3,... of the small number h in Taylor's formula

$$f(a+h)=f(a)+f'(a)h+f''(a)\frac{h^2}{2}+\ldots$$

and hence by taking

$$f(a)+f'(a)h=0, \ h=\frac{-f(a)}{f'(a)}$$

We then repeat the process with $a_1=a+h$ in place of the former a.

Thus in Newton's example, $f(x)=x^3-2x-5$, we have, for $a=2$

$$h=\frac{-f(2)}{f'(2)}=\frac{1}{10}$$

$$a_1=a+h=2. 1$$

$$h_1 = \frac{-f(2.1)}{f'(2.1)} = \frac{-0.061}{11.23} = -0.005\ 4\ldots$$

65. Graphical Discussion of Newton's Method.
Using rectangular coordinates, consider the graph of $y = f(x)$ and the point P on it with the abscissa $OQ = a$ (Fig. 1). Let the tangent at P meet the x-axis at T and let the graph meet the x-axis at S. Take $h = QT$, the subtangent. Then

$$QP = f(a), \quad f'(a) = \tan \angle STP = \frac{-f(a)}{h}$$

$$h = \frac{-f(a)}{f'(a)}$$

Fig. 1

In the graph in Fig. 1, $OT = a + h$ is a better approximation to the root OS than $OQ = a$. The next step (indicated by dotted lines) gives a still better approximation OT_1.

If, however, we had begun with the abscissa a of a point P_1 in Fig. 1 near a bend point, the subtangent would be very large and the method would probably fail to give a better approximation. Failure is certain if we use a point P_2 such that a

single bend point lies between it and S.

We are concerned with the approximation to a root previously isolated as the only real root between two given numbers α and β. These should be chosen so nearly equal that $f'(x) = 0$ has no real root between α and β, and hence $f(x) = y$ has no bend point between α and β. Further, if $f''(x) = 0$ has a root between our limits, our graph will have an inflexion point with an abscissa between α and β, and the method will likely fail (Fig. 2).

Fig. 2

Let, therefore, neither $f'(x)$ nor $f''(x)$ vanish between α and β. Sine f'' preserves its sign in the interval from α to β, while f changes in sign, f'' and f will have the same sign for one end point. According as the abscissa of this point is α or β, we take $a = \alpha$ or $a = \beta$ for the first step of Newton's process. In fact, the tangent at one of the end points meets the x-axis at a point T with an abscissa within the interval from α to β. If $f'(x)$ is positive in the interval, so that the tangent makes an acute angle with the x-axis, we have Fig. 3 or Fig. 4; if f' is negative, Fig. 5 or Fig. 1.

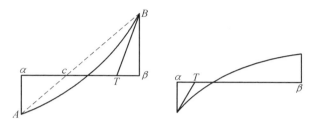

Fig. 3   Fig. 4

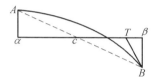

Fig. 5

In Newton's example, the graph between the points with the abscissas $\alpha = 2$ and $\beta = 3$ is of the type in Fig. 3, but more nearly like a vertical straight line. In view of this feature of the graph, we may safely take $a = \alpha$, as did Newton, although our general procedure would be to take $a = \beta$. The next step, however, accords with our present process; we have $\alpha = 2$, $\beta = 2.1$ in Fig. 3 and hence we now take $a = \beta$, getting

$$\frac{0.061}{11.23} = 0.005\ 4$$

as the subtangent, and hence $2.1 - 0.005\ 4$ as the approximate root.

If we have secured (as in Fig. 3 or Fig. 5) a better upper limit to the root than β, we may take the abscissa c of the intersection of the chord AB with the x-axis as a better lower limit than α. By similar triangles

$$-f(\alpha) : (c-\alpha) = f(\beta) : (\beta-c)$$

whence

$$c = \frac{\alpha f(\beta) - \beta f(\alpha)}{f(\beta) - f(\alpha)} \qquad (3)$$

This method of finding the value of c intermediate to α and β is called the method of interpolation (*regula falsi*).

In Newton's example, $\alpha = 2$, $\beta = 2.1$, then

$$f(\alpha) = -1, \quad f(\beta) = 0.061, \quad c = 2.0942$$

The advantage of having c at each step is that we know a close limit of the error made in the approximation to the root.

We may combine the various possible cases discussed into one:

If $f(x) = 0$ has a single real root between α and β, and $f'(x) = 0$, $f''(x) = 0$ have no real root between α and β, and if we designate by β that one of the numbers α and β for which $f(\beta)$ and $f''(\beta)$ have the same sign, then the root lies in the narrower interval from c to $\beta - f(\beta)/f'(\beta)$, where c is given by (3).

It is possible to prove[①] this theorem algebraically and to show that by repeated applications of it we can obtain two limits α', β' between which the root lies, such that $\alpha' - \beta'$ is numerically less than any assigned positive number. Hence the root can be found in this manner to any desired accuracy.

EXAMPLE. $f(x)=x^3-2x^2-2$, $\alpha=2\dfrac{1}{4}$, $\beta=2\dfrac{1}{2}$. Then

$$f(\alpha)=-\frac{47}{64}, \ f(\beta)=\frac{9}{8}$$

Neither of the roots 0, 4/3 of $f'(x)=0$ lies between α and β, so that $f(x)=0$ has a single real root between these limits. Nor is the root 2/3 of $f''(x)=0$ within these limits. The conditions of the theorem are therefore satisfied. For $\alpha < x < \beta$, the graph is of the type in Fig. 3. We find that approximately

$$c=\frac{559}{238}=2.348\ 7, \ \beta_1=\beta-\frac{f(\beta)}{f'(\beta)}=2.371\ 4$$

$$\beta_1-\frac{f(\beta_1)}{f'(\beta_1)}=2.359\ 7$$

For $x=2.359\ 3$, $f(x)=-0.000\ 03$. We therefore have the root to four decimal places. For $\alpha=2.359\ 3$

$$f'(\alpha)=7.262\ 0, \ \alpha-\frac{f(\alpha)}{f'(\alpha)}=2.359\ 304\ 1$$

---

① Weber's *Algebra*, 2nd ed. , I, p. 380~382; Kleines Lehrbuch der Algebra, 1912, p. 163.

which is the value of the root correct to 7 decimal places. We at once verify that the result is greater than the root in view of our work and Fig. 3, while if we change the final digit from 1 to 0, $f(x)$ is negative.

EXERCISES

1. For $f(x)=x^4+x^3-3x^2-x-4$, show by Descartes' rule of signs that $f'(x)=0$ and $f''(x)=0$ each have a single positive root and that neither has a root between 1 and 2. Which of the values 1 and 2 should be taken as β?

2. When seeking a root between 2 and 3 of $x^3-x-9=0$, which value should be taken as β?

66. Systematic Computation of Roots by Newton's Method.
By way of illustration we shall compute to 7 decimal places a positive root of

$$f(x)=x^4+x^3-3x^2-x-4=0$$

Since $f(1)=-6$, $f(2)=6$, there is a real root between 1 and 2. Since

$$f'(x)=4x^3+3x^2-6x-1$$
$$f'(1)=0, \quad f'(2)=31$$

the graph of $y=f(x)$ is approximately horizontal near $(1,-6)$ and approximately vertical near $(2,6)$. Hence the root is much nearer to 2 than to 1. Thus in applying Newton's method we employ $a=2$ as the first approximation to the root. The correction h is then

$$h = \frac{-f(2)}{f'(2)} = \frac{-6}{31} = -0.2\ldots$$

The work of performing the substitutions $x = 2 + d$, $d = -0.2 + e, \ldots$, to find the transformed equations satisfied by d, $e, \ldots$, is done by synthetic division, exactly as in Horner's method, except that some of the multipliers are now negative

```
1     1        -3         -1            -4          |2
      2         6          6            10
1     3         3          5             6
      2        10         26
1     5        13         31
      2        14
1     7        27
      2
1     9
     -0.2      -1.76      -5.048        -5.1904      |-0.2
      8.8      25.24      25.952         0.8096
     -0.2      -1.72      -4.704
      8.6      23.52      21.248
     -0.2      -1.68
      8.4      21.84
     -0.2                                          -0.8096
      8.2                                           21.248
1     8.2                                          = -0.04
     -0.04     -0.3264    -0.860544     -0.81549824
      8.16     21.5136    20.387456     -0.00589824
     -0.04     -0.3248    -0.847552
      8.12     21.1888    19.539904
     -0.04     -0.3232
      8.08     20.8656
     -0.04
1     8.04
```

$$g = \frac{0.005898}{19.54} = 0.000302$$

The root is $2 - 0.2 - 0.04 + 0.000\,302 = 1.760\,302$, in which the last figure is in slight doubt. Indeed, it can be proved that *if the final fraction g, when expressed as a decimal, has k zeros between the decimal point and the first significant figure,*

the division may be safely carried to 2k decimal places. In our example $k = 3$, so that we retained 6 decimal places in g.

To proceed independently of this rule, we note that g is obviously between 0.000 30 and 0.000 31. Then the value of $g^4 + 8.04g^3 + 20.865\ 6g^2$ is found to lie between 0.000 001 878 and 0.000 002 006. Whichever of these limits we use as a correction by which to reduce the constant term, we obtain the same dividend below correct to 6 decimal places.

$$\underset{\times\times\ \ \times\times}{19.\ 539\ 904} \ | \ 0.005\ 896 \ | \ 0.000\ 301\ 7$$

$$\frac{005\ 862}{34}$$
$$\frac{20}{14}$$
$$14$$

Hence the root is 1.760 301 7 to 7 decimal places.

EXERCISES

1. Find to 8 decimal places the root between 2 and 3 of $x^3 - x - 9 = 0$.

2. Find to 7 decimal places the root between 2 and 3 of $x^3 - 2x^2 - 2 = 0$.

3. Find the real cube root of 7.976 to 6 decimal places.

4. Explain by Taylor's expansion of $f(2 + d)$ why the values of

$$f(2),\ f'(2),\ \frac{1}{2}f''(2),\ \frac{1}{2\cdot 3}f'''(2),\ \frac{1}{2\cdot 3\cdot 4}f''''(2)$$

are in reverse order the coefficients of the transformed equation

$$d^4+9d^3+27d^2+31d+6=0$$

obtained in the Example in the text, and printed in heavy type.

5. The method commonly used to find the positive square root of n by a computing machine consists in dividing n by an assumed approximate value a of the square root and taking half the sum of a and the quotient as a better approximation. Show that the latter agrees with the value of $a+h$ given by applying Newton's method to $f(x)=x^2-n$.

67. Newton's Method for Functions not Polynomials.

EXAMPLE 1. Find the angle x at the center of a circle subtended by a chord which cuts off a segment whose area is one-eighth of that of the circle.

Solution. If x is measured in radians and if r is the radius, the area of the segment is equal to the left member of

$$\frac{1}{2}r^2(x-\sin x)=\frac{1}{8}\pi r^2$$

whence

$$x-\sin x=\frac{1}{4}\pi.$$

By means of a graph of $y=\sin x$ and the straight line represented by $y=x-\pi/4$, we see that the abscissa of their point of intersection is approximately 1.78 radians or 102°. Thus $a=102°$ is a first

approximation to the root of

$$f(x) \equiv x - \sin x - \frac{1}{4}\pi = 0$$

By Newton's method a better approximation is $a+h$, where[①]

$$h = \frac{-f(a)}{f'(a)} = \frac{-a + \sin a + \frac{1}{4}\pi}{1 - \cos a}$$

$$\sin 102° = 0.978\ 1, \cos 102° = -0.207\ 9$$

$$\frac{1}{4}(3.141\ 6) = 0.785\ 4, 1 - \cos 102° = 1.207\ 9$$
$$\overline{1.763\ 5}$$

$$102° = \frac{1.780\ 2}{-0.016\ 7}\ \text{radians}, h = \frac{-0.016\ 7}{1.207\ 9} = -0.013\ 8$$

$$a_1 = a + h = 1.766\ 4$$

$$h_1 = \frac{-f(a_1)}{f'(a_1)} = \frac{-1.766\ 4 + 0.980\ 9 + 0.785\ 4}{1.194\ 4} = -0.000\ 1$$

Hence $x = a_1 + h_1 = 1.766\ 3$ radians, or $101°12'$.

EXAMPLE 2[②]. Solve $x - \log x = 7$, the logarithm being to base 10.

---

① The derivative of $\sin x$ is $\cos x$. We need the limit of

$$\frac{\sin(x+2k) - \sin x}{2k} \equiv$$

$$\frac{2\cos \frac{1}{2}(2x+2k)\sin \frac{1}{2}(2k)}{2k} \equiv \frac{\cos(x+k)\sin k}{k}$$

as $2k$ approaches zero. Since the ratio of $\sin k$ to k approaches 1, the limit is $\cos x$.

② This Ex. 2, which should be contrasted with Ex. 3, is solved by interpolation since that method is simpler than Newton's method in this special case.

Solution. Evidently x exceeds 7 by a positive decimal which is the value of log x. Hence in a table of common logarithms, we seek a number x between 7 and 8 whose logarithm coincides approximately with the decimal part of x. We read off the values in the second column(Table 1).

TABLE 1

x	$\log x$	$x - \log x$
7. 897	0. 897 46	6. 999 54
7. 898	0. 897 52	7. 000 48

By the final column the ratio of interpolation is 46/94. Hence $x = 7.897\ 5$ to four decimal places.

EXAMPLE 3. Solve $2x - \log\ x = 7$, the logarithm being to base 10.

Solution. Evidently x is a little less than 4. A table of common logarithms shows at once that a fair approximation to x is $a = 3.8$. Write

$$f(x) \equiv 2x - \log x - 7, \quad \log x = M\log_e x$$
$$M = 0.434\ 3$$

By calculus, the derivative of $\log_e x$ is $1/x$. Hence

$$f'(x) = 2 - \frac{M}{x}, \quad f'(a) = 2 - 0.114\ 3 = 1.885\ 7$$

$$f(a) = 0.6 - \log 3.8 = 0.6 - 0.579\ 78 = 0.020\ 22$$

$$-h = \frac{f(a)}{f'(a)} = 0.010\ 7, \quad c_1 = a + h = 3.789\ 3$$

$$f(a_1) = 0.000\ 041, \quad f(3.789\ 2) = -0.000\ 148$$

$$\frac{148}{189} \times 0.000\ 1 = 0.000\ 078, \quad x = 3.789\ 278$$

590

All figures of x are correct as shown by Vega's table of logarithms to 10 places.

EXERCISES

Find the angle x at the center of a circle subtended by a chord which cuts off a segment whose ratio to the circle is：

1. $\dfrac{1}{4}$. 2. $\dfrac{3}{8}$.

When the logarithms are to base 10：

3. Solve $2x - \log x = 9$.

4. Solve $3x - \log x = 9$.

5. Find the angle just $> 15°$ for which $\dfrac{1}{2}\sin x + \sin 2x = 0.64$.

6. Find the angle just $> 72°$ for which $x - \dfrac{1}{2}\sin x = \dfrac{1}{4}\pi$.

7. Find all solutions of Ex. 5 by replacing $\sin 2x$ by $2\sin x\cos x$, squaring, and solving the quartic equation for $\cos x$.

8. Solve similarly $\sin x + \sin 2x = 1.2$.

9. Find x to 6 decimal places in $\sin x = x - 2$.

10. Find x to 5 decimal places in $x = 3\log_e x$.

68. Imaginary Roots. To find the imaginary roots $x + yi$ of an equation $f(z) = 0$ with real coefficients, expand $f(x + yi)$ by Taylor's theorem；

591

we get

$$f(x)+f'(x)yi-$$

$$f''(x)\frac{y^2}{1\cdot 2}-f'''(x)\frac{y^3 i}{1\cdot 2\cdot 3}+\ldots =0$$

Since x and y are to be real, and $y\neq 0$

$$\begin{cases}f(x)-f''(x)\dfrac{y^2}{1\cdot 2}+f''''(x)\dfrac{y^4}{1\cdot 2\cdot 3\cdot 4}-\ldots =0\\[2mm] f'(x)-f'''(x)\dfrac{y^2}{1\cdot 2\cdot 3}+f^{(5)}(x)\dfrac{y^4}{5!}-\ldots =0\end{cases}$$

$$(4)$$

In the Example and Exercises below, $f(z)$ is of degree 4 or less. Then the second equation (4) is linear in y^2. Substituting the resulting value of y^2 in the first equation (4), we obtain an equation $E(x)=0$, whose real roots may be found by one of the preceding methods. If the degree of $f(z)$ exceeds 4, we may find $E(x)=0$ by eliminating y^2 between the two equations (4) by one of the methods to be explained.

EXAMPLE. For $f(z)=z^4-z+1$, equations (4) are

$$x^4-x+1-6x^2y^2+y^4=0,\ 4x^3-1-4xy^2=0$$

Thus

$$y^2=x^2-\frac{1}{4x},\ -4x^6+x^2+\frac{1}{16}=0$$

The cubic equation in x^2 has the single real root

$$x^2=0.528\ 727,\ x=\pm 0.727\ 14$$

Then $y^2=0.184\ 912$ or $0.872\ 54$, and

$$z=x+yi=0.727\ 14\pm 0.430\ 01i,$$

$$-0.727\ 14\pm 0.934\ 09i$$

592

EXERCISES

Find the imaginary roots of:

1. $z^3 - 2z - 5 = 0$.

2. $28z^3 + 9z^2 - 1 = 0$.

3. $z^4 - 3z^2 - 6z = 2$.

4. $z^4 - 4z^3 + 11z^2 - 14z + 10 = 0$.

5. $z^4 - 4z^3 + 9z^2 - 16z + 20 = 0$.

Hint

$$E(x) \equiv x(x-2)(16x^4 - 64x^3 +$$
$$136x^2 - 144x + 65) = 0$$

and the last factor becomes $(w^2 + 1)(w^2 + 9)$ for $2x = w + 2$.

NOTE. If we know a real root r of a cubic equation $f(z) = 0$, we may remove the factor $z - r$ and solve the resulting quadratic equation. When, as usual, r involves several decimal places, this method is laborious and unsatisfactory. But we may utilize a device, explained in the author's *Elementary Theory of Equations*, p. 119 ~ 121, §6, §7. As there explained, a similar device may be used when we know two real roots of a quartic equation.

MISCELLANEOUS EXERCISES

(Give answers to 6 decimal places, unless the contrary is stated.)

1. What arc of a circle is double its chord?

2. What arc of a circle is double the distance from the center of the circle to the chord of the arc?

3. If A and B are the points of contact of two tangents to a circle of radius unity from a point P without it, and if arc AB is equal to PA, find the length of the arc.

4. Find the angle at the center of a circle of a sector which is bisected by its chord.

5. Find the radius of the smallest hollow iron sphere, with air exhausted, which will float in water if its shell is 1 inch thick and the specific gravity of iron is 7.5.

6. From one end of a diameter of a circle draw a chord which bisects the semicircle.

7. The equation $x\tan x = c$ occurs in the theory of vibrating strings. Its approximate solutions may be found from the graphs of $y = \cot x$, $y = x/c$. Find x when $c = 1$.

8. The equation $\tan x = x$ occurs in the study of the vibrations of air in a spherical cavity. From an approximate solution $x_1 = 1.5\pi$, we obtain successively better approximations $x_2 = \tan^{-1} x_1 = 1.4334\pi$, $x_3 = \tan^{-1} x_2, \ldots$ Find the first three solutions to 4 decimal places.

9. Find to 3 decimal places the first five solutions of

$$\tan x = \frac{2x}{2 - x^2}$$

which occurs in the theory of vibrations in a conical pipe.

10. $4rx^3 - (3x-1)^2 = 0$ arises in the study of the isothermals of a gas. Find its roots when (ⅰ)$\tau = 0.002$ and (ⅱ)$\tau = 0.99$.

11. Solve $x^x = 100$.

12. Solve $x = 10\log x$.

13. Solve $x + \log x = x\log x$.

14. Solve Kepler's equation $M = x - e\sin x$ when $M = 332°28'54.8''$, $e = 14°3'20''$.

15. In what time would a sum of money at 6% interest compounded annually amount to as much as the same sum at simple interest at 8%?

16. In a semicircle of diameter x is inscribed a quadrilateral with sides a, b, c, x; then $x^3 - (a^2 + b^2 + c^2)x - 2abc = 0$ (I. Newton). Given $a = 2$, $b = 3$, $c = 4$, find x.

17. What rate of interest is implied in an offer to sell a house for $\$9\,000$ cash, or $\$1\,000$ down and $\$3\,060$ at the end of each year for three years?

第七编

早期论文选载

REAL ROOTS OF A CLASS OF RECIPROCAL EQUATIONS[①]

第

40

章

Consider the reciprocal equations $P(x,s,n)=0$ ($s=1$, $2,\ldots$; $n=1$, $2,\ldots$), separated into two classes

$$P(x,\ s,\ 2p)=$$
$$x^{2p}+{_s}H_1x^{2p-1}+$$
$${_s}H_2x^{2p-2}+\ldots+$$
$${_s}H_{p-1}x^{p+1}+$$
$${_s}H_px^p+{_s}H_{p-1}x^{p-1}+\ldots+$$
$${_s}H_2x^2+{_s}H_1x+1 \qquad\qquad \text{(I)}$$

$$P(x,\ s,\ 2p-1)=$$
$$x^{2p-1}+{_s}H_1x^{2p-2}+$$
$${_s}H_2x^{2p-3}+\ldots+$$
$${_s}H_{p-1}x^p+{_s}H_{p-1}x^{p-1}+\ldots+$$
$${_s}H_2x^2+{_s}H_1x+1 \qquad\qquad \text{(II)}$$

where, using the notation of Chrystal

---

① The author is L. Sjohnston.

$$_sH_r = \frac{s(s+1)(s+2)\ldots(s+r-1)}{r!}$$

$$_sH_0 = 1$$

We shall need also to use $_sC_r$ with its usual meaning in the theory of combinations, and the identities

$$_sH_r = {}_sH_{r-1} + {}_{s-1}H_r \qquad \text{(A)}$$

$$_sH_r = {}_{s-1}H_r + {}_{s-1}H_{r-1} + {}_{s-1}H_{r-2} + \ldots + {}_{s-1}H_2 + {}_{s-1}H_1 + 1 \qquad \text{(B)}$$

$$_sC_r = {}_{s-1}C_r + {}_{s-1}C_{r-1} \qquad \text{(C)}$$

We shall prove the following:

THEOREM. The equation $P(x, s, n) = 0$ has just k real roots, counting a root of multiplicity j as equivalent to j roots, where $n \equiv k \pmod 4$, and $0 \leqslant k < 4$, except that:

(a) $P(x, 1, 2p) = 0$ has no real roots.

(b) $P(x, s, 2p-1) = 0$ has just one real root, negative unity, for s less than 3.

Proof.

(a) $P(x, 1, 2p) = (x^{2p+1} - 1)/(x-1)$, and $x^{2p+1} - 1 = 0$ has no negative roots.

(b) $P(x, 1, 2p-1) = (x^{2p} - 1)/(x-1)$, and $x^{2p} - 1 = 0$ has negative unity as its only negative root.

$P(x, 2, 2p-1) = [P(x, 1, p)][P(x, 1, p-1)]$; from the last two statements above it follows that only one of these factors has a real zero, the real zero being at negative unity.

600

Before attacking the general theorem we remark that a reciprocal equation of odd degree with all signs positive has negative unity as a real root; hence $P(x, s, 2p-1)=0$ has this root for every s and every p. Furthermore, if a reciprocal equation of even degree has negative unity as a root, this must be a root of even multiplicity. This last statement will be used to show that $P(x, 2, 4r-2)=0$ has negative unity as a double root for every r.

To prove the general theorem, we shall prove that except for the special cases already proved:

(1) $P(x, s, n)=0$ has at least k real roots.

(2) $P(x, s, n)=0$ has no more than k real roots.

For convenience we shall refer to these as Theorem (1) and Theorem (2); we shall also separate $P(x,s,n)=0$ into four subclasses

$$P(x, s, 4r)=0 \qquad\qquad \text{(Ia)}$$

$$P(x, s, 4r-2)=0 \qquad\qquad \text{(Ib)}$$

$$P(x, s, 4r-3)=0 \qquad\qquad \text{(IIa)}$$

$$P(x, s, 4r-1)=0 \qquad\qquad \text{(IIb)}$$

Theorem (1). The theorem is immediately seen to be true for (Ia) and (IIa). For (Ib) we see that $P(0,s,4r-2)=1$, and

$$P(-1, s, 4r-2)=$$
$$-{}_sH_{2r-1}+2{}_sH_{2r-2}-2{}_sH_{2r-3}+\ldots+$$
$$2{}_sH_2-2{}_sH_1+2=$$
$${}_sH_{2r-1}-2({}_sH_{2r-1}-{}_sH_{2r-2}+{}_sH_{2r-3}-\ldots-$$

601

$$_sH_2 + {_sH_1} - 1)$$

Using identities (A) and (B) above, this last quantity can be shown to be

$$-(_{s-2}H_{2r-1} + _{s-2}H_{2r-3} + _{s-2}H_{2r-5} + \ldots + _{s-2}H_3 + _{s-2}H_1)$$

which is zero for $s=2$ and negative for s greater than 2. Hence negative unity is a double root of $P(x,2,4r-2)=0$, and, for s greater than 2, there exist two distinct negative roots of $P(x, s, 4r-2)=0$.

For (IIb), we remove the factor $(x+1)$ from $P(x,s,4r-1)=0$, deriving a new equation

$$\bar{P}(x, s, 4r-2) =$$
$$x^{4r-2} + (_sH_1 - 1)x^{4r-3} +$$
$$(_sH_2 - _sH_1 + 1)x^{4r-4} + \ldots +$$
$$(_sH_{2r-2} - _sH_{2r-3} + \ldots + _sH_2 - _sH_1 + 1)x^{2r} +$$
$$(_sH_{2r-1} - _sH_{2r-2} + \ldots - _sH_2 + _sH_1 - 1)x^{2r-1} +$$
$$(_sH_{2r-2} - _sH_{2r-3} + \ldots + _sH_2 - _sH_1 + 1)x^{2r-2} + \ldots +$$
$$(_sH_2 - _sH_1 + 1)x^2 + (_sH_1 - 1)x + 1 = 0$$

Now $\bar{P}(0, s, 4r-2)=1$, and $\bar{P}(-1, s, 4r-2)$ can be shown, by using identities (A) and (B) above, to have the value

$$-(_{s-3}H_{2r-1} + 2_{s-3}H_{2r-3} + 3_{s-3}H_{2r-5} + \ldots + r_{s-3}H_1)$$

which is zero for $s=3$ and negative for s greater than 3. Hence negative unity is a triple root of $P(x, 3, 4r-1)=0$, and there exist two distinct negative roots, in addition to negative unity, of $P(x, s, 4r-1)=0$ for s greater than 3. Theorem (1) is thus completely proved.

To prove Theorem (2), we construct an

auxiliary set of equations $Q(x, s, n) = (x-1)^s P(x, s, n) = 0$, and show that $Q(-x, s, n)$ has exactly k variations in sign.

It can be shown that

$$Q(x, s, 2p) = x^{s+2p} - Ax^{s+p-1} + Bx^{s+p-2} - \ldots + (-1)^{s-2} Bx^{p+2} + (-1)^{s-1} Ax^{p+1} + (-1)^s$$

The terms in x^{s+2p-1}, x^{s+2p-2}, …, x^{s+p}, and their corresponding terms in x, x^2, …, x^p vanish, since the coefficient of x^{s+2p-m}, for $m \leqslant p$, is

$$_sH_m - {}_sH_{m-1} {}_sC_1 + {}_sH_{m-2} {}_sC_2 - \ldots + (-1)^{m-1} {}_sH_1 {}_sC_{m-1} + (-1)^m {}_sC_m$$

and this coefficient can be shown, by using identities (A) and (C) in succession, to be zero for every s and every $m \leqslant p$. There are, therefore, $s+2p+1-2p = s+1$ terms in $Q(x, s, 2p)$, with s variations in sign; hence the signs alternate throughout the latter polynomial. It is easily shown that $Q(-x, s, 4r)$ has no variations in sign and that $Q(-x, s, 4r-2)$ has just two variations in sign. Hence the general theorem is completely proved for $P(x, s, 2p) = 0$.

To prove Theorem (2) for (IIa), we can easily show that

$$Q(x, s, 4r-3) = x^{s+4r-3} - Ax^{s+2r-2} + Bx^{s+2r-3} - \ldots + (-1)^{s-2} Bx^{2r} + (-1)^{s-1} Ax^{2r-1} + (-1)^s$$

The missing terms are explained by the same argument which explains the terms missing from $Q(x, s, 4r-2)$. When s is even, it is easily seen that there is a repeated sign, that of $(-1)^{s/2}$, in the center; when s is odd, the middle term of $Q(x, s, 4r-3)$ vanishes also. $Q(x, s, 4r-3)$ has therefore $s+2$ terms when s is even and $s+1$ terms when s is odd, with s variations in sign in both cases. It can be shown without difficulty that $Q(-x, s, 4r-3)$ has just one variation in sign, which proves the general theorem for (IIa). The proof of Theorem (2) for (IIb) follows exactly the same lines as that for (IIa); we find that $Q(-x, s, 4r-1)$ has exactly three variations in sign. The general theorem is thus completely proved.

It has been shown that negative unity is a triple root of $P(x, 3, 4r-1)=0$. It is also clear that this is the only one of the equations of the general type under consideration which has a triple real root at all, and that none of the other equations of odd degree has even a double real root. It is easily shown that $P(x, 3, 4r-1)=(x+1)^3 P(x^2, s, 2r-2)$.

ON THE SOLUTION OF CUBIC EQUATIONS[①]

第

41

章

The purpose of this note is to give in symmetric form suitable for computational purposes the solution of cubic equations. Circular and hyperbolic functions will be used. Among the writers who have used hyperbolic functions in the solution of cubics are Grunert,[②] who obtained the results in this paper but did not use the fact that the period of the hyperbolic sine and the hyperbolic cosine is $2\pi i$; and Gleason[③], who determined only the real root by hyperbolic functions and then gave a trigonometric determination

①　The author is W. C. Risselman.

②　*Archiv der Mathematik und Physik*, vol. 38, 1862, p. 48～76.

③　*Annals of Mathematics*, Ser. 2, vol. 13, p. 120～122.

of the other roots. Dickson[1] gives Case 1 below.

Consider the equation

$$y^3 + py + q = 0$$

Let $D = -4p^3 - 27q^2$ denote its discriminant. Let $y = nz$. Then

$$z^3 + (p/n^2)z + q/n^3 = 0 \qquad (1)$$

Case 1. $D > 0$.

Comparison of (1) with the identity

$$\cos^3 x - \frac{3}{4}\cos x - \frac{1}{4}\cos 3x = 0$$

gives

$$n = \left(-\frac{4p}{3}\right)^{1/2}, \quad \cos 3x = \frac{-q/2}{(-p^3/27)^{1/2}}$$

The roots are

$$y_1 = \left(-\frac{4p}{3}\right)^{1/2}\cos x$$

$$y_2 = \left(-\frac{4p}{3}\right)^{1/2}\cos\left(x + \frac{2\pi}{3}\right)$$

$$y_3 = \left(-\frac{4p}{3}\right)^{1/2}\cos\left(x + \frac{4\pi}{3}\right)$$

Case 2. $D < 0$, $p > 0$.

Comparison of (1) with the identity

$$\sinh^3 x + \frac{3}{4}\sinh x - \frac{1}{4}\sinh 3x = 0$$

gives

$$n = \left(\frac{4p}{3}\right)^{1/2}, \quad \sinh 3x = \frac{-q/2}{(p^3/27)^{1/2}}$$

---

[1] *First Course in the Theory of Equations*, p. 49.

606

The roots are

$$y_1 = \left(\frac{4p}{3}\right)^{1/2} \sinh x$$

$$y_2 = \left(\frac{4p}{3}\right)^{1/2} \sinh\left(x + \frac{2\pi i}{3}\right) =$$

$$\left(\frac{4p}{3}\right)^{1/2} (-\sinh x + i\sqrt{3}\cosh x)/2$$

$$y_3 = \left(\frac{4p}{3}\right)^{1/2} \sinh\left(x + \frac{4\pi i}{3}\right) =$$

$$\left(\frac{4p}{3}\right)^{1/2} (-\sinh x - i\sqrt{3}\cosh x)/2$$

Case 3. $D<0$, $p<0$, $q<0$.

Comparison of (1) with the identity

$$\cosh^3 x - \frac{3}{4}\cosh x - \frac{1}{4}\cosh 3x = 0$$

gives

$$n = \left(-\frac{4p}{3}\right)^{1/2}, \quad \cosh 3x = \frac{-q/2}{(-p^3/27)^{1/2}}$$

The roots are

$$y_1 = \left(-\frac{4p}{3}\right)^{1/2} \cosh x$$

$$y_2 = \left(-\frac{4p}{3}\right)^{1/2} \cosh\left(x + \frac{2\pi i}{3}\right) =$$

$$\left(-\frac{4p}{3}\right)^{1/2} (-\cosh x + i\sqrt{3}\sinh x)/2$$

$$y_3 = \left(-\frac{4p}{3}\right)^{1/2} \cosh\left(x + \frac{4\pi i}{3}\right) =$$

$$\left(-\frac{4p}{3}\right)^{1/2} (-\cosh x - i\sqrt{3}\sinh x)/2$$

The case in which $D<0$, $p<0$, and $q>0$ may be brought under Case 3 since changing the sign of q

merely changes the signs of the roots. The case in which $D=0$ is trivial.

ALGEBRAIC CHARTS[①]

第

42

章

To find simple devices for doing long computations，this task has alway held a peculiar charm；and mathematicians have often invented such devices before there was an urgent demand for them，thus anticipating the needs of advancing science.

Tools like logarithms and the slide rule have long since become indispensable in the outfit of every scientific worker. And now the demand is growing for those devices which nomography has to offer. Among such devices are charts for solving algebraic equations，both in one and several unknowns. In this article I confine myself to equations in one unknown，

---

① The author is Edgar Dehn.

explaining two principles for constructing charts
which I found accidentally over a year ago. That
anything at all could be added to a subject so
exhaustively treated by d'Ocagne merely shows that
much remains to be done in this field.

1. The first principle applies to trinomial
equations of the form

$$x^n + px + q = 0$$

with real roots, and consists in plotting the
coefficients p and q as functions of two roots.

In case of the quadratic equation

$$x^2 - px + q = 0$$

we have only two roots, x_1 and x_2, with the
relations

$$x_1 + x_2 = p, \ x_1 x_2 = q$$

The first one gives straight lines for parametric
values of p, the other equilateral hyperbolas for
parametric values of q, if we plot in the $x_1 x_2$-plane,
The coordinates of any point where the proper line p
and curve q intersect are the roots of a given
equation.

If we assume that p, q, x_1, x_2 are positive, we
can put every quadratic equation either into the form
just used, or else into the form

$$x^2 - px - q = 0$$

with the relations

$$x_1 - x_2 = p, \ x_1 x_2 = q$$

between the roots. These relations give the same

hyperbolas but other lines; and plotting both pairs of relations in the first quadrant, we can solve there any given equation. We do not even need the whole quadrant: since we have symmetry about the 45-degree line through the origin, one half of the first quadrant suffices.

In case of the cubic equation

$$x^3 - px + q = 0$$

we have the relations

$$x_1 + x_2 + x_3 = 0$$
$$x_1 x_2 + x_1 x_3 + x_2 x_3 = -p$$
$$x_1 x_2 x_3 = -q$$

between the roots. Eliminating x_3, we obtain from these

$$x_1^2 + x_1 x_2 + x_2^2 = p$$
$$x_1^2 x_2 + x_1 x_2^2 = q$$

The first relation gives ellipses for parametric values of p, and the other gives, for parametric values of q, cubic curves which consist of three branches each. Whenever the roots of a given equation are different, the proper curves p and q intersect in six points. The coordinates of any such point give two roots, of course not always the same roots, and the third root is minus the sum of the other two. The plane of the points thus is the plane of two roots, but not of any definite two roots; we might call it the (x_i, x_j)-plane.

Since any trinomial cubic can be changed so that

two of its roots are positive, we need again the curves p and q in the first quadrant alone; and even one half of the quadrant will suffice on account of the same symmetry about the 45-degree line through the origin.

In case of the biquadratic equation

$$x^4 - px + q = 0$$

we use

$$\sum x_i = \sum x_i x_j = 0$$

to eliminate x_3 and x_4, thus obtaining the relations

$$x_1^3 + x_1^2 x_2 + x_1 x_2^2 + x_2^3 = p$$
$$x_1^3 x_2 + x_1^2 x_2^2 + x_1 x_2^3 = q$$

Again we can plot in the plane of two indefinite roots, but a chart so constructed would be of little practical value since ridding a biquadratic equation of its terms in x^3 and x^2 is more difficult than solving it by other available means. And the corresponding difficulty for the quintic equation is increased.

Charts constructed on the principle explained seem to give results a great deal more accurate than those obtained by any of the previously known graphic methods. Even a small sized but well drawn chart could be made to yield four significant figures.

2. The second principle for constructing algebraic charts is partly anticipated by Lalanne.

Any equation

$$x^n + px + q = 0$$

is for a definite value of x a line in the pq-plane.

Drawing such lines for parametric values of x, one obtains the chart of Lalanne. To solve a given equation, one locates the point (p, q) on the chart and finds or interpolates those lines which go through the point. The x's of those lines are the roots of the equation.

In case of the quadratic equation, two lines go through a point corresponding to an equation with real roots; in the case of the cubic equation, as many as three lines. This makes it difficult to locate the lines, and near their intersections it is almost impossible to do so. I therefore left out the lines entirely in my charts and kept only their envelopes given by

$$\begin{cases} x^n + px + q = 0 \\ nx^{n-1} + p = 0 \end{cases}$$

marking on the envelope each value of x where the line for that value touches the envelope. Numerically such a value determines the slope of the line and the envelope.

The roots of a given equation then are found by holding a ruler so that it passes through the point (p, q) and touches the envelope, the number marked at any contact point being a root. A point (p, q) located on the envelope itself gives a double root.

The envelope for the quadratic equation

$$x^2 + px + q = 0$$

is

$$p^2 = 4q$$

and the envelope for the cubic equation

$$x^3 + px + q = 0$$

is

$$4p^3 + 27q^2 = 0$$

While such charts are quickly drawn and very clear, every trinomial equation requiring just one curve, with regard to accuracy they are much inferior to the charts discussed in section 1: only two significant figures can be obtained on the average.

On the other hand, the principle may be used to construct charts for equations with four terms, for instance

$$x^n + px^2 + qx + r = 0$$

Taking one literal coefficient as a parameter, we have

$$\begin{cases} x^n + px^2 + qx + r = 0 \\ nx^{n-1} + 2px + q = 0 \end{cases}$$

to determine envelopes in the plane of the other two literal coefficients, and all such envelopes compose a chart in that plane. To find the roots of a given equation, one holds a ruler passing through the point of two coefficients and touching the envelope of the third. Any contact point gives a root as before, and the slope at the point is either the root itself or a power of the root.

Points of different envelopes which carry the same number and have the same slope are all on a straight line, say slope line; and drawing the slope

614

lines for different numbers is the best way of marking the numbers.

The cubic equation

$$x^3 + px^2 + qx + r = 0$$

with p as a parameter has the envelopes

$$\begin{cases} q = -2px - 3x^2 \\ r = px^2 + 2x^3 \end{cases}$$

and the slope lines

$$qx + 2r = x^3$$

Each envelope has a cusp, and the locus of cusps is the envelope

$$\begin{cases} q = 3x^2 \\ r = -x^3 \end{cases}$$

of the slope lines.

A point (q, r) on the envelope p gives in general a double root, but it gives a triple root on the locus of cusps.

NEW BOUNDS FOR THE ROOTS OF AN ALGEBRAIC EQUATION[①]

第

43

章

1. From Descartes' rule of signs we know that the real equation

$$x^n = \sum_{r=1}^{n} p_r x^{n-r} \quad (p_r \geqslant 0, \ p_n > 0)$$

(1)

has exactly one positive root[②], and since the left member of this equation is of higher degree than the right member, we have

---

① Abstract from a thesis presented for the A. M. degree at the University of Colorado, June, 1930. The author is E. C. Westerfield.

② G. Pólya und G. Szegö, *Aufgaben und Lehrsätze aus der Analysis* Ⅰ, 1925, p. 87; Oscar Perron, Algebra Ⅱ, *Theorie der algebraischen Gleichungen*, 1927, p. 20.

LEMMA 1. *Any value of x satisfying the inequality*

$$x^n \leqslant \sum_{r=1}^{n} p_r x^{n-r} \qquad (2)$$

will form a lower bound for the positive root of equation (1).

LEMMA 2. *Any value of x satisfying the inequality*

$$x^n \geqslant \sum_{r=1}^{n} p_r x^{n-r} \qquad (3)$$

will form an upper bound for the positive root of (1).

Since every root of the equation

$$z^n + \sum_{r=1}^{n} b_r z^{n-r} = 0 \quad (b_r \text{ complex}) \qquad (4)$$

must satisfy inequality (2) when (2) and (4) are related thru the equalities

$$x = |z|, \ p_r = |b_r| \quad (r=1,\ldots,n) \qquad (5)$$

it follows from Lemma 1 that the modulus of any root of (4) will form a lower bound for the positive root of equation (1). Stated differently, we have:

LEMMA 3. *When equations* (5) *are satisfied the sole positive root of* (1) *will form an upper bound for the modulus of any root of* (4).

We now employ a simple identity to obtain a few special results. We write

$$(h+k)^n \equiv h(h+k)^{n-1} + k(h+k)^{n-1} \equiv \qquad (6)$$
$$h(h+k)^{n-1} + hk(h+k)^{n-2} +$$
$$k^2(h+k)^{n-2} \equiv \qquad (7)$$

$$k(h+k)^{n-1}+hk(h+k)^{n-2}+$$
$$h^2(h+k)^{n-2} \qquad\qquad (8)$$

Continuing this process, we may choose either of the terms in (7) or (8) which contain the explicit expression $(h+k)^{n-2}$ and break it up into two terms of degree $(n-3)$ in $(h+k)$. Eventually the process will end with two terms of degree unity. Since at each step after the first, we must choose between two terms, it is evident that 2^{n-1} such expansions are possible. Half of these expansions may be obtained from the other half, however, by the interchange of h and k; and, since h and k enter symmetrically in the left member of (6), it follows that only 2^{n-2} of these expansions are distinct. These expansions will be of the general type

$$(h+k)^n \equiv \sum_{r=1}^{n} P_r(h+k)^{n-r}, \ P_r \equiv P_r(h, k) \ (9)$$

where the functions $P_r(h, k)$ are special polynomials determined in the manner indicated by (6), (7), and (8). Since such an expansion for $(h+k)^n$ is identical with the left member of (1) when $x=h+k$, it follows that when h and k are positive quantities so chosen that the coefficients of the right member of (9) are not less than the corresponding coefficients of the right member of (1), then the value $x=h+k$ will satisfy (3), and applying Lemma 2, will form an upper bound for the positive root of (1). Applying Lemma 3, this gives us:

THEOREM. *Every root of* （4） *must satisfy the inequality*

$$|z| \leqslant h + k \qquad (10)$$

where k and h are two arbitrary positive quantities so chosen that they satisfy each of the inequalities

$$|b_r| \leqslant P_r(h, k) \quad (r = 1, \ldots, n) \qquad (11)$$

the functions $P_r(h, k)$ *being determined from one of the* 2^{n-1} *expansions of type* （9）.

One expansion of type （9） gives us

$$P_r = hk^{r-1} \quad (r = 1, \ldots, n-1)$$
$$P_n = hk^{n-1} + k^n$$

We see that $h = |b_1|$ and $k = \max |b_{r+1} : b_1|^{1/r}$, $r = 1, \ldots, n-1$, satisfy （11）; and applying the above theorem, we find that every root of （4） must satisfy the inequality[①]

$$|z| \leqslant |b_1| + \max |b_{r+1} : b_1|^{1/r} \quad (r = 1, \ldots, n-1)$$
$$(a)$$

Taking account of both terms in the expression for P_n, one obtains the more exact but much more cumbersome expression

$$|z| \leqslant |b_1| + \max\{ |b_{r+1} : b_1|^{1/r} [|b_n| : 2]^{1/n},$$
$$|b_n : 2b_1|^{1/(n-1)} \} \quad (r = 1, \ldots, n-2) \qquad (b)$$

If, on the other hand, one takes $k = 1$ and $h = \max\{ |b_r|, |b_n| - 1 \}$, $r = 1, \ldots, n-1$, （11） is again satisfied and one obtains

---

① The fractional exponent, $1/r$, is used throughout to designate the positive rth root.

$$|z| \leqslant \max\{1+|b_r|, |b_n|\} \quad (r=1,\ldots,n) \quad (c)$$

These three simple expressions for the bounds are also obtained as corollaries to some theorems due to Kojima[1].

Another of these expansions gives us

$$P_1 = h$$
$$P_r = k^2 h^{r-2} \quad (r=2,\ldots,n-1)$$
$$P_n = k^2 h^{n-2} + k h^{n-1}$$

Applying the theorem as before, we may obtain the bound

$$|z| \leqslant |b_1| + \max|b_r : b_1^{r-2}|^{1/2} \quad (r=2,\ldots,n)(d)$$

while, as before, a more exact but much more cumbersome expression may be obtained by taking into consideration the second term in the expression for P_n.

Still another expansion of type (9) gives us

$$P_r = h k^{r-1} \quad (r=1,\ldots,m-1)$$
$$P_m = k^m$$
$$P_r = h^2 k^{r-2} \quad (r=m+1,\ldots,n-1)$$
$$P_n = h^2 k^{n-2} + h k^{n-1}$$

where m may be any integer between 0 and n exclusive. When $m = n$, we have $P_m = P_n = k^n + h k^{n-1} > k^n$. For simplicity of notation we will now introduce the notation $q_r \equiv |b_r|$, q_r being positive. If, now, we take m to be the index of the greatest of the

---

[1]　*Tôhoku Mathematical Journal*, vol. 5, 1914, p. 58.

terms q_r and take k equal to this greatest term and h equal to the second greatest term, we see that (11) is satisfied. This gives us the simple bound

$$|z| \leqslant \max\{q_r + q_s\} \quad (r, s = 1, \ldots, n, r \neq s) \quad (e)$$

Maintaining m as the index of the greatest of the terms q_r, we may again take $k = q_m$ and obtain the closer bound

$$|z| \leqslant q_m + \max\{|b_r| \div q_m^{r-1}, [|b_s| \div q_m^{s-2}]^{1/2}\}$$
$$(r = 1, \ldots, m-1; s = m+1, \ldots, n) \quad (f)$$

These last two expressions may be compared with a simple bound

$$|z| < 2\max\{q_r\} \quad (r = 1, \ldots, n) \qquad (g)$$

obtained as corollary to a general theorem due to Fujiwara[1], and also with a related bound obtained by Carmichael[2]

$$|z| \leqslant \sum_{r=1}^{n} q_r \qquad (h)$$

Table 1 gives some numerical upper bounds obtained by applying the eight formulae above to the three following polynomial equations

$$z^8 + 246z^7 - 305z^6 - 321z^5 + 355z^4 -$$
$$400z^3 + 420z^2 + 446z + 450 = 0 \qquad (A)$$
$$z^8 - 2z^7 + 38z^6 + 32z^5 - 160\ 000z^4 +$$
$$35\ 000z^3 - 4\ 200z^2 - 200z + 120 = 0 \qquad (B)$$

---

[1]　*Tôhoku Mathematical Journal*, vol. 10, 1916, p. 167~171.

[2]　*Bulletin of the American Mathematical Society*, vol. 24, 1917~1918, p. 286~296.

$$z^8 + z^7 + 10z^6 - 10z^5 + 700z^4 + 300z^3 +$$
$$100z^2 + 20\,000z - 100\,000\,000 = 0 \qquad \text{(C)}$$

TABLE 1

	(A)	(B)	(C)
(a)	247. 3	45. 1	14. 9
(b)	247. 3	45. 1	13. 6
(c)	447. 0	160 001. 0	100 000 000. 0
(d)	263. 5	202. 0	25 001. 0
(e)	263. 5	28. 1	15. 2
(f)	263. 5	22. 1	11. 0
(g)	492. 0	40. 0	20. 0
(h)	285. 3	47. 4	30. 9

2. Remembering that in equation (4) we have $b_0 = 1$, we may write a bound due to Carmichael and Mason[1] in the convenient form

$$| z | < \left[\sum_{r=0}^{n} | b_r^2 | \right]^{1/2} \qquad \text{(i)}$$

If we multiply (4) thru by $z - a$ (where a is an arbitrary complex quantity), we see that any bound for the roots of the resulting equation will also bound the roots of (4). Since, as with (4), the coefficient of the highest power term is unity, we have the resulting bound

---

[1] *Bulletin of the American Mathematical Society*, vol. 21, 1914, p. 14~22; also, M. Kuniyeda, Note on the roots of algebraic equations, *Tôhoku Mathematical journal*, vol. 9, 1916, p. 167~173; vol. 10, 1916, p. 187~188; M. Fujiwara, Ueber die Wurzeln der algebraischen Gleichungen, *Tôhoku Mathematical Journal*, vol. 8, 1915, p. 78~85; S. B. Kelleher, Des limites des zeros d'un polynome, *Journal de Mathématiques*, (7), vol. 2, 1916, p. 169~171; and reference 2.

$$| z |< \Big[\sum_{r=0}^{n+1} | b_r - ab_{r-1} |^2 \Big]^{1/2}, \; b_{n+1} = b_{-1} = 0$$

(12)

Taking $a = 1$ gives us a special result due to Williams[1]

$$| z |< \Big[\sum_{r=0}^{n+1} | b_r - b_{r-1} |^2 \Big]^{1/2}, \; b_{n+1} = b_{-1} = 0 \quad \text{(j)}$$

We now seek to determine the arbitrary quantity a so as to make the bound determined through (12) a minimum. To this end we write

$$\sum_{r=0}^{n+1} | b_r - ab_{r-1} |^2 = \sum_{r=0}^{n+1} (b_r - ab_{r-1})(\bar{b}_r - \bar{a}\,\bar{b}_{r-1}) =$$

$$(1 + | a |^2) \sum_{r=0}^{n} | b_r^2 | - 2 \sum_{r=1}^{n} R(b_r \bar{a}\,\bar{b}_{r-1}) =$$

$$(1 + | a |^2)A - 2R\Big(\bar{a} \sum_{r=1}^{n} b_r \bar{b}_{r-1}\Big) =$$

$$(1 + \rho^2)A - 2\rho B\cos(\theta - \phi) \quad (\rho, \; B \geqslant 0, \; A \equiv \sum_{r=0}^{n} | b_r^2 |)$$

where $\bar{a}$ denotes the conjugate of a, $R(\dots)$ denotes the real part of the expression in the brackets, $\rho e^{i\phi} \equiv a$, and $Be^{i\theta} \equiv \sum_{r=1}^{n} b_r \bar{b}_{r-1}$. Considering this as a function of ρ and examining it for a minimum as ρ varies, we find that $\rho = (B : A)\cos(\theta - \phi)$ provides this minimum; and setting this value into the original

———————
[1]　*Bulletin of the American Mathematical Society*, vol. 28, 1922, p. 394～396.

expression，we have

$$\sum_{r=0}^{n+1} \mid b_r - ab_{r-1} \mid^2 = A - (B^2 : A)\cos^2(\theta - \phi)$$

Examining this expression as ϕ varies, we see that $\phi = \theta$ gives us a minimum. The resulting minimum bound is, therefore

$$\mid z \mid < \left[\sum_{r=0}^{n} \mid b_r^2 \mid - \left| \sum_{r=1}^{n} b_r \overline{b}_{r-1} \right|^2 : \sum_{r=0}^{n} \mid b_r^2 \mid \right]^{1/2}$$

(k)

and the value of a providing this minimum is given by

$$a = \sum_{r=1}^{n} b_r \overline{b}_{r-1} : \sum_{r=0}^{n} \mid b_r^2 \mid$$

Table 2 gives the numerical upper bounds obtained by applying (i), (j), and (k) to the following simple polynomial equations

$$z^5 + z^4 + z^3 + z^2 + z + 1 = 0 \qquad \text{(D)}$$
$$z^5 - z^4 + z^3 - z^2 + z - 1 = 0 \qquad \text{(E)}$$
$$z^5 - 4z^4 + 3z^3 - z + 4 = 0 \qquad \text{(F)}$$

TABLE 2

	(D)	(E)	(F)
(i)	2.45 —	2.45 —	6.56 —
(j)	1.41 +	4.69 +	11.22 +
(k)	1.35 +	1.35 +	5.81 —

For a comprehensive bibliography of literature on the location of roots of polynomials the reader is referred to an article by E. B. Van Vleck in the *Bulletin of the American Mathematical Society* vol. 35, 1929, p. 643~683.